解析学百科

I

古典調和解析

薮田 公三
中路 貴彦
佐藤 圓治
田中 仁
宮地 晶彦
著

朝倉書店

編集者

岡本和夫（おかもと　かずお）
東京大学大学院数理科学研究科数理科学専攻教授

谷島賢二（やじま　けんじ）
学習院大学理学部数学科教授

執筆者（執筆順）

薮田公三（やぶた　こうぞう）
関西学院大学理工学部物理学科教授

中路貴彦（なかじ　たかひこ）
北海道大学大学院理学研究院数学部門教授

佐藤圓治（さとう　えんじ）
山形大学理学部数理科学科教授

田中　仁（たなか　ひとし）
東京大学大学院数理科学研究科 21 世紀 COE 研究拠点特任研究員

宮地晶彦（みやち　あきひこ）
東京女子大学文理学部数理学科教授

まえがき

　調和解析という言葉は直交級数による展開が関係するところで広く使われているが，本書で扱うのは，何らかの意味で三角級数やFourier変換に直接かかわる古典的な調和解析である．ただし，古典的というのは，題材が古くから扱われてきたものだということであって，この分野は現在，活発に研究されており，その成果や方法は解析学の他の分野で盛んに利用されているし，また，重要な意味を持つ未解決問題があり，21世紀の解析学全般の本質的な進展にも関与するであろうと考えられる分野である．

　本書は，数学を専攻する大学学部で複素関数論とLebesgue積分と関数解析の基本事項を習得し大学院において解析学を専攻しようと考えている学生諸君を念頭において，若い人たちを古典的な調和解析の研究にいざなうことを主な目的として，書かれたものである．また，解析学の様々な分野の研究に既に携わっている若い人たちにも，一つの教養としてこの分野の理論に親しんでほしいと願っている．本書は，古典的な調和解析の網羅的な詳しい解説ではなく，この分野への招待として，いくつかの話題を解説している．各章は互いに独立して書かれている．以下，本書の内容を少し詳しく説明してみる．

　第1章は，現在しばしば，調和解析の実関数論的方法と呼ばれている理論の解説である．1変数のp乗可積分関数のFourier級数の部分和が元の関数にL^pノルムに関して収束するかという問題は，共役関数変換あるいはHilbert変換と呼ばれる或る特異積分作用素のL^pノルムに関する有界性に帰着される．また，関数fに対して，Laplace方程式$\Delta u = f$の解uの2階偏導関数$\partial^2 u/\partial x_i \partial x_j$を対応させる線型作用素も，同種の特異積分作用素である．これらの特異積分作用素のL^p理論は，1950年頃，A. P. Calderónと

A. Zygmund によって創められた．この理論の鍵として用いられたのは，関数を分解する方法と作用素の弱型評価を補間する方法という，実関数論の方法であった．実関数論の方法は，1970 年代に C. Fefferman や E. M. Stein らによって，実関数論的な H^p 空間の理論に発展した．これらの成果や方法は，現在，偏微分方程式論などの分野でも有効に利用されている．第 1 章では，この実関数論的方法を 1 変数関数について解説している．

第 2 章は，1 変数正則関数の Hardy 空間の理論を解説している．Fourier 級数を構成する関数 $e^{in\theta}$ は，$n \geq 0$ のときは正則関数 $z^n = (re^{i\theta})^n$ の $r = 1$ での境界値である．このことから，単位円周上の関数を単位円板内の正則関数と対応させ，正則関数の性質を用いて Fourier 級数の性質を調べることが，20 世紀前半に盛んに研究され，Fourier 級数の複素解析的方法と呼ばれた．例えば，単位円周上の複素数値測度 μ の Fourier 係数 $\hat{\mu}(n)$ が負の n についてすべて 0 となるならば μ は Lebesgue 測度に関して絶対連続である，という Riesz 兄弟の定理は，複素解析的方法によって簡明に証明される．また，本書では扱っていないが，Hilbert 変換の重み付き L^2 ノルムに関する有界性についての Helson–Szegö の定理は，単位円周上の正値関数 w で $\log w$ が可積分であるものが単位円板内の正則関数の境界値の絶対値となることを利用して，複素関数の性質から導かれる．この複素解析的方法において重要な役割を演じた正則関数の Hardy 空間は，一つの関数空間としての構造など，それ自身において多くの興味深い問題を提供し，多くの研究がなされてきた．Hardy 空間の様々な形の一般化に関する研究は，最近でも古典的調和解析の重要な研究テーマになっている．

第 3 章は，Fourier 解析における Banach 環の理論の解説である．この理論の発端となったのは，絶対収束する Fourier 級数を持つ連続関数がいたるところ零でなければ，その関数の逆数も再び絶対収束する Fourier 級数を持つ，という N. Wiener の定理である．この結果は，Fourier 解析において二つの話題を提供した．一つは，スペクトル合成の問題であり，例えば，絶対収束する Fourier 級数を持つ連続関数の空間 $A(\mathbf{T})$ については，「単位円の任意の閉集合について，そこで 0 となる $A(\mathbf{T})$ の関数は，その集合の近傍で 0 となる $A(\mathbf{T})$ の関数によってノルム近似される（スペクトル合成集合）か」と述べられる．その後，この問題は I. Gelfand の理論により，可換 Banach

環へと一般化される．1948年に L. Schwartz が3次元以上の Euclid 空間の単位球面が $A(\mathbf{R}^n)$ のスペクトル合成集合でないことを示した．決定的な結果は，1959年の P. Malliavin による「$A(\mathbf{T})$ における非スペクトル合成集合の存在」である．Fourier 変換の関係する Banach 環の中で，彼らの研究は，幾何学的性質や（Lebesgue 測度零の）希薄集合の性質と関係して発展してきた．二つめは，作用関数の問題といわれるのもので，例えば，$A(\mathbf{T})$ については，「$[-1, 1]$ 上のどのような関数が $A(\mathbf{T})$ に作用するか」である．1930年代の初期に N. Wiener と P. Levy により，「解析的な関数は $A(\mathbf{T})$ に作用する」ことが示されたが，1958年，Y. Katznelson は，その逆が成立することを示した．P. Malliavin と Y. Katznelson による二つの定理において，証明の本質的な部分で，互いに共役的立場でのノルム評価が行われているところは大変興味深い．作用関数の問題も，可換 Banach 環へと一般化され発展した．スペクトル合成と作用関数の研究は，可換 Banach 環の一つの特徴を調べることで発展してきたが，最近では，本書では扱わないが，調和解析と関係して，いろいろな関数空間の中で研究されている．

第4章は，掛谷問題と呼ばれる古典的 Fourier 解析における重要ないくつかの未解決問題に関する解説である．掛谷問題というのは，多変数の関数あるいは多次元の図形に関する，互いに関連したいくつかの問題の総称である．例えば，多変数の Fourier 級数の Bochner–Riesz 平均と呼ばれる総和法が L^p ノルムに関して収束する p の範囲を決定する問題．あるいは，多次元の Euclid 空間 $\mathbb{R}^d$ 上の関数 f に対して f の Fourier 変換 $\hat{f}$ の球面 S への制限 $\hat{f}|S$ を対応させる作用素 $f \mapsto \hat{f}|S$ が $L^p(\mathbb{R}^d)$ から $L^q(S)$ への有界作用素になる指数 (p, q) を決定する問題である．最近になって，これらの問題は，Nikodym 最大作用素と呼ばれる $\mathbb{R}^d$ 上の作用素の L^p 有界性の問題や，掛谷集合と呼ばれる $\mathbb{R}^d$ の部分集合の Hausdorff 次元の評価の問題などと，深くかかわっていることが明らかにされている．これらはいずれも，2次元の場合には解決されているが，3次元以上の場合は，その見かけの単純さに反して，非常に難しい問題であることがわかってきた．最近になって Wolff や Bourgain らによって重要な成果が得られているが，まだ解決には至っていない．これらの問題の核心は，しばしば，或る条件をみたす有限集合の要素の個数を評価する問題に帰着され，それに対する議論は組合せ論的議論と

呼ばれる．これらの問題が解決され，さらにその中の組合せ論的な議論が意味のわかるものとして解析学に組み込まれるには，将来を俟たなければならない．

本書の内容は以上の4章であるが，古典的な調和解析への招待としては，なお確率論に関する1章を設けることも可能であったかもしれない．間隙Fourier 級数と独立な確率変数列との類似性については古くから多くの研究がある．Burkholder と Gundy と Silverstein が正則関数の Hardy 空間の関数の実部を特徴付ける定理を初めて示したときには，Brown 運動によって定義される最大関数が鍵となった．また，内山明人が BMO の Fefferman–Stein 分解を実関数論の方法で証明したのは，初めはマルチンゲールの設定であった．特異積分や実関数論的 Hardy 空間，BMO 空間などは，実変数関数に対するのと並行した理論が，確率論のマルチンゲールの形でも構成される．これらについては，以下の文献などを参考にしていただきたい．

[1] D. L. Burkholder, R. F. Gundy and M. L. Silverstein, A maximal function characterization of the class H^p, Trans. Amer. Math. Soc. **157**(1971), 137–153.

[2] A. M. Garsia, *Martingale Inequalities*, Seminar Notes on Recent Progress, Mathematics Lecture Note Series, W. A. Benjamin, 1973.

[3] K. E. Petersen, *Brownian Motion, Hardy Spaces and Bounded Mean Oscillation*, London Mathematical Society Lecture Note Series 28, Cambridge University Press, 1977.

[4] D. L. Burkholder, Martingale theory and harmonic analysis in Euclidean spaces, in *Harmonic Analysis in Euclidean Spaces*, G. Weiss and S. Wainger eds., part 2, Proc. Symp. Pure Math. Vol. 35, American Math. Soc., 1979, pp. 283–301.

[5] A. Uchiyama, A constructive proof of the Fefferman–Stein decomposition of BMO on simple martingales, *Conference on Harmonic Analysis in honor of Antoni Zygmund*, Volume II, W. Beckner et al. eds., pp. 495–505, 1983.

各章の執筆は，第1章は薮田公三，第2章は中路貴彦，第3章は佐藤圓

まえがき

治，第4章は田中仁である．全体の調整を宮地晶彦が担当した．

　中井英一氏と冨田直人氏には第1章を，井上純治氏と山本隆範氏には第2章を，いずれも原稿の段階から丁寧に読んでいただき，様々な貴重なご意見をいただいた．また朝倉書店編集部には本書の企画段階から多々お世話になった．記して深く感謝の意を表する．

　　2008年2月

宮 地 晶 彦

目次

第 1 章　特異積分入門　　　　　　　　　　　　　　　　（薮田公三）　1
- 1.1　準備 …………………………………………………………… 1
- 1.2　Fourier 変換 ………………………………………………… 9
  - 1.2.1　$L^1(\mathbb{R})$ 関数と急減少関数の Fourier 変換 ……………… 9
  - 1.2.2　L^2 関数の Fourier 変換 ………………………………… 19
- 1.3　Hilbert 変換の L^2 有界性 …………………………………… 29
- 1.4　Hilbert 変換とそのシャープ最大関数評価 ………………… 33
- 1.5　被覆定理と Hardy-Littlewood の最大関数 ………………… 37
- 1.6　シャープ最大関数と Hardy-Littlewood の最大関数の関係 … 44
- 1.7　Hilbert 変換の L^p 有界性 $(1 < p < \infty)$ ………………… 51
- 1.8　Calderón-Zygmund 分解と Hilbert 変換の弱 (1,1) 性 …… 54
- 1.9　Hilbert 変換の最大作用素と主値の各点収束 ……………… 70
- 1.10　Hilbert 変換の L^2 有界性 (再訪) ………………………… 78
- 1.11　重み付きノルム不等式 ……………………………………… 88
- 1.12　Hardy 空間 …………………………………………………… 108
- 1.13　BMO 空間 …………………………………………………… 114

第 2 章　複素関数論と関数解析の方法による Hardy 空間の理論
　　　　　　　　　　　　　　　　　　　　　　　　　（中路貴彦）　124
- 2.1　Hardy 空間の定義 …………………………………………… 124
- 2.2　Poisson 核と Cauchy 核 …………………………………… 126
- 2.3　放射状極限と Fatou の定理 ………………………………… 130
- 2.4　Poisson-Stieltjes 積分表現 ………………………………… 132

2.5	Hardy 空間の境界値 (I)	134
2.6	Blaschke 積と H^p の零点集合	137
2.7	Hardy 空間の境界値 (II)	141
2.8	内部関数と外部関数	144
2.9	H^1 と積分表現	147
2.10	Hardy 空間の境界値 (III)	149
2.11	H^p $(0 < p < 1)$ と積分表現	153
2.12	Riesz 兄弟の定理	154
2.13	有界な線形汎関数	155
2.14	極値問題	158
2.15	端点と露点	161
2.16	極値問題の解	165
2.17	Pick の補間問題	173
2.18	Carleson の補間問題 (I)	179
2.19	Carleson の補間問題 (II)	185
2.20	半平面の Hardy 空間	190

第3章	Fourier 解析における可換 Banach 環		(佐藤圓治)	203
3.1	可換 Banach 環			203
	3.1.1	可換 Banach 環の定義		203
	3.1.2	逆元,リゾルベント,スペクトル		205
	3.1.3	イデアル		209
	3.1.4	Gelfand 変換		213
	3.1.5	正則な可換 Banach 環		219
	3.1.6	スペクトル合成		223
	3.1.7	半単純可換 Banach 環の作用関数		225
3.2	いくつかの可換 Banach 環の Gelfand 表現			226
	3.2.1	$A(\mathbf{T})$ について		226
	3.2.2	Fourier 変換のなす可換 Banach 環 $A(\mathbf{R}^n)$		228
	3.2.3	測度のなす可換 Banach 環 (測度環)$M(\mathbf{T})$		231
	3.2.4	可換 Banach 環 $\mathfrak{M}_p(\mathbf{T})$		234

		3.2.5 特異積分作用素のなす可換 Banach 環 ················ 235
3.3	$A(\mathbf{T})$ におけるスペクトル合成について ················ 237	
	3.3.1 スペクトル合成集合の例 ························ 237	
	3.3.2 Malliavin の定理 ······························ 240	
	3.3.3 Kronecker 集合について ······················ 246	
3.4	スペクトル合成について—Varopoulos の方法— ······· 249	
	3.4.1 Schwartz の結果 ······························ 249	
	3.4.2 $A(\mathbf{T}^3)$ のスペクトル合成について ············ 251	
	3.4.3 可換 Banach 環 $V(K)$ について ··············· 253	
	3.4.4 $A(\mathbf{T})$ のスペクトル合成について ··············· 256	
	3.4.5 $A(\mathbf{T})$ の非スペクトル合成集合について ········ 261	
	3.4.6 Schwartz の結果の発展 ························ 263	
3.5	作用関数について ··· 265	
	3.5.1 作用関数の定義 ································ 266	
	3.5.2 $A(\mathbf{T})$ の作用関数 ····························· 266	
	3.5.3 $L^1(\mathbf{T})$ と $M(\mathbf{T})$ の作用関数 ················ 271	
	3.5.4 マルチプライヤー空間 $M_p(\mathbf{Z})$ の作用関数 ······ 276	
	3.5.5 $M(p,q)$ $(1<p<q<\infty)$ の作用関数について ··· 291	
	3.5.6 $C_0 M_p(\mathbf{Z})$ $(1<p<2)$ の作用関数について ······ 303	

第 4 章　振動積分と掛谷問題　　　　　　　　　　　　（田中　仁）310

4.1	Hardy-Littlewood 最大関数と微分定理 ······················ 310
4.2	Hardy-Littlewood-Sobolev の不等式 ························ 319
4.3	Fourier 変換 ··· 324
4.4	停留位相の方法 ··· 330
4.5	非退化振動積分作用素 ··· 336
4.6	Fourier 制限問題 (Tomas-Stein の定理) ···················· 338
4.7	Nikodym 最大関数 (Wolff の定理) ··························· 346
	4.7.1 小さな Nikodym 最大関数 ·························· 348
	4.7.2 命題 4.7.2 の証明 ·································· 350
	4.7.3 定理 4.7.1 の証明 ·································· 359

	4.7.4 大きな Nikodym 最大関数 (Córdoba の篩)	363
4.8	掛谷集合の幾何的次元	367
4.9	Bochner-Riesz 平均と Nikodym 最大関数	371

索引   381

第1章

特異積分入門

この章では，実解析 (real analysis) 特に Fourier 解析 (Fourier analysis) で使われる基本的な手法，定理について，Hilbert 変換 (Hilbert transform) を題材にして，1 次元 Euclid 空間 (実数軸) 上の理論を丁寧に解説する．対象を 1 次元 Euclid 空間に限るのは，このことによって，n 次元 Euclid 空間上での実解析の真髄はほとんど尽くされると考えるからであり，より一般な空間での実解析に容易に進んで行くことができると信ずるからである．

1.1 準備

まず，よく使う記号を列挙しておく．以下，$A := B$ は B を A と定義することを表す．

$\mathbb{R} := (-\infty, \infty)$, $\mathbb{R}_+ := (0, \infty)$, $\mathbb{C}$：複素数全体

$\mathbb{N} := \{1, 2, 3, \ldots\}$, $\mathbb{N}_0 := \{0, 1, 2, 3, \ldots\}$, $\mathbb{Z} := \{\ldots, -2, -1, 0, 1, 2, \ldots\}$

$C(\mathbb{R})$: $\mathbb{R}$ 上の連続関数の全体

$C_0(\mathbb{R})$: $\mathbb{R}$ 上の連続関数 f で $\lim_{|x| \to \infty} f(x) = 0$ となるものの全体

$C_c(\mathbb{R})$: $\mathbb{R}$ 上の連続関数で台が有界閉集合であるものの全体

$C^k(\mathbb{R})$: $\mathbb{R}$ 上の k 回連続的に微分可能な関数の全体

$L^\infty(\mathbb{R})$: $\mathbb{R}$ 上の本質的に有界な関数の全体

$\|f\|_{L^\infty(\mathbb{R})} = \|f\|_{L^\infty} = \|f\|_\infty := \operatorname{ess\,sup}_{x \in \mathbb{R}} |f(x)|$

$L^p(\mathbb{R})$: $\mathbb{R}$ 上の p 乗可積分な関数の全体

$$\|f\|_{L^p(\mathbb{R})} = \|f\|_{L^p} = \|f\|_p := \left(\int_{\mathbb{R}} |f(x)|^p dx\right)^{1/p}$$
$\lim_{j\to\infty} \|f_j - f\|_{L^p} = 0$ を $f_j \to f$ in L^p $(j \to \infty)$ のように表す．
ほとんど全ての $x \in \mathbb{R}$ に対して $f(x) = g(x)$ となることを
$f(x) = g(x)$ (a.e. $x \in \mathbb{R}$) のように表す．
$L^p_{\mathrm{loc}}(\mathbb{R})$: $\mathbb{R}$ の任意の有界区間上で p 乗可積分な関数の全体
$\mathbb{R}$ 上の可測集合 E に対して，E の Lebesgue 測度を $|E|$ で表す．

定義 1.1.1. $f \in \mathcal{S}(\mathbb{R})$ あるいは f が Schwartz 関数である，あるいは f が急減少関数とは，$f \in C^\infty(\mathbb{R})$ であって，しかも任意の $k, \ell \in \mathbb{N}_0$ に対して
$$|(1 + |x|)^k f^{(\ell)}(x)| \leq C_{k,\ell} \quad (x \in \mathbb{R})$$
となる正数 $C_{k,\ell}$ が存在することをいう．

次いで，Lebesgue 積分での基本的なことを述べておく．

定理 1.1.2 (Lebesgue の収束定理). $f_j(x)$ $(j = 1, 2, \ldots)$ は可測関数，$\varphi(x) \in L^1(\mathbb{R})$ であって
$$|f_j(x)| \leq \varphi(x) \quad (\text{a.e. } x \in \mathbb{R},\ j = 1, 2, \ldots)$$
$$\lim_{j \to \infty} f_j(x) = f(x) \quad (\text{a.e. } x \in \mathbb{R})$$
ならば，
$$\lim_{j \to \infty} \int_{-\infty}^{\infty} f_j(x)\,dx = \int_{-\infty}^{\infty} f(x)\,dx.$$

系 1.1.3. $1 \leq p < \infty$, $f_j(x)$ $(j = 1, 2, \ldots)$ は可測関数，$\varphi(x) \in L^p(\mathbb{R})$ であって
$$|f_j(x)| \leq \varphi(x) \quad (\text{a.e. } x \in \mathbb{R},\ j = 1, 2, \ldots)$$
$$\lim_{j \to \infty} f_j(x) = f(x) \quad (\text{a.e. } x \in \mathbb{R})$$
ならば，
$$\lim_{j \to \infty} \left(\int_{-\infty}^{\infty} |f_j(x) - f(x)|^p\,dx\right)^{1/p} = 0,$$
$$\lim_{j \to \infty} \left(\int_{-\infty}^{\infty} |f_j(x)|^p\,dx\right)^{1/p} = \left(\int_{-\infty}^{\infty} |f(x)|^p\,dx\right)^{1/p}.$$

定理 1.1.4 (積分記号下の微分定理). $f(x,t)$ は t について偏微分可能で，各 t に対して $f(x,t)$ と $f_t(x,t)$ は x について可積分で，しかも $|f_t(x,t)| \leq \varphi(x)$ となる可積分な関数 $\varphi(x)$ が存在するとする．すると，$\int_{-\infty}^{\infty} f(x,t)\,dx$ は t について微分可能で

$$\frac{d}{dt}\left(\int_{-\infty}^{\infty} f(x,t)\,dx\right) = \int_{-\infty}^{\infty} f_t(x,t)\,dx.$$

ここで，ほとんど全ての x について $f_t(x,t)$ が t について連続ならば，微分した関数も連続である．

証明 $F(t) = \int_{-\infty}^{\infty} f(x,t)\,dx$ とおくと

$$\frac{F(t+h)-F(t)}{h} = \int_{-\infty}^{\infty} \frac{f(x,t+h)-f(x,t)}{h}\,dx.$$

平均値の定理により

$$\left|\frac{f(x,t+h)-f(x,t)}{h}\right| \leq \varphi(x)$$

であり，また仮定より

$$\lim_{h\to 0} \frac{f(x,t+h)-f(x,t)}{h} = f_t(x,t)$$

であるから，Lebesgue の収束定理により

$$F'(t) = \lim_{h\to 0} \frac{F(t+h)-F(t)}{h} = \int_{-\infty}^{\infty} f_t(x,t)\,dx.$$

最後のことも Lebesgue の収束定理の応用である． ∎

定理 1.1.5 (Fubini の定理). $f(x,y)$ は (x,y) について可測であるとする．もし

$$\iint_{\mathbb{R}^2} |f(x,y)|\,dxdy, \quad \int_{-\infty}^{\infty}\left(\int_{-\infty}^{\infty} |f(x,y)|\,dx\right)dy,$$

$$\int_{-\infty}^{\infty}\left(\int_{-\infty}^{\infty} |f(x,y)|\,dy\right)dx$$

のいずれかが有限ならば，残りの 2 つも有限であって，次のことが成り立つ．

(i) ほとんど全ての $y \in \mathbb{R}$ に対して $\int_{-\infty}^{\infty} f(x,y)\,dx$ は存在して y の関数として可測である．

(ii) ほとんど全ての $x \in \mathbb{R}$ に対して $\int_{-\infty}^{\infty} f(x,y)\,dy$ は存在して x の関数として可測である．

(iii)
$$\iint_{\mathbb{R}^2} f(x,y)\,dxdy = \int_{-\infty}^{\infty} \left(\int_{-\infty}^{\infty} f(x,y)\,dx\right)dy$$
$$= \int_{-\infty}^{\infty} \left(\int_{-\infty}^{\infty} f(x,y)\,dy\right)dx.$$

系 1.1.6. $0 < p < \infty$ とする．
$$\int_{-\infty}^{\infty} |f(x)|^p\,dx = p\int_{0}^{\infty} |\{x;\,|f(x)| > t\}|\,t^{p-1}dt.$$

定理 1.1.7 (Hölder の不等式). $1 \leq p \leq \infty$ とし，$1/p + 1/p' = 1$ とする．$f(x) \in L^p(\mathbb{R})$, $g(x) \in L^{p'}(\mathbb{R})$ ならば，$f(x)g(x)$ は可積分であって，次が成り立つ．
$$\left|\int_{-\infty}^{\infty} f(x)g(x)\,dx\right| \leq \|f\|_{L^p}\|g\|_{L^{p'}}.$$

Hölder の不等式は，$p = 2$ のとき Cauchy-Schwarz の不等式と呼ばれる．以後も，この名でしばしば使われる．

定理 1.1.8 (Young の不等式の特別な場合). $1 \leq p \leq \infty$ とする．$f(x) \in L^1(\mathbb{R})$, $g(x) \in L^p(\mathbb{R})$ ならば，ほとんど全ての x に対して $\int f(x-y)g(y)\,dy$ は存在して，次式が成り立つ．
$$\left(\int_{-\infty}^{\infty} \left|\int_{-\infty}^{\infty} f(x-y)g(y)\,dy\right|^p dx\right)^{1/p} \leq \|f\|_{L^1}\|g\|_{L^p}.$$

証明
$$\left|\int_{-\infty}^{\infty} f(x-y)g(y)\,dy\right|$$
$$\leq \int_{-\infty}^{\infty} |f(x-y)g(y)|\,dy$$

1.1 準備

$$\leq \left(\int_{-\infty}^{\infty} |f(x-y)|\,dy\right)^{1/p'} \left(\int_{-\infty}^{\infty} |f(x-y)|\,|g(y)|^p\,dy\right)^{1/p}$$

$$= (\|f\|_{L^1})^{1/p'} \left(\int_{-\infty}^{\infty} |f(x-y)|\,|g(y)|^p\,dy\right)^{1/p}.$$

また，Fubini の定理により

$$\int_{-\infty}^{\infty} \left(\int_{-\infty}^{\infty} |f(x-y)|\,|g(y)|^p\,dy\right)dx = \int_{-\infty}^{\infty} \left(\int_{-\infty}^{\infty} |f(x-y)|\,|g(y)|^p\,dx\right)dy$$

$$= \|f\|_{L^1} \int_{-\infty}^{\infty} |g(y)|^p dy < \infty.$$

従って，Fubini の定理により，ほとんど全ての x に対して $\int_{-\infty}^{\infty} f(x-y)g(y)\,dy$ は存在する．上の 2 つの不等式より，欲しい不等式が従う． ■

定理 1.1.9. $K(t,x)$ は次の 3 つを満たすとする．

(i) $\int_{-\infty}^{\infty} |K(t,x)|dx \leq A \quad (t>0)$,
(ii) $\int_{-\infty}^{\infty} K(t,x)\,dx = 1 \quad (t>0)$,
(iii) 各 $\delta > 0$ に対して

$$\int_{|x|>\delta} |K(t,x)|\,dx \to 0 \quad (t \to 0).$$

すると
 (a) $f(x) \in L^\infty(\mathbb{R})$ で，点 x_0 で連続ならば，

$$\int_{-\infty}^{\infty} K(t,x_0-y)f(y)\,dy \to f(x_0) \quad (t \to 0).$$

 (b) $f(x) \in L^\infty(\mathbb{R}) \cap C(\mathbb{R})$ ならば，任意の有限区間上で一様に

$$\int_{-\infty}^{\infty} K(t,x-y)f(y)\,dy \to f(x) \quad (t \to 0).$$

 (c) $1 \leq p < \infty$ で $f \in L^p(\mathbb{R})$ ならば

$$\left\|\int_{-\infty}^{\infty} K(t,x-y)f(y)\,dy - f(x)\right\|_{L^p} \to 0 \quad (t \to 0).$$

(d) $1 \leq p \leq \infty$ で $f \in L^p(\mathbb{R})$ ならば

$$\left\| \int_{-\infty}^{\infty} K(t, x-y) f(y) \, dy \right\|_{L^p} \leq A \|f\|_{L^p}.$$

証明 (a) まず (ii) を使って

$$\int_{-\infty}^{\infty} K(t, x_0 - y) f(y) \, dy - f(x_0)$$
$$= \int_{-\infty}^{\infty} K(t, x_0 - y) f(y) \, dy - f(x_0) \int_{-\infty}^{\infty} K(t, x_0 - y) \, dy$$
$$= \int_{-\infty}^{\infty} K(t, x_0 - y) \bigl(f(y) - f(x_0) \bigr) \, dy.$$

従って,

$$\left| \int_{-\infty}^{\infty} K(t, x_0 - y) f(y) \, dy - f(x_0) \right|$$
$$\leq \int_{|y-x_0|>\delta} |K(t, x_0 - y)| |f(y) - f(x_0)| \, dy$$
$$\quad + \int_{|y-x_0|\leq\delta} |K(t, x_0 - y)| |f(y) - f(x_0)| \, dy$$
$$\leq 2\|f\|_{\infty} \int_{|y-x_0|>\delta} |K(t, x_0 - y)| \, dy$$
$$\quad + \sup_{|x_0-y|\leq\delta} |f(y) - f(x_0)| \int_{-\infty}^{\infty} |K(t, x_0 - y)| \, dy.$$

そこで, $\varepsilon > 0$ を任意に一つ固定しよう. $f(x)$ は点 x_0 で連続だから, 次の性質を持った $\delta > 0$ が存在する.

$$|y - x_0| \leq \delta \quad \text{ならば} \quad |f(y) - f(x_0)| < \varepsilon.$$

また (iii) により, この δ に対して, 次のような $t_0 > 0$ が存在する.

$$0 < t < t_0 \text{ ならば} \int_{|y-x_0|>\delta} |K(t, x_0 - y)| dy = \int_{|z|>\delta} |K(t, z)| dz < \varepsilon.$$

(i) も使ってまとめると，任意の $\varepsilon > 0$ に対して $t_0 > 0$ が存在して，$0 < t < t_0$ ならば

$$\left| \int_{-\infty}^{\infty} K(t, x_0 - y) f(y) \, dy - f(x_0) \right| \leq (2\|f\|_{\infty} + A)\varepsilon$$

よって，(a) が示せた．

(b) $I = [-a, a]$ とすると，仮定により $f(x)$ は I 上で一様連続である．このことと (a) の証明法より結論を導くことができる．

(c) $f \in L^p(\mathbb{R})$ とする．また任意に $\varepsilon > 0$ を固定する．$C_c(\mathbb{R})$ が $L^p(\mathbb{R})$ で稠密であることを使えば，

$$\|f - f_0\|_{L^p} < \varepsilon$$

かつ $\operatorname{supp} f_0 \subset \{x; |x| \leq R\}$ となる連続関数 f_0 と正数 R が存在する．L^p に対する三角不等式を使って

$$\left\| \int_{-\infty}^{\infty} K(t, x - y) f(y) \, dy - f(x) \right\|_{L^p}$$
$$\leq \left\| \int_{-\infty}^{\infty} K(t, x - y)(f(y) - f_0(y)) \, dy \right\|_{L^p}$$
$$+ \left\| \int_{-\infty}^{\infty} K(t, x - y) f_0(y) \, dy - f_0(x) \right\|_{L^p} + \|f_0(x) - f(x)\|_{L^p}$$
$$= I_1 + I_2 + I_3$$

を得る．Young の不等式と (i) により

$$I_1 \leq \|K(t, \cdot)\|_{L^1} \|f - f_0\|_{L^p} \leq A \|f - f_0\|_{L^p}.$$

よって

$$I_1 + I_3 < (A + 1)\varepsilon.$$

I_2 については，(b) を使えば，正数 t_0 が存在して，$0 < t < t_0$ ならば有界閉区間 $[-R - 1, R + 1]$ 上の任意の x に対して

$$\left| \int_{-\infty}^{\infty} K(t, x - y) f_0(y) \, dy - f_0(x) \right| < \frac{\varepsilon}{2(R + 1)^{1/p}}.$$

従って
$$\int_{|x|\leq R+1}\left|\int_{-\infty}^{\infty} K(t,x-y)f_0(y)\,dy - f_0(x)\right|^p dx < \varepsilon^p.$$

次に，$f_0(x) = 0$ ($|x| \geq R$) と Hölder の不等式, (i), さらに Fubini の定理を使って

$$\begin{aligned}
J_t &:= \int_{|x|\geq R+1}\left|\int_{-\infty}^{\infty} K(t,x-y)f_0(y)\,dy - f_0(x)\right|^p dx \\
&= \int_{|x|\geq R+1}\left|\int_{-\infty}^{\infty} K(t,x-y)f_0(y)\,dy\right|^p dx \\
&\leq \int_{|x|\geq R+1}\left(\int_{-\infty}^{\infty}|K(t,x-y)|dy\right)^{p/p'}\left(\int_{-\infty}^{\infty}|K(t,x-y)||f_0(y)|^p\,dy\right)dx \\
&\leq A^{p/p'}\int_{|x|\geq R+1}\left(\int_{-\infty}^{\infty}|K(t,x-y)||f_0(y)|^p\,dy\right)dx \\
&= A^{p/p'}\int_{|x|\geq R+1}\left(\int_{|y|\leq R}|K(t,x-y)||f_0(y)|^p\,dy\right)dx \\
&= A^{p/p'}\int_{|y|\leq R}\left(\int_{|x|\geq R+1}|K(t,x-y)|dx\right)|f_0(y)|^p\,dy
\end{aligned}$$

を得る．ここで，$|y| \leq R$, $|x| \geq R+1$ に対して，$|x-y| \geq |x| - |y| \geq (R+1) - R = 1$ になることに注意して

$$\begin{aligned}
J_t &\leq A^{p/p'}\int_{|y|\leq R}\left(\int_{|x-y|\geq 1}|K(t,x-y)|dx\right)|f_0(y)|^p\,dy \\
&= A^{p/p'}\int_{|y|\leq R}\left(\int_{|z|\geq 1}|K(t,z)|dz\right)|f_0(y)|^p\,dy \\
&= A^{p/p'}\int_{|y|\leq R}|f_0(y)|^p\,dy\int_{|z|\geq 1}|K(t,z)|dz \\
&= A^{p/p'}\|f_0\|_{L^p}^p\int_{|x|\geq 1}|K(t,x)|dx.
\end{aligned}$$

仮定 (iii) より $t_1 > 0$ が存在して

$$J_t < \varepsilon^p \qquad (0 < t < t_1)$$

となる．よって $0 < t < \min(t_0, t_1)$ なら

$$I_2^p < \varepsilon^p + \varepsilon^p < (2\varepsilon)^p.$$

1.2 Fourier 変換

従って
$$I_1 + I_2 + I_3 < (A+3)\varepsilon$$
となり,
$$\lim_{t \to 0} \left\| \int_{-\infty}^{\infty} K(t, x-y) f(y) \, dy - f(x) \right\|_{L^p} = 0$$
が示せた.

(d) (c) の I_1 の評価と同じように, Young の不等式と (i) によって結論を得る. ∎

例 1.1.10. $\varphi(x) \in L^1(\mathbb{R})$ で $\int_{-\infty}^{\infty} \varphi(x) \, dx = 1$ とし, $\varphi_t(x) = t^{-1}\varphi(t^{-1}x)$ とおく. すると, $K(t,x) = \varphi_t(x)$ は定理 1.1.9 の仮定 (i), (ii), (iii) を満たす.

実際, (i) 変数変換 $y = x/t$ によって,
$$\int_{-\infty}^{\infty} |\varphi_t(x)| \, dx = \int_{-\infty}^{\infty} \left| \frac{1}{t} \varphi\left(\frac{x}{t}\right) \right| dx = \int_{-\infty}^{\infty} |\varphi(y)| \, dy.$$
(ii) (i) と同様に
$$\int_{-\infty}^{\infty} \varphi_t(x) \, dx = \int_{-\infty}^{\infty} \frac{1}{t} \varphi\left(\frac{x}{t}\right) dx = \int_{-\infty}^{\infty} \varphi(y) \, dy = 1.$$
(iii) $\varphi(x) \in L^1(\mathbb{R})$ だから
$$\int_{|x|>\delta} |\varphi_t(x)| \, dx = \int_{|x|>\delta} \left| \frac{1}{t} \varphi\left(\frac{x}{t}\right) \right| dx = \int_{|y|>\delta/t} |\varphi(y)| \, dy \to 0 \quad (t \to 0).$$

1.2 Fourier 変換

1.2.1 $L^1(\mathbb{R})$ 関数と急減少関数の Fourier 変換

定義 1.2.1. $f(x) \in L^1(\mathbb{R})$ に対して
$$\hat{f}(\xi) = \mathcal{F}f(\xi) = \int_{-\infty}^{\infty} f(x) e^{-ix\xi} \, dx$$

を f の Fourier 変換と呼ぶ. また,

$$\check{f}(x) = \mathcal{F}^{-1}f(x) = \frac{1}{2\pi}\int_{-\infty}^{\infty} f(\xi)e^{ix\xi}\,d\xi$$

を f の逆 Fourier 変換と呼ぶ. 定義より

$$\mathcal{F}^{-1}f(x) = \frac{1}{2\pi}\mathcal{F}(f(-\cdot))(x) = \frac{1}{2\pi}\mathcal{F}f(-x).$$

後でよく使う Fourier 変換の具体的な例を挙げておく.

例 1.2.2.

$$\mathcal{F}(e^{-\frac{x^2}{2}})(\xi) = \sqrt{2\pi}e^{-\frac{\xi^2}{2}}. \tag{1.2.1}$$

$$\mathcal{F}^{-1}\mathcal{F}(e^{-\frac{x^2}{2}}) = e^{-\frac{x^2}{2}}. \tag{1.2.2}$$

証明

$$\begin{aligned}\mathcal{F}(e^{-\frac{x^2}{2}})(\xi) &= \int_{-\infty}^{\infty} e^{-\frac{x^2}{2}}e^{-ix\xi}\,dx = \int_{-\infty}^{\infty} e^{-\frac{1}{2}(x^2+2ix\xi)}\,dx \\ &= \int_{-\infty}^{\infty} e^{-\frac{1}{2}(x+i\xi)^2-\frac{\xi^2}{2}}\,dx = e^{-\frac{\xi^2}{2}}\int_{-\infty}^{\infty} e^{-\frac{1}{2}(x+i\xi)^2}\,dx \\ &= e^{-\frac{\xi^2}{2}}\int_{-\infty}^{\infty} e^{-\frac{x^2}{2}}\,dx = \sqrt{2\pi}e^{-\frac{\xi^2}{2}}.\end{aligned}$$

5 番目の等式は簡単な関数論の演習問題である.

等式 (1.2.2) は等式 (1.2.1) と定義 1.2.1 での逆 Fourier 変換の定義を使って

$$\begin{aligned}\mathcal{F}^{-1}\mathcal{F}(e^{-\frac{x^2}{2}}) &= \mathcal{F}^{-1}(\sqrt{2\pi}e^{-\frac{\xi^2}{2}})(x) = \sqrt{2\pi}\mathcal{F}^{-1}(e^{-\frac{\xi^2}{2}})(x) \\ &= \sqrt{2\pi}\cdot\frac{1}{2\pi}\mathcal{F}(e^{-\frac{(-\xi)^2}{2}})(x) = e^{-\frac{x^2}{2}}.\end{aligned}$$

■

L^1 関数の Fourier 変換の基本定理として, 次から始める.

定理 1.2.3. $f \in L^1(\mathbb{R})$ なら

(i) $|\mathcal{F}f(\xi)| \leq \int_{-\infty}^{\infty} |f(x)|\,dx$ ($\xi \in \mathbb{R}$) で, $\mathcal{F}f(\xi)$ は $\mathbb{R}$ 上で一様連続である.

(ii) $\displaystyle\lim_{|\xi| \to \infty} \mathcal{F}f(\xi) = 0$ (Riemann-Lebesgue の定理).

証明 (i) 最初の評価は明らかだから, 一様連続性を示そう.

$$\begin{aligned}|\hat{f}(\xi + h) - \hat{f}(\xi)| &= \left|\int_{-\infty}^{\infty} \left(e^{-ix(\xi+h)} - e^{-ix\xi}\right) f(x)\,dx\right| \\ &\leq \int_{-\infty}^{\infty} \left|e^{-ix(\xi+h)} - e^{-ix\xi}\right| |f(x)|\,dx \\ &= \int_{-\infty}^{\infty} \left|e^{-ixh} - 1\right| |f(x)|\,dx.\end{aligned}$$

そこで, $h \to 0$ とすると, $|(e^{ixh} - 1)f(x)| \leq 2|f(x)| \in L^1(\mathbb{R})$ だから, Lebesgue の収束定理が使えて ξ に無関係に

$$\lim_{h \to 0} |\hat{f}(\xi + h) - \hat{f}(\xi)| = 0.$$

よって, $\mathcal{F}f(\xi)$ は $\mathbb{R}$ 上で一様連続である.

(ii) 正数 ε を任意に固定しよう. $C_c^{\infty}(\mathbb{R})$ は $L^1(\mathbb{R})$ で稠密だから

$$\|f - f_0\|_{L^1} < \varepsilon$$

を満たす $f_0 \in C_c^1(\mathbb{R})$ が存在する.

$$\begin{aligned}\mathcal{F}f(\xi) &= \int_{-\infty}^{\infty} e^{-ix\xi}\left(f(x) - f_0(x)\right) dx + \int_{-\infty}^{\infty} e^{-ix\xi} f_0(x)\,dx \\ &= \int_{-\infty}^{\infty} e^{-ix\xi}\left(f(x) - f_0(x)\right) dx + \frac{1}{i\xi}\int_{-\infty}^{\infty} e^{-ix\xi} f_0'(x)\,dx.\end{aligned}$$

だから $|\xi| > \int_{-\infty}^{\infty} |f_0'(x)|\,dx / \varepsilon$ なら

$$\begin{aligned}|\mathcal{F}f(\xi)| &\leq \int_{-\infty}^{\infty} |f(x) - f_0(x)|\,dx + \frac{1}{|\xi|}\int_{-\infty}^{\infty} |f_0'(x)|\,dx \\ &< \varepsilon + \varepsilon = 2\varepsilon.\end{aligned}$$

よって
$$\lim_{|\xi|\to\infty} \mathcal{F}f(\xi) = 0.$$
∎

補題 1.2.4. $f, g \in L^1(\mathbb{R})$ ならば
$$\int f(x)\mathcal{F}g(x)\,dx = \int \mathcal{F}f(x)g(x)\,dx.$$

証明 $e^{-ix\xi}f(x)g(\xi) \in L^1(\mathbb{R}\times\mathbb{R})$ となるから，Fubini の定理によって
$$\int f(x)\mathcal{F}g(x)\,dx = \int f(x)\left(\int e^{-ix\xi}g(\xi)\,d\xi\right)dx$$
$$= \int g(\xi)\left(\int e^{-ix\xi}f(x)\,dx\right)d\xi = \int \mathcal{F}f(x)g(x)\,dx.$$
∎

定理 1.2.5. $f \in L^1(\mathbb{R})$ かつ $\mathcal{F}f \in L^1(\mathbb{R})$ ならば，
$$f(x) = \mathcal{F}^{-1}\mathcal{F}f(x) \quad (\text{a.e. } x \in \mathbb{R})$$
であって，測度 0 の集合上で $f(x)$ を修正すれば
$$f(x) \in C_0(\mathbb{R}) \cap L^\infty(\mathbb{R})$$
となる．

証明 $g \in L^1(\mathbb{R})$ かつ $\mathcal{F}g \in L^1(\mathbb{R})$ とする．すると，$f \in L^1(\mathbb{R})$, $\mathcal{F}g \in L^1(\mathbb{R})$ だから $e^{-iy\xi}f(y)e^{ix\xi}\mathcal{F}g(\xi) \in L^1(\mathbb{R}_y \times \mathbb{R}_\xi)$ である．よって，Fubini の定理を使って

$$\int e^{ix\xi}\mathcal{F}f(\xi)\mathcal{F}g(\xi)\,d\xi \tag{1.2.3}$$
$$= \int e^{ix\xi}\mathcal{F}g(\xi)\left(\int e^{-iy\xi}f(y)\,dy\right)d\xi = \int\left(\int e^{i(x-y)\xi}\mathcal{F}g(\xi)\,d\xi\right)f(y)\,dy \tag{1.2.4}$$
$$= 2\pi\int \mathcal{F}^{-1}(\mathcal{F}g)(x-y)f(y)\,dy = 2\pi\int \mathcal{F}^{-1}(\mathcal{F}g)(y)f(x-y)\,dy. \tag{1.2.5}$$

1.2 Fourier 変換

また，$g \in L^1(\mathbb{R}), \mathcal{F}f \in L^1(\mathbb{R})$ だから，f と g の役割を入れ替えると次の等式を得る．

$$\int \mathcal{F}^{-1}(\mathcal{F}g)(x-y)f(y)\,dy = \int \mathcal{F}^{-1}(\mathcal{F}f)(y)g(x-y)\,dy. \quad (1.2.6)$$

ここで $g(x) = e^{-\frac{1}{2}(\frac{x}{t})^2}$ $(t > 0)$ とすると，$g \in L^1(\mathbb{R}), \mathcal{F}g \in L^1(\mathbb{R})$ であるから，等式 (1.2.6) が成り立つ．さらに，例 1.2.2 と変数変換により

$$\mathcal{F}g(\xi) = t\mathcal{F}(e^{-x^2/2})(t\xi) = \sqrt{2\pi}t e^{-\frac{(t\xi)^2}{2}}$$

を得る．もう一度変数変換と例 1.2.2 を使って

$$\mathcal{F}^{-1}(\mathcal{F}g)(x) = \frac{1}{2\pi}\mathcal{F}(\mathcal{F}g)(-x) = \frac{t}{\sqrt{2\pi}}\mathcal{F}(e^{-\frac{(t\xi)^2}{2}})(-x)$$
$$= \frac{t}{\sqrt{2\pi}}\frac{1}{t}\mathcal{F}(e^{-\frac{\xi^2}{2}})(-x/t) = \frac{1}{\sqrt{2\pi}}\sqrt{2\pi}e^{-\frac{1}{2}(\frac{x}{t})^2} = e^{-\frac{1}{2}(\frac{x}{t})^2}.$$

よって，式 (1.2.6) により

$$\frac{1}{\sqrt{2\pi}t}\int e^{-\frac{1}{2}(\frac{x-y}{t})^2}f(y)\,dy = \frac{1}{\sqrt{2\pi}t}\int e^{-\frac{1}{2}(\frac{x-y}{t})^2}\mathcal{F}^{-1}(\mathcal{F}f)(y)\,dy. \quad (1.2.7)$$

ここで，$\varphi(x) = \frac{1}{\sqrt{2\pi}}e^{-\frac{x^2}{2}}$, $\varphi_t(x) = \frac{1}{t}\varphi(\frac{x}{t})$ とおくと，

$$\int |\varphi(x)|\,dx = \int \varphi(x)\,dx = \frac{1}{\sqrt{2\pi}}\int e^{-\frac{x^2}{2}}\,dx = 1$$

だから，$\varphi(x)$ は例 1.1.10 にあるように，定理 1.1.9 の仮定を満たす．従って，定理 1.1.9 を適用して，式 (1.2.7) で $t \to 0$ とすることにより

$$f(x) = \mathcal{F}^{-1}(\mathcal{F}f)(x) \quad (\text{a.e. } x \in \mathbb{R})$$

を得る．$\mathcal{F}f \in L^1(\mathbb{R})$ だから，定理 1.2.3 により $\mathcal{F}^{-1}\mathcal{F}f \in C_0(\mathbb{R}) \cap L^\infty(\mathbb{R})$ である． ∎

補題 1.2.6. $f \in L^1(\mathbb{R})$ かつ $\mathcal{F}f = 0$ ならば，$f = 0$ である．

証明 $f \in L^1(\mathbb{R})$ かつ $\mathcal{F}f = 0 \in L^1(\mathbb{R})$ だから，定理 1.2.5 により

$$f(x) = \mathcal{F}^{-1}(\mathcal{F}f)(x) = 0 \quad (\text{a.e. } x \in \mathbb{R}).$$

∎

急減少関数の Fourier 変換の基本的な性質を調べるために，次の簡単な事実から始めよう．

補題 1.2.7. $k \in \mathbb{N}$ とする．$f(x) \in \mathcal{S}(\mathbb{R}), g(x) \in C^k(\mathbb{R})$, かつ $|g^{(k-1)}(x)| \leq C_{k-1}(1+|x|)^{m_{k-1}}$ (C_{k-1} は正定数, $m_{k-1} \in \mathbb{N}_0$) ならば, $0 \leq \ell \leq k$ について

$$\int_{-\infty}^{\infty} f^{(l)}(x)g(x)\,dx = (-1)^l \int_{-\infty}^{\infty} f(x)g^{(l)}(x)\,dx. \tag{1.2.8}$$

証明 $f \in \mathcal{S}(\mathbb{R})$ の定義と $|g^{(k-1)}(x)| \leq C_{k-1}(1+|x|)^{m_{k-1}}$ より $|g^{(\ell)}(x)| \leq C_\ell(1+|x|)^{m_\ell}$ ($0 \leq \ell \leq k-1$) となることより, $\lim_{|x| \to \infty} |f^{(m)}(x)g^{(\ell-m)}(x)| = 0$ ($0 \leq m < \ell$) となることに注意し，部分積分すればよい． ∎

定理 1.2.8. $f \in \mathcal{S}(\mathbb{R})$ に対して次が成り立つ．

(i) $|\mathcal{F}f(\xi)| \leq \|f\|_{L^1}$ ($\xi \in \mathbb{R}$).

(ii) $\mathcal{F}(f^{(k)})(\xi) = (i\xi)^k \mathcal{F}f(\xi)$ ($k \in \mathbb{N}_0, \xi \in \mathbb{R}$).

(iii) $(\mathcal{F}f)^{(k)}(\xi) = \mathcal{F}\big((-ix)^k f(x)\big)(\xi)$ ($k \in \mathbb{N}_0, \xi \in \mathbb{R}$).

(iv) $\mathcal{F}\big(f(x)e^{ixh}\big)(\xi) = \mathcal{F}f(\xi - h)$ ($h \in \mathbb{R}, \xi \in \mathbb{R}$).

(v) $\mathcal{F}\big(f(x-h)\big)(\xi) = e^{-ih\xi}\mathcal{F}f(\xi)$ ($h \in \mathbb{R}, \xi \in \mathbb{R}$).

(vi) $\mathcal{F}\big(f(tx)\big)(\xi) = \frac{1}{|t|}\mathcal{F}f\big(\frac{\xi}{t}\big)$ ($t \in \mathbb{R} \setminus \{0\}, \xi \in \mathbb{R}$).

(vii) $\mathcal{F}f \in \mathcal{S}(\mathbb{R})$.

証明 (i)

$$|\mathcal{F}f(\xi)| = \left|\int_{-\infty}^{\infty} f(x)e^{-ix\xi}\,dx\right| \leq \int_{-\infty}^{\infty} |f(x)|\,dx = \|f\|_{L^1}.$$

(ii) 補題 1.2.7 を使って

$$\mathcal{F}(f')(\xi) = \int_{-\infty}^{\infty} e^{-ix\xi} f'(x)\,dx = -\int_{-\infty}^{\infty} \left(\frac{d}{dx}e^{-ix\xi}\right)f(x)\,dx$$
$$= i\xi \int_{-\infty}^{\infty} e^{-ix\xi} f(x)\,dx = i\xi \mathcal{F}f(\xi).$$

1.2 Fourier 変換

以下，帰納的に一般の k に対しても示せる．
(iii)
$$|e^{-ix\xi}f(x)| = |f(x)| \in L^1(\mathbb{R}),$$
$$\left|\frac{\partial}{\partial \xi}e^{-ix\xi}f(x)\right| = |-ixe^{-ix\xi}f(x)| = |xf(x)| \leq \frac{C_{3,0}|x|}{(1+|x|)^3} \in L^1(\mathbb{R})$$
だから，積分記号下の微分定理 1.1.4 が使えて
$$(\mathcal{F}f)'(\xi) = \frac{d}{d\xi}\left(\int_{-\infty}^{\infty}e^{-ix\xi}f(x)\,dx\right) = \int_{-\infty}^{\infty}\frac{\partial}{\partial \xi}\left(e^{-ix\xi}f(x)\right)dx$$
$$= \int_{-\infty}^{\infty}-ixe^{-ix\xi}f(x)\,dx = \mathcal{F}(-ixf(x))(\xi).$$

以下，帰納的に一般の k に対しても示せる．
(iv)
$$\mathcal{F}(f(x)e^{ixh})(\xi) = \int_{-\infty}^{\infty}e^{-ix\xi}f(x)e^{ixh}\,dx$$
$$= \int_{-\infty}^{\infty}e^{-ix(\xi-h)}f(x)\,dx = \mathcal{F}f(\xi-h).$$

(v) 変数変換 $y = x - h$ を使って
$$\mathcal{F}(f(x-h))(\xi) = \int_{-\infty}^{\infty}e^{-ix\xi}f(x-h)\,dx = \int_{-\infty}^{\infty}e^{-i(y+h)\xi}f(y)\,dy$$
$$= e^{-ih\xi}\int_{-\infty}^{\infty}e^{-ix\xi}f(x)\,dx = e^{-ih\xi}\mathcal{F}f(\xi).$$

(vi) (v) と同じく，変数変換 $y = tx$ を使って
$$\mathcal{F}(f(tx))(\xi) = \int_{-\infty}^{\infty}e^{-ix\xi}f(tx)\,dx = \int_{-\infty}^{\infty}e^{-i\frac{y}{t}\xi}f(y)\frac{dy}{|t|}$$
$$= \frac{1}{|t|}\int_{-\infty}^{\infty}e^{-iy\frac{\xi}{t}}f(y)\,dy = \frac{1}{|t|}\mathcal{F}f\left(\frac{\xi}{t}\right).$$

(vii) (iii) により $\mathcal{F}f \in C^\infty(\mathbb{R})$ が分かる．また，任意の $k, \ell \in \mathbb{N}_0$ に対して，(ii), (iii) により
$$(i\xi)^k(\mathcal{F}f)^{(\ell)}(\xi) = (i\xi)^k\mathcal{F}((-ix)^\ell f(x))(\xi) = \mathcal{F}\bigl([(-ix)^\ell f(x)]^{(k)}\bigr)(\xi).$$

よって，(i) と Leibniz の公式を使い，$\mathcal{S}(\mathbb{R})$ の定義に注意すれば
$|(i\xi)^k (\mathcal{F}f)^{(\ell)}(\xi)|$
$$\leq \|[(-ix)^\ell f(x)]^{(k)}\|_{L^1} = \left\|\sum_{j=0}^{k} \binom{k}{j}[(-ix)^\ell]^{(j)} f^{(k-j)}\right\|_{L^1}$$
$$\leq C\left\|(1+|x|)^\ell \sum_{j=0}^{k} |f^{(j)}(x)|\right\|_{L^1} \leq C\left\|(1+|x|)^\ell \sum_{j=0}^{k} \frac{C_{\ell+2,j}}{(1+|x|)^{\ell+2}}\right\|_{L^1}$$
$$\leq C \sum_{j=0}^{k} C_{\ell+2,j} \left\|\frac{1}{(1+|x|)^2}\right\|_{L^1} < \infty$$
となるから，$\mathcal{F}f \in \mathcal{S}(\mathbb{R})$ が示せた． ∎

定理 1.2.9. (i) $\mathcal{F}^{-1}\mathcal{F}f = f$, $\mathcal{F}\mathcal{F}^{-1}f = f$ $(f \in \mathcal{S}(\mathbb{R}))$.
(ii) $\int_{-\infty}^{\infty} f(x)\overline{g(x)}\,dx = \frac{1}{2\pi}\int_{-\infty}^{\infty} \mathcal{F}f(\xi)\overline{\mathcal{F}g(\xi)}\,d\xi$ $(f,g \in \mathcal{S}(\mathbb{R}))$
(Parseval の等式)．
(iii) $\int_{-\infty}^{\infty} |f(x)|^2\,dx = \frac{1}{2\pi}\int_{-\infty}^{\infty} |\mathcal{F}f(\xi)|^2\,d\xi$ $(f \in \mathcal{S}(\mathbb{R}))$
(Plancherel の等式)．

証明 (i) $f \in \mathcal{S}(\mathbb{R})$ だから，定理 1.2.8(vii) により $\mathcal{F}f \in \mathcal{S}(\mathbb{R})$ であり，$\mathcal{S}(\mathbb{R}) \subset L^1(\mathbb{R})$ だから，定理 1.2.5 によって
$$f(x) = \mathcal{F}^{-1}(\mathcal{F}f)(x) \quad (\text{a.e. } x \in \mathbb{R})$$
である．ところが，f は連続であり，$\mathcal{F}f \in \mathcal{S}(\mathbb{R}) \subset L^1(\mathbb{R})$ だから定理 1.2.3 により $\mathcal{F}^{-1}(\mathcal{F}f) \in C(\mathbb{R})$ であるから，
$$f(x) = \mathcal{F}^{-1}(\mathcal{F}f)(x) \quad (x \in \mathbb{R}).$$
また，
$$\mathcal{F}(\mathcal{F}^{-1}f)(x) = \mathcal{F}\left(\frac{1}{2\pi}\mathcal{F}f(-\xi)\right)(x) = \frac{1}{2\pi}\mathcal{F}\bigl(\mathcal{F}f(\xi)\bigr)(-x)$$
$$= \mathcal{F}^{-1}(\mathcal{F}f)(x) = f(x).$$

(ii) $f,g \in \mathcal{S}(\mathbb{R})$ だから，定理 1.2.5 の証明での f,g の条件を満たすから，式 (1.2.5) で $x=0$ とし，$\mathcal{F}^{-1}(\mathcal{F}g) = g$ を用いて
$$\int \mathcal{F}f(\xi)\mathcal{F}g(\xi)\,d\xi = 2\pi \int f(y)\mathcal{F}^{-1}(\mathcal{F}g)(-y)\,dy = 2\pi \int f(y)g(-y)\,dy.$$

1.2 Fourier 変換

よって

$$\int f(y)\overline{g(y)}\,dy = \int f(y)\overline{g(-(-y))}\,dy = \frac{1}{2\pi}\int \mathcal{F}f(\xi)\mathcal{F}\overline{(g(-x))}(\xi)\,d\xi.$$

ここで Fourier 変換の定義と変数変換 $y = -x$ により

$$\mathcal{F}\overline{(g(-x))}(\xi) = \int e^{-ix\xi}\overline{g(-x)}\,dx = \int e^{iy\xi}\overline{g(y)}\,dy = \overline{\int e^{-iy\xi}g(y)\,dy}$$
$$= \overline{\mathcal{F}g(\xi)}.$$

従って

$$\int f(y)\overline{g(y)}\,dy = \frac{1}{2\pi}\int \mathcal{F}f(\xi)\overline{\mathcal{F}g(\xi)}\,d\xi$$

が従う．

(iii) (ii) で $g = f$ とすればよい． ∎

定義 1.2.10. $f, g \in L^1(\mathbb{R})$ に対して

$$f * g(x) := \int f(y)g(x-y)\,dy = \int f(x-y)g(y)\,dy$$

を f と g の合成積 (convolution) という．

補題 1.2.11. $f, g \in L^1(\mathbb{R})$ ならば

$$\mathcal{F}(f * g)(\xi) = \mathcal{F}f(\xi)\mathcal{F}g(\xi).$$

証明 $f, g \in L^1(\mathbb{R})$ とする．$\iint |e^{-ix\xi}f(x-y)g(y)|\,dxdy = \int(\int |f(x-y)|\,dx)|g(y)|\,dy = \int |f(x)|\,dx \int |g(y)|\,dy < \infty$ だから，Fubini の定理を使った後，変数変換 $z = x - y$ を行うと

$$\mathcal{F}(f*g)(\xi) = \int e^{-ix\xi}\left(\int f(x-y)g(y)\,dy\right)dx$$
$$= \int \left(\int f(x-y)e^{-ix\xi}\,dx\right)g(y)\,dy$$
$$= \int \left(\int f(x-y)e^{-i(x-y)\xi}\,dx\right)e^{-iy\xi}g(y)\,dy$$

$$= \int \left(\int f(z) e^{-iz\xi} \, dz \right) e^{-iy\xi} g(y) \, dy$$
$$= \int \mathcal{F}f(\xi) e^{-iy\xi} g(y) \, dy = \mathcal{F}f(\xi) \mathcal{F}g(\xi).$$

∎

定理 1.2.12. $f, g \in \mathcal{S}(\mathbb{R})$ に対して

(i) $\mathcal{F}(f * g)(\xi) = (\mathcal{F}f)(\xi)(\mathcal{F}g)(\xi)$,
$\mathcal{F}^{-1}(f * g)(x) = 2\pi (\mathcal{F}^{-1}f)(x)(\mathcal{F}^{-1}g)(x)$;

(ii) $\mathcal{F}(fg)(\xi) = \dfrac{1}{2\pi} \mathcal{F}f * \mathcal{F}g(\xi)$, $\quad \mathcal{F}^{-1}(fg)(x) = \mathcal{F}^{-1}f * \mathcal{F}^{-1}g(x).$

証明 $f, g \in \mathcal{S}(\mathbb{R})$ とする．

(i) $f, g \in L^1(\mathbb{R})$ となるから，補題 1.2.11 により最初の等式を得る．
また，$\mathcal{F}^{-1}f(x) = \frac{1}{2\pi} \mathcal{F}f(-x)$ だから

$$\mathcal{F}^{-1}(f * g)(x) = \frac{1}{2\pi} \mathcal{F}(f * g)(-x)$$
$$= \frac{1}{2\pi} \mathcal{F}f(-x) \mathcal{F}g(-x) = 2\pi (\mathcal{F}^{-1}f)(x)(\mathcal{F}^{-1}g)(x).$$

(ii) $\mathcal{F}f, \mathcal{F}g \in \mathcal{S}(\mathbb{R})$ だから，(i) より

$$\mathcal{F}^{-1}(\mathcal{F}f * \mathcal{F}g)(x) = 2\pi \mathcal{F}^{-1} \mathcal{F}f(x) \mathcal{F}^{-1} \mathcal{F}g(x) = 2\pi f(x) g(x).$$

また，$f, g \in \mathcal{S}(\mathbb{R})$ だから $\mathcal{F}f, \mathcal{F}g \in L^1(\mathbb{R})$, $fg \in \mathcal{S}(\mathbb{R}) \subset L^1(\mathbb{R})$ となり，さらに $\mathcal{F}f * \mathcal{F}g \in C(\mathbb{R})$ も容易に分かる．よって，(i) で使ったように，h, $\mathcal{F}h \in L^1(\mathbb{R})$ なら $\mathcal{F}\mathcal{F}^{-1}h = h$ a.e. であるから

$$\mathcal{F}(fg)(\xi) = \frac{1}{2\pi} \mathcal{F}\big(\mathcal{F}^{-1}(\mathcal{F}f * \mathcal{F}g)\big)(\xi) = \frac{1}{2\pi} (\mathcal{F}f * \mathcal{F}g)(\xi)$$

を得る．

同様にして

$$\mathcal{F}^{-1}(fg)(x) = \mathcal{F}^{-1}\big((\mathcal{F}\mathcal{F}^{-1}f)(\mathcal{F}\mathcal{F}^{-1}g)\big)(x) = \mathcal{F}^{-1}\big(\mathcal{F}(\mathcal{F}^{-1}f * \mathcal{F}^{-1}g)\big)(x)$$
$$= \big(\mathcal{F}^{-1}\mathcal{F}(\mathcal{F}^{-1}f * \mathcal{F}^{-1}g)\big)(x) = \mathcal{F}^{-1}f * \mathcal{F}^{-1}g(x).$$

∎

1.2.2 L^2 関数の Fourier 変換

補題 1.2.13. $f \in L^2(\mathbb{R})$ ならば, $\displaystyle\lim_{j\to\infty}\|f_j - f\|_{L^2} = 0$ を満たす全ての $f_j \in \mathcal{S}(\mathbb{R})$ $(j = 1, 2, \cdots)$ に対して $\displaystyle\lim_{j\to\infty}\|\mathcal{F}f_j - g\|_{L^2} = 0$ となる $g \in L^2(\mathbb{R})$ が一意に存在する.

証明 $f_j \in \mathcal{S}(\mathbb{R})$ で $\lim_{j\to\infty}\|f_j - f\|_{L^2} = 0$ とする. $\mathcal{S}(\mathbb{R})$ に対する Plancherel の等式 (定理 1.2.9(iii)) により

$$\begin{aligned}\lim_{j,\ell\to\infty}\|\mathcal{F}f_j - \mathcal{F}f_\ell\|_{L^2} &= \lim_{j,\ell\to\infty}\sqrt{2\pi}\|f_j - f_\ell\|_{L^2} \\ &\leq \lim_{j\to\infty}\sqrt{2\pi}\|f_j - f\|_{L^2} + \lim_{\ell\to\infty}\sqrt{2\pi}\|f - f_\ell\|_{L^2} \\ &= 0.\end{aligned}$$

従って, 関数列 $\{\mathcal{F}f_j\}_{j=1}^{\infty}$ は $L^2(\mathbb{R})$ の Cauchy 列である. $L^2(\mathbb{R})$ は完備であるから,

$$\lim_{j\to\infty}\|\mathcal{F}f_j - g\|_{L^2} = 0$$

となる $g \in L^2(\mathbb{R})$ が存在する.

次に, $h_j \in \mathcal{S}(\mathbb{R})$ で $\lim_{j\to\infty}\|h_j - f\|_{L^2} = 0$ とする. 上と同じように $\displaystyle\lim_{j\to\infty}\|\mathcal{F}h_j - k\|_{L^2} = 0$ となる $k \in L^2(\mathbb{R})$ が存在する. さて, $\mathcal{S}(\mathbb{R})$ に対する Plancherel の等式により

$$\begin{aligned}\|g - k\|_{L^2} &= \lim_{j\to\infty}\|\mathcal{F}f_j - \mathcal{F}h_j\|_{L^2} = \lim_{j\to\infty}\sqrt{2\pi}\|f_j - h_j\|_{L^2} \\ &\leq \lim_{j\to\infty}\sqrt{2\pi}\|f_j - f\|_{L^2} + \lim_{j\to\infty}\sqrt{2\pi}\|f - h_j\|_{L^2} = 0.\end{aligned}$$

従って,

$$g(x) = k(x) \quad (\text{a.e } x \in \mathbb{R}).$$

∎

$\mathcal{S}(\mathbb{R})$ は $L^2(\mathbb{R})$ で稠密だから, $f \in L^2(\mathbb{R})$ に対して, f の Fourier 変換を次のように定義できる.

定義 1.2.14. $f \in L^2(\mathbb{R})$ に対して，$\lim_{j \to \infty} \|f_j - f\|_{L^2} = 0$ を満たす $f_j \in \mathcal{S}(\mathbb{R})$ をとり，$\lim_{j \to \infty} \|\mathcal{F} f_j - g\|_{L^2} = 0$ となる $g \in L^2(\mathbb{R})$ を f の ($L^2(\mathbb{R})$ の意味の)Fourier 変換といい，$\mathcal{F}_{L^2} f$ で表す．また，$\lim_{j \to \infty} \|\mathcal{F}^{-1} f_j - g\|_{L^2} = 0$ となる $g \in L^2(\mathbb{R})$ を f の ($L^2(\mathbb{R})$ の意味の) 逆 Fourier 変換といい，$\mathcal{F}_{L^2}^{-1} f$ で表す．

定理 1.2.15. 次が成り立つ．

(i) $\mathcal{F}_{L^2} : L^2(\mathbb{R}) \to L^2(\mathbb{R})$ は $L^2(\mathbb{R})$ から $L^2(\mathbb{R})$ の上への 1 対 1 かつ連続な線形写像である．

(ii) $\mathcal{F}_{L^2}^{-1} : L^2(\mathbb{R}) \to L^2(\mathbb{R})$ も $L^2(\mathbb{R})$ から $L^2(\mathbb{R})$ の上への 1 対 1 かつ連続な線形写像である．

(iii) $\mathcal{F}_{L^2}^{-1} \mathcal{F}_{L^2} f = f$, $\mathcal{F}_{L^2} \mathcal{F}_{L^2}^{-1} f = f$ $(f \in L^2(\mathbb{R}))$.

(iv) $\int_{-\infty}^{\infty} f(x) \overline{g(x)} \, dx = \frac{1}{2\pi} \int_{-\infty}^{\infty} \mathcal{F}_{L^2} f(\xi) \overline{\mathcal{F}_{L^2} g(\xi)} \, d\xi$ $(f, g \in L^2(\mathbb{R}))$
(Parseval の等式)．

(v) $\int_{-\infty}^{\infty} |f(x)|^2 \, dx = \frac{1}{2\pi} \int_{-\infty}^{\infty} |\mathcal{F}_{L^2} f(\xi)|^2 \, d\xi$ $(f \in L^2(\mathbb{R}))$
(Plancherel の等式)．

証明 (iii) まず $\mathcal{F}_{L^2}^{-1} \mathcal{F}_{L^2} f = f$ であることを確認しよう．$f \in L^2(\mathbb{R})$ とし，$\lim_{j \to \infty} \|f_j - f\|_{L^2} = 0$ を満たす $f_j \in \mathcal{S}(\mathbb{R})$ をとる．L^2 関数の Fourier 変換の定義により

$$\lim_{j \to \infty} \|\mathcal{F} f_j - \mathcal{F}_{L^2} f\|_{L^2} = 0$$

であるから，再び L^2 関数の逆 Fourier 変換の定義により

$$\lim_{j \to \infty} \|\mathcal{F}^{-1} \mathcal{F} f_j - \mathcal{F}_{L^2}^{-1} \mathcal{F}_{L^2} f\|_{L^2} = 0$$

である．ところが，$f_j \in \mathcal{S}(\mathbb{R})$ だから定理 1.2.9(i) により $\mathcal{F}^{-1} \mathcal{F} f_j = f_j$ である．従って

$$f(x) = \mathcal{F}_{L^2}^{-1} \mathcal{F}_{L^2} f(x) \quad (\text{a.e. } x \in \mathbb{R}),$$

つまり，$\mathcal{F}_{L^2}^{-1} \mathcal{F}_{L^2} f = f$ である．同様に，$\mathcal{F}_{L^2} f \mathcal{F}_{L^2}^{-1} = f$ が示せる．

(iv) $f, g \in L^2(\mathbb{R})$ とし，$\lim_{j \to \infty} \|f_j - f\|_{L^2} = 0$, $\lim_{j \to \infty} \|g_j - g\|_{L^2} = 0$ を満たす $f_j, g_j \in \mathcal{S}(\mathbb{R})$ をとる．$\|f\|_{L^2} - \|f_j - f\|_{L^2} \leq \|f_j\|_{L^2} \leq \|f_j - $

1.2 Fourier 変換

$\|f\|_{L^2} + \|f\|_{L^2}$ だから, $\lim_{j\to\infty} \|f_j\|_{L^2} = \|f\|_{L^2}$ である.よって,Cauchy-Schwarz の不等式を使って

$$\left|\int_{\mathbb{R}} f(x)\overline{g(x)}\,dx - \int_{\mathbb{R}} f_j(x)\overline{g_j(x)}\,dx\right|$$
$$\le \left|\int_{\mathbb{R}} (f(x)-f_j(x))\overline{g(x)}\,dx\right| + \left|\int_{\mathbb{R}} f_j(x)\overline{(g(x)-g_j(x))}\,dx\right|$$
$$\le \|f-f_j\|_{L^2}\|g\|_{L^2} + \|f_j\|_{L^2}\|g-g_j\|_{L^2}$$

を得るので,$j \to \infty$ として

$$\lim_{j\to\infty} \int_{\mathbb{R}} f_j(x)\overline{g_j(x)}\,dx = \int_{\mathbb{R}} f(x)\overline{g(x)}\,dx.$$

同様に,補題 1.2.13 により $\lim_{j\to\infty} \|\mathcal{F}f_j - \mathcal{F}_{L^2}f\|_{L^2} = 0$, $\lim_{j\to\infty} \|\mathcal{F}g_j - \mathcal{F}_{L^2}g\|_{L^2} = 0$ だから,

$$\int_{\mathbb{R}} \mathcal{F}_{L^2}f(\xi)\overline{\mathcal{F}_{L^2}g(\xi)}\,d\xi = \lim_{j\to\infty} \int_{\mathbb{R}} \mathcal{F}f_j(\xi)\overline{\mathcal{F}g_j(\xi)}\,d\xi.$$

$f_j, g_j \in \mathcal{S}(\mathbb{R})$ だから $\mathcal{S}(\mathbb{R})$ に対する Plancherel の等式 (定理 1.2.9(iii)) により

$$\int_{\mathbb{R}} f(x)\overline{g(x)}\,dx = \lim_{j\to\infty} \int_{\mathbb{R}} f_j(x)\overline{g_j(x)}\,dx$$
$$= \lim_{j\to\infty} \frac{1}{2\pi} \int_{\mathbb{R}} \mathcal{F}f_j(\xi)\overline{\mathcal{F}g_j(\xi)}\,d\xi$$
$$= \frac{1}{2\pi} \int_{\mathbb{R}} \mathcal{F}_{L^2}f(\xi)\overline{\mathcal{F}_{L^2}g(\xi)}\,d\xi$$

を得る.

(v) (iv) で $g(x) = f(x)$ と置けばよい.

(i) $\mathcal{F}_{L^2}$ の線形性は明らかであろう.連続性は (v) より従う.(iii) より $L^2(\mathbb{R})$ から $L^2(\mathbb{R})$ の上への 1 対 1 対応であることが分かる. ∎

定理 1.2.16. (i) $f \in L^1(\mathbb{R}) \cap L^2(\mathbb{R})$ ならば,$\mathcal{F}f(\xi) = \mathcal{F}_{L^2}(\xi)$ (a.e. $\xi \in \mathbb{R}$) である.従って,この定理の証明以降 $\mathcal{F}_{L^2}$ も $\mathcal{F}$ で表すことにする.

(ii) $f \in L^2(\mathbb{R})$ ならば,

$$\lim_{A\to\infty} \left\|\int_{-A}^{A} e^{-ix\xi} f(x)\,dx - \mathcal{F}_{L^2}f(\xi)\right\|_{L^2} = 0.$$

証明 (i) $f \in L^1(\mathbb{R}) \cap L^2(\mathbb{R})$ とする.

$$f_j(x) = \begin{cases} f(x) & (|x| \leq j) \\ 0 & (|x| > j) \end{cases}$$

とおく. すると,

$$\lim_{j \to \infty} \|f_j - f\|_{L^1} = 0, \qquad \lim_{j \to \infty} \|f_j - f\|_{L^2} = 0$$

である. ここで $\int_{\mathbb{R}} \varphi(x)\, dx = 1$ を満たす $\varphi \in C_c^\infty(\mathbb{R})$ を 1 つ取ってくると, 例 1.1.10 により, 各 $j \in \mathbb{N}$ に対して

$$\|f_j - \varphi_{t_j} * f_j\|_{L^1} \leq \frac{1}{j}, \qquad \|f_j - \varphi_{t_j} * f_j\|_{L^2} \leq \frac{1}{j}$$

となる $t_j > 0$ が見付かる. $g_j = \varphi_{t_j} * f_j$ とおくと, $g_j \in C_c^\infty(\mathbb{R}) \subset S(\mathbb{R})$ であり,

$$\|g_j - f\|_{L^1} \leq \|g_j - f_j\|_{L^1} + \|f_j - f\|_{L^1} \leq \frac{1}{j} + \|f_j - f\|_{L^1}$$

$$\|g_j - f\|_{L^2} \leq \|g_j - f_j\|_{L^2} + \|f_j - f\|_{L^2} \leq \frac{1}{j} + \|f_j - f\|_{L^2}$$

より

$$\lim_{j \to \infty} \|g_j - f\|_{L^1} = 0, \qquad \lim_{j \to \infty} \|g_j - f\|_{L^2} = 0$$

である. L^1 収束性から, 定理 1.2.3 により全ての $\xi \in \mathbb{R}$ において

$$\mathcal{F}g_j(\xi) \to \mathcal{F}f(\xi) = \int_{-\infty}^{\infty} f(x) e^{ix\xi}\, dx \quad (j \to \infty)$$

で, L^2 収束性から, $L^2(\mathbb{R})$ に対する Plancherel の等式 (定理 1.2.15(v)) により

$$\|\mathcal{F}g_j - \mathcal{F}_{L^2} f\|_{L^2} \to 0 \quad (j \to \infty)$$

であるから,

$$\mathcal{F}_{L^2} f(\xi) = \mathcal{F}f(\xi) = \int_{-\infty}^{\infty} e^{-ix\xi} f(x)\, dx \quad (\text{a.e. } \xi \in \mathbb{R})$$

を得る.

1.2 Fourier 変換

(ii) $f \in L^2(\mathbb{R})$ とする.

$$f_A(x) = \begin{cases} f(x) & (|x| \leq A) \\ 0 & (|x| > A) \end{cases}$$

とおく. すると,

$$f_A \in L^1(\mathbb{R}) \cap L^2(\mathbb{R}) \text{ かつ } \lim_{A \to \infty} \|f_A - f\|_{L^2} = 0.$$

よって, (i) により

$$\mathcal{F}_{L^2} f_A(\xi) = \mathcal{F} f_A(\xi) = \int_{-\infty}^{\infty} f_A(x) e^{-ix\xi} \, dx = \int_{-A}^{A} e^{-ix\xi} f(x) \, dx.$$

一方, $\lim_{A \to \infty} \|f_A - f\|_{L^2} = 0$ だから, $L^2(\mathbb{R})$ に対する Plancherel の等式 (定理 1.2.15(v)) により

$$\lim_{A \to \infty} \|\mathcal{F}_{L^2} f_A - \mathcal{F}_{L^2} f\|_{L^2} = 0$$

である. よって

$$\lim_{A \to \infty} \left\| \int_{-A}^{A} e^{-ix\xi} f(x) \, dx - \mathcal{F}_{L^2} f(\xi) \right\|_{L^2} = 0.$$

■

この節の最後に, 次のことを注意しておこう. Fourier 変換は, 定理 1.2.3(i) により $L^1(\mathbb{R})$ から $L^\infty(\mathbb{R})$ への有界線形作用素であり, 定理 1.2.15 により $L^2(\mathbb{R})$ から $L^2(\mathbb{R})$ への有界線形作用素であることが分かった. この 2 つの事実より, $1 \leq p \leq 2$ のとき Fourier 変換は $L^p(\mathbb{R})$ から $L^{p'}(\mathbb{R})$ への有界線形作用素であることが分かる (ただし, $1/p + 1/p' = 1$). これは, 次の Riesz-Thorin の補間定理によって保証される.

定理 1.2.17 (M. Riesz-Thorin の補間定理). $(X, \mu), (Y, \nu)$ を測度空間, $S(X), S(Y)$ をそれぞれ X 上 $(Y$ 上$)$ の μ-$(\nu$-$)$ 可積分な単関数の全体とし, $L(Y)$ を ν-可測関数の全体とする.

T は $S(X)$ から $L(Y)$ への線形作用素とする, 即ち

$$T(af + bg) = aT(f) + bT(g) \quad (a, b \in \mathbb{C}, \quad f, g \in S(X)) \tag{1.2.9}$$

が満たされるとする.さらに, $1 \leq p_1, p_2 \leq \infty$, $1 \leq q_1, q_2 \leq \infty$ であって,

$$\|Tf\|_{L^{q_1}(Y,\nu)} \leq M_1 \|f\|_{L^{p_1}(X,\mu)} \quad (f \in S(X)), \tag{1.2.10}$$

$$\|Tf\|_{L^{q_2}(Y,\nu)} \leq M_2 \|f\|_{L^{p_2}(X,\mu)} \quad (f \in S(X)) \tag{1.2.11}$$

が成り立つとする.このとき, $0 \leq t \leq 1$ に対して p, q を $1/p = (1-t)/p_1 + t/p_2$, $1/q = (1-t)/q_1 + t/q_2$ で定めると,

$$\|Tf\|_{L^q(Y,\nu)} \leq M_1^{1-t} M_2^t \|f\|_{L^p(X,\mu)} \quad (f \in S(X)) \tag{1.2.12}$$

が成り立つ.

特に $1 \leq p < \infty$ の場合, T は $L^p(X,\mu)$ から $L^q(Y,\nu)$ への有界線形作用素として一意に拡張できる.

証明 $t=0$ または $t=1$ のとき証明すべきことはないから, $0 < t < 1$ とし, $z \in \mathbb{C}$ に対して

$$\alpha(z) = \frac{1-z}{p_1} + \frac{z}{p_2}, \quad \beta(z) = \frac{1-z}{q_1} + \frac{z}{q_2}$$

とおく. $\alpha(0) = 1/p_1$, $\alpha(1) = 1/p_2$, $\alpha(t) = 1/p$ であり, $\beta(0) = 1/q_1$, $\beta(1) = 1/q_2$, $\beta(t) = 1/q$ である. $B = \{z \in \mathbb{C}; 0 < \mathrm{Re}\, z < 1\}$, $\overline{B} = \{z \in \mathbb{C}; 0 \leq \mathrm{Re}\, z \leq 1\}$ とおく. $f \in S(X)$ に対して

$$\|Tf\|_{L^q(Y,\nu)} = \sup_{g \in S(Y), \|g\|_{L^{q'}(Y,\nu)}=1} \left| \int_Y Tf(y) g(y) \, d\nu(y) \right|$$

であるから, $\|f\|_{L^p(X,\mu)} = 1$ の $f \in S(X)$ と $\|g\|_{L^{q'}(Y,\nu)} = 1$ の $g \in S(Y)$ に対して

$$\left| \int_Y Tf(y) g(y) \, d\nu(y) \right| \leq M_1^{1-t} M_2^t$$

を示せばよい.

(イ) まず, $1 \leq p < \infty$, $1 < q \leq \infty$ の場合を扱おう. f, g は零関数でないとしてよいから, f, g は次の形としてよい:

$$f(x) = \sum_{j=1}^{\ell} a_j \chi_{E_j}(x), \qquad g(y) = \sum_{k=1}^{m} b_k \chi_{F_k}(y).$$

ただし,$a_j, b_k \in \mathbb{C} \setminus \{0\}$, E_j は $0 < \mu(E_j) < \infty$ の μ 可測集合で,F_k は $0 < \nu(F_k) < \infty$ の ν 可測集合であり,E_j 同士は互いに交わりが無く,F_k 同士も互いに交わりが無い ($j = 1, \ldots, \ell;\ k = 1, \ldots, m$). そこで

$$F_z(x) = \sum_{j=1}^{\ell} |a_j|^{p\alpha(z)} e^{i \arg a_j} \chi_{E_j}(x),$$

$$G_z(y) = \sum_{k=1}^{m} |b_k|^{q'(1-\beta(z))} e^{i \arg b_k} \chi_{F_k}(y) \tag{1.2.13}$$

とおき,

$$\Phi(z) = \int_Y T(F_z)(y) G_z(y)\, d\nu(y)$$

を考える. $F_t(x) = f(x)$, $G_t(y) = g(y)$ となるから

$$\Phi(t) = \int_Y T(F_t)(y) G_t(y)\, d\nu(y) = \int_Y T(f)(y) g(y)\, d\nu(y) \tag{1.2.14}$$

である. さらに,T と積分の線形性により

$$\Phi(z) =$$
$$\sum_{j=1}^{\ell} \sum_{k=1}^{m} |a_j|^{p\alpha(z)} e^{i \arg a_j} |b_k|^{q'(1-\beta(z))} e^{i \arg b_k} \int_Y T(\chi_{E_j})(y) \chi_{F_k}(y)\, d\nu(y)$$

で

$$\left| \int_Y T(\chi_{E_j})(y) \chi_{F_k}(y)\, d\nu(y) \right| \le \|T(\chi_{E_j})\|_{L^{q_1}(Y,\nu)} \|\chi_{F_k}\|_{L^{q_1'}(Y,\nu)}$$
$$\le M_1 \|\chi_{E_j}\|_{L^{p_1}(X,\mu)} \|\chi_{F_k}\|_{L^{q_1'}(Y,\nu)}$$
$$\le M_1 \bigl(\mu(E_j)\bigr)^{1/p_1} \bigl(\nu(F_k)\bigr)^{1/q_1'} < \infty$$

となるから,$\Phi(z)$ は $\overline{B}$ で有界連続で,B で正則である. よって, 関数論における Hadamard の三線定理により

$$|\Phi(t)| \le \left(\sup_{\operatorname{Re} z = 0} |\Phi(z)| \right)^{1-t} \left(\sup_{\operatorname{Re} z = 1} |\Phi(z)| \right)^t \tag{1.2.15}$$

である. さて,$\operatorname{Re} z = 0$ のとき,

$$|\Phi(z)| \le \|T(F_z)\|_{L^{q_1}(Y,\nu)} \|G_z\|_{L^{q_1'}(Y,\nu)} \le M_1 \|F_z\|_{L^{p_1}(X,\mu)} \|G_z\|_{L^{q_1'}(Y,\nu)}$$

で，

$$\|F_z\|_{L^{p_1}(X,\mu)} = \left(\int_X \sum_{j=1}^{\ell} (|a_j|^{p/p_1})^{p_1} \chi_{E_j}(x)\, d\mu(x)\right)^{1/p_1}$$
$$= \left(\int_X |f(x)|^p\, d\mu(x)\right)^{1/p_1} = \left(\|f\|_{L^p(X,\mu)}\right)^{p/p_1} = 1^{p/p_1} = 1,$$

$$\|G_z\|_{L^{q_1'}(Y,\nu)} = \left(\int_Y \sum_{k=1}^{m} (|b_k|^{q'/q_1'})^{q_1'} \chi_{F_k}(y)\, d\nu(x)\right)^{1/q_1'}$$
$$= \left(\int_Y |g(y)|^{q'}\, d\nu(x)\right)^{1/q_1'} = \left(\|g\|_{L^{q'}(Y,\nu)}\right)^{q'/q_1'} = 1^{q'/q_1'} = 1$$

だから
$$|\Phi(z)| \le M_1 \quad (\mathrm{Re}\,z = 0).$$

同様にして
$$|\Phi(z)| \le M_2 \quad (\mathrm{Re}\,z = 1)$$

も示せるから，(1.2.14), (1.2.15) により
$$\left|\int_Y T(f)(y)g(y)\, d\nu(y)\right| = |\Phi(t)| \le M_1^{1-t} M_2^t$$

となり，$1 \le p < \infty, 1 < q \le \infty$ の場合が証明できた．

(ロ) $q = 1$ の場合．このとき，$q_1 = q_2 = q = 1$ である．$p_1 = p_2 = \infty$ なら $p = \infty$ になるから，定理は $M_1 = M_2$ として成り立つ．だから，p_1 か p_2 のいずれかは ∞ でないとしてよい．従って，$1 \le p < \infty$ とする．そこで，F_z は (イ) の式 (1.2.13) のままにし，$G_z = g$ として，後は (イ) と同じ手順を踏めばよい．

(ハ) $p = \infty$ の場合．このとき，$p_1 = p_2 = p = \infty$ である．$q_1 = q_2 = 1$ なら $q = 1$ になるから，定理は $M_1 = M_2$ として成り立つ．だから，q_1 か q_2 のいずれかは 1 でないとしてよい．従って，$1 < q \le \infty$ とする．そこで，$F_z = f$ とし，G_z は (イ) の式 (1.2.13) のままにして，後は (イ) と同じ手順を踏めばよい．

1.2 Fourier 変換

(ニ) $1 \leq p < \infty$ の場合, $S(X)$ は $L^p(X,\mu)$ で稠密だから, 関数解析でよく知られているように, T は $L^p(X,\mu)$ から $L^q(Y,\nu)$ への有界線形作用素として一意に拡張でき,

$$\|Tf\|_{L^q(Y,\nu)} \leq M_1^{1-t} M_2^t \|f\|_{L^p(X,\mu)} \quad (f \in L^p(X,\mu)) \tag{1.2.16}$$

である. ∎

これより, $1 \leq p \leq 2$ のとき Fourier 変換は $L^p(\mathbb{R})$ から $L^{p'}(\mathbb{R})$ への有界線形作用素であるという Hausdorff-Young の不等式が導かれる.

定理 1.2.18 (Hausdorff-Young の不等式). $1 \leq p \leq 2$ とする. すると, Fourier 変換は $L^p(\mathbb{R})$ から $L^{p'}(\mathbb{R})$ への有界線形作用素で

$$\|\mathcal{F}f\|_{L^{p'}} \leq (2\pi)^{1/p'} \|f\|_{L^p} \quad (f \in L^p(\mathbb{R}))$$

が成り立つ. ただし, $1/p + 1/p' = 1$.

証明 $p=1$ および $p=2$ の場合は既知だから, $1 < p < 2$ とする. Fourier 変換 $\mathcal{F}$ の線形性は明らかであり, 定理 1.2.3 により可積分な単関数の全体から $L^\infty(\mathbb{R})$ への線形作用素, 従って可測関数全体への線形作用素であり, Riesz-Thorin の補間定理の条件 (1.2.10) を $p_1=1$, $q_1=\infty$, $M_1=1$ として満たす. また, 可積分な単関数は 2 乗可積分でもあるから, 定理 1.2.15 により Riesz-Thorin の補間定理の条件 (1.2.11) を $p_2=q_2=2$, $M_2=\sqrt{2\pi}$ として満たす. $1 < p < 2$ のとき, $1/p = (1-2(1-1/p)) + 2(1-1/p)/2$ だから $1/q = (1-2(1-1/p))/\infty + 2(1-1/p)/2 = 1-1/p = 1/p'$ に対して, Riesz-Thorin の補間定理が使えるから

$$\|\mathcal{F}f\|_{L^{p'}} \leq (2\pi)^{p'} \|f\|_{L^p}$$

を得る. ∎

注意 1.2.19. $1 < p < 2$ のとき, $f \in L^p(\mathbb{R})$ に対して $f = f\chi_{\{|f| \leq 1\}} + f\chi_{\{|f| > 1\}}$ と分解すれば, $f\chi_{\{|f| \leq 1\}} \in L^2(\mathbb{R})$, $f\chi_{\{|f| > 1\}} \in L^1(\mathbb{R})$ であるか

ら，$\mathcal{F}$ の可積分単関数の全体から $L^p(\mathbb{R})$ への有界線形作用素としての拡張の一意性により
$$\mathcal{F}f = \mathcal{F}_{L^2}(f\chi_{\{|f|\leq 1\}}) + \mathcal{F}_{L^1}(f\chi_{\{|f|>1\}})$$
である．

Riesz-Thorin の補間定理のもう一つの応用として，合成積に関する Young の不等式もあげておこう．これは定理 1.1.8 の一般形である．

定理 1.2.20 (Young の不等式). $1 \leq p, q \leq \infty, 0 \leq 1/r = 1/p+1/q-1 \leq 1$ のとき,
$$\|f*g\|_{L^r} \leq \|f\|_{L^p}\|g\|_{L^q} \quad (f \in L^p(\mathbb{R}),\ g \in L^q(\mathbb{R}))$$
が成り立つ．

証明 $1 \leq q \leq \infty$ とし，$g \in L^q(\mathbb{R})$ とする．この g に対して
$$T(f) = f * g$$
とおくと，定理 1.1.8 により T は $L^1(\mathbb{R})$ から $L^q(\mathbb{R})$ への有界線形作用素で
$$\|T(f)\|_{L^q} \leq \|g\|_{L^q}\|f\|_{L^1}$$
である．また，Hölder の不等式を適用すると，T は $L^{q'}(\mathbb{R})$ から $L^\infty(\mathbb{R})$ への有界線形作用素で
$$\|T(f)\|_{L^\infty} \leq \|g\|_{L^q}\|f\|_{L^{q'}}$$
あることも分かる．$1 < p < q'$ のとき，$f \in L^p(\mathbb{R})$ なら $f = f_1 + f_2$, $f_1 \in L^1(\mathbb{R}), f_2 \in L^{q'}(\mathbb{R})$ と分解できるから $T(f) = T(f_1) + T(f_2)$ と定義でき，これは f の分解の仕方によらないことも分かる．さらに，f が可積分な単関数のときは，$T(f) = f*g$ である．$1/q > 1/p+1/q-1 = 1/p-1/q' > 0$ だから $1/r = 1/p+1/q-1$ とおくと, $q < r < \infty$ であり, $1/p = (1-t)+t/q'$ とおくと, $t = q(1-1/p)$ となり $(1-t)/q = 1/q - (1-1/p) = 1/r$ だから，Riesz-Thorin の補間定理により T は $L^p(\mathbb{R})$ から $L^r(\mathbb{R})$ への有界線形作用素で
$$\|f*g\|_{L^r} = \|T(f)\|_{L^r} \leq \|g\|_{L^q}\|f\|_{L^p}$$
である． ■

1.3　Hilbert 変換の L^2 有界性

定義 1.3.1. ほとんど全ての $x \in \mathbb{R}$ に対して

$$Hf(x) = \text{p.v.} \frac{1}{\pi} \int_{-\infty}^{\infty} \frac{f(y)}{x-y} \, dy := \lim_{\varepsilon \to 0} \frac{1}{\pi} \int_{|x-y|>\varepsilon} \frac{f(y)}{x-y} \, dy$$

が存在するとき，Hf を f の Hilbert 変換という．p.v. は Cauchy の意味の主値の略号である．

補題 1.3.2. $f \in C^1(\mathbb{R})$ で $|f'(x)| \leq \frac{A_1}{1+|x|}$ かつ $|f(x)| \leq \frac{A_2}{(1+|x|)^2}$ $(x \in \mathbb{R})$ ならば，p.v. $\frac{1}{\pi}\int_{-\infty}^{\infty} \frac{f(y)}{x-y}\,dy$ は，全ての $x \in \mathbb{R}$ に対して存在して，次の不等式を満たす正定数 C_1 が存在する．

$$|Hf(x)| \leq \frac{C_1(A_1+A_2)}{1+|x|}.$$

証明

$$\begin{aligned} H_\varepsilon f(x) &:= \frac{1}{\pi} \int_{|y-x|>\varepsilon} \frac{f(y)}{x-y} \, dy \\ &= \frac{1}{\pi} \int_{\varepsilon<|y-x|<1} \frac{f(y)}{x-y} \, dy + \frac{1}{\pi} \int_{|y-x|\geq 1} \frac{f(y)}{x-y} \, dy \\ &=: I_{1,\varepsilon}(x) + I_2(x) \end{aligned}$$

とおく．$\int_{\varepsilon<|y-x|<1} \frac{1}{x-y}\,dy = 0$ だから

$$I_{1,\varepsilon}(x) = \frac{1}{\pi} \int_{\varepsilon<|y-x|<1} \frac{f(y)-f(x)}{x-y} \, dy$$

である．また，平均値の定理と f' に対する評価により，$0 < |x-y| < 1$ に対して

$$\left|\frac{f(y)-f(x)}{x-y}\right| \leq \max_{|z-x|\leq 1} |f'(z)| \leq \max_{|z-x|\leq 1} \frac{A_1}{1+|z|} \leq \frac{2A_1}{1+|x|}$$

を得る．従って，$\dfrac{f(y)-f(x)}{x-y}$ は区間 $(x-1,x)$, $(x,x+1)$ 上で可積分であるから，全ての $x \in \mathbb{R}$ に対して $\displaystyle\lim_{\varepsilon\to 0}\int_{\varepsilon<|y-x|<1}\dfrac{f(y)-f(x)}{x-y}dy$ は存在し，

$$\left|\lim_{\varepsilon\to 0}\int_{\varepsilon<|y-x|<1}\frac{f(y)-f(x)}{x-y}dy\right| \leq \frac{4A_1}{1+|x|}.$$

I_2 に関して，(i) $|x| \leq 2$ の場合．このとき，$1+|x| \leq 3$ となることに注意しておこう．Cauchy-Schwarz の不等式により

$$\begin{aligned}
\pi I_2(x) &\leq \int_{|z|\geq 1}\frac{A_2}{|z|(1+|x-z|)^2}dz \\
&\leq A_2\left(\int_{|z|\geq 1}\frac{dz}{|z|^2}\right)^{1/2}\left(\int_{|z|\geq 1}\frac{dz}{(1+|x-z|)^4}\right)^{1/2} \\
&\leq A_2\left(2\int_1^\infty\frac{dt}{t^2}\right)^{1/2}\left(2\int_0^\infty\frac{dt}{(1+t)^4}\right)^{1/2} = \frac{2A_2}{\sqrt{3}} < \frac{2\sqrt{3}A_2}{1+|x|}.
\end{aligned}$$

(ii) $|x| \geq 2$ の場合．このとき，$3|x| \geq 2+2|x|$ となり，$|x| > \frac{2}{3}(1+|x|)$ であることに注意しよう．まず，$1 \leq |z| \leq \frac{|x|}{2}$ のとき，$|x-z| \geq |x|-|z| \geq \frac{|x|}{2} \geq |z|$ となるから

$$\begin{aligned}
\int_{1\leq|z|\leq|x|/2}\frac{1}{|z|(1+|x-z|)^2}dz &\leq \frac{1}{1+\frac{|x|}{2}}\int_{1\leq|z|\leq|x|/2}\frac{1}{|z|(1+|z|)}dz \\
&< \frac{4}{1+|x|}\int_1^\infty\frac{dt}{t^2} = \frac{4}{1+|x|}.
\end{aligned}$$

また

$$\begin{aligned}
\int_{|z|>|x|/2}\frac{1}{|z|(1+|x-z|)^2}dz &< \frac{2}{|x|}\int_{-\infty}^\infty\frac{1}{(1+|x-z|)^2}dz \\
&= \frac{2}{|x|}\int_{-\infty}^\infty\frac{1}{(1+|t|)^2}dt = \frac{4}{|x|} \leq \frac{6}{1+|x|}.
\end{aligned}$$

(i), (ii) により

$$\pi I_2(x) \leq A_2\int_{|z|\geq 1}\frac{1}{|z|(1+|x-z|)^2}dz \leq \frac{10A_2}{1+|x|}.$$

1.3　Hilbert 変換の L^2 有界性

$\lim_{\varepsilon \to 0} I_{1,\varepsilon}$ に対する評価と併せて

$$|Hf(x)| \leq \frac{(4A_1 + 10A_2)}{\pi(1+|x|)}$$

を得る. ∎

　上記補題を使うと, $\mathcal{S}(\mathbb{R})$ の関数に対して Hilbert 変換の L^2 有界性が示せる.

定理 1.3.3.
$$\|Hf\|_{L^2} = \|f\|_{L^2} \quad (f \in \mathcal{S}(\mathbb{R})).$$

証明　$f \in \mathcal{S}(\mathbb{R})$ とする. 上記補題により $Hf \in L^2(\mathbb{R})$ である. さて, $\varphi \in \mathcal{S}(\mathbb{R})$ に対して

$$I := \int Hf(x)\overline{\varphi(x)}\, dx = \frac{1}{\pi}\int \left(\lim_{\varepsilon \to 0, A \to \infty} \int_{\varepsilon < |x-y| < A} \frac{f(y)}{x-y}\, dy \right) \overline{\varphi(x)}\, dx.$$

上記補題の証明より, ε, A に無関係な定数 C が存在して

$$\left| \int_{\varepsilon < |x-y| < A} \frac{f(y)}{x-y}\, dy \right| \leq C \frac{1}{1+|x|}$$

だから

$$\left| \left(\int_{\varepsilon < |x-y| < A} \frac{f(y)}{x-y}\, dy \right) \overline{\varphi(x)} \right| \leq C \frac{|\varphi(x)|}{1+|x|} \in L^1(\mathbb{R})$$

となる. よって, Lebesgue の収束定理が使えて

$$\pi I$$
$$= \lim_{\varepsilon \to 0, A \to \infty} \int \left(\int_{\varepsilon < |x-y| < A} \frac{f(y)}{x-y}\, dy \right) \overline{\varphi(x)}\, dx$$
$$= \lim_{\varepsilon \to 0, A \to \infty} \int \left(\int_{\varepsilon < |z| < A} \frac{f(x-z)}{z}\, dz \right) \overline{\varphi(x)}\, dx \quad (\text{変数変換 } z = x-y)$$
$$= \lim_{\varepsilon \to 0, A \to \infty} \int_{\varepsilon < |z| < A} \left(\int f(x-z)\overline{\varphi(x)}\, dx \right) \frac{dz}{z} \quad (\text{Fubini})$$

$$= \lim_{\varepsilon \to 0, A \to \infty} \int_{\varepsilon < |z| < A} \left(\frac{1}{2\pi} \int \mathcal{F}(f(x-z))(\xi) \overline{\mathcal{F}\varphi(\xi)} \, d\xi \right) \frac{dz}{z} \quad \text{(Parseval)}$$

$$= \lim_{\varepsilon \to 0, A \to \infty} \int_{\varepsilon < |z| < A} \left(\frac{1}{2\pi} \int \mathcal{F}f(\xi) e^{-iz\xi} \overline{\mathcal{F}\varphi(\xi)} \, d\xi \right) \frac{dz}{z} \quad \text{(定理 1.2.8 (v))}$$

$$= \lim_{\varepsilon \to 0, A \to \infty} \frac{1}{2\pi} \int \left(\int_{\varepsilon < |z| < A} \frac{e^{-iz\xi}}{z} \, dz \right) \mathcal{F}f(\xi) \overline{\mathcal{F}\varphi(\xi)} \, d\xi \quad \text{(Fubini)}.$$

ここで

$$I(\varepsilon, A; \xi) := \int_{\varepsilon < |z| < A} \frac{e^{-iz\xi}}{z} \, dz = -2i \int_{\varepsilon}^{A} \frac{\sin z\xi}{z} \, dz = -2i \int_{\varepsilon\xi}^{A\xi} \frac{\sin z}{z} \, dz$$

であり，よく知られているように

$$\lim_{\varepsilon \to 0, A \to \infty} I(\varepsilon, A; \xi) = \begin{cases} -2i \int_0^\infty \dfrac{\sin z}{z} \, dz = -\pi i & (\xi > 0), \\ 2i \int_0^\infty \dfrac{\sin z}{z} \, dz = \pi i & (\xi < 0). \end{cases}$$

また，容易に分かるように

$$|I(\varepsilon, A; \xi)| \le 2 \int_0^\pi \frac{\sin t}{t} \, dt < \pi + \frac{4}{\pi}$$

である．よって，Lebesgue の収束定理を使って

$$\pi I = -\frac{i}{2} \int \frac{\xi}{|\xi|} \mathcal{F}f(\xi) \overline{\mathcal{F}\varphi(\xi)} \, d\xi.$$

一方，$Hf \in L^2(\mathbb{R})$ に注意すれば，Parseval の等式により

$$\int Hf(x) \overline{\varphi(x)} \, dx = \frac{1}{2\pi} \int \mathcal{F}(Hf)(\xi) \overline{\mathcal{F}\varphi(\xi)} \, d\xi$$

だから

$$\int \mathcal{F}(Hf)(\xi) \overline{\mathcal{F}\varphi(\xi)} \, d\xi = \int -i \frac{\xi}{|\xi|} \mathcal{F}f(\xi) \overline{\mathcal{F}\varphi(\xi)} \, d\xi.$$

$\mathcal{F}(Hf), \dfrac{\xi}{|\xi|} \mathcal{F}f \in L^2(\mathbb{R})$ であり，$\mathcal{S}(\mathbb{R})$ が $L^2(\mathbb{R})$ で稠密であることより

$$\mathcal{F}(Hf)(\xi) = -i \frac{\xi}{|\xi|} \mathcal{F}f(\xi)$$

が従う.よって,

$$\|Hf\|_{L^2} = \frac{1}{\sqrt{2\pi}}\|\mathcal{F}(Hf)\|_{L^2} = \frac{1}{\sqrt{2\pi}}\left\|\frac{\xi}{|\xi|}\mathcal{F}f\right\|_{L^2} = \frac{1}{\sqrt{2\pi}}\|\mathcal{F}f\|_{L^2} = \|f\|_{L^2}$$

が示せた. ■

定義 1.3.4. $\mathcal{S}(\mathbb{R})$ は $L^2(\mathbb{R})$ で稠密であるから,Hilbert 変換 H は $L^2(\mathbb{R})$ 全体へ一意的に拡張できる.$L^2(\mathbb{R})$ 全体に拡張したものも H で表す.

すると,

定理 1.3.5.
$$\|Hf\|_{L^2} = \|f\|_{L^2} \qquad (f \in L^2(\mathbb{R})).$$

注意 1.3.6. 後節で示すが,$f \in L^2(\mathbb{R})$ のとき,ほとんど全ての $x \in \mathbb{R}$ に対して $\lim_{\varepsilon \to 0} H_\varepsilon f(x)$ は存在して

$$\lim_{\varepsilon \to 0} H_\varepsilon f(x) = Hf(x) \qquad (\text{a.e. } x \in \mathbb{R}).$$

1.4 Hilbert 変換とそのシャープ最大関数評価

この節では,f の Hilbert 変換 Hf のある種の平均化が f の同種の平均化で評価できることを検証する.そのために以下の最大関数を定義する.

定義 1.4.1. $1 \le p < \infty$ とする.$f \in L^p_{\text{loc}}(\mathbb{R})$ に対して

$$M_p f(x) := \sup_{x \in Q}\left(\frac{1}{|Q|}\int_Q |f(y)|^p\,dy\right)^{1/p}$$

(ただし,上限は x を含む区間 Q についてとったもの) を p 次 Hardy-Littlewood の最大関数と呼ぶ.また,

$$\tilde{M}_p f(x) := \sup_{r>0}\left(\frac{1}{2r}\int_{x-r}^{x+r}|f(y)|^p\,dy\right)^{1/p}$$

とおき，p 次 Hardy-Littlewood の中心最大関数と呼ぶ.

$p=1$ のときは，しばしば 1 を略し Mf とか $\tilde{M}f$ のように表す.

注意 1.4.2. 定義より Hölder の不等式を使えば，
$$M_{p_1}f(x) \leq M_{p_2}f(x) \quad (1 \leq p_1 < p_2)$$
であることが分かる.

定義 1.4.3. $f \in L^1_{\text{loc}}(\mathbb{R})$ に対して
$$f^{\#}(x) := \sup_{x \in Q} \frac{1}{|Q|} \int_Q |f(y) - f_Q|\, dy$$
(ただし，上限は x を含む区間 Q についてとったもので，$f_Q = |Q|^{-1} \int_Q f(y)\, dy$) を f の $\#$ 最大関数 (シャープ最大関数) と呼ぶ.

まず，$M_pf(x)$ と $\tilde{M}_pf(x)$ には，次の関係がある.

補題 1.4.4.
$$2^{-1/p} M_p f(x) \leq \tilde{M}_p f(x) \leq M_p f(x).$$

証明 $x \in Q = (a-r, a+r)$ とする. すると
$$Q = (a-r, a+r) \subset (x-2r, x+2r) =: Q'$$
である. よって
$$\left(\frac{1}{|Q|} \int_Q |f(y)|^p\, dy\right)^{1/p} \leq \left(\frac{|Q'|}{|Q|} \frac{1}{|Q'|} \int_{Q'} |f(y)|^p\, dy\right)^{1/p}$$
$$= 2^{1/p} \left(\frac{1}{4r} \int_{x-2r}^{x+2r} |f(y)|^p\, dy\right)^{1/p} \leq 2^{1/p} \tilde{M}_p f(x).$$

従って
$$2^{-1/p} M_p f(x) \leq \tilde{M}_p f(x).$$
不等式 $\tilde{M}_p f(x) \leq M_p f(x)$ は明らかである. ■

1.4 Hilbert 変換とそのシャープ最大関数評価

さて，この節の主題は次の命題である．

命題 1.4.5. $f \in \mathcal{S}(\mathbb{R})$ に対して

$$(Hf)^{\#}(x) \leq 2\Big(\sqrt{2} + \frac{8}{\pi}\Big) M_2 f(x) \quad (x \in \mathbb{R})$$

が成り立つ．

証明 $f \in \mathcal{S}(\mathbb{R})$ とし，$x_0 \in \mathbb{R}$ を任意に固定する．また，

$$x_0 \in Q = (a-r, a+r), \qquad \tilde{Q} = (a-2r, a+2r)$$

とし，

$$f_1(x) = f(x)\chi_{\tilde{Q}}(x), \quad f_2(x) = f(x) - f_1(x) = f(x)\chi_{\tilde{Q}^c}$$

とおく．すると，$x \in Q$ に対して

$$Hf_2(x) = \frac{1}{\pi} \int_{|y-a|>2r} \frac{1}{x-y} f_2(y)\,dy$$

であり，

$$\frac{1}{|Q|} \int_Q |Hf(x) - Hf_2(a)|\,dx$$
$$\leq \frac{1}{|Q|} \int_Q |Hf_1(x)|\,dx + \frac{1}{|Q|} \int_Q |Hf_2(x) - Hf_2(a)|\,dx =: I_1 + I_2$$

とすると

$$I_1 \leq \Big(\frac{1}{|Q|} \int_Q |Hf_1(x)|^2\,dx\Big)^{1/2} \quad \text{(Cauchy-Schwarz)}$$
$$\leq \Big(\frac{1}{|Q|} \int_{-\infty}^{\infty} |Hf_1(x)|^2\,dx\Big)^{1/2}$$
$$\leq \Big(\frac{1}{|Q|} \int_{-\infty}^{\infty} |f_1(x)|^2\,dx\Big)^{1/2} \quad \text{(Hilbert 変換の } L^2 \text{ 有界性 (定理 1.3.5))}$$
$$= \Big(\frac{|\tilde{Q}|}{|Q|} \frac{1}{|\tilde{Q}|} \int_{\tilde{Q}} |f(x)|^2\,dx\Big)^{1/2}$$
$$\leq \sqrt{2} M_2 f(x_0).$$

また，$x \in Q$, $y \in \tilde{Q}^c$ に対して，$|x-a| < r < |y-a|/2$ だから，$|x-y| \geq |y-a| - |x-a| > |y-a|/2 > r$ となる．よって

$$\left| \frac{1}{x-y} - \frac{1}{a-y} \right| = \frac{|x-a|}{|x-y||a-y|} \leq 2 \frac{|x-a|}{|y-a|^2}$$

となることに注意すると

$$I_2 = \frac{1}{|Q|} \int_Q \left| \frac{1}{\pi} \int_{|y-a|>2r} \left(\frac{1}{x-y} - \frac{1}{a-y} \right) f_2(y)\, dy \right| dx$$

$$\leq \frac{1}{\pi |Q|} \int_Q \left(\int_{|y-a|>2r} \left| \frac{1}{x-y} - \frac{1}{a-y} \right| |f(y)|\, dy \right) dx$$

$$\leq \frac{2}{\pi |Q|} \int_Q \left(\int_{|y-a|>2r} \frac{|x-a|}{|y-a|^2} |f(y)|\, dy \right) dx$$

$$= \frac{2}{\pi |Q|} \int_Q \left(\sum_{j=1}^{\infty} \int_{2^j r < |y-a| \leq 2^{j+1} r} \frac{|x-a|}{|y-a|^2} |f(y)|\, dy \right) dx$$

$$\leq \frac{2}{\pi |Q|} \int_Q \left(\sum_{j=1}^{\infty} \int_{2^j r < |y-a| \leq 2^{j+1} r} \frac{1}{2^{2j} r} |f(y)|\, dy \right) dx$$

$$\leq \frac{2^3}{\pi} \frac{1}{|Q|} \int_Q \left(\sum_{j=1}^{\infty} \frac{1}{2^j} \frac{1}{2^{j+2} r} \int_{|y-a| \leq 2^{j+1} r} |f(y)|\, dy \right) dx$$

$$\leq \frac{8}{\pi} \frac{1}{|Q|} \int_Q \left(\sum_{j=1}^{\infty} \frac{1}{2^j} M_1 f(x_0) \right) dx \quad (\because x_0 \in Q \subset (a - 2^{j+1} r, a + 2^{j+1} r))$$

$$\leq \frac{8}{\pi} M_2 f(x_0) \qquad (\because M_{p_1} f(x) \leq M_{p_2} f(x) \quad (1 \leq p_1 < p_2)).$$

よって，$Hf_2(a) = c$ とおくと，I_1 と I_2 の評価を併せて

$$\frac{1}{|Q|} \int_Q |Hf(x) - c|\, dx \leq \left(\sqrt{2} + \frac{8}{\pi} \right) M_2 f(x_0)$$

が得られた．これより

$$\frac{1}{|Q|} \int_Q |Hf(x) - (Hf)_Q|\, dx$$

$$\leq \frac{1}{|Q|} \int_Q |Hf(x) - c|\, dx + \frac{1}{|Q|} \int_Q |(Hf)_Q - c|\, dx$$

$$= \frac{1}{|Q|} \int_Q |Hf(x) - c|\, dx + \left| \frac{1}{|Q|} \int_Q (Hf(y) - c)\, dy \right|$$

$$\leq 2\frac{1}{|Q|}\int_Q |Hf(x)-c|\,dx \leq 2\Big(\sqrt{2}+\frac{8}{\pi}\Big)M_2 f(x_0).$$

$x_0 \in Q$ となる区間 Q について上限をとれば

$$(Hf)^\#(x_0) \leq 2\Big(\sqrt{2}+\frac{8}{\pi}\Big)M_2 f(x_0).$$

$x_0 \in \mathbb{R}$ は任意であったから，欲しい評価が得られた． ∎

注意 1.4.6. 上記証明の最後の段落で分かるように，次が成り立つ．この事実は 1.13 節で再掲する．

$$\sup_{x\in Q}\inf_{c\in\mathbb{C}}\frac{1}{|Q|}\int_Q |f(y)-c|\,dy \leq f^\#(x) \leq 2\sup_{x\in Q}\inf_{c\in\mathbb{C}}\frac{1}{|Q|}\int_Q |f(y)-c|\,dy.$$

1.5 被覆定理と Hardy-Littlewood の最大関数

Hardy-Littlewood の最大関数の基本的性質を調べるために，被覆定理について調べておこう．以下，区間 Q の長さを $\ell(Q)$ で表す．また $Q(x,r)$ は中心 x 長さ r の区間 $(x-r/2, x+r/2)$ を表す．

定理 1.5.1 (Besicovitch の被覆定理). A は $\mathbb{R}$ 内の有界集合であって，各 $x \in A$ に対して x を中心とする区間 $Q(x)$ が対応し，$\sup_{x\in A}\ell(Q(x)) < \infty$ とする．すると，区間の集合 $\{Q(x)\}_{x\in A}$ から高々可算個の区間列 $\{Q_k\}$ を選んで，次の 3 条件を満たすようにできる．

(i) $A \subset \cup_k Q_k$,
(ii) $\sum_k \chi_{Q_k}(x) \leq 4$ 即ち $x(\in A)$ を含む Q_k は高々 4 個,
(iii) 区間列 $\{Q_k\}$ は高々 9 組の互いに交わりのない部分区間列 $\{Q_{k_1}\}$, $\{Q_{k_2}\}$, ..., $\{Q_{k_l}\}$, $\ell \leq 9$, に分解できる．即ち，各 $\{Q_{k_j}\}$ は互いに交わりがなく，$\{Q_{k_1}\} \cup \{Q_{k_2}\} \cup \cdots \cup \{Q_{k_l}\} = \{Q_k\}$.

証明 $\alpha_0 := \sup_{x\in A}\ell(Q(x)) < \infty$ とする．まず $x_1 \in A$ を $\ell(Q(x_1)) > \frac{1}{2}\sup_{x\in A}\ell(Q(x))$ となるように選ぶ．次に $A \setminus Q(x_1) \neq \emptyset$ なら $x_2 \in A \setminus Q(x_1)$ を $\ell(Q(x_2)) > \frac{1}{2}\sup_{x\in A\setminus Q(x_1)}\ell(Q(x))$ となるように選ぶ．以下，帰

納的に $A \setminus \cup_{j=1}^{k} Q(x_j) \neq \emptyset$ なら $x_{k+1} \in A \setminus \cup_{j=1}^{k} Q(x_j)$ を $\ell(Q(x_{k+1})) > \frac{1}{2} \sup_{x \in A \setminus \cup_{j=1}^{k} Q(x_j)} \ell(Q(x))$ となるように選ぶ. $A \setminus \cup_{j=1}^{k} Q(x_j) = \emptyset$ ならその段階でこの操作を終える. このようにして得られた区間列 $\{Q(x_k)\}$ に対して $Q_k = Q(x_k)$ とおく. この区間列 $\{Q_k\}$ が (i), (ii), (iii) を満たすことを示そう.

まず次の3つが成り立つ.

(a) $j < k$ ならば $x_k \notin Q_j$,
(b) $j < k$ ならば $\ell(Q_j) > \frac{1}{2}\ell(Q_k)$,
(c) $Q(x_j, \ell(Q_j)/3) \cap Q(x_k, \ell(Q_k)/3) = \emptyset$ $(j \neq k)$.

(a), (b) は Q_k の作り方から明らかである. (c) を検証するためには $j < k$ としてよい. すると, (a) より $|x_k - x_j| \geq \ell(Q_j)/2$ となるから, (b) を使うと $\frac{1}{6}\ell(Q_j) + \frac{1}{6}\ell(Q_k) < \frac{1}{6}\ell(Q_j) + \frac{1}{3}\ell(Q_j) = \frac{1}{2}\ell(Q_j) \leq |x_k - x_j|$ が得られる, つまり区間 $Q(x_j, \ell(Q_j)/3)$ と区間 $Q(x_k, \ell(Q_k)/3)$ の中心間の距離がそれぞれの区間の長さの和の半分より長いから, $Q(x_j, \ell(Q_j)/3)$ と $Q(x_k, \ell(Q_k)/3)$ の共通部分はない.

さて, (i) の証明に戻ろう. 区間列 $\{Q(x_k)\}$ を作る操作が有限回で終われば, (i) の証明がされているから, 無限回続くとしよう. このとき, $\lim_{j \to \infty} \ell(Q_j) = 0$ である. 実際, $\limsup_{j \to \infty} \ell(Q_j) = a > 0$ とすると, $\ell(Q_{j_k}) > a/2$ となる部分列 $\{Q_{j_k}\}$ が存在する. $Q'_{j_k} = Q(x_{j_k}, \frac{1}{3}\ell(Q_{j_k}))$ とおくと

$$\sum_{k=1}^{\infty} \ell(Q'_{j_k}) > \sum_{k=1}^{\infty} \frac{a}{6} = +\infty. \tag{1.5.1}$$

一方, $Q'_{j_k} \subset Q_{j_k} \subset Q(x_1, \mathrm{diam}(A) + \alpha_0)$ であり, (c) によって Q'_{j_k} は互いに交わりがないから,

$$\sum_{k=1}^{\infty} \ell(Q'_{j_k}) < \mathrm{diam}(A) + \alpha_0 \tag{1.5.2}$$

である. 式 (1.5.1) と式 (1.5.2) は矛盾である. 従って, $\lim_{j \to \infty} \ell(Q_j) = 0$ である.

そこで, $x_0 \in A \setminus \cup_{j=1}^{\infty} Q_j$ が存在したとする. すると, $\lim_{j \to \infty} \ell(Q_j) = 0$ より $\ell(Q_{j_0}) < \frac{1}{2}\ell(Q_{x_0})$ となる Q_{j_0} が存在する. $x_0 \in A \setminus \cup_{j=1}^{\infty} Q_j$ より

1.5 被覆定理と Hardy-Littlewood の最大関数

$x_0 \in A \setminus \bigcup_{j=1}^{j_0-1} Q_j$ だから Q_{j_0} の定義によって

$$\ell(Q_{j_0}) > \frac{1}{2} \sup_{x \in A \setminus \bigcup_{j=1}^{j_0-1} Q(x_j)} \ell(Q(x)) \geq \frac{1}{2}\ell(Q(x_0)).$$

これは $\ell(Q_{j_0}) < \frac{1}{2}\ell(Q_{x_0})$ に矛盾する. よって,

$$A \setminus \bigcup_{j=1}^{\infty} Q_j = \emptyset \quad 即ち \quad A \subset \bigcup_{j=1}^{\infty} Q_j$$

である.

(ii) の証明. (c) より, $x_i \neq x_j \ (i \neq j)$ である. x を与えたときに, $x \in Q_j$ と $x \leq x_j$ を満たす番号 j が 2 個以上あるとし, それらを満たす最小の番号を j_1, 2 番目に小さい番号を j_2 とする. 今 $m > j_2$ で $x < x_m$ とする. (a) により $x_{j_2}, x_m \notin Q_{j_1}, x_m \notin Q_{j_2}$ である. また, (b) により

$$\frac{1}{2}\ell(Q_m) < \ell(Q_{j_1}). \tag{1.5.3}$$

さらに, $x \in Q_{j_2}, x \leq x_{j_1} < x_{j_2}, x_{j_2} \notin Q_{j_1}$ となるから, $\ell(Q_{j_2})/2 > \ell(Q_{j_1})/2$ となる. 従って, $x_{j_2} \notin Q_{j_1}, x_m \notin Q_{j_2}$ より, $x \leq x_{j_1} < x_{j_2} < x_m$ となることも使うと,

$$|x_m - x| \geq |x_m - x_{j_2}| + |x_{j_2} - x_{j_1}| > \frac{\ell(Q_{j_2})}{2} + \frac{\ell(Q_{j_1})}{2} > \ell(Q_{j_1}). \tag{1.5.4}$$

(1.5.3), (1.5.4) より

$$x \notin Q_m$$

となることが分かる. 従って, 中心が x より右にあって x を含む Q_j は高々 2 個である. 同様に, 中心が x より左にあって x を含む Q_j も高々 2 個である. よって, x を含む Q_j は高々 4 個である.

(iii) の証明. $j \in \mathbb{N}$ とする. $m < j$ かつ $Q_m \cap Q_j \neq \emptyset$ なら Q_m は Q_j の端点を含むか, または端点を含まないかのいずれかである. 端点を含まない場合は $Q_m \subset Q_j$ であり, (b) より $\ell(Q_m) > \frac{1}{2}\ell(Q_j)$ であるから, $x_j \in Q_m$ となる. しかし, これは (a) に反する. 従って, Q_m は Q_j の両端点のいずれかを含む. ゆえに $m < j$ かつ $Q_m \cap Q_j \neq \emptyset$ となる番号 m は (ii) により

高々 $4 \times 2 = 8$ 個である．そこで，(i) の証明で作った区間列 $\{Q(x_k)\}$ を次のように 9 個のクラス $I_1, I_2, \ldots, I_9$ に分ける．まず，Q_1 はクラス I_1, Q_2 はクラス $I_2, \ldots$, Q_9 はクラス I_9 に入れる．Q_{10} と交わる Q_j ($j < 10$) は高々 8 個しかないから，Q_{10} と交わらない Q_ℓ ($\ell \le 9$) がひとつはある．その番号のクラス I_ℓ に Q_{10} を入れる．次に，Q_{11} と交わる Q_j ($j < 11$) は高々 8 個しかないから，

$$Q_{11} \cap \bigcup_{Q_j \in I_\ell, j<11} Q_j = \emptyset$$

となる番号 ($\ell \le 9$) がひとつはある．その番号のクラス I_ℓ に Q_{11} を入れる．この操作を続けると，各 Q_i は $I_1, I_2, \ldots, I_9$ のどれかに入っており，また，各クラス I_ℓ に入っている Q_j 同士は互いに交わりはない．つまり，このクラス分けが (iii) で求めるものになっている． ■

この被覆定理の (i), (ii) を使って，Hardy-Littlewood 最大関数の弱 (1,1) 性と呼ばれる定理が示せる．

定理 1.5.2. 任意の $f \in L^1(\mathbb{R})$ に対して

$$|\{x \in \mathbb{R}; (M_1 f)(x) > \lambda\}| \le C \frac{\|f\|_{L^1}}{\lambda} \quad (\lambda > 0)$$

となる定数 C が存在する．

証明 まず中心最大関数 $\tilde{M}_1$ について

$$|\{x \in \mathbb{R}; (\tilde{M}_1 f)(x) > \lambda\}| \le 4 \frac{\|f\|_{L^1}}{\lambda} \quad (\lambda > 0)$$

を示せば，補題 1.4.4 により $M_1 f(x) \le 2\tilde{M}_1(x)$ であるから定理が証明されたことになる．

さて，$\lambda > 0$ とし，任意に $B > 0$ を固定する．集合 A_B を

$$A_B := (-B, B) \cap \{x \in \mathbb{R}; (\tilde{M}_1 f)(x) > \lambda\}$$

で定義する．各 $x \in A_B$ に対して，$(\tilde{M}_1 f)(x)$ の定義から

$$\frac{1}{|Q(x, r_x)|} \int_{Q(x, r_x)} |f(y)|\, dy > \lambda$$

1.5 被覆定理と Hardy-Littlewood の最大関数

となる $r_x > 0$ が存在するから，区間 $Q(x, r_x)$ を対応させる．すると，Besicovitch の被覆定理により，区間族 $\{Q(x, r_x)\}_{x \in A_B}$ から

(i) $A_B \subset \bigcup_k Q_k$,
(ii) $\sum_k \chi_{Q_k}(x) \leq 4$

を満たす区間列 $\{Q_k\}$ を選び出せる．すると，(i) により

$$|A_B| \leq \sum_k |Q_k| \leq \sum_k \frac{1}{\lambda} \int_{Q_k} |f(y)|\,dy = \frac{1}{\lambda}\int_{\mathbb{R}} \sum_k \chi_{Q_k}(y)|f(y)|\,dy$$
$$\leq \frac{4}{\lambda} \int_{\mathbb{R}} |f(y)|\,dy.$$

よって，$B \to \infty$ とすれば，

$$|\{x \in \mathbb{R}; (\tilde{M}_1 f)(x) > \lambda\}| \leq 4 \frac{\|f\|_{L^1}}{\lambda}$$

となり，定理の証明が終わる． ■

注意 1.5.3. $f(x) = \chi_{[-1,1]}$ とすると，

$$M_1 f(x) = \begin{cases} 1 & (|x| \leq 1), \\ \frac{2}{|x|+1} & (|x| > 1) \end{cases}$$

となるから，$0 < \lambda < 1$ に対して

$$|\{x \in \mathbb{R}; (M_1 f)(x) > \lambda\}| = \frac{4}{\lambda} - 2$$

となる．

注意 1.5.4. 定理 1.5.2 は Chebyshev の不等式

$$|\{x \in \mathbb{R}; |f(x)| > \lambda\}| \leq \frac{\|f\|_{L^1}}{\lambda} \quad (\lambda > 0)$$

を精密にしたものと考えることもできる．

定理 1.5.2 から Hardy-Littlewood 最大関数の L^p 有界性が従う．

定理 1.5.5. $1 < p \leq \infty$ とする．このとき
$$\|M_1 f\|_{L^p} \leq C_p \|f\|_{L^p} \quad (f \in L^p(\mathbb{R}))$$
となる p だけに関係した正定数 C_p が存在する．

証明 (i) $p = \infty$ の場合．$f \in L^\infty(\mathbb{R})$ なら
$$\frac{1}{|Q|} \int_Q |f(y)|\, dy \leq \|f\|_{L^\infty} \frac{1}{|Q|} \int_Q dy = \|f\|_{L^\infty}$$
だから，任意の $x \in \mathbb{R}$ に対して
$$M_1 f(x) \leq \|f\|_{L^\infty}$$
である．従って
$$\|M_1 f\|_{L^\infty} \leq \|f\|_{L^\infty} \quad (f \in L^\infty(\mathbb{R}))$$
であるから，$p = \infty$ のとき定理が成り立つ．

(ii) $1 < p < \infty$ の場合．$f \in L^p(\mathbb{R})$ とする．$\lambda > 0$ に対して $E_\lambda = \{x \in \mathbb{R}; M_1 f(x) > \lambda\}$，$\sigma(\lambda) = |E_\lambda|$ と置けば
$$\int_\mathbb{R} |M_1 f(x)|^p\, dx = -\int_0^\infty \lambda^p\, d\sigma(\lambda) = p \int_0^\infty \lambda^{p-1} \sigma(\lambda)\, d\lambda$$
である．

さらに
$$f_1(x) = \begin{cases} f(x) & (|f(x)| > \lambda/2) \\ 0 & (|f(x)| \leq \lambda/2), \end{cases} \qquad f_2(x) = f(x) - f_1(x)$$
とおくと，$|f(x)| \leq |f_1(x)| + \frac{\lambda}{2}$ だから $M_1 f(x) \leq M_1 f_1(x) + \frac{\lambda}{2}$．従って
$$E_\lambda \subset \left\{ x \in \mathbb{R}; M_1 f_1(x) > \frac{\lambda}{2} \right\}.$$
よって，$\sigma(\lambda) \leq |\{x \in \mathbb{R}; M_1 f_1(x) > \lambda/2\}|$ であるから，定理 1.5.2 を使って
$$\sigma(\lambda) \leq \frac{16}{\lambda} \int_\mathbb{R} |f_1(y)|\, dy = \frac{16}{\lambda} \int_{\{y; |f(y)| > \lambda/2\}} |f(y)|\, dy.$$

1.5 被覆定理と Hardy-Littlewood の最大関数

ゆえに

$$\int_{\mathbb{R}} |M_1 f(x)|^p \, dx = p \int_0^\infty \lambda^{p-1} \sigma(\lambda) \, d\lambda$$

$$\leq 16p \int_0^\infty \lambda^{p-1} \left(\frac{1}{\lambda} \int_{\{y;|f(y)|>\lambda/2\}} |f(y)| \, dy \right) d\lambda$$

$$= 16p \int_0^\infty \lambda^{p-2} \left(\int_{\{y;|f(y)|>\lambda/2\}} |f(y)| \, dy \right) d\lambda$$

$$= 16p \int_{\mathbb{R}} |f(y)| \left(\int_0^{2|f(y)|} \lambda^{p-2} \, d\lambda \right) dy \quad \text{(Fubini)}$$

$$= \frac{16p}{p-1} \int_{\mathbb{R}} 2^{p-1} |f(y)|^p \, dy.$$

これから

$$\|M_1 f\|_{L^p} \leq 2 \left(\frac{8p}{p-1} \right)^{1/p} \|f\|_{L^p}.$$

∎

この定理から p 次 Hardy-Littlewood 最大関数の L^r 有界性が出る.

系 1.5.6. $1 \leq p < r < \infty$ とする. このとき

$$\|M_p f\|_{L^r} \leq C_{p,r} \|f\|_{L^r} \quad (f \in L^r(\mathbb{R}))$$

となる p, r だけに関係した正定数 $C_{p,r}$ が存在する.

証明 M_p の定義と定理 1.5.5 により

$$\left(\int_{\mathbb{R}} M_p f(x)^r \, dx \right)^{1/r} = \left[\left(\int_{\mathbb{R}} M_1(|f|^p)(x)^{r/p} \, dx \right)^{p/r} \right]^{1/p}$$

$$\leq \left[C_{r/p} \left(\int_{\mathbb{R}} (|f(x)|^p)^{r/p} \, dx \right)^{p/r} \right]^{1/p}$$

$$= (C_{r/p})^{1/p} \|f\|_{L^r}.$$

∎

1.6 シャープ最大関数と Hardy-Littlewood の最大関数の関係

定義 1.6.1. $[\ell 2^k, (\ell+1)2^k)$ (ただし, $k, \ell \in \mathbb{Z}$) の形の区間を 2 進区間という. $\mathbb{D}_k = \{[\ell 2^k, (\ell+1)2^k)\}_{\ell \in \mathbb{Z}}$ とし, 2 進区間の全体を $\mathbb{D}$ で表す.

2 進区間に対して, 次のような基本的な性質が成り立つ.

補題 1.6.2.

(i) 各 $x \in \mathbb{R}$ と各 $k \in \mathbb{Z}$ に対して, $x \in Q$ となる 2 進区間 $Q \in \mathbb{D}_k$ はただひとつ存在する.
(ii) $Q, Q' \in \mathbb{D}$ ならば, $Q \subset Q'$, $Q' \subset Q$ または $Q \cap Q' = \emptyset$ のいずれかひとつが起こる.
(iii) 各 $Q \in \mathbb{D}_k$ に対して, $Q \subset Q'$ となる $Q' \in \mathbb{D}_{k+1}$ はただひとつ存在する.

このほとんど自明な事実から次の事実が分かる.

補題 1.6.3. $Q_j \in \mathbb{D}$ $(j = 1, 2, \ldots)$ で, $\{Q_j\}_{j \in \mathbb{N}}$ の中に無限に拡大していく部分区間列は無いとする. すると, $\{Q_j\}_{j \in \mathbb{N}}$ の中から, 部分区間列 $\{Q_{j_\ell}\}_\ell$ (有限個あるいは無限個) を選んで,

(i) $\bigcup_{j \in \mathbb{N}} Q_j = \bigcup_\ell Q_{j_\ell}$.
(ii) $Q_{j_\ell} \cap Q_{j_k} = \emptyset$ $(\ell \neq k)$.
(iii) Q_{j_ℓ} は $\{Q_j\}_{j \in \mathbb{N}}$ の中で極大である. 即ち, Q_{j_ℓ} を真に含む $\{Q_j\}_{j \in \mathbb{N}}$ の中の区間は存在しない.

を満たすようにできる.

証明 補題 1.6.2 (ii),(iii) により各 Q_j に対して $Q_j \subset Q_k$ となる区間 Q_k の全体は包含関係で一列に並んでいる. 仮定により, この列は有限列であるか

1.6 シャープ最大関数と Hardy-Littlewood の最大関数の関係

ら,一番広い区間が一意に定まり,それは包合関係で極大である.これら包合関係で極大な Q_k の全体を $\{Q_{j_\ell}\}$ で表せば,

$$\bigcup_{j \in \mathbb{N}} Q_j = \bigcup_{\ell} Q_{j_\ell}$$

であり,極大性から

$$Q_{j_\ell} \cap Q_{j_k} = \emptyset \quad (\ell \neq k)$$

であって,補題の結論を全て満たしている. ∎

この 2 進区間の基本的な性質を使って,次の Whitney 型被覆定理を示すことができる.

定理 1.6.4 (Whitney 型被覆定理). Ω を $\mathbb{R}$ の空でない真開部分集合とする.すると,次のような閉区間列 $\{Q_j\}$ (有限個あるいは無限個) が存在する.

(i) $\Omega = \bigcup_j Q_j$　かつ　$Q_j^o \cap Q_k^o = \emptyset$　$(j \neq k)$.
(ii) $\ell(Q_j) \leq \mathrm{dist}(Q_j, \Omega^c) \leq 4\ell(Q_j)$.
(iii) Q_j と Q_k が接していれば

$$\frac{1}{4} \leq \frac{\ell(Q_j)}{\ell(Q_k)} \leq 4.$$

証明　$k \in \mathbb{Z}$ に対して

$$\Omega_k = \{x \in \Omega; 2 \cdot 2^{-k} < \mathrm{dist}(x, \Omega^c) \leq 4 \cdot 2^{-k}\}$$

とおくと,

$$\Omega = \bigcup_{k \in \mathbb{Z}} \Omega_k$$

である.$\mathbb{E}_k$ を $Q \cap \Omega_k \neq \emptyset$ かつ $Q \in \mathbb{D}_{-k}$ となる 2 進区間の全体とし,$\mathbb{E} = \cup_{k \in \mathbb{Z}} \mathbb{E}_k$ とする.

$Q \in \mathbb{E}$ とすると,ある $k \in \mathbb{Z}$ に対して $Q \in \mathbb{E}_k$ だから,この k に対して $x \in Q \cap \Omega_k$ となる x が存在し,$\ell(Q) = 2^{-k}$ である.$x \in \Omega_k$ より $2 \cdot 2^{-k} < \mathrm{dist}(x, \Omega^c) \leq 4 \cdot 2^{-k}$ だから

$$\ell(Q) < \mathrm{dist}(x, \Omega^c) - \ell(Q) \leq \mathrm{dist}(Q, \Omega^c) \leq \mathrm{dist}(x, \Omega^c) \leq 4 \cdot 2^{-k} = 4\ell(Q)$$

であるから，Q は条件 (ii) を満たしている．また，$\mathrm{dist}(Q, \Omega^c) \geq \ell(Q) > 0$ だから，$Q \subset \Omega$ である．従って，$\cup_{Q \in \mathbb{E}} Q \subset \Omega$ である．

逆に，$x \in \Omega$ とすると，$x \in \Omega_k$ となる $k \in \mathbb{Z}$ が存在する．さらに，$\bigcup_{Q \in \mathbb{D}_{-k}} Q = \mathbb{R}$ だから，$x \in Q$ となる $Q \in \mathbb{D}_{-k}$ が存在する．この Q は $\mathbb{E}_k$ の定義により $\mathbb{E}_k$ に属する，従って $\mathbb{E}$ に属する．ゆえに，$\Omega \subset \bigcup_{Q \in \mathbb{E}} Q$ となり，

$$\Omega = \bigcup_{Q \in \mathbb{E}} Q$$

が得られる．

また，$Q, Q' \in \mathbb{E}$ とすると，それぞれ

$$\ell(Q) < \mathrm{dist}(Q, \Omega^c) \leq 4\ell(Q), \quad \ell(Q') < \mathrm{dist}(Q', \Omega^c) \leq 4\ell(Q')$$

を満たしているから，さらに $Q \subset Q'$ とすると，$\mathrm{dist}(Q, \Omega^c) \geq \mathrm{dist}(Q', \Omega^c)$ となることに注意すれば，

$$\ell(Q') \leq 4\ell(Q)$$

である．従って，$Q \in \mathbb{E}$ を含む $\mathbb{E}$ の 2 進区間は高々 2 個である．ということは，$\mathbb{E}$ に属する 2 進区間は補題 1.6.3 の仮定を満たしている．よって，$\mathbb{E}$ から補題 1.6.3 によって得られる，極大 2 進区間列を $\{Q_j\}$ とすると，

$$\Omega = \bigcup_j Q_j \quad \text{かつ} \quad Q_j \cap Q_k = \emptyset \quad (j \neq k)$$

である．

さて，(iii) の確認をしよう．Q_j と Q_k が接していれば，

$$\begin{aligned} \ell(Q_j) &\leq \mathrm{dist}(Q_j, \Omega^c) \leq \mathrm{diam}(Q_k) + \mathrm{dist}(Q_k, \Omega^c) \\ &\leq \ell(Q_k) + 4\ell(Q_k) \leq 5\ell(Q_k). \end{aligned}$$

よって，$\ell(Q_j)/\ell(Q_k) \leq 5$．しかし，$Q_j, Q_k$ は 2 進区間だから $\ell(Q_j)/\ell(Q_k)$ は 2^m ($m \in \mathbb{Z}$) の形をしているので，$\ell(Q_j)/\ell(Q_k) \leq 4$ となる．Q_j と Q_k の役目を入れ替えれば，$\ell(Q_k)/\ell(Q_j) \leq 4$，従って $1/4 \leq \ell(Q_j)/\ell(Q_k) \leq 4$ となる．Q_j にその右端点を加えた閉区間を改めて Q_j とすれば，$\{Q_j\}$ は欲しい性質を全て満たしている． ■

1.6 シャープ最大関数と Hardy-Littlewood の最大関数の関係

この被覆定理を利用して，Hardy-Littlewood の最大関数とシャープ最大関数の関係を与える次の "good λ-不等式" が示せる．

補題 1.6.5. $f \in L^1_{\mathrm{loc}}(\mathbb{R})$ ならば，任意の $\lambda > 0, \gamma > 0$ に対して

$$|\{x \in \mathbb{R}; M_1 f(x) > 2\lambda, \, f^\#(x) < \gamma\lambda\}| \leq 96\gamma |\{x \in \mathbb{R}; M_1 f(x) > \lambda\}|$$

が成立する．

証明 以下では，$M_1 f$ を Mf のように略記することにする．$\lambda > 0, \gamma > 0$ とし，$E_\lambda = \{x \in \mathbb{R}; Mf(x) > \lambda\}$ とする．$E_\lambda = \mathbb{R}$ のときは，補題の結論は正しいから，以下 $E_\lambda \neq \mathbb{R}$ とする．E_λ は開集合である．実際，$x_0 \in E_\lambda$ とすると，上限の定義から

$$\frac{1}{|Q_0|} \int_{Q_0} |f(x)| \, dx > \lambda$$

となる区間 $Q_0 \ni x_0$ が存在する．積分の性質から，Q_0 を含む開区間 Q_1 で上の性質を満たすものをとれる．$x \in Q_1$ なら，$\frac{1}{|Q_1|} \int_{Q_1} |f(x)| \, dx > \lambda$ より $Mf(x) > \lambda$ だから，$Q_1 \subset E_\lambda$ となる．よって，E_λ は開集合である．また，$E_\lambda \neq \mathbb{R}$ だから，E_λ は定理 1.6.4 の仮定を満たすので，次のような区間列 $\{Q_j\}$ が取れる．

(i) $E_\lambda = \bigcup_j Q_j$ かつ $Q_j^o \cap Q_k^o = \emptyset \quad (j \neq k)$.
(ii) $\ell(Q_j) \leq \mathrm{dist}(Q_j, E_\lambda^c) \leq 4\ell(Q_j)$.

これらの中の Q_j を任意にひとつ固定し，簡単のために Q で表す．

$\tilde{Q} = 12Q$ とすると，$\mathrm{dist}(Q, E_\lambda^c) \leq 4\ell(Q) = \frac{1}{3}\ell(\tilde{Q})$ だから，$\tilde{Q} \cap E_\lambda^c \neq \emptyset$ となり，E_λ の定義から

$$\frac{1}{|\tilde{Q}|} \int_{\tilde{Q}} |f(x)| \, dx \leq \lambda$$

となる．

次に，$x \in Q$ かつ $Mf(x) > 2\lambda$ ならば，$|R|^{-1} \int_R |f(y)| \, dy > 2\lambda$ となる区間 $R \ni x$ が存在する．そこで x を中心とする長さ $2\ell(R)$ の区間を R' とすると

$$\frac{1}{|R'|} \int_{R'} |f(y)| \, dy \geq \frac{|R|}{|R'|} \frac{1}{|R|} \int_R |f(y)| \, dy > \lambda$$

となる. $R' \cap E_\lambda^c \neq \emptyset$ なら $|R'|^{-1} \int_{R'} |f(y)| \, dy \leq \lambda$ となり上の不等式に反するから, $R' \cap E_\lambda^c = \emptyset$ である. また, $\mathrm{dist}(Q, E_\lambda^c) \leq 4\ell(Q)$ だから

$$\mathrm{dist}(x, E_\lambda^c) \leq \ell(Q) + \mathrm{dist}(Q, E_\lambda^c) \leq 5\ell(Q).$$

よって, $R' \subset Q(x, 11\ell(Q))$ となり, $R \subset Q(x, 11\ell(Q))$ である. Q の中心を x_Q で表すと, $|x - x_Q| \leq \ell(Q)/2$ だから, $R \subset Q(x, 11\ell(Q)) \subset Q(x_Q, 12\ell(Q)) = \tilde{Q}$ である. 従って, $Q \subset \tilde{Q}$ であり, $R \subset \tilde{Q}$ である. よって,

$$\frac{1}{|R|} \int_R |f(y) \chi_{\tilde{Q}}(y)| \, dy = \frac{1}{|R|} \int_R |f(y)| \, dy > 2\lambda$$

となるから,

$$\frac{1}{|R|} \int_R |f(y) - f_{\tilde{Q}}| \chi_{\tilde{Q}}(y) \, dy$$
$$= \frac{1}{|R|} \int_R |f(y) - f_{\tilde{Q}}| \, dy \geq \frac{1}{|R|} \int_R |f(y)| \, dy - |f_{\tilde{Q}}|$$
$$\geq \frac{1}{|R|} \int_R |f(y)| \, dy - \frac{1}{|\tilde{Q}|} \int_{\tilde{Q}} |f(y)| \, dy > 2\lambda - \lambda = \lambda.$$

これは

$$M((f - f_{\tilde{Q}}) \chi_{\tilde{Q}})(x) > \lambda$$

を示している.

$M((f - f_{\tilde{Q}}) \chi_{\tilde{Q}})$ に対して, 定理 1.5.2 を使えば

$$|\{x \in \mathbb{R}; M((f - f_{\tilde{Q}}) \chi_{\tilde{Q}})(x) > \lambda\}|$$
$$\leq \frac{8}{\lambda} \int_{\tilde{Q}} |f(y) - f_{\tilde{Q}}| \, dy \leq \frac{8|\tilde{Q}|}{\lambda} \frac{1}{|\tilde{Q}|} \int_{\tilde{Q}} |f(y) - f_{\tilde{Q}}| \, dy$$
$$\leq \frac{8 \cdot 12|Q|}{\lambda} \inf_{x \in \tilde{Q}} f^{\#}(x) \leq \frac{96|Q|}{\lambda} \inf_{x \in Q} f^{\#}(x).$$

よって, もし $\inf_{x \in Q} f^{\#}(x) < \gamma \lambda$ ならば,

$$|\{x \in Q; Mf(x) > 2\lambda, f^{\#}(x) < \gamma \lambda\}|$$
$$\leq |\{x \in Q; M((f - f_{\tilde{Q}}) \chi_{\tilde{Q}})(x) > \lambda, f^{\#}(x) < \gamma \lambda\}|$$
$$\leq \frac{96|Q|}{\lambda} \inf_{x \in Q} f^{\#}(x) = 96\gamma |Q|.$$

1.6 シャープ最大関数と Hardy-Littlewood の最大関数の関係

また,もし $\inf_{x \in Q} f^{\#}(x) \geq \gamma\lambda$ ならば,上式の左辺内の集合は空になるから,上式は正しい.いずれにしても

$$|\{x \in Q; Mf(x) > 2\lambda, f^{\#}(x) < \gamma\lambda\}| \leq 96\gamma|Q| \tag{1.6.1}$$

が示せた.

Q_j に対する評価式 (1.6.1) を Q_j について和をとれば,Q_j の内部は互いに交わりがないから

$$|\{x \in \mathbb{R}; Mf(x) > 2\lambda, f^{\#}(x) < \gamma\lambda\}|$$
$$= |\{x \in E_\lambda; Mf(x) > 2\lambda, f^{\#}(x) < \gamma\lambda\}|$$
$$\leq 96\gamma|E_\lambda| = 96\gamma|\{x \in \mathbb{R}; Mf(x) > \lambda\}|.$$

∎

"good λ-不等式"と L^p 不等式の関係を与える次の補題を示しておこう.

補題 1.6.6. $0 \leq w(x) \in L^1_{\mathrm{loc}}(\mathbb{R})$, $0 < p < \infty$ とする.f, g は可測関数で,$|f(x)|^p w(x) \in L^1(\mathbb{R})$ であって,次の 2 条件を満たす $\varepsilon > 0, \gamma > 0$ が存在するとする.

(i) $(1+\varepsilon)^p \gamma < 1$,
(ii) $w(\{x \in \mathbb{R}; |f(x)| > (1+\varepsilon)\lambda, |g(x)| \leq \lambda\})$
$$\leq \gamma w(\{x \in \mathbb{R}; |f(x)| > \lambda\}) \quad (\lambda > 0).$$

ただし,$w(E) = \int_E w(x)\,dx$.

すると,
$$\|f\|_{L^p(w)} \leq C(p, \varepsilon, \gamma)\|g\|_{L^p(w)}$$

となる定数 $C(p, \varepsilon, \gamma)$ が存在する.ただし,$\|f\|_{L^p(w)} = \left(\int_{\mathbb{R}} |f(x)|^p w(x)\,dx\right)^{1/p}$.

証明 仮定 (ii) より

$$w(\{x \in \mathbb{R}; |f(x)| > (1+\varepsilon)\lambda\})$$
$$\leq w(\{x \in \mathbb{R}; |g(x)| > \lambda\}) + \gamma w(\{x \in \mathbb{R}; |f(x)| > \lambda\})$$

であるから,

$$\begin{aligned}
\|f\|_{L^p(w)}^p &= \int_{\mathbb{R}} |f(x)|^p w(x)\, dx \\
&= \int_0^\infty p\lambda^{p-1} w(\{x \in \mathbb{R}; |f(x)| > \lambda\})\, d\lambda \\
&= (1+\varepsilon)^p \int_0^\infty p\lambda^{p-1} w(\{x \in \mathbb{R}; |f(x)| > (1+\varepsilon)\lambda\})\, d\lambda \\
&\leq (1+\varepsilon)^p \int_0^\infty p\lambda^{p-1} w(\{x \in \mathbb{R}; |g(x)| > \lambda\})\, d\lambda \\
&\quad + \gamma(1+\varepsilon)^p \int_0^\infty p\lambda^{p-1} w(\{x \in \mathbb{R}; |f(x)| > \lambda\})\, d\lambda \\
&= (1+\varepsilon)^p \|g\|_{L^p(w)}^p + \gamma(1+\varepsilon)^p \|f\|_{L^p(w)}^p.
\end{aligned}$$

従って,$|f(x)|^p w(x) \in L^1(\mathbb{R})$ より $\|f\|_{L^p(w)} < \infty$ であるから,両辺から $\gamma(1+\varepsilon)^p \|f\|_{L^p(w)}^p$ を引いて

$$\left(1 - \gamma(1+\varepsilon)^p\right) \|f\|_{L^p(w)}^p \leq (1+\varepsilon)^p \|g\|_{L^p(w)}^p$$

であり,条件 $(1+\varepsilon)^p \gamma < 1$ より

$$\|f\|_{L^p(w)} \leq \frac{(1+\varepsilon)}{\left(1 - \gamma(1+\varepsilon)^p\right)^{1/p}} \|g\|_{L^p(w)}.$$

∎

注意 1.6.7. $f \in L^p(w)$ という条件は $\inf(1, |f|) \in L^p(w)$ でもよい.さらに,もっと一般に

$$w(\{x \in \mathbb{R}; |f(x)| > \lambda\}) \leq \frac{C}{\lambda^\alpha} \quad (0 < \lambda < 1)$$

となる $\alpha > 0$ と $C > 0$ が存在するという条件でもよい (宮地・藪田, On good λ-inequality, Bull. Fac. Sci. Ibaraki Univ. **16** (1984), 1-11).

Hardy-Littlewood の最大関数とシャープ最大関数についての "good λ-不等式" と直前の補題を利用して,Hardy-Littlewood の最大関数とシャープ最大関数の L^p 関係を与える次の定理を示せる.

1.7　Hilbert 変換の L^p 有界性 $(1<p<\infty)$

定理 1.6.8. $1 \leq p < \infty$ とする．もし $f \in L^1_{\text{loc}}(\mathbb{R})$ で $Mf \in L^p(\mathbb{R})$ ならば
$$\|Mf\|_{L^p} \leq C_p \|f^\#\|_{L^p}$$
となる f に無関係な定数 $C_p > 0$ が存在する．

証明　補題 1.6.5 により
$$\left|\left\{x \in \mathbb{R}; Mf(x) > 2\lambda, \frac{f^\#(x)}{\gamma} < \lambda\right\}\right| \leq 96\gamma |\{x \in \mathbb{R}; Mf(x) > \lambda\}| \quad (\lambda > 0)$$
である．そこで $2^p \times 96\gamma < 1$ となるように γ をひとつ定める．すると，補題 1.6.6 により
$$\|Mf\|_{L^p} \leq \frac{2}{(1-2^p \times 96\gamma)^{1/p}} \left\|\frac{f^\#(x)}{\gamma}\right\|_{L^p}$$
$$\leq \frac{2}{\gamma(1-2^p \times 96\gamma)^{1/p}} \|f^\#\|_{L^p}.$$

■

注意 1.6.9. 条件 $Mf \in L^p(\mathbb{R})$ は $\inf(1, |f|) \in L^p(\mathbb{R})$ でもよい．さらに，もっと一般に
$$|\{x \in \mathbb{R}; |f(x)| > \lambda\}| < +\infty \quad (0 < \lambda < 1)$$
という条件で置き換えてもよい (注意 1.6.7 の文献参照)．

1.7　Hilbert 変換の L^p 有界性 $(1<p<\infty)$

Hilbert 変換の L^p 有界性について，L^2 有界性は既に示したが，次に $2 < p < \infty$ の場合から扱おう．

命題 1.7.1. $2 \leq p < \infty$ とする．
$$\|Hf\|_{L^p} \leq C_p \|f\|_{L^p} \quad (f \in \mathcal{S}(\mathbb{R}))$$
となる定数 C_p が存在する．

証明 $f \in \mathcal{S}(\mathbb{R})$ だから,補題 1.3.2 により $|Hf(x)| \le C(1+|x|)^{-1}$. よって,容易に分かるように

$$M(Hf)(x) \le \frac{C}{1+|x|}\log(1+|x|) \in L^r(\mathbb{R}) \quad (1 < r < \infty).$$

これより,定理 1.6.8 が使えるから

$$\|M(Hf)\|_{L^p} \le C_p \|(Hf)^{\#}\|_{L^p} \quad (1 < p < \infty).$$

これと命題 1.4.5 により

$$\|M(Hf)\|_{L^p} \le C_p \|M_2 f\|_{L^p}.$$

さらに系 1.5.6 も使えば,$p > 2$ のとき

$$\|Hf\|_{L^p} \le C'_p \|f\|_{L^p}.$$

■

$2 \le p < \infty$ での L^p 有界性と双対性により,$1 < p < \infty$ での L^p 有界性が示せる.

定理 1.7.2. $1 < p < \infty$ とする.

$$\|Hf\|_{L^p} \le C_p \|f\|_{L^p} \quad (f \in \mathcal{S}(\mathbb{R}))$$

となる定数 C_p が存在する.

証明 $2 \le p < \infty$ の場合は証明済みなので,$1 < p < 2$ とする.$f, g \in \mathcal{S}(\mathbb{R})$ に対して

$$\begin{aligned}
(Hf, g) &= \int_{-\infty}^{\infty} Hf(x)\overline{g(x)}\,dx \\
&= \frac{1}{2\pi}\int_{-\infty}^{\infty} \widehat{(Hf)}(\xi)\overline{\hat{g}(\xi)}\,d\xi \quad \text{(Parseval)} \\
&= \frac{1}{2\pi}\int_{-\infty}^{\infty} -i\frac{\xi}{|\xi|}\hat{f}(\xi)\overline{\hat{g}(\xi)}\,d\xi \\
&= \frac{1}{2\pi}\int_{-\infty}^{\infty} \hat{f}(\xi)\overline{i\frac{\xi}{|\xi|}\hat{g}(\xi)}\,d\xi \\
&= \int_{-\infty}^{\infty} f(x)\overline{(-1)Hg(x)}\,dx = (f, -Hg) \quad \text{(Parseval)}
\end{aligned}$$

1.7 Hilbert 変換の L^p 有界性 $(1 < p < \infty)$ 53

を得る．p' を $1/p + 1/p' = 1$ となる数とすると，$2 < p' < \infty$ となるから，命題 1.7.1 を使って

$$|(Hf, g)| = |(f, -Hg)| \leq \|f\|_{L^p} \|Hg\|_{L^{p'}} \leq C_{p'} \|f\|_{L^p} \|g\|_{L^{p'}}.$$

よって，補題 1.3.2 により $Hf \in L^p(\mathbb{R})$ であり，$\mathcal{S}(\mathbb{R})$ は $L^{p'}(\mathbb{R})$ で稠密だから

$$\left| \int_{-\infty}^{\infty} Hf(x) \overline{g(x)} \, dx \right| \leq C_{p'} \|f\|_{L^p} \|g\|_{L^{p'}} \quad (g \in L^{p'}(\mathbb{R})).$$

ゆえに，L^p と $L^{p'}$ の双対性により

$$\|Hf\|_{L^p} \leq C_{p'} \|f\|_{L^p}.$$

(双対性を使わずに，補題 1.3.2 により $|Hf(x)| \leq C(1+|x|)^{-1}$ に注意し，最後の不等式で，$g(x) = |Hf(x)|^{p-1} \frac{Hf(x)}{|Hf(x)|} \chi_{\mathrm{supp}(Hf)}(x)$ とおけば，$\|Hf\|_{L^p} \leq C_{p'} \|f\|_{L^p}$ を直接確かめることもできる．) ∎

注意 1.7.3. 上の定理により，$\mathcal{S}(\mathbb{R})$ は $L^p(\mathbb{R})$ で稠密だから，Hilbert 変換は $L^p(\mathbb{R})$ 全体に一意に拡張でき，それも Hf で表すと，Hilbert 変換は $L^p(\mathbb{R})$ から $L^p(\mathbb{R})$ への有界線形作用素であって

$$\|Hf\|_{L^p} \leq C_p \|f\|_{L^p} \quad (f \in L^p(\mathbb{R})).$$

系 1.7.4. $1 < p < \infty$ とする．すると

$$(Hf)^{\#}(x) \leq C_p M_p f(x) \quad (x \in \mathbb{R}, f \in \mathcal{S}(\mathbb{R}))$$

となる定数 C_p が存在する．

証明 命題 1.4.5 の証明を少し変更すれば証明できる．実際，命題 1.4.5 の証明で，

$$I_2 \leq CM_1 f(x)$$

であった. I_1 については,

$$\begin{aligned}
I_1 &\leq \left(\frac{1}{|Q|} \int_Q |Hf_1(x)|^p \, dx\right)^{1/p} \quad \text{(Hölder)} \\
&\leq \left(\frac{1}{|Q|} \int_{-\infty}^{\infty} |Hf_1(x)|^p \, dx\right)^{1/p} \\
&\leq C_p \left(\frac{1}{|Q|} \int_{-\infty}^{\infty} |f_1(x)|^p \, dx\right)^{1/p} \quad \text{(Hilbert 変換の } L^p \text{ 有界性)} \\
&= C_p \left(\frac{|Q'|}{|Q|} \frac{1}{|Q'|} \int_{Q'} |f(x)|^p \, dx\right)^{1/p} \\
&\leq 2^{1/p} C_p M_p f(x_0).
\end{aligned}$$

後は, 命題 1.4.5 の証明と同じ. ∎

1.8 Calderón-Zygmund 分解と Hilbert 変換の弱 (1,1) 性

$1 < p < \infty$ のとき, Hilbert 変換は L^p 有界な線形作用素であることを見て来た. $p = 1$ の場合どうなるのかというと, L^1 有界性は成り立たないが, 弱 (1,1) 性といわれる結果が A. P. Calderón と A. Zygmund によって示された. そのための鍵になるのが次の Calderón-Zygmund 分解である.

補題 1.8.1 (Calderón-Zygmund 分解). $0 \leq f(x) \in L^1(\mathbb{R})$ とする. すると, 任意の $\lambda > 0$ に対して, 次のような $\mathbb{R}$ の分解が存在する.

(i) $\mathbb{R} = F \cup \Omega, \quad F \cap \Omega = \emptyset$.
(ii) $f(x) \leq \lambda \quad (\text{a.e. } x \in F)$.
(iii) $\Omega = \bigcup_j Q_j, \quad Q_j \in \mathbb{D}, Q_j \cap Q_k = \emptyset \ (j \neq k)$ で
   (a) $\lambda < \dfrac{1}{|Q_j|} \int_{Q_j} f(x) \, dx \leq 2\lambda$,
   (b) $|\Omega| = \sum_j |Q_j| \leq \dfrac{1}{\lambda} \int_{\mathbb{R}} f(x) \, dx$.

1.8 Calderón-Zygmund 分解と Hilbert 変換の弱 (1,1) 性

証明 $0 \leq f(x) \in L^1(\mathbb{R})$ とする.

$$\int_\mathbb{R} f(x)\,dx \leq 2^{k_0}\lambda$$

を満たす整数 k_0 をひとつ固定する. すると, $Q \in \mathbb{D}_{k_0}$ に対して

$$\frac{1}{|Q|}\int_Q f(x)\,dx \leq \lambda. \tag{1.8.1}$$

$\mathbb{D}_{k_0-1}$ は $\mathbb{D}_{k_0}$ の 2 進区間を 2 等分して得られるが, $\mathbb{D}_{k_0-1}$ の 2 進区間 Q の中,

$$\frac{1}{|Q|}\int_Q f(x)\,dx > \lambda \tag{1.8.2}$$

を満たす区間を第 1 群に属するということにする. 第 1 群に属さない $\mathbb{D}_{k_0-1}$ の 2 進区間を 2 等分して得られる $\mathbb{D}_{k_0-2}$ の 2 進区間の中, (1.8.2) を満たす区間を第 1 群に属するということにする. 以下この操作を帰納的に繰り返す. このようにして得られる第 1 群に属する 2 進区間の全体は, 2 進区間の全体が可算個であるから, もちろん可算個であるから, $\{Q_j\}_j$ で表す. 作り方から, $Q_j \cap Q_k = \emptyset\ (j \neq k)$ であり, $Q_j \subset Q$ となる最小の 2 進区間 Q は第 1 群の 2 進区間でないから, (1.8.1) を満たす. よって

$$\lambda < \frac{1}{|Q_j|}\int_{Q_j} f(x)\,dx \leq \frac{|Q|}{|Q_j|}\frac{1}{|Q|}\int_Q f(x)\,dx \leq 2\lambda.$$

また, Q_j は (1.8.2) を満たすから

$$\bigcup_j |Q_j| \leq \sum_j \frac{1}{\lambda}\int_{Q_j} f(x)\,dx \leq \frac{1}{\lambda}\int_{-\infty}^\infty f(x)\,dx.$$

だから, $\Omega = \bigcup_j Q_j$, $F = \Omega^c$ とおけば, (i), (iii) が満たされる.

(ii) について. $x \in F = \Omega^c$ とすると, 各 $k \leq k_0$ に対して $x \in R_k \in \mathbb{D}_k$ となる 2 進区間 R_k が存在する. よって, ほとんど全ての $x \in F$ に対して

$$f(x) = \lim_{k \to -\infty} \frac{1}{|R_k|}\int_{R_k} f(x)\,dx \leq \lambda.$$

∎

この分解を使って，次の Hilbert 変換の弱 (1,1) 性が示せる．

定理 1.8.2. $f \in L^1(\mathbb{R}) \cap L^2(\mathbb{R})$ に対して

$$|\{x \in \mathbb{R}; |Hf(x)| > \lambda\}| \leq \frac{C}{\lambda}\|f\|_{L^1} \quad (\lambda > 0)$$

となる定数 $C > 0$ が存在する．

証明 $f \in L^1(\mathbb{R}) \cap L^2(\mathbb{R})$, $\lambda > 0$ とする．$|f(x)|$ に対して Calderón-Zygmund 分解の補題 1.8.1 を適用し，

$$g(x) = \begin{cases} f(x) & (x \in F) \\ \frac{1}{|Q_j|} \int_{Q_j} f(x)\,dx & (x \in Q_j, \quad j = 1, 2, \ldots) \end{cases}$$

$$f_j(x) = \left(f(x) - \frac{1}{|Q_j|} \int_{Q_j} f(y)\,dy\right)\chi_{Q_j}$$

$$b(x) = \sum_j f_j(x).$$

と定義する．すると $f(x) = g(x) + b(x)$ であり，

$$|g(x)| \leq 2\lambda \quad (\text{a.e. } x \in \mathbb{R}),$$
$$\int_{\mathbb{R}} |g(x)|\,dx \leq \int_{\mathbb{R}} |f(x)|\,dx.$$

これより，$g \in L^1(\mathbb{R}) \cap L^\infty(\mathbb{R})$ だから $g \in L^1(\mathbb{R}) \cap L^2(\mathbb{R})$ でもある．また

$$\int_{Q_j} f_j(x)\,dx = 0.$$

次に，Q_j の中心を x_j とし，

$$Q_j^* = 2Q_j = Q(x_j, 2\ell(Q_j)), \quad \Omega^* = \bigcup_j Q_j^*$$

とおくと，

$$|\Omega^*| \leq \sum_j |Q_j^*| = \sum_j 2|Q_j| = 2|\Omega| \leq \frac{2}{\lambda}\|f\|_{L^1}. \tag{1.8.3}$$

1.8 Calderón-Zygmund 分解と Hilbert 変換の弱 (1,1) 性

さて, $f(x) = g(x) + b(x)$ より $Hf(x) = Hg(x) + Hb(x)$ となり, $|Hg(x)| \leq \lambda/2$ かつ $|Hb(x)| \leq \lambda/2$ なら $|Hf(x)| \leq |Hg(x)| + |Hb(x)| \leq \lambda$ となるから

$$\{x \in \mathbb{R}; |Hf(x)| > \lambda, x \in (\Omega^*)^c\}$$
$$\subset \{x \in (\Omega^*)^c; |Hg(x)| > \lambda/2\} \cup \{x \in (\Omega^*)^c; |Hb(x)| > \lambda/2\}.$$

$E_1 = \{x \in (\Omega^*)^c; |Hg(x)| > \lambda/2\}$, $\quad E_2 = \{x \in (\Omega^*)^c; |Hb(x)| > \lambda/2\}$

とおくと, まず H の L^2 有界性 (定理 1.3.5) を使って

$$|E_1| \leq \frac{1}{(\lambda/2)^2} \int_{E_1} |Hg(x)|^2 dx \leq \frac{4}{\lambda^2} \int_{\mathbb{R}} |Hg(x)|^2 dx$$
$$\leq \frac{4}{\lambda^2} \int_{\mathbb{R}} |g(x)|^2 dx = \frac{4}{\lambda^2} \left(\int_\Omega |g(x)|^2 dx + \int_{\Omega^c} |g(x)|^2 dx \right)$$
$$= \frac{4}{\lambda^2} \left(\sum_j |Q_j| |f_{Q_j}|^2 + \lambda \int_{\Omega^c} |g(x)| dx \right) \quad (|g(x)| \leq \lambda, \text{ a.e. } x \in \Omega^c)$$
$$\leq \frac{4}{\lambda^2} \left(\sum_j |Q_j| (2\lambda)^2 + \lambda \int_{\mathbb{R}} |f(x)| dx \right)$$
$$(|f_{Q_j}| \leq 2\lambda, \ g(x) = f(x) \ (x \in \Omega^c))$$
$$= 16 \sum_j |Q_j| + \frac{4}{\lambda} \|f\|_{L^1} \leq \frac{20}{\lambda} \|f\|_{L^1}.$$

次に, $x \in (Q_j^*)^c$ なら

$$Hf_j(x) = \lim_{\varepsilon \to 0} \frac{1}{\pi} \int_{|y-x|>\varepsilon} \frac{1}{x-y} f_j(y) \, dy$$
$$= \frac{1}{\pi} \int_{Q_j} \frac{1}{x-y} f_j(y) \, dy - \frac{1}{\pi} \int_{Q_j} \frac{1}{x-x_j} f_j(y) \, dy$$
$$\left(\because \int_{Q_j} f_j(y) \, dy = 0 \right)$$
$$= \frac{1}{\pi} \int_{Q_j} \left(\frac{1}{x-y} - \frac{1}{x-x_j} \right) f_j(y) \, dy$$

である. さらに, $y \in Q_j$, $x \in (Q_j^*)^c$ なら, $|x-x_j| \geq \ell(Q_j) > 2|x_j - y|$ となり, $|x-y| \geq |x-x_j| - |x_j - y| \geq |x-x_j|/2$, $|x-x_j|^2 + \ell(Q_j)^2 \leq 2|x-x_j|^2$ となるから

$$\left| \frac{1}{x-y} - \frac{1}{x-x_j} \right| = \frac{|y-x_j|}{|x-y||x-x_j|} \leq \frac{2\ell(Q_j)}{|x-x_j|^2 + \ell(Q_j)^2}.$$

よって $x \in (Q_j^*)^c$ なら

$$|Hb(x)| \leq \sum_j |Hf_j(x)| \leq \sum_j \frac{1}{\pi} \int_{Q_j} \frac{2\ell(Q_j)}{|x-x_j|^2 + \ell(Q_j)^2} |f_j(y)|\, dy$$
$$\leq \frac{8\lambda}{\pi} \sum_j \frac{\ell(Q_j)^2}{|x-x_j|^2 + \ell(Q_j)^2}.$$

これより

$$|E_2| \leq \frac{1}{\lambda/2} \int_{E_2} |Hb(x)|\, dx \leq \frac{2}{\lambda} \int_{(\Omega^*)^c} |Hb(x)|\, dx$$
$$\leq \frac{16}{\pi} \int_{(\Omega^*)^c} \sum_j \frac{\ell(Q_j)^2}{|x-x_j|^2 + \ell(Q_j)^2}\, dx$$
$$\leq \frac{16}{\pi} \sum_j \ell(Q_j) \int_{-\infty}^{\infty} \frac{\ell(Q_j)}{|x-x_j|^2 + \ell(Q_j)^2}\, dx$$
$$= \frac{16}{\pi} \sum_j |Q_j| \int_{-\infty}^{\infty} \frac{1}{t^2+1}\, dt \quad (t = (x-x_j)/\ell(Q_j))$$
$$\leq \frac{16}{\lambda} \|f\|_{L^1}.$$

ゆえに

$$|\{x \in \mathbb{R}; |Hf(x)| > \lambda, x \in (\Omega^*)^c\}| \leq |E_1| + |E_2| \leq \frac{20+16}{\lambda} \|f\|_{L^1}. \tag{1.8.4}$$

(1.8.3), (1.8.4) によって

$$|\{x \in \mathbb{R}; |Hf(x)| > \lambda\}| \leq |\Omega^*| + |\{x \in \mathbb{R}; |Hf(x)| > \lambda, x \in (\Omega^*)^c\}|$$
$$\leq \frac{2+20+16}{\lambda} \|f\|_{L^1} = \frac{38}{\lambda} \|f\|_{L^1}.$$

∎

注意 1.8.3. 定理 1.8.2 の証明の最初に述べた $f(x) = g(x) + b(x)$ と分解することを Calderón-Zygmund 分解と呼んでいることも多い．また，定理 1.8.2 は，全ての $f \in L^1(\mathbb{R})$ に対して成り立つように $L^1(\mathbb{R})$ 上に一意に拡張できる．これは次の補題で保証される．

1.8 Calderón-Zygmund 分解と Hilbert 変換の弱 (1,1) 性

補題 1.8.4. (X, μ) を完備測度空間とする．$E \subset L^1(\mu)$ かつ E は $L^1(\mu)$ で稠密とする．もし T が E から $\{\mu\text{-可測関数全体}\}$ への線形写像であって

$$\mu(\{x \in X; |Tf(x)| > \lambda\}) \leq \frac{C}{\lambda} \|f\|_{L^1(\mu)} \quad (\lambda > 0, f \in E)$$

ならば，T は弱 $(1,1)$ 性を満たす線形写像として $L^1(\mu)$ に一意に拡張できる．拡張されたものも同じ T で表すと，

(i)
$$\mu(\{x \in X; |Tf(x)| > \lambda\}) \leq \frac{C}{\lambda} \|f\|_{L^1(\mu)} \quad (\lambda > 0,\ f \in L^1(\mu)).$$

(ii) $\lim_{j \to \infty} \|f_j - f\|_{L^1(\mu)} = 0$ ならば，任意の $\varepsilon > 0$ に対して $\lim_{j \to \infty} \mu(\{x \in X; |Tf_j(x) - Tf(x)| > \varepsilon\}) = 0$，即ち $j \to \infty$ のとき Tf_j は Tf に測度収束する．

証明 $f \in L^1(\mu) \setminus E$ とする．E は $L^1(\mu)$ で稠密であるから，

$$\|f_j - f_{j+1}\|_{L^1(\mu)} \leq 2^{-2j}, \quad \lim_{j \to \infty} \|f_j - f\|_{L^1(\mu)} = 0$$

を満たす $f_j \in E$ $(j = 1, 2, \ldots)$ が存在する．この $\{f_j\}$ に対して

$$F_j := \{x \in X; |Tf_j(x) - Tf_{j+1}(x)| > 2^{-j}\}$$

とおく．すると

$$\mu\left(\bigcup_{j=k}^\infty F_j\right) \leq \sum_{j=k}^\infty \mu(F_j) \leq \sum_{j=k}^\infty C 2^j \|f_j - f_{j+1}\|_{L^1(\mu)} \leq C \sum_{j=k}^\infty 2^{-j} = C 2^{-k+1}$$

となるから

$$\mu\left(\bigcap_{k=1}^\infty \bigcup_{j=k}^\infty F_j\right) = 0.$$

そこで，
$$N = \bigcap_{k=1}^\infty \bigcup_{j=k}^\infty F_j$$

とおく．すると，$x \in N^c$ なら $x \in \bigcap_{j=k_0}^{\infty} F_j^c$ となる番号 k_0 が存在するから

$$|Tf_j(x) - Tf_{j+1}| \leq 2^{-j} \quad (j \geq k_0).$$

これより，複素数の完備性によって数列 $\{Tf_j(x)\}_{j=1}^{\infty}$ は，$j \to \infty$ のときある数に収束することが分かる．その値を $Tf(x)$ とおく．また，$x \in N$ のときは $Tf(x) = 0$ とおけば，$Tf(x)$ は全ての $x \in X$ で定義され，μ-可測関数 Tf_j はほとんど全ての点で $Tf(x)$ に収束しているから，Tf も μ-可測関数である．さて，$x \in \bigcap_{j=k}^{\infty} F_j^c \subset N^c$ なら

$$|Tf_k(x) - Tf(x)| = \lim_{j\to\infty} |Tf_k(x) - Tf_j(x)|$$
$$\leq \lim_{j\to\infty} \sum_{\ell=k}^{j-1} |Tf_\ell(x) - Tf_{\ell+1}(x)| \leq \sum_{\ell=k}^{\infty} 2^{-\ell} = 2^{1-k}$$

となるから

$$\mu(\{x \in X; |Tf_k(x) - Tf(x)| > 2 \cdot 2^{-k}\}) \leq \mu\Big(\bigcup_{j=k}^{\infty} F_j\Big) \leq 2C2^{-k}.$$

次に，$\lambda > 0, g \in E$ とする．番号 k を

$$\|f - g\|_{L^1(\mu)} > \max(\lambda, 1)2^{-k+1}, \quad \lambda - 2^{-k+1} > \frac{\lambda}{2},$$
$$\|f_k - f\|_{L^1(\mu)} \leq \|f - g\|_{L^1(\mu)}$$

を満たすように決める．すると，$|Tf(x) - Tf_k(x)| \leq 2^{-k+1}$ かつ $|Tf_k(x) - Tg(x)| \leq \lambda - 2^{-k+1}$ なら，$|Tf(x) - Tg(x)| \leq |Tf(x) - Tf_k(x)| + |Tf_k(x) - Tg(x)| \leq \lambda$ であるから，

$$\mu(\{x \in X; |Tf(x) - Tg(x)| > \lambda\})$$
$$\leq \mu(\{x \in X; |Tf(x) - Tf_k(x)| > 2^{-k+1}\})$$
$$\quad + \mu(\{x \in X; |Tf_k(x) - Tg(x)| > \lambda - 2^{-k+1}\})$$
$$\leq 2C2^{-k} + \frac{C}{\lambda - 2^{-k+1}} \|f_k - g\|_{L^1(\mu)}$$
$$\leq \frac{C\|f - g\|_{L^1(\mu)}}{\max(\lambda, 1)} + \frac{2C}{\lambda} \|f_k - g\|_{L^1(\mu)}$$
$$\leq \frac{C\|f - g\|_{L^1(\mu)}}{\lambda} + \frac{2C}{\lambda} (\|f - g\|_{L^1(\mu)} + \|f_k - f\|_{L^1(\mu)})$$

$$\leq \frac{5C}{\lambda}\|f-g\|_{L^1(\mu)}.$$

つまり，$g \in E$ が f に $L^1(\mu)$ 収束すれば，Tg は Tf に測度収束する．よって，E 上で定義されている T は，稠密性により $L^1(\mu)$ 上に一意に拡張される．

さらに，$0 < \varepsilon < 1$ に対して，$\{x \in X; |Tf(x)| > \lambda\} \subset \{x \in X; |Tf(x) - Tg(x)| > \varepsilon\lambda\} \cup \{x \in X; |Tg(x)| > (1-\varepsilon)\lambda\}$ だから，

$$\begin{aligned}
\mu(\{x \in X; &|Tf(x)| > \lambda\}) \\
&\leq \mu(\{x \in X; |Tf(x) - Tg(x)| > \varepsilon\lambda\}) \\
&\quad + \mu(\{x \in X; |Tg(x)| > (1-\varepsilon)\lambda\}) \\
&\leq \frac{5C}{\varepsilon\lambda}\|f-g\|_{L^1(\mu)} + \frac{C}{(1-\varepsilon)\lambda}\|g\|_{L^1(\mu)} \\
&\leq \left(\frac{5C}{\varepsilon\lambda} + \frac{C}{(1-\varepsilon)\lambda}\right)\|f-g\|_{L^1(\mu)} + \frac{C}{(1-\varepsilon)\lambda}\|f\|_{L^1(\mu)}.
\end{aligned}$$

よって，$g_j \in E$ を f に収束するようにとり，収束させてから $\varepsilon \to 0$ とすれば

$$\mu(\{x \in X; |Tf(x)| > \lambda\}) \leq \frac{C}{\lambda}\|f\|_{L^1(\mu)}$$

を得る．

T の線形性も容易に確認できる． ∎

関連した話題として，次の Kolmogorov の不等式を述べておこう．

定理 1.8.5 (Kolmogorov の不等式). (X, μ) を測度空間とする．

$$\mu(\{x \in X; |g(x)| > \lambda\}) \leq \frac{A}{\lambda} \quad (\lambda > 0)$$

となる定数 $A > 0$ が存在するなら，任意の $0 < \delta < 1$ と $\mu(E) < \infty$ な μ-可測集合 E に対して

$$\int_E |g(x)|^\delta \, d\mu \leq C_\delta A^\delta \mu(E)^{1-\delta}$$

を満たす定数 C_δ が存在する．

証明 $A=1$ としてよい. $k \in \mathbb{Z}$ に対して

$$E_k = \{x \in E; |g(x)| > 2^k\}$$

とし, k_0 を $2^{-k_0} \geq \mu(E)$ となる最大の整数とする. すると, $\mu(E_k) \leq 2^{-k}$ で,

$$\begin{aligned}
\int_E |g(x)|^\delta \, d\mu &= \sum_{k=-\infty}^{\infty} \int_{E_k \setminus E_{k+1}} |g(x)|^\delta \, d\mu \\
&\leq \sum_{k=-\infty}^{\infty} 2^{(k+1)\delta}(\mu(E_k) - \mu(E_{k+1})) \\
&= \sum_{k=-\infty}^{\infty} (2^\delta - 1) 2^{k\delta} \mu(E_k) \\
&= \sum_{k<k_0} (2^\delta - 1) 2^{k\delta} \mu(E_k) + \sum_{k \geq k_0} (2^\delta - 1) 2^{k\delta} \mu(E_k) \\
&\leq \sum_{k<k_0} (2^\delta - 1) 2^{k\delta} \mu(E) + \sum_{k \geq k_0} (2^\delta - 1) 2^{k\delta} 2^{-k} \\
&= (2^\delta - 1) \frac{2^{(k_0-1)\delta}}{1 - 2^{-\delta}} \mu(E) + (2^\delta - 1) \frac{2^{-k_0(1-\delta)}}{1 - 2^{\delta-1}} \\
&\leq (2^\delta - 1) \left(\frac{2^{-\delta}}{1 - 2^{-\delta}} + \frac{2^{1-\delta}}{1 - 2^{\delta-1}} \right) \mu(E)^{1-\delta}.
\end{aligned}$$

∎

この節の最後に次のことを注意しておこう. 歴史的には, Hilbert 変換の L^p 有界性は L^2 有界性の後で弱 $(1,1)$ 性を示して, $1 < p < 2$ に対しては Marcinkiewicz の補間法を用いて L^p 有界性を示し, $2 < p < \infty$ に対しては双対性により証明するという順番であった. この方法で, Calderón と Zygmund は n 次元 Euclid 空間 $\mathbb{R}^n$ で "Calderón-Zygmund" の特異積分論を作り上げた. Marcinkiewicz の補間法は, Hardy-Littlewood の最大関数の L^p 有界性を証明するときに, 実質的に使った方法でもあるので, ここで一般形で述べておこう.

1.8 Calderón-Zygmund 分解と Hilbert 変換の弱 (1,1) 性

定理 1.8.6 (Marcinkiewicz の補間定理). (X,μ), (Y,ν) を測度空間とする. $1 \leq p_1 \leq q_1 \leq \infty$, $1 \leq p_2 \leq q_2 \leq \infty$, かつ $q_1 \neq q_2$ とする. T は $L^{p_1}(\mu) + L^{p_2}(\mu)$ から ν-可測関数全体が作る関数空間への写像で

(i) $|T(f_1 + f_2)(y)| \leq \kappa(|Tf_1(y)| + |Tf_2(y)|)$ (ν-a.e. $y \in Y$);

(ii) $\nu(\{y \in Y; |Tf(x)| > \lambda\}) \leq \left(\dfrac{M_1}{\lambda}\|f\|_{L^{p_1}(\mu)}\right)^{q_1}$ ($\lambda > 0, f \in L^{p_1}(\mu)$)
($q_1 = \infty$ のときは $\|Tf\|_{L^\infty(\nu)} \leq M_1 \|f\|_{L^{p_1}(\mu)}$);

(iii) $\nu(\{y \in Y; |Tf(x)| > \lambda\}) \leq \left(\dfrac{M_2}{\lambda}\|f\|_{L^{p_2}(\mu)}\right)^{q_2}$ ($\lambda > 0, f \in L^{p_2}(\mu)$)
($q_2 = \infty$ のときは $\|Tf\|_{L^\infty(\nu)} \leq M_2 \|f\|_{L^{p_2}(\mu)}$)

を満たすとする. すると, $0 < t < 1$ に対して, $\dfrac{1}{p} = \dfrac{1-t}{p_1} + \dfrac{t}{p_2}$, $\dfrac{1}{q} = \dfrac{1-t}{q_1} + \dfrac{t}{q_2}$ を満たす p,q について

$$\|Tf\|_{L^q(\nu)} \leq K M_1^{1-t} M_2^t \|f\|_{L^p(\mu)} \quad (f \in L^p(\mu))$$

となる定数 K が存在する. この定数 K は $t, \kappa, p_1, p_2, q_1, q_2$ に依存し, $0 < t_1 < t < t_2 < 1$ なら $t_1, t_2, \kappa, p_1, p_2, q_1, q_2$ にのみ依存する.

証明 $p_1 \leq p_2$ としてよい. $f \in L^p(\mu)$ とし, $\dfrac{1}{p} = \dfrac{1-t}{p_1} + \dfrac{t}{p_2}$, $\dfrac{1}{q} = \dfrac{1-t}{q_1} + \dfrac{t}{q_2}$ とする.

(a-1) $p_1 < p_2 < \infty$, $q_1 < q_2 < \infty$ の場合. $a > 0$ に対して

$$f_{1,a}(x) = \begin{cases} 0 & (|f(x)| \leq a) \\ f(x) & (|f(x)| > a), \end{cases}$$

$$f_{2,a}(x) = \begin{cases} f(x) & (|f(x)| \leq a) \\ 0 & (|f(x)| > a) \end{cases}$$

と定義する. $p_1 < p$, $a^{p-p_1}|f_{1,a}(x)|^{p_1} \leq |f_{1,a}(x)|^p$, $|f_{1,a}(x)| \leq |f(x)| \in L^p(\mu)$ だから

$$\int_X |f_{1,a}(x)|^{p_1} d\mu \leq a^{p_1-p}\int_X |f_{1,a}(x)|^p d\mu \leq a^{p_1-p}\|f\|_{L^p(\mu)}^p < \infty. \tag{1.8.5}$$

また, $p < p_2$, $|f_{2,a}(x)| \leq a$, $|f_{2,a}(x)| \leq |f(x)| \in L^p(\mu)$ だから

$$\int_X |f_{2,a}(x)|^{p_2} d\mu \leq a^{p_2-p}\int_X |f_{2,a}(x)|^p d\mu \leq a^{p_2-p}\|f\|_{L^p(\mu)}^p < \infty. \tag{1.8.6}$$

よって，$f = f_{1,a} + f_{2,a}$, $f_{1,a} \in L^{p_1}(\mu)$, $f_{2,a} \in L^{p_2}(\mu)$ だから，$T(f) = T(f_{1,a} + f_{2,a})$ は定義されていて，仮定 (i) により

$$|Tf(y)| \leq \kappa(|Tf_{1,a}(y)| + |Tf_{2,a}(y)|). \tag{1.8.7}$$

ここで

$$\begin{aligned}
m(\lambda) &= \mu(\{x \in X; |f(x)| > \lambda\}), \\
m_{1,a}(\lambda) &= \mu(\{x \in X; |f_{1,a}(x)| > \lambda\}), \\
m_{2,a}(\lambda) &= \mu(\{x \in X; |f_{2,a}(x)| > \lambda\}), \\
n(\lambda) &= \nu(\{y \in Y; |Tf(y)| > \lambda\})
\end{aligned}$$

とおくと，

$$\|f\|^p_{L^p(\mu)} = \int_X |f(x)|^p \, d\mu = p \int_0^\infty \lambda^{p-1} m(\lambda) \, d\lambda, \tag{1.8.8}$$

$$\begin{aligned}
\|Tf\|^q_{L^q(\nu)} &= \int_Y |Tf(y)|^q \, d\nu = q \int_0^\infty \lambda^{q-1} n(\lambda) \, d\lambda \\
&= (2\kappa)^q q \int_0^\infty \lambda^{q-1} n(2\kappa\lambda) \, d\lambda \tag{1.8.9}
\end{aligned}$$

であり，

$$m_{1,a}(s) = \begin{cases} m(a) & (0 < s < a), \\ m(s) & (s \geq a), \end{cases} \qquad m_{2,a}(s) \begin{cases} \leq m(s) & (0 < s < a), \\ = 0 & (s \geq a) \end{cases} \tag{1.8.10}$$

である．次に，ξ, A は後で定める定数として，$\lambda > 0$ に対して $a = (\lambda/A)^\xi$ とおく．すると，式 (1.8.7) により $|Tf_{1,a}(x)| \leq \lambda$ かつ $|Tf_{2,a}(x)| \leq \lambda$ なら $|Tf(x)| \leq 2\kappa\lambda$ となるから

$$n(2\kappa\lambda) \leq \nu(\{y \in Y; |Tf_{1,a}(y)| > \lambda\}) + \nu(\{y \in Y; |Tf_{2,a}(y)| > \lambda\}).$$

だから，仮定 (ii), (iii) と (1.8.5), (1.8.6) により

$$\begin{aligned}
n(2\kappa\lambda) &\leq M_1^{q_1} \lambda^{-q_1} \|f_{1,a}\|^{q_1}_{L^{p_1}(\mu)} + M_2^{q_2} \lambda^{-q_2} \|f_{2,a}\|^{q_2}_{L^{p_2}(\mu)} \\
&\leq M_1^{q_1} \lambda^{-q_1} (a^{p_1-p} \|f\|^p_{L^p(\mu)})^{q_1/p_1 - 1} \|f_{1,a}\|^{p_1}_{L^{p_1}(\mu)} \\
&\quad + M_2^{q_2} \lambda^{-q_2} (a^{p_2-p} \|f\|^p_{L^p(\mu)})^{q_2/p_2 - 1} \|f_{2,a}\|^{p_2}_{L^{p_2}(\mu)}.
\end{aligned}$$

1.8 Calderón-Zygmund 分解と Hilbert 変換の弱 (1,1) 性

これと (1.8.9) により

$$\begin{aligned}
\|Tf\|_{L^q(\nu)}^q &= (2\kappa)^q q M_1^{q_1} \|f\|_{L^p(\mu)}^{p(q_1/p_1-1)} \\
&\quad \times \int_0^\infty \lambda^{q-q_1-1} a^{(p_1-p)(q_1/p_1-1)} \|f_{1,a}\|_{L^{p_1}(\mu)}^{p_1} d\lambda \\
&\quad + (2\kappa)^q q M_2^{q_2} \|f\|_{L^p(\mu)}^{p(q_2/p_2-1)} \\
&\quad \times \int_0^\infty \lambda^{q-q_2-1} a^{(p_2-p)(q_2/p_2-1)} \|f_{2,a}\|_{L^{p_2}(\mu)}^{p_2} d\lambda \\
&=: (2\kappa)^q q M_1^{q_1} \|f\|_{L^p(\mu)}^{p(q_1/p_1-1)} I_1 + (2\kappa)^q q M_2^{q_2} \|f\|_{L^p(\mu)}^{p(q_2/p_2-1)} I_2.
\end{aligned}$$

(最後の式は，最後から 2 番目の式の積分部分をそれぞれ I_1, I_2 とおいたことを意味する．)

ここで，$\xi = \dfrac{1/q_1 - 1/q_2}{1/p_1 - 1/p_2} \cdot \dfrac{q}{p}$ とおく．このとき，

$$\xi = \frac{q-q_1}{p-p_1} \cdot \frac{p_1}{q_1} = \frac{q-q_2}{p-p_2} \cdot \frac{p_2}{q_2}, \tag{1.8.11}$$

$$\frac{q-q_1}{\xi} + (p_1-p)\Big(\frac{q_1}{p_1}-1\Big) + p_1 = p, \tag{1.8.12}$$

$$\frac{q-q_2}{\xi} + (p_2-p)\Big(\frac{q_2}{p_2}-1\Big) + p_2 = p \tag{1.8.13}$$

を満たす (実は，上式を満たすように ξ を決めた)．$a = (\lambda/A)^\xi$ とおいたから，(1.8.10) も使って

I_1

$$\begin{aligned}
&= A^{-\xi(p_1-p)(\frac{q_1}{p_1}-1)} \int_0^\infty \lambda^{q-q_1-1+\xi(p_1-p)(\frac{q_1}{p_1}-1)} \bigg(\int_0^\infty p_1 s^{p_1-1} m_{1,a}(s) \, ds\bigg) d\lambda \\
&= A^{-\xi(p_1-p)(\frac{q_1}{p_1}-1)} \int_0^\infty \lambda^{q-q_1-1+\xi(p_1-p)(\frac{q_1}{p_1}-1)} \bigg(\int_{(\lambda/A)^\xi}^\infty p_1 s^{p_1-1} m(s) \, ds\bigg) d\lambda \\
&\quad + A^{-\xi(p_1-p)(\frac{q_1}{p_1}-1)} \int_0^\infty \lambda^{q-q_1-1+\xi(p_1-p)(\frac{q_1}{p_1}-1)} \Big(\frac{\lambda}{A}\Big)^{\xi p_1} m\Big(\Big(\frac{\lambda}{A}\Big)^\xi\Big) d\lambda \\
&= A^{-\xi(p_1-p)(\frac{q_1}{p_1}-1)} \int_0^\infty p_1 s^{p_1-1} m(s) \bigg(\int_0^{As^{1/\xi}} \lambda^{q-q_1-1+\xi(p_1-p)(\frac{q_1}{p_1}-1)} d\lambda\bigg) ds \\
&\quad + A^{-\xi(p_1-p)(\frac{q_1}{p_1}-1)} \int_0^\infty \lambda^{q-q_1-1+\xi(p_1-p)(\frac{q_1}{p_1}-1)} \Big(\frac{\lambda}{A}\Big)^{\xi p_1} m\Big(\Big(\frac{\lambda}{A}\Big)^\xi\Big) d\lambda \\
&= \frac{p_1 A^{q-q_1}}{q-q_1+\xi(p_1-p)(\frac{q_1}{p_1}-1)} \int_0^\infty s^{p_1-1+(q-q_1)/\xi+(p_1-p)(\frac{q_1}{p_1}-1)} m(s) \, ds
\end{aligned}$$

$$+ \frac{A^{q-q_1}}{\xi} \int_0^\infty s^{p_1-1+(q-q_1)/\xi+(p_1-p)(\frac{q_1}{p_1}-1)} m(s)\, ds.$$

(最後から 2 番目と 3 番目の式の第 1 項同士で Fubini の定理を使うと共に (1.8.12), (1.8.11) により $q-q_1-1+\xi(p_1-p)(\frac{q_1}{p_1}-1) = (q-q_1)p_1/q_1-1 > -1$ となることを使った．最後の式では変数変換 $\lambda = As^{1/\xi}$ を行った．)

I_2 についても同様の考察により

I_2
$$= A^{-\xi(p_2-p)(\frac{q_2}{p_2}-1)} \int_0^\infty \lambda^{q-q_2-1+\xi(p_2-p)(\frac{q_2}{p_2}-1)} \left(\int_0^\infty p_2 s^{p_2-1} m_{2,a}(s)\, ds\right) d\lambda$$
$$\leq A^{-\xi(p_2-p)(\frac{q_2}{p_2}-1)} \int_0^\infty \lambda^{q-q_2-1+\xi(p_2-p)(\frac{q_2}{p_2}-1)} \left(\int_0^{(\frac{\lambda}{A})^\xi} p_2 s^{p_2-1} m(s)\, ds\right) d\lambda$$
$$= A^{-\xi(p_2-p)(\frac{q_2}{p_2}-1)} \int_0^\infty p_2 s^{p_2-1} m(s) \left(\int_{As^{1/\xi}}^\infty \lambda^{q-q_2-1+\xi(p_2-p)(\frac{q_2}{p_2}-1)}\, d\lambda\right) ds$$
$$= \frac{-p_2 A^{q-q_2}}{q-q_2+\xi(p_2-p)(\frac{q_2}{p_2}-1)} \int_0^\infty s^{p_2-1+(q-q_2)/\xi+(p_2-p)(\frac{q_2}{p_2}-1)} m(s)\, ds$$

を得る．よって, ξ の定義, (1.8.11), (1.8.12), (1.8.13) により整理すると

$$I_1 = \frac{1/p_1 - 1/p_2}{1/q_1 - 1/q_2} \frac{pA^{q-q_1}}{q(p-p_1)} \|f\|_{L^p(\mu)}^p,$$
$$I_2 \leq \frac{1/p_1 - 1/p_2}{1/q_1 - 1/q_2} \frac{p_2 A^{q-q_2}}{q(p_2-p)} \|f\|_{L^p(\mu)}^p.$$

I_1, I_2 に対する評価式により

$$\|Tf\|_{L^q(\nu)}^q \leq (2\kappa)^q M_1^{q_1} A^{q-q_1} \frac{1/p_1 - 1/p_2}{1/q_1 - 1/q_2} \frac{p}{(p-p_1)} \|f\|_{L^p(\mu)}^{pq_1/p_1}$$
$$+ (2\kappa)^q M_2^{q_2} A^{q-q_2} \frac{1/p_1 - 1/p_2}{1/q_1 - 1/q_2} \frac{p_2}{(p_2-p)} \|f\|_{L^p(\mu)}^{pq_2/p_2}.$$

そこで,
$$M_1^{q_1} A^{q-q_1} \|f\|_{L^p(\mu)}^{pq_1/p_1} = M_2^{q_2} A^{q-q_2} \|f\|_{L^p(\mu)}^{pq_2/p_2}$$

となるように A を選ぶ, つまり

$$A = M_1^{q_1/(q_1-q_2)} M_2^{q_2/(q_2-q_1)} \|f\|_{L^p(\mu)}^{p(q_2/p_2-q_1/p_1)/(q_2-q_1)}$$

1.8 Calderón-Zygmund 分解と Hilbert 変換の弱 (1,1) 性

とおくと，
$$\frac{q-q_1}{q_2-q_1}q_2 = qt,$$
$$\frac{q-q_1}{q_2-q_1}\Big(\frac{q_2}{p_2}-\frac{q_1}{p_1}\Big)p + \frac{q_1}{p_1}p = q\Big(\frac{t}{q_2}\Big(\frac{q_2}{p_2}-\frac{q_1}{p_1}\Big) + \frac{q_1}{p_1}\Big(\frac{1-t}{q_1}+\frac{t}{q_2}\Big)\Big)p = q$$
となることに注意すれば
$$\|Tf\|_{L^q(\nu)}^q \le (2\kappa)^q \frac{1/p_1 - 1/p_2}{1/q_1 - 1/q_2}\Big(\frac{p}{p-p_1} + \frac{p_2}{p_2-p}\Big) M_1^{q(1-t)} M_2^{qt} \|f\|_{L^p(\mu)}^q$$
従って
$$\|Tf\|_{L^q(\nu)} \le (2\kappa)\Big(\frac{1/p_1 - 1/p_2}{1/q_1 - 1/q_2}\Big(\frac{p}{p-p_1} + \frac{p_2}{p_2-p}\Big)\Big)^{1/q} M_1^{1-t} M_2^t \|f\|_{L^p(\mu)}$$
を得る．

(a-2) $p_1 < p_2 < \infty$, $q_2 < q_1 < \infty$ の場合．(a-1) の場合とほとんど同じであるが，$\xi = \frac{1/q_1 - 1/q_2}{1/p_1 - 1/p_2} \cdot \frac{q}{p}$ とおいたときに，ξ が負になることによる違いが出てくる．その部分から始めると，

I_1
$$= A^{-\xi(p_1-p)(\frac{q_1}{p_1}-1)}\int_0^\infty p_1 s^{p_1-1} m(s)\Big(\int_{As^{1/\xi}}^\infty \lambda^{q-q_1-1+\xi(p_1-p)(\frac{q_1}{p_1}-1)}\, d\lambda\Big) ds$$
$$\quad + A^{-\xi(p_1-p)(\frac{q_1}{p_1}-1)}\int_0^\infty \lambda^{q-q_1-1+\xi(p_1-p)(\frac{q_1}{p_1}-1)}\Big(\frac{\lambda}{A}\Big)^{\xi p_1} m\Big(\big(\frac{\lambda}{A}\big)^\xi\Big) d\lambda$$
$$= \frac{-p_1 A^{q-q_1}}{q-q_1+\xi(p_1-p)(\frac{q_1}{p_1}-1)}\int_0^\infty s^{p_1-1+(q-q_1)/\xi+(p_1-p)(\frac{q_1}{p_1}-1)} m(s)\, ds$$
$$\quad - \frac{A^{q-q_1}}{\xi}\int_0^\infty s^{p_1-1+(q-q_1)/\xi+(p_1-p)(\frac{q_1}{p_1}-1)} m(s)\, ds$$
$$= \frac{1/p_1-1/p_2}{1/q_2-1/q_1}\frac{pA^{q-q_1}}{q(p-p_1)}\|f\|_{L^p(\mu)}^p.$$

I_2
$$\le A^{-\xi(p_2-p)(\frac{q_2}{p_2}-1)}\int_0^\infty p_2 s^{p_2-1} m(s)\Big(\int_0^{As^{1/\xi}}\lambda^{q-q_2-1+\xi(p_2-p)(\frac{q_2}{p_2}-1)}\, d\lambda\Big) ds$$
$$= \frac{p_2 A^{q-q_2}}{q-q_2+\xi(p_2-p)(\frac{q_2}{p_2}-1)}\int_0^\infty s^{p_2-1+(q-q_2)/\xi+(p_2-p)(\frac{q_2}{p_2}-1)} m(s)\, ds$$

$$= \frac{1/p_1 - 1/p_2}{1/q_2 - 1/q_1} \frac{p_2 A^{q-q_2}}{q(p_2 - p)} \|f\|_{L^p(\mu)}^p$$

を得る. 以下, (a-1) と同じように A を選べば

$$\|Tf\|_{L^q(\nu)} \leq (2\kappa) \left(\frac{1/p_1 - 1/p_2}{1/q_2 - 1/q_1} \left(\frac{p}{p - p_1} + \frac{p_2}{p_2 - p} \right) \right)^{1/q} M_1^{1-t} M_2^t \|f\|_{L^p(\mu)}$$

を得る.

(a-3) $p_1 < p_2 < \infty$, $q_1 < q_2 = \infty$ の場合. (a-1) で $a = (\lambda/A)^\xi$, $\xi = p_2/(p_2 - p)$, $A = M_2 \|f\|_{L^p(\mu)}^{p/p_2}$ とおくと, 仮定 (iii) より $\|Tf_{2,a}(y)\|_{L^\infty(\nu)} \leq M_2 \|f_{2,a}\|_{L^{p_2}(\mu)} \leq M_2 (a^{p_2-p} \|f\|_{L^p(\mu)}^p)^{1/p_2} \leq \lambda$ となるから, $\nu(\{y \in Y; |Tf_{2,a}(y)| > \lambda\}) = 0$ である. 従って, $n(2\kappa\lambda) \leq \nu(\{y \in Y; |Tf_{1,a}(y)|\})$ となり,

$$\|Tf\|_{L^q(\nu)}^q \leq (2\kappa)^q M_1^{q_1} A^{q-q_1} \frac{1/p_1 - 1/p_2}{1/q_1} \frac{p}{p - p_1} \|f\|_{L^p(\mu)}^{pq_1/p_1}$$
$$= (2\kappa)^q M_1^{q_1} M_2^{q-q_1} \frac{1/p_1 - 1/p_2}{1/q_1} \frac{p}{p - p_1} \|f\|_{L^p(\mu)}^{p(q_1/p_1 + (q-q_1)/p_2)}.$$

$1/q = (1-t)/q_1$, $q_1/(qp_1) + (1 - q_1/q)/p_2 = (1-t)/p_1 + t/p_2 = 1/p$ であることに注意して, 計算すると,

$$\|Tf\|_{L^q(\nu)} \leq 2\kappa M_1^{1-t} M_2^t \left(\frac{1/p_1 - 1/p_2}{1/q_1} \frac{p}{p - p_1} \right)^{1/q} \|f\|_{L^p(\mu)}$$

を得る.

(a-4) $p_1 < p_2 < \infty$, $q_2 < q_1 = \infty$ の場合. (a-1) で $a = (\lambda/A)^\xi$, $\xi = p_1/(p_1 - p)$, $A = M_1 \|f\|_{L^p(\mu)}^{p/p_1}$ とおくと, 仮定 (ii) より $\|Tf_{1,a}(y)\|_{L^\infty(\nu)} \leq M_1 \|f_{1,a}\|_{L^{p_1}(\mu)} \leq M_1 (a^{p_1-p} \|f\|_{L^p(\mu)}^p)^{1/p_1} = \lambda$ となるから, $\nu(\{y \in Y; |Tf_{1,a}(y)| > \lambda\}) = 0$ である. 従って, $n(2\kappa\lambda) \leq \nu(\{y \in Y; |Tf_{2,a}(y)| > \lambda\})$ となり,

$$\|Tf\|_{L^q(\nu)}^q \leq (2\kappa)^q M_2^{q_2} A^{q-q_2} \frac{1/p_1 - 1/p_2}{1/q_2} \frac{p_2}{(p_2 - p)} \|f\|_{L^p(\mu)}^{pq_2/p_2}$$
$$= (2\kappa)^q M_1^{q-q_2} M_2^{q_2} \frac{1/p_1 - 1/p_2}{1/q_2} \frac{p}{p_2 - p} \|f\|_{L^p(\mu)}^{p(q-q_2)/p_1 + p(q_2/p_2)}.$$

1.8 Calderón-Zygmund 分解と Hilbert 変換の弱 (1,1) 性

$1/q = t/q_2$, $(1 - q_2/q)/p_1 + q_2/(qp_2) = (1-t)/p_1 + t/p_2 = 1/p$ であることに注意して，計算すると，

$$\|Tf\|_{L^q(\nu)} \leq 2\kappa M_1^{1-t} M_2^t \left(\frac{1/p_1 - 1/p_2}{1/q_2} \frac{p}{p_2 - p}\right)^{1/q} \|f\|_{L^p(\mu)}$$

を得る．

(b) $p_1 < p_2 = \infty$, $q_1 < q_2 = \infty$ の場合．(a-1) で $a = (\lambda/A)^\xi$, $\xi = 1$, $A = M_2$ とおくと，仮定 (iii) より $\|Tf_{2,a}(y)\|_{L^\infty(\nu)} \leq M_2 \|f_{2,a}\|_{L^\infty(\mu)} \leq M_2 a = \lambda$ となるから，以下 (a-3) と同じようにして

$$\|Tf\|_{L^q(\nu)} \leq 2\kappa M_1^{1-t} M_2^t \left(\frac{q_1}{p_1}\frac{p}{p - p_1}\right)^{1/q} \|f\|_{L^p(\mu)}$$

を得る．

(c-1) $p_1 = p_2 < \infty$, $q_1 \neq q_2$, $q_1, q_2 < \infty$ の場合．このときは，$p_1 = p_2 = p$, $q_1 < q_2$ としてよい．仮定 (ii), (iii) により

$$n(\lambda) \leq \left(\frac{M_1}{\lambda}\|f\|_{L^p(\mu)}\right)^{q_1}, \quad n(\lambda) \leq \left(\frac{M_2}{\lambda}\|f\|_{L^p(\mu)}\right)^{q_2}$$

だから，$A > 0$ に対して

$$\|Tf\|_{L^q(\nu)} = \int_0^A q\lambda^{q-q_1-1} n(\lambda)\, d\lambda\, (M_1 \|f\|_{L^p(\mu)})^{q_1}$$
$$+ \int_A^\infty q\lambda^{q-q_2-1} n(\lambda)\, d\lambda\, (M_2 \|f\|_{L^p(\mu)})^{q_2}$$
$$= M_1^{q_1} \frac{q}{q - q_1} A^{q-q_1} \|f\|_{L^p(\mu)}^{q_1} + M_2^{q_2} \frac{q}{q_2 - q} A^{q-q_2} \|f\|_{L^p(\mu)}^{q_2}$$

となる．(a-1) の場合と同じく，$A = M_1^{q_1/(q-q_1)} M_2^{-q_2/(q-q_1)} \|f\|_{L^p(\mu)}^{q_1-q_2}$ とおけば，

$$\|Tf\|_{L^q(\nu)} \leq \left(\frac{1}{q-q_1} + \frac{1}{q_2-q}\right)^{1/q} M_1^{1-t} M_2^t \|f\|_{L^p(\mu)}$$

を得る．

(c-2) $p_1 = p_2 < \infty$, q_1 または $q_2 = \infty$ の場合．このときは，$p_1 = p_2 = p$, $q_1 < q_2 = \infty$ としてよい．仮定 (ii), (iii) により

$$n(\lambda) \leq \left(\frac{M_1}{\lambda}\|f\|_{L^p(\mu)}\right)^{q_1}, \quad \|Tf(y)\|_{L^\infty(\nu)} \leq M_2 \|f\|_{L^p(\mu)}$$

だから，$\lambda > M_2 \|f\|_{L^p(\mu)}$ のとき $\{y \in Y; |Tf(y)| > \lambda\} = \emptyset$ である．従って，

$$\|Tf\|_{L^q(\nu)}^q = \int_0^\infty q\lambda^{q-1} n(\lambda)\,d\lambda$$
$$= \int_0^{M_2\|f\|_{L^p(\mu)}} q\lambda^{q-q_1-1} n(\lambda)\,d\lambda\,(M_1\|f\|_{L^p(\mu)})^{q_1}$$
$$= q(M_1\|f\|_{L^p(\mu)})^{q_1} \frac{(M_2\|f\|_{L^p(\mu)})^{q-q_1}}{q-q_1} = \frac{qM_1^{q_1} M_2^{q-q_1}}{q-q_1} \|f\|_{L^p(\mu)}^q$$

となる．$1/q = (1-t)/q_1$ であることに注意して，計算すると，

$$\|Tf\|_{L^q(\nu)} \leq \left(\frac{q}{q-q_1}\right)^{1/q} M_1^{1-t} M_2^t \|f\|_{L^p(\mu)}$$

を得る．

(c-3) $p_1 = p_2 = \infty$, $q_1 < q_2 = \infty$ の場合．このときは，(c-2) の $p_1 = p_2 = p$, $q_1 < q_2 = \infty$ の場合の証明と同じ．∎

1.9 Hilbert 変換の最大作用素と主値の各点収束

$1 \leq p < \infty$ のとき，$f \in L^p(\mathbb{R})$ なら，全ての $\varepsilon > 0$ に対して

$$H_\varepsilon f(x) := \frac{1}{\pi} \int_{|y-x|>\varepsilon} \frac{1}{x-y} f(y)\,dy$$

は存在する．これは，各 x に対して $\frac{1}{x-y}\chi_{|x-y|>\varepsilon}(y) \in L^{p'}(\mathbb{R})$ だから，Hölder の不等式によって保証される．そこで，Hilbert 変換の最大作用素 H_* を

$$H_* f(x) = \sup_{\varepsilon > 0} |H_\varepsilon f(x)|$$

で定義する．すると，Cotlar の不等式と呼ばれている不等式が得られる．

定理 1.9.1 (Cotlar の不等式). $1 \leq p < \infty$, $0 < \delta \leq 1$ とする．すると，任意の $f \in L^p(\mathbb{R})$ に対して

$$H_* f(x) \leq C_\delta \left\{ \left(M(|Hf|^\delta)(x)\right)^{1/\delta} + C_2 Mf(x) \right\} \quad (x \in \mathbb{R})$$

となる定数 C_δ と C_2 が存在する．

1.9 Hilbert 変換の最大作用素と主値の各点収束

証明 $f \in L^p(\mathbb{R})$ とする．まず $\delta = 1$ の場合を考えよう．$x = 0$ として一般性を失わないから，$x = 0$ として，任意の正数 ε に対して

$$|H_\varepsilon f(0)| \leq C_1 M(Hf)(0) + C_2 Mf(0) \tag{1.9.1}$$

を示せば十分である．

$Q = (-\varepsilon/2, \varepsilon/2), \tilde{Q} = (-\varepsilon, \varepsilon)$ とし，$f_1 = f\chi_{\tilde{Q}}, f_2 = f - f_1 = f\chi_{\tilde{Q}^c}$ とおく．すると，

$$Hf_2(0) = H_\varepsilon f(0)$$

であり，$x \in Q$ に対して，$|y| \geq \varepsilon$ なら $|y - x| \geq |y| - |x| > \max(|y|/2, \varepsilon/2)$ であるから，

$$\begin{aligned}
\pi|Hf_2&(0) - Hf_2(x)| \\
&= \left|\int_{|y|\geq\varepsilon} \frac{f(y)}{-y} dy - \int_{|y|\geq\varepsilon} \frac{f(y)}{x-y} dy\right| \\
&\leq \int_{|y|\geq\varepsilon} \left|\frac{1}{-y} - \frac{1}{x-y}\right| |f(y)| dy = \int_{|y|\geq\varepsilon} \frac{|x|}{|y||x-y|} |f(y)| dy \\
&\leq 2\int_{|y|\geq\varepsilon} \frac{|x|}{|y|^2} |f(y)| dy \leq \varepsilon \sum_{j=0}^\infty \int_{2^j\varepsilon \leq |y| < 2^{j+1}\varepsilon} \frac{|f(y)|}{|y|^2} dy \\
&\leq \sum_{j=0}^\infty \frac{1}{2^{j-2}} \cdot \frac{1}{2^{j+2}\varepsilon} \int_{|y|<2^{j+1}\varepsilon} |f(y)| dy \\
&\leq \sum_{j=0}^\infty \frac{1}{2^{j-2}} Mf(0) = 8Mf(0).
\end{aligned}$$

従って，

$$|H_\varepsilon f(0)| \leq |Hf(x)| + |Hf_1(x)| + \frac{8}{\pi} Mf(0) \quad (x \in Q). \tag{1.9.2}$$

もし $H_\varepsilon f(0) = 0$ なら，(1.9.1) は成り立つから，$H_\varepsilon f(0) \neq 0$ とする．$0 < \lambda < |H_\varepsilon f(0)|$ を満たす λ を任意にとる．すると，各 $x \in Q$ に対して，$|Hf(x)|, |Hf_1(x)|, \frac{8}{\pi} Mf(0)$ のいずれかは $\lambda/3$ より大きい．よって，

(イ) $\lambda < \frac{24}{\pi} Mf(0)$

(ロ) $Q = \{x \in Q; |Hf(x)| > \lambda/3\} \cup \{x \in Q; |Hf_1(x)| > \lambda/3\}$

のいずれかは成り立つ．ここで Chebyshev の不等式により
$$|\{x \in Q; |Hf(x)| > \lambda/3\}| \leq \frac{3}{\lambda} \int_Q |Hf(x)|\,dx \leq \frac{3|Q|}{\lambda} M(Hf)(0)$$
であり，Hilbert 変換の弱 $(1,1)$ 性により
$$|\{x \in Q; |Hf_1(x)| > \lambda/3\}| \leq \frac{3C}{\lambda}\|f_1\|_{L^1} = \frac{3C}{\lambda}\int_{|x|<\varepsilon}|f(x)|\,dx$$
$$\leq \frac{6C|Q|}{\lambda}Mf(0)$$
であるから，(ロ) の場合
$$\lambda < 3M(Hf)(0) + 6CMf(0).$$
(イ)，(ロ) 併せて
$$\lambda < 3M(Hf)(0) + \left(6C + \frac{24}{\pi}\right)Mf(0).$$
λ は $0 < \lambda < |H_\varepsilon f(0)|$ を満たす任意の数であったから，$\lambda \to |H_\varepsilon f(0)|$ として
$$|H_\varepsilon f(0)| \leq 3M(Hf)(0) + \left(6C + \frac{24}{\pi}\right)Mf(0)$$
を得る．

次に $0 < \delta < 1$ の場合に移ろう．一般に $(a+b)^\delta < a^\delta + b^\delta$ $(a, b > 0)$ だから，(1.9.2) により
$$|H_\varepsilon f(0)|^\delta \leq |Hf(x)|^\delta + |Hf_1(x)|^\delta + \left(\frac{8}{\pi}Mf(0)\right)^\delta \quad (x \in Q).$$
両辺の Q 上での積分平均をとり，$1/\delta$ 乗すれば
$|H_\varepsilon f(0)|$
$$\leq 3^{1/\delta}\left\{\left(\frac{1}{|Q|}\int_Q |Hf(x)|^\delta dx\right)^{1/\delta} + \left(\frac{1}{|Q|}\int_Q |Hf_1(x)|^\delta dx\right)^{1/\delta}\right.$$
$$\left. + \left(\frac{1}{|Q|}\int_Q \left(\frac{8}{\pi}Mf(0)\right)^\delta dx\right)^{1/\delta}\right\}$$
$$\leq 3^{1/\delta}\left\{\left(M(|Hf|^\delta)(0)\right)^{1/\delta} + \left(\frac{1}{|Q|}\int_Q |Hf_1(x)|^\delta dx\right)^{1/\delta} + \frac{8}{\pi}Mf(0)\right\}.$$

1.9 Hilbert 変換の最大作用素と主値の各点収束

最後の式の真中の項は，Hilbert 変換の弱 $(1,1)$ 性と Kolmogorov の不等式により

$$\left(\frac{1}{|Q|}\int_Q |Hf_1(x)|^\delta dx\right)^{1/\delta} \leq \left(\frac{C'_\delta}{|Q|}(C'_1\|f_1\|_{L^1})^\delta |Q|^{1-\delta}\right)^{1/\delta}$$
$$\leq (C'_\delta)^{1/\delta} C'_1 \frac{1}{|Q|} \int_{\tilde{Q}} |f(x)|\, dx$$
$$\leq 2(C'_\delta)^{1/\delta} C'_1 Mf(0).$$

従って
$$|H_\varepsilon f(0)| \leq C_\delta \left\{ \left(M(|Hf|^\delta)(0)\right)^{1/\delta} + C_2 Mf(0)\right\}$$

となり，証明が終わる． ∎

系 1.9.2. (i) $1 < p < \infty$ のとき

$$\|H_* f\|_{L^p} \leq C_p \|f\|_{L^p} \quad (f \in L^p(\mathbb{R})).$$

(ii) $p = 1$ のとき

$$|\{x \in \mathbb{R}; H_* f(x) > \lambda\}| \leq C_1 \frac{\|f\|_{L^1}}{\lambda} \quad (f \in L^1(\mathbb{R}), \lambda > 0).$$

証明 (i) $1 < p < \infty$ の場合．$f \in L^p(\mathbb{R})$ とする．Cotlar の不等式の $\delta = 1$ の場合により，
$$H_* f(x) \leq CM(Hf)(x) + CMf(x)$$

であるから，Minkowski の不等式，最大関数に対する L^p 不等式 (定理 1.5.5) および Hilbert 変換に対する L^p 不等式 (定理 1.7.2) により，

$$\|H_* f\|_{L^p} \leq C\|M(Hf)\|_{L^p} + C\|Mf\|_{L^p}$$
$$\leq CC_p \|Hf\|_{L^p} + CC_p \|f\|_{L^p}$$
$$\leq CC_p C'_p \|f\|_{L^p} + CC_p \|f\|_{L^p} = C''\|f\|_{L^p}$$

となる．

(ii) $p=1$ の場合．$f \in L^1(\mathbb{R})$ とする．$0 < \delta < \eta < 1$ を固定し，Cotlar の不等式を使うと (簡単のために $C_\delta C_2 = C_3$ とおく)

$$\{x \in \mathbb{R}; H_* f(x) > \lambda\}$$
$$\subset \left\{x \in \mathbb{R}; C_\delta \bigl(M[(Hf)^\delta](x)\bigr)^{1/\delta} > \frac{\lambda}{2}\right\} \cup \left\{x \in \mathbb{R}; C_3 Mf(x) > \frac{\lambda}{2}\right\} \tag{1.9.3}$$

となる．

さて，非負値 $g \in L^1_{\mathrm{loc}}(\mathbb{R})$ に対して，$M(g^\delta \chi_{\{g \leq \lambda/2\}})(x) \leq (\lambda/2)^\delta$ より

$$\{x \in \mathbb{R}; (M(g^\delta)(x))^{1/\delta} > \lambda\}$$
$$\subset \{x \in \mathbb{R}; M(g^\delta \chi_{\{g > \lambda/2\}})(x) + M(g^\delta \chi_{\{g \leq \lambda/2\}})(x) > \lambda^\delta\}$$
$$\subset \{x \in \mathbb{R}; M(g^\delta \chi_{\{g > \lambda/2\}})(x) > (1 - 1/2^\delta)\lambda^\delta\}$$
$$= \{x \in \mathbb{R}; \bigl(M(g^\delta \chi_{\{g > \lambda/2\}})(x)\bigr)^{\eta/\delta} > (1 - 1/2^\delta)^{\eta/\delta} \lambda^\eta\}$$

であるから，$\eta/\delta > 1$ に注意して，Chebyshev の不等式と最大関数に対する L^p 不等式を順次使い

$$|\{x \in \mathbb{R}; (M(g^\delta)(x))^{1/\delta} > \lambda\}|$$
$$\leq \frac{1}{(1-1/2^\delta)^{\eta/\delta} \lambda^\eta} \int_\mathbb{R} \bigl(M(g^\delta \chi_{\{g > \lambda/2\}})(x)\bigr)^{\eta/\delta} dx$$
$$\leq \frac{C^{\eta/\delta}}{(1-1/2^\delta)^{\eta/\delta} \lambda^\eta} \int_\mathbb{R} \bigl(g^\delta \chi_{\{g > \lambda/2\}})(x)\bigr)^{\eta/\delta} dx$$
$$\leq \frac{C}{\lambda^\eta} \int_{\{g > \lambda/2\}} g^\eta(x)\, dx.$$

よって

$$|\{x \in \mathbb{R}; C_\delta \bigl(M[(Hf)^\delta](x)\bigr)^{1/\delta} > \lambda/2\}| \tag{1.9.4}$$
$$\leq \frac{C}{\lambda^\eta} \int_{\{|Hf| > \lambda/(4C_\delta)\}} |Hf(x)|^\eta\, dx \tag{1.9.5}$$
$$\leq \frac{C}{\lambda^\eta} |\{|Hf| > \lambda/(4C_\delta)\}|^{1-\eta} (C_H \|f\|_{L^1})^\eta \tag{1.9.6}$$
$$\leq \frac{C}{\lambda^\eta} (4C_\delta C_H \|f\|_{L^1}/\lambda)^{1-\eta} (C_H \|f\|_{L^1})^\eta \tag{1.9.7}$$
$$\leq C_{\delta,\eta,H} \frac{\|f\|_{L^1}}{\lambda}. \tag{1.9.8}$$

1.9 Hilbert 変換の最大作用素と主値の各点収束

(1.9.5) から (1.9.6) では, $|\{x \in \mathbb{R}; |Hf(x)| > \lambda\}| \leq C_H \|f\|_{L^1}/\lambda$ に注意し, Kolmogorov の不等式 (定理 1.8.5) を適用した.

また, 最大関数の弱 $(1,1)$ 性により

$$|\{x \in \mathbb{R}; C_3 Mf(x) > \frac{\lambda}{2}\}| \leq \frac{2C_3}{\lambda}C'\|f\|_{L^1}. \qquad (1.9.9)$$

(1.9.3), (1.9.8), (1.9.9) を併せて

$$|\{x \in \mathbb{R}; H_* f(x) > \lambda\}| \leq C \frac{\|f\|_{L^1}}{\lambda}$$

を得る. ∎

この事実により, $H_\varepsilon f(x)$ の $Hf(x)$ への L^p 収束性と各点収束性が以下の 2 つの系として示せる.

系 1.9.3. 次が成り立つ.

(i) $1 < p < \infty$ のとき,
  (a) $\|H_\varepsilon f\|_{L^p} \leq C_p \|f\|_{L^p}$ ($f \in L^p(\mathbb{R})$, $\varepsilon > 0$).
  (b) $\|H_\varepsilon f - Hf\|_{L^p} \to 0$ ($\varepsilon \to 0$).
(ii) $p = 1$ のとき, 任意の正数 λ に対して

$$\lim_{\varepsilon \to 0} |\{x \in \mathbb{R}; |H_\varepsilon f(x) - Hf(x)| > \lambda\}| = 0,$$

即ち, $\varepsilon \to 0$ のとき, $H_\varepsilon f$ は Hf に測度収束する.

証明 (i) の (a) は $|H_\varepsilon f(x)| \leq H_* f(x)$ と系 1.9.2 より明らかである.

(i) の (b). $f \in L^p(\mathbb{R})$ とする. 次に, $\eta > 0$ を任意にとる. すると, $L^p(\mathbb{R})$ で $\mathcal{S}(\mathbb{R})$ が稠密であることより

$$\|f - f_0\|_{L^p} < \eta$$

を満たす $f_0 \in \mathcal{S}(\mathbb{R})$ が存在する. さらに, $f_0 \in \mathcal{S}(\mathbb{R})$ だから, 補題 1.3.2 により $0 < \varepsilon < \varepsilon_0$ なら

$$\|H_\varepsilon f_0 - Hf_0\|_{L^p} < \eta$$

となる正数 ε_0 が存在する．よって，$0 < \varepsilon < \varepsilon_0$ なら Hilbert 変換の L^p 有界性も使って

$$\begin{aligned}\|H_\varepsilon f - Hf\|_{L^p} &\leq \|H_\varepsilon f - H_\varepsilon f_0\|_{L^p} + \|H_\varepsilon f_0 - Hf_0\|_{L^p} + \|Hf_0 - Hf\|_{L^p} \\ &\leq C_p\|f - f_0\|_{L^p} + \eta + C_p\|f - f_0\|_{L^p} \\ &\leq (2C_p + 1)\eta \end{aligned}$$

を得る．これは

$$\lim_{\varepsilon \to 0} \|H_\varepsilon f - Hf\|_{L^p} = 0$$

を示している．

(ii) $f \in L^1(\mathbb{R})$ とし，正数 λ を任意に固定する．次に，正数 η を任意にとる．そして，(i) の (b) と同じく

$$\|f - f_0\|_{L^1} < \eta$$

となるように $f_0 \in \mathcal{S}(\mathbb{R})$ をとる．すると補題 1.3.2 により，

$$|H_\varepsilon f_0(x)|, |Hf_0(x)| \leq C_0/(1 + |x|), \quad \lim_{\varepsilon \to 0} H_\varepsilon f_0(x) = Hf_0(x) \quad (1.9.10)$$

だから，1 番目のことより $1 + |x| > 6C_0/\lambda$ なら $|H_\varepsilon f_0(x) - Hf_0(x)| \leq 2C_0/(1 + |x|) \leq \lambda/3$ となるので，$A = 6C_0/\lambda - 1$ とおくと

$$\begin{aligned}\{x \in \mathbb{R}; &|H_\varepsilon f_0(x) - Hf_0(x)| > \lambda/3\} \\ &\subset \{x \in \mathbb{R}; |x| \leq A, \ |H_\varepsilon f_0(x) - Hf_0(x)| > \lambda/3\}.\end{aligned}$$

よって，Chebyshev の不等式により

$$|\{x \in \mathbb{R}; |H_\varepsilon f_0(x) - Hf_0(x)| > \lambda/3\}| \leq \frac{3}{\lambda} \int_{-A}^{A} |H_\varepsilon f_0(x) - Hf_0(x)|\, dx.$$

(1.9.10) より右辺に Lebesgue の収束定理を使うと，$0 < \varepsilon < \varepsilon_0$ なら

$$|\{x \in \mathbb{R}; |H_\varepsilon f_0(x) - Hf_0(x)| > \lambda/3\}| < \eta$$

となる正数 ε_0 が存在することが分かる．よって，H と H_* の弱 $(1,1)$ 性 (定

理 1.8.2，系 1.9.2) も使うと
$$\begin{aligned}
&|\{x \in \mathbb{R}; |H_\varepsilon f(x) - Hf(x)| > \lambda\}| \\
&\leq |\{x \in \mathbb{R}; |H_\varepsilon f(x) - H_\varepsilon f_0(x)| > \lambda/3\}| \\
&\quad + |\{x \in \mathbb{R}; |H_\varepsilon f_0(x) - Hf_0(x)| > \lambda/3\}| \\
&\quad + |\{x \in \mathbb{R}; |Hf_0(x) - Hf(x)| > \lambda/3\}| \\
&\leq \frac{3C}{\lambda}\|f - f_0\|_{L^1} + \eta + \frac{3C}{\lambda}\|f - f_0\|_{L^1} \\
&\leq (6C/\lambda + 1)\eta.
\end{aligned}$$
従って，
$$\lim_{\varepsilon \to 0} |\{x \in \mathbb{R}; |H_\varepsilon f(x) - Hf(x)| > \lambda\}| = 0$$
である． ∎

系 1.9.4. $1 \leq p < \infty$ とする．$f \in L^p(\mathbb{R})$ なら，$\varepsilon \to 0$ のとき
$$H_\varepsilon f(x) \to Hf(x) \quad (\text{a.e. } x \in \mathbb{R}).$$

証明 $f \in L^p(\mathbb{R})$ とする．証明のためには，実数部分と虚数部分について示せればよいから，初めから実数値関数としてよい．まず，系 1.9.2 により，次が従う
$$|\{x \in \mathbb{R}; H_*f(x) > \lambda\}| \leq C\left(\frac{\|f\|_{L^p}}{\lambda}\right)^p \quad (\lambda > 0). \tag{1.9.11}$$
$\lim_{\varepsilon \to 0} H_\varepsilon f(x) = Hf(x)$ を示すために，次の関数を考えよう．
$$\Delta f(x) := \limsup_{\varepsilon \to 0} H_\varepsilon f(x) - \liminf_{\varepsilon \to 0} H_\varepsilon f(x).$$
次に，$\eta > 0$ を任意にとる．すると，$L^p(\mathbb{R})$ で $\mathcal{S}(\mathbb{R})$ が稠密であることより
$$\|f - g\|_{L^p} < \eta$$
を満たす $g \in \mathcal{S}(\mathbb{R})$ が存在する．$g \in \mathcal{S}(\mathbb{R})$ に対しては，$\lim_{\varepsilon \to 0} H_\varepsilon g(x) = Hg(x)$ $(x \in \mathbb{R})$ であったから，
$$\limsup_{\varepsilon \to 0}(H_\varepsilon f(x) - H_\varepsilon g(x)) = \limsup_{\varepsilon \to 0} H_\varepsilon f(x)$$
$$\liminf_{\varepsilon \to 0}(H_\varepsilon f(x) - H_\varepsilon g(x)) = \liminf_{\varepsilon \to 0} H_\varepsilon f(x)$$

となる.従って $\Delta(f-g)(x) = \Delta f(x)$ である.よって,$|\Delta(f-g)(x)| \le 2H_*(f-g)(x)$ だから,(1.9.11) も使うと

$$\begin{aligned}|\{x \in \mathbb{R}; |\Delta f(x)| > 1/N\}| &= |\{x \in \mathbb{R}; |\Delta(f-g)(x)| > 1/N\}| \\ &\le |\{x \in \mathbb{R}; 2H_*(f-g)(x) > 1/N\}| \\ &\le C(2N)^p \|f-g\|_{L^p}^p = C(2N)^p \eta^p.\end{aligned}$$

$\eta > 0$ は任意であったから,$\eta \to 0$ として

$$|\{x \in \mathbb{R}; |\Delta f(x)| > 1/N\}| = 0$$

となる.かくて,$\{x \in \mathbb{R}; |\Delta f(x)| > 0\} = \bigcup_{N=1}^{\infty} \{x \in \mathbb{R}; |\Delta f(x)| > 1/N\}$ であるから

$$|\{x \in \mathbb{R}; |\Delta f(x)| > 0\}| \le \sum_{N=1}^{\infty} |\{x \in \mathbb{R}; |\Delta f(x)| > 1/N\}| = 0$$

を得る.つまり,ほとんど全ての $x \in \mathbb{R}$ に対して $\lim_{\varepsilon \to 0} H_\varepsilon f(x)$ が存在する.一方,系 1.9.3 により,この極限関数は $Hf(x)$ であるから

$$\lim_{\varepsilon \to 0} H_\varepsilon f(x) = Hf(x) \quad (\text{a.e. } x \in \mathbb{R})$$

が示せた. ∎

1.10　Hilbert 変換の L^2 有界性 (再訪)

Hilbert 変換の L^2 有界性を示すのに Fourier 変換を使ったが,Hilbert 変換と似た積分核条件を満たしているが斉次性が無いような場合,Fourier 変換が使えない場合もある.そんな場合に L^2 有界性を示すのに有効な方法として Cotlar-Knapp-Stein の概直交性補題と呼ばれるものが開発されている.この節では,その紹介とそれを使って Hilbert 変換の L^2 有界性が示せることを例示する.

補題 1.10.1 (Cotlar-Knapp-Stein の概直交性補題). $\{T_j\}_{j \in \mathbb{Z}}$ は Hilbert 空間 H 上の有界線形作用素の列で,

$$\|T_j^* T_k\|_{L(H)} + \|T_j T_k^*\|_{L(H)} \le a(j-k) \quad (j, k \in \mathbb{Z}) \tag{1.10.1}$$

1.10 Hilbert変換のL^2有界性 (再訪)

と

$$A := \sum_{j \in \mathbb{Z}} \sqrt{a(j)} < \infty \tag{1.10.2}$$

を満たす数列 $\{a(j)\}_{j \in \mathbb{Z}}$ が存在するとする．すると，次が成り立つ：

(i) 任意の $\mathbb{Z}$ の有限部分集合 Λ に対して

$$\Big\| \sum_{j \in \Lambda} T_j \Big\|_{L(H)} \leq A.$$

(ii) 全ての $x \in H$ に対して

$$\sum_{j \in \mathbb{Z}} \|T_j(x)\|_H^2 \leq A^2 \|x\|_H^2.$$

(iii) 各 $x \in H$ に対して $N \to \infty$ のとき，$\sum_{|j| \leq N} T_j(x)$ はある $T(x) \in H$ に H ノルム収束し，このように定められた T は H 上の有界線形作用素で

$$\|T(x)\|_H \leq A \|x\|_H \quad (x \in H)$$

である．

ただし，T_j^* は T_j の随伴作用素で，$\|T_j\|_{L(H)}$ は T_j の作用素ノルムを表す．

証明　(i) 一般に，H 上の有界線形作用素 S に対して $\|S\|_{L(H)}^2 = \|SS^*\|_{L(H)}$ であるから，$\|S\|_{L(H)}^2 = \|[SS^*]^{2^\ell}\|_{L(H)}^{2^{-\ell}}$ $(\ell \in \mathbb{N})$ なので，

$$B^2 := \Big\| \sum_{j \in \Lambda} T_j \Big\|_{L(H)}^2 = \Big\| \Big[\Big(\sum_{j \in \Lambda} T_j\Big)\Big(\sum_{j \in \Lambda} T_j^*\Big)\Big]^{2^\ell} \Big\|_{L(H)}^{2^{-\ell}}.$$

よって，$m = 2^\ell$ とおき，右辺のノルム記号の中を展開すると，

$$B^2 = \Big\| \sum_{j_1, j_2, \ldots, j_{2m} \in \Lambda} T_{j_1} T_{j_2}^* \cdots T_{j_{2m-1}} T_{j_{2m}}^* \Big\|_{L(H)}^{1/m}$$

$$\leq \Big(\sum_{j_1, j_2, \ldots, j_{2m} \in \Lambda} \big\| T_{j_1} T_{j_2}^* \cdots T_{j_{2m-1}} T_{j_{2m}}^* \big\|_{L(H)} \Big)^{1/m} \tag{1.10.3}$$

(1.10.1) により

$$\left\| T_{j_1} T_{j_2}^* \cdots T_{j_{2m-1}} T_{j_{2m}}^* \right\|_{L(H)} \leq \| T_{j_1} T_{j_2}^* \|_{L(H)} \cdots \| T_{j_{2m-1}} T_{j_{2m}}^* \|_{L(H)}$$
$$\leq a(j_1 - j_2) a(j_3 - j_4) \cdots a(j_{2m-1} - j_{2m})$$

であり，

$$\left\| T_{j_1} T_{j_2}^* \cdots T_{j_{2m-1}} T_{j_{2m}}^* \right\|_{L(H)}$$
$$\leq \| T_{j_1} \|_{L(H)} \| T_{j_2}^* T_{j_3} \|_{L(H)} \cdots \| T_{j_{2m-2}}^* T_{j_{2m-1}} \|_{L(H)} \| T_{j_{2m}}^* \|_{L(H)}$$
$$\leq \sqrt{a(0)} a(j_2 - j_3) a(j_4 - j_5) \cdots a(j_{2m-2} - j_{2m-1}) \sqrt{a(0)}$$

であるから，両者の幾何平均をとると

$$\left\| T_{j_1} T_{j_2}^* \cdots T_{j_{2m-1}} T_{j_{2m}}^* \right\|_{L(H)}$$
$$\leq \sqrt{a(0)} \sqrt{a(j_1 - j_2)} \sqrt{a(j_2 - j_3)} \cdots \sqrt{a(j_{2m-1} - j_{2m})}.$$

よって，(1.10.2) により

$$\sum_{j_1, j_2, \ldots, j_{2m} \in \Lambda} \left\| T_{j_1} T_{j_2}^* \cdots T_{j_{2m-1}} T_{j_{2m}}^* \right\|_{L(H)}$$
$$\leq \sqrt{a(0)} \sum_{j_2, \ldots, j_{2m} \in \Lambda} \left(\sum_{j_1 \in \Lambda} \sqrt{a(j_1 - j_2)} \right) \sqrt{a(j_2 - j_3)} \cdots \sqrt{a(j_{2m-1} - j_{2m})}$$
$$\cdots$$
$$\leq \sqrt{a(0)} A^{2m-1} \sum_{j_{2m} \in \Lambda} 1 = \sqrt{a(0)} A^{2m-1} (\Lambda \text{の要素数}).$$

(1.10.3) と併せると

$$B^2 \leq a(0)^{1/(2m)} A^{2-1/m} (\Lambda \text{の要素数})^{1/m}.$$

$\ell \to \infty$ とすると，$m = 2^\ell \to \infty$ だから

$$\left\| \sum_{j \in \Lambda} T_j \right\|_{L(H)} = B \leq A$$

を得る．

1.10 Hilbert 変換の L^2 有界性 (再訪)

(ii) $x \in H$ とする．実数 θ に対して，作用素列 $\{e^{2\pi ij\theta}T_j\}_{j\in\mathbb{Z}}$ も (1.10.1), (1.10.2) を満たすから，(i) により

$$\Big\|\sum_{|j|\leq N} e^{2\pi ij\theta}T_j(x)\Big\|_H \leq A\|x\|_H \tag{1.10.4}$$

である．一方

$$\int_0^1 \Big\|\sum_{|j|\leq N} e^{2\pi ij\theta}T_j(x)\Big\|_H^2 d\theta$$
$$= \int_0^1 \Big(\sum_{|j|\leq N} e^{2\pi ij\theta}T_j(x), \sum_{|k|\leq N} e^{2\pi ik\theta}T_k(x)\Big) d\theta$$
$$= \sum_{|j|\leq N}\sum_{|k|\leq N} \int_0^1 e^{2\pi i(j-k)\theta} d\theta\, (T_j(x), T_k(x))$$
$$= \sum_{|j|\leq N} \|T_j(x)\|_H^2.$$

(1.10.4) と併せて

$$\sum_{|j|\leq N} \|T_j(x)\|_H^2 \leq A^2\|x\|_H^2. \quad N\to\infty \text{ として } \sum_{j\in\mathbb{Z}} \|T_j(x)\|_H^2 \leq A^2\|x\|_H^2.$$

(iii) $x \in H$ とする．まず，

$$\Big\{\sum_{|j|\leq N} T_j(x)\Big\}_{N=1}^\infty$$

が H での Cauchy 列であることを見よう．これを否定すると，正数 ε と自然数列 $N_1 < N_2 < \cdots$ が

$$\Big\|\sum_{N_k<|j|\leq N_{k+1}} T_j(x)\Big\|_H \geq \varepsilon \quad (k=1,2,\ldots) \tag{1.10.5}$$

となるようにとれる．

他方，

$$S_j = e^{2\pi ik\theta}T_j \quad (N_k < |j| \leq N_{k+1}, \quad k=1,2,\ldots)$$

とおくと，$\{S_j\}_{j\in\mathbb{Z}}$ も (1.10.1), (1.10.2) を満たすことが容易に分かるから，(i) により

$$\Big\|\sum_{k=1}^{K} e^{2\pi i k\theta} \sum_{N_k<|j|\leq N_{k+1}} T_j(x)\Big\|_H \leq A\|x\|_H. \tag{1.10.6}$$

(ii) での計算と同じようにして

$$\int_0^1 \Big\|\sum_{k=1}^{K} e^{2\pi i k\theta} \sum_{N_k<|j|\leq N_{k+1}} T_j(x)\Big\|_H^2 d\theta = \sum_{k=1}^{K}\Big\|\sum_{N_k<|j|\leq N_{k+1}} T_j(x)\Big\|_H^2. \tag{1.10.7}$$

(1.10.5), (1.10.6), (1.10.7) により

$$K\varepsilon^2 \leq \sum_{k=1}^{K}\Big\|\sum_{N_k<|j|\leq N_{k+1}} T_j(x)\Big\|_H^2 \leq A^2\|x\|_H^2$$

が従うが，$K\to\infty$ とすれば矛盾となる．よって，$\{\sum_{|j|\leq N} T_j(x)\}_{N=1}^{\infty}$ は H での Cauchy 列である．Hilbert 空間の完備性により，$N\to\infty$ のとき $\sum_{|j|\leq N} T_j(x)$ はある $T(x)\in H$ に H ノルムで収束する．また，$\alpha,\beta\in\mathbb{C}$, $x,y\in H$ に対して

$$\Big\|\sum_{|j|\leq N} T_j(\alpha x+\beta y) - \alpha T(x) - \beta T(y)\Big\|_H$$
$$= \Big\|\alpha\Big(\sum_{|j|\leq N} T_j(x) - T(x)\Big) + \beta\Big(\sum_{|j|\leq N} T_j(y) - T(y)\Big)\Big\|_H$$
$$\leq |\alpha|\Big\|\sum_{|j|\leq N} T_j(x) - T(x)\Big\|_H + |\beta|\Big\|\sum_{|j|\leq N} T_j(y) - T(y)\Big\|_H$$

だから，$N\to\infty$ のとき $\sum_{|j|\leq N} T_j(\alpha x+\beta y)$ は $\alpha T(x)+\beta T(y)$ に収束する．一方，元々 $\sum_{|j|\leq N} T_j(\alpha x+\beta y)$ は $T(\alpha x+\beta y)$ に収束するから，$T(\alpha x+\beta y) = \alpha T(x)+\beta T(y)$，つまり T は H から H への線形作用素であることが分かる．さらに，

$$\|T(x)\|_H \leq \Big\|T(x) - \sum_{|j|\leq N} T_j(x)\Big\|_H + \Big\|\sum_{|j|\leq N} T_j(x)\Big\|_H$$
$$\leq \Big\|T(x) - \sum_{|j|\leq N} T_j(x)\Big\|_H + A\|x\|_H$$

1.10 Hilbert 変換の L^2 有界性 (再訪)

だから,$N \to \infty$ として
$$\|T(x)\|_H \leq A\|x\|_H.$$
よって,T は H 上の有界線形作用素である. ∎

この補題を使うと,次のような特異積分の L^2 有界性が示せる.

定理 1.10.2. 2 変数の関数 $K(x, y)$ に対して,以下の 4 つの条件を満たす正数 C_1, C_2, C_3 と $0 < \delta \leq 1$ が存在するとする:

(i)
$$|K(x, y)| \leq \frac{C_1}{|x-y|} \quad (x \neq y),$$

(ii)
$$|K(x, y) - K(x, z)| \leq \frac{C_2}{|x-y|}\left(\frac{|y-z|}{|x-y|}\right)^\delta \quad (|y-z| < |x-y|/2),$$
$$|K(x, y) - K(z, y)| \leq \frac{C_3}{|x-y|}\left(\frac{|x-z|}{|x-y|}\right)^\delta \quad (|x-z| < |x-y|/2),$$

(iii)
$$\lim_{\varepsilon \to 0} \int_{\varepsilon < |x-y| < 2^m} K(x, y)\, dy = 0 \quad (m \in \mathbb{Z},\ x \in \mathbb{R}),$$

(iv)
$$\int_{2^m \leq |x-y| < 2^{m+1}} K(x, y)\, dx = 0 \quad (m \in \mathbb{Z},\ y \in \mathbb{R}).$$

すると,$f \in C^1(\mathbb{R})$ で $|f(x)| \leq C_4/(1+|x|)^2$, $|f'(x)| \leq C_5/(1+|x|)$ ならば
$$Tf(x) := \text{p.v.} \int K(x, y) f(y)\, dy = \lim_{\varepsilon \to 0} \int_{|x-y| > \varepsilon} K(x, y) f(y)\, dy$$
は各 $x \in \mathbb{R}$ に対して存在し,ある定数 C_6 に対し
$$|Tf(x)| \leq \frac{C_6}{1+|x|}$$
であり,
$$\|Tf\|_{L^2} \leq C\|f\|_{L^2} \quad (f \in \mathcal{S}(\mathbb{R}))$$
となる f に依存しない定数 C が存在する.

証明 条件 (iii) より

$$\int_{2^m \leq |x-y| < 2^{m+1}} K(x,y)\, dy = 0 \quad (m \in \mathbb{Z},\, x \in \mathbb{R}) \tag{1.10.8}$$

であることに注意しておこう.

さて, $f \in C^1(\mathbb{R})$ で $|f(x)| \leq C_4/(1+|x|)^2$, $|f'(x)| \leq C_5/(1+|x|)$ とすると,

$$\begin{aligned}
T_\varepsilon f(x) &:= \int_{|x-y|>\varepsilon} K(x,y) f(y)\, dy \\
&= f(x) \int_{\varepsilon < |x-y| < 1} K(x,y)\, dy + \int_{\varepsilon < |x-y| < 1} K(x,y)\big(f(y) - f(x)\big)\, dy \\
&\quad + \int_{|x-y| \geq 1} K(x,y) f(y)\, dy.
\end{aligned}$$

$0 < |x-y| \leq 1$ のとき

$$|K(x,y)\big(f(y) - f(x)\big)| \leq C_1 \max_{|x-z| \leq 1} |f'(z)| \leq \max_{|x-z| \leq 1} \frac{C_1 C_5}{1+|z|} \leq \frac{2C_1 C_5}{1+|x|}.$$

$|x-y| > 1$ のとき

$$|K(x,y) f(y)| \leq \frac{C_1 C_4}{|x-y|(1+|y|)^2} \leq \frac{C_1 C_4}{(1+|y|)^2}.$$

よって, $K(x,y)\big(f(y) - f(x)\big)$ は $[x-1, x+1]$ で可積分, $K(x,y) f(y)$ は $(-\infty, x-1)$, $(x+1, \infty)$ で可積分であるから, 条件 (iii) も使うと

$$\begin{aligned}
\lim_{\varepsilon \to 0} T_\varepsilon f(x) &= \int_{|x-y|<1} K(x,y)\big(f(y) - f(x)\big)\, dy + \int_{|x-y| \geq 1} K(x,y) f(y)\, dy \\
&=: I_1(x) + I_2(x).
\end{aligned}$$

以下, Hilbert 変換に対する補題 1.3.2 と同じようにして

$$I_1(x) + I_2(x) \leq \frac{C_6}{1+|x|} \quad (x \in \mathbb{R})$$

となる定数 C_6 が存在することを示せる.

1.10 Hilbert 変換の L^2 有界性 (再訪)

ここで，各 $j \in \mathbb{Z}$ に対して

$$K_j(x,y) := K(x,y)\chi_{\{2^j \leq |x-y| < 2^{j+1}\}}(x,y)$$

とおく．各 $j \in \mathbb{Z}$ に対して，$K_j(x,y)$ は y の関数として $L^2(\mathbb{R})$ に属するから，$f \in L^2(\mathbb{R})$ のとき

$$T_j f(x) := \int_{\mathbb{R}} K_j(x,y) f(y) \, dy \tag{1.10.9}$$

が定義できる．この T_j に対して

$$\int_{\mathbb{R}} |K_j(x,y)| \, dy, \int_{\mathbb{R}} |K_j(x,y)| \, dx \leq \int_{2^j \leq |x-y| < 2^{j+1}} \frac{C_1}{|x-y|} \, dy \leq 2C_1 \log 2 \tag{1.10.10}$$

であるから，Cauchy-Schwarz の不等式と Fubini の定理を使って

$$\|T_j f\|_{L^2}$$
$$\leq \left(\int_{\mathbb{R}} \left[\left(\int_{\mathbb{R}} |K_j(x,y)| \, dy\right)^{1/2} \left(\int_{\mathbb{R}} |K_j(x,y)||f(y)|^2 \, dy\right)^{1/2}\right]^2 dx\right)^{1/2}$$
$$\leq \sqrt{2C_1 \log 2} \left(\int_{\mathbb{R}} \int_{\mathbb{R}} |K_j(x,y)||f(y)|^2 \, dy \, dx\right)^{1/2}$$
$$\leq 2C_1 \log 2 \|f\|_{L^2}$$

を得る．よって，

$$\|T_j T_k^*\|_{L(H)} + \|T_j^* T_k\|_{L(H)} \leq 8C_1^2 \log^2 2 \quad (j,k \in \mathbb{Z}). \tag{1.10.11}$$

次に，$j,k \in \mathbb{Z}$ に対して

$$S_{j,k}(x,y) := \int_{\mathbb{R}} K_j(x,z) \overline{K_k(y,z)} \, dz$$

とおくと，$f \in \mathcal{S}(\mathbb{R})$ に対して

$$T_j T_k^* f(x) = \int_{\mathbb{R}} K_j(x,z) \left(\int_{\mathbb{R}} \overline{K_k(y,z)} f(y) \, dy\right) dz = \int_{\mathbb{R}} S_{j,k}(x,y) f(y) \, dy.$$

そこで，$S_{j,k}(x,y)$ を調べてみる．
(イ) $k \leq j - 3$ の場合．

(a) $|x-y| \geq 2^{j+1} + 2^{k+1}$ のとき,
$2^j \leq |x-z| < 2^{j+1}$ かつ $2^k \leq |y-z| < 2^{k+1}$ なら $|x-y| \leq |x-z| + |y-z| < 2^{j+1} + 2^{k+1}$ となるから, $K_j(x,z)\overline{K_k(y,z)} = 0$ となり,
$$S_{j,k}(x,y) = 0.$$

(b) $2^{j+1} - 2^{k+1} \leq |x-y| < 2^{j+1} + 2^{k+1}$ のとき,
$2^k \leq |y-z| < 2^{k+1}$ なら $|x-z| \geq |x-y| - |y-z| > 2^{j+1} - 2^{k+1} - 2^{k+1} > 2^j$ となるから,
$$|S_{j,k}(x,y)| \leq \int_{2^k \leq |y-z| < 2^{k+1}} \frac{C_1}{|x-z|} \frac{C_1}{|y-z|} dz \leq 2C_1^2 2^{-j} \log 2.$$

(c) $2^j + 2^{k+1} \leq |x-y| < 2^{j+1} - 2^{k+1}$ のとき,
$2^k \leq |y-z| < 2^{k+1}$ なら, $|y-z| < |x-y|/2$ であり, $|x-z| \geq |x-y| - |y-z| \geq 2^j + 2^{k+1} - 2^{k+1} = 2^j$, $|x-z| \leq |x-y| + |y-z| \leq 2^{j+1} - 2^{k+1} + 2^{k+1} = 2^{j+1}$ であるから, $K_j(x,z) = K(x,z)$ である. よって, (1.10.8) により
$$S_{j,k}(x,y) = \int_\mathbb{R} (K(x,z) - K(x,y))\overline{K_k(y,z)}\, dz.$$
また, $|y-z| < |x-y|/2$ であることも分かったから, 条件 (ii) により
$$|S_{j,k}(x,y)| \leq \int_{2^k \leq |y-z| < 2^{k+1}} \frac{C_2}{|x-y|} \left(\frac{|y-z|}{|x-y|}\right)^\delta \frac{C_1}{|y-z|} dz$$
$$\leq 2C_1 C_2 2^{-j+\delta(k+1-j)} \log 2.$$

(d) $2^j - 2^{k+1} \leq |x-y| < 2^j + 2^{k+1}$ のとき,
$2^k \leq |y-z| < 2^{k+1}$ なら, $|x-z| \geq |x-y| - |y-z| > 2^j - 2^{k+1} - 2^{k+1} \geq 2^j - 2^{j-1} = 2^{j-1}$. よって, (b) の場合と同様に
$$|S_{j,k}(x,y)| \leq 4C_1^2 2^{-j} \log 2.$$

(e) $|x-y| \leq 2^j - 2^{k+1}$ のとき,
$2^j \leq |x-z| < 2^{j+1}$ かつ $2^k \leq |y-z| < 2^{k+1}$ なら $|x-y| \geq |x-z| - |y-z| > 2^j - 2^{k+1}$ となるから, $K_j(x,z)\overline{K_k(y,z)} = 0$ となり,
$$S_{j,k}(x,y) = 0.$$

(a), (b), (c), (d), (e) より

$$\int_{\mathbb{R}} |S_{j,k}(x,y)|\, dy$$
$$\leq 2(2C_1^2 2^{-j} \log 2) 2^{k+2} + 2(2C_1 C_2 2^{-j+\delta(k+1-j)} \log 2)(2^{j+1} - 2^j + 2^{k+2})$$
$$\quad + 2(4C_1^2 2^{-j} \log 2) 2^{k+2}$$
$$\leq (48 C_1^2 \log 2) 2^{k-j} + (8 C_1 C_2 \log 2) 2^\delta 2^{\delta(k-j)}$$
$$\leq 8 C_1 (6 C_1 + C_2)(\log 2) 2^\delta 2^{-\delta|j-k|}.$$

同様に

$$\int_{\mathbb{R}} |S_{j,k}(x,y)|\, dx \leq 8 C_1 (6 C_1 + C_2)(\log 2) 2^\delta 2^{-\delta|j-k|}.$$

よって, T_j の L^2 有界性のときの証明と同様にして

$$\|T_j T_k^*\|_{L(H)} \leq 8 C_1 (6 C_1 + C_2)(\log 2) 2^\delta 2^{-\delta|j-k|}. \tag{1.10.12}$$

(ロ) $k \geq j+3$ の場合. (イ) で j と k の役目を入れ替えれば, 上記評価 (1.10.12) が成り立つことが分かる.

 (イ), (ロ) の証明を見れば分かるように, $T_j^* T_k$ についても同じ評価が成り立つ.

 よって,

$$a(j) = \begin{cases} 16 C_1^2 \log^2 2 & (j = -2, -1, 0, 1, 2) \\ 16 C_1 (6 C_1 + C_2)(\log 2) 2^\delta 2^{-\delta|j|} & (|j| \geq 3) \end{cases}$$

とおけば,

$$\|T_j T_k^*\|_{L(H)} + \|T_j^* T_k\|_{L(H)} \leq a(j-k) \quad (j, k \in \mathbb{Z})$$

で

$$A := \sum_{j \in \mathbb{Z}} \sqrt{a(j)} < \infty$$

である. 一方, 前段で, $f \in \mathcal{S}(\mathbb{R})$ に対して

$$\lim_{N \to \infty} \sum_{j=-N}^{N} T_j f(x) = Tf(x)$$

が分かっているから，Cotlar-Knapp-Stein の補題により

$$\|Tf\|_{L^2} \leq A\|f\|_{L^2}$$

を得る． ∎

Hilbert 変換の積分核は上の定理の仮定を全て満たすから，あらためて

系 1.10.3. Hilbert 変換 H に対して

$$\|Hf\|_{L^2} \leq C\|f\|_{L^2} \quad (f \in \mathcal{S}(\mathbb{R})).$$

1.11 重み付きノルム不等式

微分方程式の境界値問題などに $|x|^a$ の形の重みが重要な役割をすることがある．この形の重み $w(x)$ に対しても Hilbert 変換が $L^p(w(x)dx)$ 有界な場合があり，より一般に Hilbert 変換が $L^p(w(x)dx)$ 有界になる重みの族 (クラス) として，B. Muckenhoupt によって見出された A_p クラスがある．この節では，この A_p クラスを紹介する．

前節まででも Hardy-Littlewood の最大関数は重要な役割を果たしてきたが，これとの関連で議論して行こう．この節でも関数 f の Hardy-Littlewood の最大関数 $M_1 f$ は Mf と略記することにする．

まず，$\mathbb{R}$ 上の重みとは $\mathbb{R}$ 上の恒等的には零でなく，局所的に可積分で，かつ非負値 Lebesgue 可測関数のことをいう．次の定理から始める．

定理 1.11.1. $1 \leq p < \infty$ とする．$\mathbb{R}$ 上の正則な正測度 μ に対して，

$$\mu(\{x \in \mathbb{R}; Mf(x) > \lambda\})^{1/p} \leq \frac{C_0}{\lambda} \left(\int_{\mathbb{R}} |f(x)|^p \, d\mu(x) \right)^{1/p} \quad (\lambda > 0) \tag{1.11.1}$$

が全ての $f \in L^p(d\mu)$ について成り立つような正数 C_0 が存在するとする (Hardy-Littlewood の最大関数の弱 $L^p(d\mu)$ 性)．すると，

(i) μ は Lebesgue 測度に関して絶対連続 (即ち $|E| = 0$ なら $\mu(E) = 0$) で，$d\mu(x) = w(x)\,dx$ となる重み $w(x)$ が存在する．$w(x) > 0$ (a.e. $x \in \mathbb{R}$) である．

1.11 重み付きノルム不等式

(ii) 全ての開区間 Q と全ての $f \in L^p(d\mu)$ に対して

$$\frac{1}{|Q|}\int_Q |f(x)|\,dx \le C_0 \left(\frac{1}{\mu(Q)}\int_Q |f(x)|^p\,d\mu(x)\right)^{1/p}. \quad (1.11.2)$$

(iii) (i) で定まる重み w に対して，$1 < p < \infty$ のときは

$$\left(\frac{1}{|Q|}\int_Q w(x)\,dx\right)\left(\frac{1}{|Q|}\int_Q w(x)^{-1/(p-1)}\,dx\right)^{p-1} \le C_0^p, \quad (1.11.3)$$

$p = 1$ のときは

$$\frac{1}{|Q|}\int_Q w(x)\,dx \le C_0 \operatorname{ess\,inf}_{x \in Q} w(x) \quad (1.11.4)$$

が任意の開区間 Q に対して成り立つ．

(iv) 各開区間 Q と Q 内の全ての Lebesgue 可測集合 E に対して

$$\frac{|E|}{|Q|} \le C_0 \left(\frac{\mu(E)}{\mu(Q)}\right)^{1/p}. \quad (1.11.5)$$

証明 (i) $|E| = 0$ とする．$\mu(E) = 0$ を示すのに，μ は正則測度だから，E はコンパクトとしてよい．正数 ε に対して，μ の正則性により $E \subset O$ かつ $\mu(O \setminus E) = \mu(O) - \mu(E) < \varepsilon$ となる開集合 O が存在する．$f(x) = \chi_{O \setminus E}(x)$ とおくと，$f \in L^p(d\mu)$ で $\|f\|_{L^p(d\mu)} = \left(\int_{\mathbb{R}} (\chi_{O \setminus E}(y))^p\,d\mu(y)\right)^{1/p} = \mu(O \setminus E)^{1/p} < \varepsilon^{1/p}$．次に，$x \in E$ なら，$x \in E \subset O$ で O は開集合だから，$x \in Q \subset O$ を満たす開区間 Q が存在する．よって，$|E| = 0$ だから，$|Q|^{-1} \int_Q |f(y)|\,dy = |(O \setminus E) \cap Q|/|Q| = |Q \setminus (E \cap Q)|/|Q| = |Q|/|Q| = 1$ となり，$Mf(x) = 1$ である．だから，(1.11.1) により

$$\mu(E) \le \mu(\{x \in \mathbb{R}; Mf(x) > 1/2\}) \le 2^p C_0^p \|f\|_{L^p(d\mu)}^p < 2^p C_0^p \varepsilon$$

となる．正数 ε は任意であったから，$\varepsilon \to 0$ として $\mu(E) = 0$ である．これで，μ は Lebesgue 測度に関して絶対連続であることが分かったから，$d\mu(x) = w(x)\,dx$ となる非負値可測関数 $w(x) \in L^1_{\text{loc}}(\mathbb{R})$ が存在する．$w(x) > 0$ (a.e $x \in \mathbb{R}$) を示すには，正の測度を持つ任意の可測集合 E に対して $\mu(E) > 0$ を示せばよい．$E \subset (-b, b)$ となる $b > 0$ に対して

$$\frac{1}{2b}\int_{-b}^{b} \chi_E(y)\,dy = \frac{|E|}{2b} \le M\chi_E(x) \quad (-b < x < b)$$

だから

$$\mu\bigl((-b,b)\bigr) \leq \mu(\{x \in \mathbb{R}; M\chi_E(x) > |E|/(4b)\})$$
$$\leq C_0^p \Bigl(\frac{4b}{|E|}\Bigr)^p \int_{\mathbb{R}} \bigl(\chi_E(x)\bigr)^p d\mu(x) = C_0^p \Bigl(\frac{4b}{|E|}\Bigr)^p \mu(E) \quad (1.11.6)$$

μ は正測度だから,少なくとも十分大きな b に対して $\mu\bigl((-b,b)\bigr) > 0$ である.従って,(1.11.6) により $\mu(E) > 0$ である.

(ii) Q を開区間,$f \in L^p(d\mu)$ とする.$|Q|^{-1} \int_Q |f(y)| dy \leq M(f\chi_Q)(x)$ $(x \in Q)$ だから

$$|f|_Q := \frac{1}{|Q|} \int_Q |f(y)| dy \leq \operatorname*{ess\,inf}_{x \in Q} M(f\chi_Q)(x).$$

よって,(1.11.1) により,任意の $0 < a < 1$ に対して

$$\mu(Q) \leq \mu(\{x \in \mathbb{R}; M(f\chi_Q)(x) > a|f|_Q\})$$
$$\leq \Bigl(\frac{C_0}{a|f|_Q}\Bigr)^p \|f\chi_Q\|_{L^p(d\mu)}^p = \Bigl(\frac{C_0}{a|f|_Q}\Bigr)^p \int_Q |f(y)|^p d\mu(y).$$

これより,$0 < a < 1$ は任意であったから $a \to 1$ として

$$\frac{1}{|Q|} \int_Q |f(x)| dx \leq C_0 \Bigl(\frac{1}{\mu(Q)} \int_Q |f(x)|^p d\mu(x)\Bigr)^{1/p}$$

を得る.

(iii) Q を開区間とする.まず $1 < p < \infty$ の場合を考える.正数 ε を任意にとると $(w(x)+\varepsilon)^{-1/(p-1)} \in L^\infty(\mathbb{R})$ だから

$$\int_Q \bigl((w(x)+\varepsilon)^{-1/(p-1)}\bigr)^p w(x) dx < +\infty.$$

よって,(ii) で $f = (w(x)+\varepsilon)^{-1/(p-1)}$ ととると

$$\int_Q w(x) dx \Bigl(\frac{1}{|Q|} \int_Q (w(x)+\varepsilon)^{-1/(p-1)} dx\Bigr)^p$$
$$\leq C_0^p \int_Q (w(x)+\varepsilon)^{-p/(p-1)} w(x) dx$$
$$= C_0^p \int_Q (w(x)+\varepsilon)^{-1/(p-1)} \frac{w(x)}{w(x)+\varepsilon} dx$$
$$\leq C_0^p \int_Q (w(x)+\varepsilon)^{-1/(p-1)} dx.$$

1.11 重み付きノルム不等式

従って

$$\left(\frac{1}{|Q|}\int_Q w(x)\,dx\right)\left(\frac{1}{|Q|}\int_Q (w(x)+\varepsilon)^{-1/(p-1)}\,dx\right)^{p-1} \le C_0^p.$$

$\varepsilon \to \infty$ として

$$\left(\frac{1}{|Q|}\int_Q w(x)\,dx\right)\left(\frac{1}{|Q|}\int_Q w(x)^{-1/(p-1)}\,dx\right)^{p-1} \le C_0^p.$$

次に，$p=1$ の場合を考える．(ii) で $E \subset Q$ に対して $f = \chi_E$ ととると

$$\frac{|E|}{|Q|} \le C_0 \frac{\mu(E)}{\mu(Q)} \quad \text{言い換えると} \quad \frac{1}{|Q|}\int_Q w(x)\,dx \le C_0 \frac{1}{|E|}\int_E w(x)\,dx. \tag{1.11.7}$$

ここで，$a > \operatorname{ess\,inf}_{x \in Q} w(x) = \inf\{b > 0; |\{x \in Q; w(x) < b\}| > 0\}$ とすると，$|\{x \in Q; w(x) < a\}| > 0$ だから，(1.11.7) で $E = \{x \in Q; w(x) < a\}$ とすれば

$$\frac{1}{|Q|}\int_Q w(x)\,dx \le C_0 \frac{1}{|\{y \in Q; w(y) < a\}|}\int_{\{y \in Q; w(y) < a\}} w(x)\,dx$$
$$\le C_0 \frac{1}{|\{y \in Q; w(y) < a\}|}\int_{\{y \in Q; w(y) < a\}} a\,dx \le C_0 a.$$

$a \to \operatorname{ess\,inf}_{x \in Q} w(x)$ として

$$\frac{1}{|Q|}\int_Q w(x)\,dx \le C_0 \operatorname{ess\,inf}_{x \in Q} w(x).$$

(iv) $E \subset Q$ に対して，(ii) で $f = \chi_E$ とおけば

$$\frac{|E|}{|Q|} \le C_0 \left(\frac{\mu(E)}{\mu(Q)}\right)^{1/p}$$

を得る． ■

後で示すように，上記 (iii) から Hardy-Littlewood の最大関数の弱 $L^p(w(x)dx)$ 性が出てくるので，次の重みのクラスを導入する．

定義 1.11.2. $\mathbb{R}$ 上の重み $w(x)$ が，任意の区間 Q に対して

$1 < p < \infty$ のときは

$$\left(\frac{1}{|Q|}\int_Q w(x)\,dx\right)\left(\frac{1}{|Q|}\int_Q w(x)^{-1/(p-1)}\,dx\right)^{p-1} \leq A^p, \qquad (1.11.8)$$

$p = 1$ のときは

$$\frac{1}{|Q|}\int_Q w(x)\,dx \leq A\,\mathrm{ess\,inf}_{x\in Q}\,w(x) \qquad (1.11.9)$$

が成り立つような定数 A が存在するとき，w は (Muckenhoupt の)A_p クラスに属するといい，$w \in A_p$ と表す．また，上での定数 A の下限を w の A_p ノルムといい，$[w]_{A_p}$ で表す．

また，$A_\infty = \bigcup_{p\geq 1} A_p$ とする．

重み $w(x)$ が (1.11.8) あるいは (1.11.9) を満たしていれば，十分大きな区間 Q に対して $\int_Q w(x)\,dx > 0$ となるから，(1.11.8) あるいは (1.11.9) より，$w(x) > 0$ a.e. $x \in \mathbb{R}$ となることを注意しておこう．

また，A_p に関する注意を補題の形で示しておく．

補題 1.11.3.

(i) $1 \leq p < q < \infty$ なら，$A_p \subset A_q$, $\quad [w]_{A_q} \leq [w]_{A_p}$.

(ii) $[w]_{A_p} \geq 1$.

(iii) $1 \leq p < \infty, w \in A_p$ なら，全ての開区間 Q と全ての $f \in L^p(d\mu)$ に対して

$$\frac{1}{|Q|}\int_Q |f(x)|\,dx \leq [w]_{A_p}\left(\frac{1}{w(Q)}\int_Q |f(x)|^p w(x)\,dx\right)^{1/p}. \quad (1.11.10)$$

(iv) $1 \leq p < \infty, w \in A_p$ とする．すると，任意の開区間 Q と全ての可測集合 $E \subset Q$ に対して，

$$\frac{|E|}{|Q|} \leq [w]_{A_p}\left(\frac{w(E)}{w(Q)}\right)^{1/p}$$

が成り立つ．

1.11 重み付きノルム不等式

(v) $1 \leq p < \infty, w \in A_p$ とする．また，$0 < \alpha < 1$ とする．すると，任意の開区間 Q と $|E| < \alpha|Q|$ なる全ての可測集合 $E \subset Q$ に対して，

$$w(E) \leq \beta\, w(Q)$$

となる定数 $0 < \beta < 1$ が存在する．

(vi) $1 \leq p < \infty, w \in A_p$ なら，$w^{-1/(p-1)} \in A_{p'}$ $(1/p + 1/p' = 1)$ で

$$[w^{-1/(p-1)}]_{A_{p'}} = [w]_{A_p}.$$

ここで，$w(E) = \int_E w(x)\, dx$．

証明 (i) $w \in A_p$，Q を開区間とする．$p > 1$ のとき，$(q-1)/(p-1) > 1$ だから，Hölder の不等式を使って

$$\left(\frac{1}{|Q|}\int_Q w(x)^{-1/(q-1)}\, dx\right)^{q-1}$$
$$= \left(\frac{1}{|Q|}\int_Q \left(w(x)^{-1/(p-1)}\right)^{(p-1)/(q-1)}\, dx\right)^{q-1}$$
$$\leq \left(\frac{1}{|Q|}\int_Q w(x)^{-1/(p-1)}\, dx\right)^{p-1}.$$

これより，直ちに結論を得る．

$p = 1$ のとき，$w(x) \geq [w]_{A_1}^{-1}|Q|^{-1}\int_Q w(y)\, dy$ (a.e $x \in Q$) だから，

$$\left(\frac{1}{|Q|}\int_Q w(x)\, dx\right)\left(\frac{1}{|Q|}\int_Q w(x)^{-1/(q-1)}\, dx\right)^{q-1}$$
$$\leq \left(\frac{1}{|Q|}\int_Q w(x)\, dx\right)\left(\frac{1}{|Q|}\int_Q [w]_{A_1}^{1/(q-1)}\left(\frac{1}{|Q|}\int_Q w(x)\, dx\right)^{-1/(q-1)} dx\right)^{q-1}$$
$$= [w]_{A_1}.$$

(ii) $p > 1$ のとき，(1.11.8) で Q を x に縮小していくと，ほとんど全ての x で $|Q|^{-1}\int_Q w(y)\, dy$ は $w(x)$ に，$|Q|^{-1}\int_Q w(x)^{-1/(p-1)}\, dx$ は $w(x)^{-1/(p-1)}$ に収束するから，$1 \leq [w]_{A_p}$ である．$p = 1$ のときは，$\operatorname{ess\,inf}_{x \in Q} w(x) \leq |Q|^{-1}\int_Q w(x)dx$ であることに注意すれば $p > 1$ のときと同じである．

(iii) Q を開区間, $f \in L^p(d\mu)$ とする. $p > 1$ のとき, Hölder の不等式を使って

$$\frac{1}{|Q|} \int_Q |f(x)|\, dx$$
$$= \frac{1}{|Q|} \int_Q |f(x)| w(x)^{1/p} w(x)^{-1/p}\, dx$$
$$\leq \left(\frac{1}{|Q|} \int_Q |f(x)|^p w(x)\, dx\right)^{1/p} \left(\frac{1}{|Q|} \int_Q w(x)^{-p'/p}\, dx\right)^{1/p'}$$
$$= \left(\frac{1}{|Q|} \int_Q |f(x)|^p w(x)\, dx\right)^{1/p} \left(\frac{1}{|Q|} \int_Q w(x)^{-1/(p-1)}\, dx\right)^{1-1/p}$$
$$\leq \left(\frac{1}{|Q|} \int_Q |f(x)|^p w(x)\, dx\right)^{1/p} [w]_{A_p} \left(\frac{1}{|Q|} \int_Q w(x)\, dx\right)^{-1/p}$$
$$= [w]_{A_p} \left(\frac{1}{w(Q)} \int_Q |f(x)|^p w(x)\, dx\right)^{1/p}$$

が従う.

$p = 1$ のときは, $w(x) \geq [w]_{A_1}^{-1} |Q|^{-1} \int_Q w(y)\, dy$ (a.e $x \in Q$) を使って

$$\frac{1}{|Q|} \int_Q |f(x)|\, dx = \frac{1}{|Q|} \int_Q |f(x)| w(x) w(x)^{-1}\, dx$$
$$\leq \frac{1}{|Q|} \int_Q |f(x)| w(x)\, dx\, [w]_{A_1} \left(\frac{1}{|Q|} \int_Q w(y)\, dy\right)^{-1}$$
$$= [w]_{A_1} \frac{1}{w(Q)} \int_Q |f(x)| w(x)\, dx.$$

(iv) (iii) で $f(x) = \chi_E$ ととればよい.

(v) $0 < \alpha < 1$ とし, Q は開区間で, E は $E \subset Q$ と $|E| < \alpha|Q|$ を満たす可測集合とする. 式 (1.11.10) で $f = \chi_{Q \setminus E}$ とすると

$$\left(\frac{|Q \setminus E|}{|Q|}\right)^p \leq [w]_{A_p}^p \frac{w(Q \setminus E)}{w(Q)} \quad \text{書き換えると}$$
$$\left(1 - \frac{|E|}{|Q|}\right)^p \leq [w]_{A_p}^p \left(1 - \frac{w(E)}{w(Q)}\right).$$

1.11 重み付きノルム不等式

よって，$|E| < \alpha|Q|$ だから

$$(1-\alpha)^p \leq [w]_{A_p}^p \left(1 - \frac{w(E)}{w(Q)}\right) \quad \text{整理して} \quad \frac{w(E)}{w(Q)} \leq 1 - \frac{(1-\alpha)^p}{[w]_{A_p}^p}.$$

(ii) より $[w]_{A_p} \geq 1$ であり，$0 < \alpha < 1$ だから，

$$\beta = 1 - \frac{(1-\alpha)^p}{[w]_{A_p}^p}$$

とおけば，$0 < \beta < 1$ となり，求める条件を満たす．

(vi) $p' = p/(p-1)$ だから，$(p'-1)(p-1) = 1$. これと

$$\left(\frac{1}{|Q|}\int_Q w(x)\,dx\right)\left(\frac{1}{|Q|}\int_Q w(x)^{-1/(p-1)}\,dx\right)^{p-1} \leq [w]_{A_p}^p \quad (1.11.11)$$

より

$$\left(\frac{1}{|Q|}\int_Q w(x)^{-1/(p-1)}\,dx\right)\left(\frac{1}{|Q|}\int_Q \left(w(x)^{-1/(p-1)}\right)^{-1/(p'-1)}\,dx\right)^{p'-1}$$
$$\leq [w]_{A_p}^{p/(p-1)} = [w]_{A_p}^{p'}.$$

よって，$w^{-1/(p-1)} \in A_{p'}$ で，$[w^{-1/(p-1)}]_{A_{p'}} \leq [w]_{A_p}$. p と p' の役目を入れ替えれば，$[w]_{A_p} \leq [w^{-1/(p-1)}]_{A_{p'}} \leq [w]_{A_p}$ だから，$[w^{-1/(p-1)}]_{A_{p'}} = [w]_{A_p}$ である． ∎

次に，重み付き中心最大関数を考え，その弱 $(1,1)$ 性について考察しておく．

補題 1.11.4. μ を $\mathbb{R}$ 上の正測度で，$\mu(Q(x,r)) > 0$ $(x \in \mathbb{R}, r > 0)$ なるものとする．$g \in L^1_{\text{loc}}(\mathbb{R}, d\mu)$ に対して

$$\tilde{M}_\mu(g)(x) = \sup_{r>0} \frac{1}{\mu(Q(x,r))} \int_{Q(x,r)} |g(y)| d\mu(y)$$

とすると，全ての $f \in L^1(\mathbb{R}, d\mu)$ に対して

$$\mu(\{x \in \mathbb{R}; \tilde{M}_\mu(f)(x) > \lambda\}) \leq \frac{4}{\lambda}\int_\mathbb{R} |f(y)|\,d\mu(y) \quad (\lambda > 0)$$

が成り立つ．

証明 定理 1.5.2 での Hardy-Littlewood の中心最大関数 $\tilde{M}f$ に対する弱 $(1,1)$ 性の証明と全く同じように示せるから，省略する． ∎

上記 2 補題より，$w \in A_p$ クラスのとき Hardy-Littlewood 最大関数の弱 $L^p(wdx)$ 性を示すことができる．

定理 1.11.5. $1 \leq p < \infty$ で $w \in A_p$ とする．すると，全ての $f \in L^p(w(x)dx)$ に対して
$$w(\{x \in \mathbb{R}; Mf(x) > \lambda\}) \leq \frac{4 \cdot 2^p [w]_{A_p}^p}{\lambda^p} \int_{\mathbb{R}} |f(x)|^p w(x)\, dx \quad (\lambda > 0)$$
が成り立つ．

証明 $g \in L^1_{\mathrm{loc}}(\mathbb{R}, w(x)dx)$ に対して
$$\tilde{M}_w g(x) = \sup_{r>0} \frac{1}{w(Q(x,r))} \int_{Q(x,r)} |g(y)| w(y) dy$$
と定義すると，補題 1.4.4 と補題 1.11.3 (iii) により，
$$Mf(x) \leq 2[w]_{A_p} \bigl(\tilde{M}_w(|f|^p)(x)\bigr)^{1/p} \quad (x \in \mathbb{R}).$$
よって，補題 1.11.4 により
$$w(\{x \in \mathbb{R}; Mf(x) > \lambda\}) \leq w(\{x \in \mathbb{R}; \tilde{M}_w(|f|^p)(x) > \lambda^p/(2[w]_{A_p})^p\})$$
$$\leq \frac{4 \cdot 2^p [w]_{A_p}^p}{\lambda^p} \int_{\mathbb{R}} |f(y)|^p w(y) dy \quad (\lambda > 0).$$
∎

これらから，A_p 重みに対する逆 Hölder 不等式と呼ばれる次の事実を示せる．

定理 1.11.6. $1 \leq p < \infty$ で $w \in A_p$ とする．すると，
$$\left(\frac{1}{|Q|}\int_Q w(y)^{1+\gamma} dy\right)^{1/(1+\gamma)} \leq \frac{C_0}{|Q|}\int_Q w(y)\, dy \tag{1.11.12}$$
が任意の区間 Q に対して成立するような定数 $C_0 > 0, \gamma > 0$ が存在する．ここで，C_0, γ は $[w]_{A_p}$ と p にのみ依存する．

1.11 重み付きノルム不等式

証明 $1 \leq p < \infty, w \in A_p$ とし, $Q = [a,b]$ とする. また, $0 < \alpha < 1$ とする. さらに,

$$\alpha_0 = \frac{1}{|Q|} \int_Q w(x)\,dx, \quad \alpha_k = \left(\frac{2}{\alpha}\right)^k \alpha_0 \quad (k \in \mathbb{N}_0)$$

とする. $k \in \mathbb{N}_0$ として, Q を 2 進分解し, $w(x)$ と α_k に対して Calderón-Zygmund 分解したときと同様のことをして得られる Q の 2 進分解区間列を $\{Q_{k,j}\}$ とする. すると,

(1) $\alpha_k < \dfrac{1}{|Q_{k,j}|} \displaystyle\int_{Q_{k,j}} w(x)\,dx \leq 2\alpha_k$.

(2) $w(x) \leq \alpha_k$ a.e. $x \in (\bigcup_j Q_{k,j})^c$.

(3) 各 $Q_{k+1,j}$ はある $Q_{k,\ell}$ に含まれている.

(1), (2) は Calderón-Zygmund 分解のところで示している. (3) については,

$$\frac{1}{|Q_{k+1,j}|} \int_{Q_{k+1,j}} w(x)\,dx > \alpha_{k+1} > \alpha_k$$

だから, $Q_{k+1,j}$ を含む Q の 2 進分解区間 R の中に $|R|^{-1} \int_R w(x)\,dx > \alpha_k$ となるものが無ければ, $Q_{k+1,j}$ 自身が $Q_{k,\ell}$ の一つであり, $|R|^{-1} \int_R w(x)\,dx > \alpha_k$ となるものがあれば, その中の最大幅のものは $Q_{k,\ell}$ の一つであって $Q_{k+1,j}$ はそれに含まれていることになる.

さて, $U_m = \bigcup_j Q_{m,j}$ $(m \in \mathbb{N}_0)$ とすると, $k \in \mathbb{N}_0$ に対して

$$\begin{aligned}
2\alpha_k &\geq \frac{1}{|Q_{k,\ell}|} \int_{Q_{k,\ell} \cap U_{k+1}} w(y)\,dy \\
&= \frac{1}{|Q_{k,\ell}|} \sum_{Q_{k+1,j} \subset Q_{k,\ell}} |Q_{k+1,j}| \frac{1}{|Q_{k+1,j}|} \int_{Q_{k+1,j}} w(y)\,dy \\
&> \frac{|Q_{k,\ell} \cap U_{k+1}|}{|Q_{k,\ell}|} \alpha_{k+1} = \frac{|Q_{k,\ell} \cap U_{k+1}|}{|Q_{k,\ell}|} \frac{2}{\alpha} \alpha_k.
\end{aligned}$$

よって, $|Q_{k,\ell} \cap U_{k+1}| < \alpha |Q_{k,\ell}|$. 補題 1.11.3 (v) により

$$\frac{w(Q_{k,\ell} \cap U_{k+1})}{w(Q_{k,\ell})} < \beta = 1 - \frac{(1-\alpha)^p}{[w]_{A_p}^p}.$$

これより，(3) を考慮すると

$$\begin{aligned}w(U_{k+1}) &= w\Big(\Big(\bigcup_\ell Q_{k,\ell}\Big) \cap U_{k+1}\Big) \\ &= \sum_\ell w(Q_{k,\ell} \cap U_{k+1}) \\ &< \sum_\ell \beta w(Q_{k,\ell}) = \beta w(U_k).\end{aligned}$$

よって，$w(U_k) < \beta^k w(U_0)$．また，同様に $|U_k| < \alpha^k |U_0|$ も従うから，$|U_k| \to 0 \ (k \to \infty)$．従って，$|\bigcap_k U_k| = 0$．これより

$$\Big|Q \setminus \big((Q \setminus U_0) \cup \big(\bigcup_{k=0}^\infty (U_k \setminus U_{k+1})\big)\big)\Big| = 0. \tag{1.11.13}$$

ここで，正数 γ を

$$(2\alpha^{-1})^\gamma \beta < 1$$

となるようにとる．すると，(1.11.13) と (2) により

$$\begin{aligned}\int_Q w(y)^{1+\gamma} dy &= \int_{Q \setminus U_0} w(y)^\gamma w(y)\, dy + \sum_{k=0}^\infty \int_{U_k \setminus U_{k+1}} w(y)^\gamma w(y)\, dy \\ &\le \alpha_0^\gamma w(Q \setminus U_0) + \sum_{k=0}^\infty \alpha_{k+1}^\gamma w(U_k) \\ &\le \alpha_0^\gamma w(Q \setminus U_0) + \sum_{k=0}^\infty \big((2\alpha^{-1})^{k+1} \alpha_0\big)^\gamma \beta^k w(U_0) \\ &\le \alpha_0^\gamma \Big(1 + (2\alpha^{-1})^\gamma \sum_{k=0}^\infty (2\alpha^{-1})^{\gamma k} \beta^k\Big) \big(w(Q \setminus U_0) + w(U_0)\big) \\ &= \Big(\frac{1}{|Q|} \int_Q w(y)\, dy\Big)^\gamma \Big(1 + \frac{(2\alpha^{-1})^\gamma}{1 - (2\alpha^{-1})^\gamma \beta}\Big) \int_Q w(y)\, dy.\end{aligned}$$

従って，正数 γ, C を

$$\gamma < \frac{-\log \beta}{\log 2 - \log \alpha} = \frac{\log [w]_{A_p}^p - \log([w]_{A_p}^p - (1-\alpha)^p)}{\log 2 - \log \alpha},$$

$$C^{1+\gamma} = 1 + \frac{(2\alpha^{-1})^\gamma}{1 - (2\alpha^{-1})^\gamma \beta} = 1 + \frac{(2\alpha^{-1})^\gamma}{1 - (2\alpha^{-1})^\gamma (1 - (1-\alpha)^p / [w]_{A_p}^p)}$$

1.11 重み付きノルム不等式

を満たすように選ぶと,
$$\left(\frac{1}{|Q|}\int_Q w(y)^{1+\gamma}dy\right)^{1/(1+\gamma)} \leq \frac{C}{|Q|}\int_Q w(y)\,dy$$
を得る. ∎

逆 Hölder 不等式の直接の帰結として

補題 1.11.7. (i) $1 \leq p < \infty$ で $w \in A_p$ とし, γ, C_0 を定理 1.11.6 での定数とする. すると, 全ての区間 Q と任意の可測集合 $E \subset Q$ に対して
$$\frac{w(E)}{w(Q)} \leq C_0\left(\frac{|E|}{|Q|}\right)^{\gamma/(\gamma+1)}$$
が成り立つ.

(ii) $1 < p < \infty$ で $w \in A_p$ とする. すると, $w \in A_{p_0}$ となる $[w]_{A_p}$ と p のみに関係した定数 p_0 $(1 < p_0 < p)$ が存在する.

証明 (i) Q を区間, E をその可測部分集合とする. Hölder の不等式と定理 1.11.6 により
$$\int_E w(x)\,dx \leq \left(\int_E dx\right)^{\gamma/(\gamma+1)}\left(\int_E w(x)^{1+\gamma}dx\right)^{1/(1+\gamma)}$$
$$\leq |E|^{\gamma/(\gamma+1)}|Q|^{1/(1+\gamma)}\frac{C_0}{|Q|}\int_Q w(x)\,dx.$$
整理すると,
$$\frac{w(E)}{w(Q)} \leq C_0\left(\frac{|E|}{|Q|}\right)^{\gamma/(1+\gamma)}.$$

(ii) 補題 1.11.3 (vi) により, $w^{-1/(p-1)} \in A_{p'}$ $(1/p + 1/p' = 1)$ で $[w^{-1/(p-1)}]_{A_{p'}} = [w]_{A_p}$ である. この $w^{-1/(p-1)}$ に逆 Hölder 不等式 (定理 1.11.6) を使い, そのときの定数を γ, C_0 とし, p_0 を $(1+\gamma)/(p-1) = 1/(p_0-1)$ で定めると, $1 < p_0 < p$ で
$$\left(\frac{1}{|Q|}\int_Q w(x)^{-1/(p_0-1)}dx\right)^{p_0-1}$$
$$= \left(\frac{1}{|Q|}\int_Q \left(w(x)^{-1/(p-1)}\right)^{1+\gamma}dx\right)^{(p-1)/(1+\gamma)}$$

$$\leq \left(C_0 \frac{1}{|Q|} \int_Q w(x)^{-1/(p-1)} dx\right)^{p-1}$$
$$\leq C_0^{p-1}[w]_{A_p}^p \left(\frac{1}{|Q|} \int_Q w(x)\,dx\right)^{-1}.$$

つまり,
$$w \in A_{p_0}, \quad [w]_{A_{p_0}} \leq C_0^{(p-1)/p_0}[w]_{A_p}^{p/p_0}$$

である. ■

この応用として, $1 < p < \infty$ の場合, 定理 1.11.5 を強化した Hardy-Littlewood 最大関数の重み付き L^p 評価が得られる.

補題 1.11.8. $1 < p < \infty, w \in A_p$ とする. すると,

$$\|Mf\|_{L^p(wdx)} \leq C\|f\|_{L^p(wdx)} \quad (f \in L^p(wdx))$$

となる定数 C が存在する.

証明 $1 < p < \infty, w \in A_p$ とすると, 補題 1.11.7 (ii) により, ある p_0 ($1 < p_0 < p$) に対して $w \in A_{p_0}$ となる. よって, 定理 1.11.5 により

$$w(\{x \in \mathbb{R}; Mf(x) > \lambda\}) \leq \frac{C_0}{\lambda^{p_0}} \int_{\mathbb{R}} |f(x)|^{p_0} w(x)\,dx$$
$$(f \in L^{p_0}(wdx), \quad \lambda > 0)$$

となる定数 C_0 が存在する. また, 明らかに

$$\|Mf\|_{L^\infty(wdx)} \leq \|f\|_{L^\infty(wdx)}.$$

だから, p_0 と ∞ の間で, Marcinkiewicz の補間定理 1.8.6 を適用すると

$$\|Mf\|_{L^p(wdx)} \leq C\|f\|_{L^p(wdx)} \quad (f \in L^p(wdx))$$

となる定数 C が存在する. ■

また, Hardy-Littlewood 最大関数と ♯ 最大関数に対する重み付き "good λ-不等式" が示せ, 従って Hilbert 変換の重み付き L^p 関係も得られる.

1.11 重み付きノルム不等式

補題 1.11.9. $1 \leq p < \infty, w \in A_p$ とする．すると，$f \in L^1_{\text{loc}}(\mathbb{R})$ ならば，任意の $\lambda > 0, \gamma > 0$ に対して

$$w(\{x \in \mathbb{R}; Mf(x) > 2\lambda, f^\#(x) < \gamma\lambda\}) \leq C\gamma^\delta w(\{x \in \mathbb{R}; Mf(x) > \lambda\})$$

となる定数 $C > 0$ と $\delta > 0$ が存在する．

証明 証明は，重みのない場合の補題 1.6.5 の証明を一部修正すればよい．式 (1.6.1) 即ち

$$|\{x \in Q; Mf(x) > 2\lambda, f^\#(x) < \gamma\lambda\}| \leq 96\gamma|Q|$$

迄は全く同じとする．この不等式と補題 1.11.7 (i) (そこでの定数 C_0, γ を C_0, β とする) により

$$w(\{x \in Q; Mf(x) > 2\lambda, f^\#(x) < \gamma\lambda\}) \leq C_0(96\gamma)^{\beta/(1+\beta)}w(Q) \tag{1.11.14}$$

が得られる．よって，Q_j に対する評価式 (1.11.14) を Q_j について和をとれば，Q_j の内部は互いに交わりがないから

$$\begin{aligned}
&w(\{x \in \mathbb{R}; Mf(x) > 2\lambda, f^\#(x) < \gamma\lambda\}) \\
&= w(\{x \in E_\lambda; Mf(x) > 2\lambda, f^\#(x) < \gamma\lambda\}) \\
&\leq C_0(96\gamma)^{\beta/(1+\beta)}w(E_\lambda) = C_0(96\gamma)^{\beta/(1+\beta)}w(\{x \in \mathbb{R}; Mf(x) > \lambda\}).
\end{aligned}$$

■

この重み付き "good λ-不等式" と補題 1.6.6 を組み合わせれば，定理 1.6.8 の重み付き版が得られる．

補題 1.11.10. $1 \leq p < \infty, w \in A_p$ とする．すると，$Mf \in L^p(wdx)$ なら

$$\|Mf\|_{L^p(wdx)} \leq C\|f^\#\|_{L^p(wdx)} \quad (f \in L^p(wdx))$$

となる定数 C が存在する．

証明 重みのない場合の補題 1.6.6 の証明をわずか修正すればよいので，証明を略す． ■

以上の準備があれば，Hilbert 変換の重み付き L^p 評価ができる．

定理 1.11.11.

(i) $1 < p < \infty$, $w \in A_p$ のとき，
$$\|Hf\|_{L^p(wdx)} \leq C\|f\|_{L^p(wdx)} \quad (f \in L^p(wdx))$$
となる定数 C が存在する．

(ii) $w \in A_1$ のとき，
$$w(\{x \in \mathbb{R}; |Hf(x)| > \lambda\}) \leq \frac{C}{\lambda}\|f\|_{L^1(wdx)} \quad (f \in L^1(wdx))$$
となる定数 C が存在する．

証明 (i) $f \in \mathcal{S}(\mathbb{R})$ とする．$|Hf(x)| \leq C_1(1+|x|)^{-1}$ であったから，$M(Hf)(x) \leq 4C_1(1+|x|)^{-1}\log(e+|x|)$ となる (この計算は読者に任せる)．すると，$M(Hf) \in L^p(wdx)$ である．実際，補題 1.11.7 (ii) により $w \in A_{p_0}$ となる $1 < p_0 < p$ が存在するから，補題 1.11.3 (iv) を使って，$j \geq 1$ に対し $w(\{|x| < 2^{j+1}\})/w(\{|x| < 2\}) \leq [w]_{A_{p_0}}^{p_0}(2^{j+1}/2)^{p_0} \leq [w]_{A_p}^{p_0} 2^{jp_0}$ が導けるから，$j \geq 1$ のとき

$$\int_{2^j \leq |x| < 2^{j+1}} M(Hf)(x)^p w(x)\,dx$$
$$\leq \left(4C_1 \frac{\log(e+2^{j+1})}{1+2^j}\right)^p \int_{2^j \leq |x| < 2^{j+1}} w(x)\,dx$$
$$\leq (4C_1 \log 2)^p (j+2)^p 2^{-jp} \int_{|x| < 2^{j+1}} w(x)\,dx$$
$$= (4C_1 \log 2)^p (j+2)^p 2^{-jp} \frac{w(\{|x| < 2^{j+1}\})}{w(\{|x| < 2\})} w(\{|x| < 2\})$$
$$\leq (4C_1 \log 2)^p (j+2)^p 2^{-jp} C_2 2^{jp_0} w(\{|x| < 2\})$$
$$\leq C_3 j^p 2^{-(p-p_0)j} w(\{|x| < 2\}).$$

よって，
$$\int_{\mathbb{R}} M(Hf)(x)^p w(x)\,dx$$

1.11 重み付きノルム不等式

$$= \int_{|x|<2} M(Hf)(x)^p w(x)\,dx + \sum_{j=1}^{\infty} \int_{2^j \le |x| < 2^{j+1}} M(Hf)(x)^p w(x)\,dx$$

$$\le \big(4C_1 \log(e+2)\big)^p w(\{|x|<2\}) + \sum_{j=1}^{\infty} C_3 j^p 2^{-(p-p_0)j} w(\{|x|<2\}) < +\infty.$$

これより，補題 1.11.10 を使って

$$\|Hf\|_{L^p(wdx)} \le \|M(Hf)\|_{L^p(wdx)} \le C_4 \|(Hf)^{\#}\|_{L^p(wdx)} \qquad (1.11.15)$$

を得る．他方，補題 1.11.7 (ii) により $w \in A_{p_0}$ となる $1 < p_0 < p$ が存在し，また系 1.7.4 により

$$(Hf)^{\#}(x) \le C_5 M_{p/p_0} f(x) \quad (x \in \mathbb{R})$$

だから，補題 1.11.8 により

$$\|(Hf)^{\#}\|_{L^p(wdx)} \le C_5 \|M_{p/p_0} f\|_{L^p(wdx)}$$

$$= C_5 \left(\int_{\mathbb{R}} \big(M(|f|^{p/p_0})(x)\big)^{p_0} w(x)\,dx \right)^{1/p}$$

$$\le C_5 \left[C_6 \left(\int_{\mathbb{R}} \big(|f|^{p/p_0}(x)\big)^{p_0} w(x)\,dx \right)^{1/p_0} \right]^{p_0/p}$$

$$\le C_6 \|f\|_{L^p(wdx)}. \qquad (1.11.16)$$

(1.11.15), (1.11.16) を併せれば

$$\|Hf\|_{L^p(wdx)} \le C_4 C_6 \|f\|_{L^p(wdx)}.$$

$\mathcal{S}(\mathbb{R})$ は $L^p(wdx)$ で稠密であることが示せるから，欲しい結論が得られる．

(ii) $w \in A_1, f \in L^1(wdx) \cap L^2(wdx), \lambda > 0$ とする．まず，$f \in L^1_{\mathrm{loc}}(\mathbb{R})$ を確認しておく．Q を区間とすると，

$$\frac{1}{|Q|} \int_Q |f(x)|\,dx \le \frac{1}{|Q|} \int_Q |f(x)| w(x)\,dx \,\frac{1}{\operatorname{ess\,inf}_{x \in Q} w(x)}$$

$$\le \frac{1}{|Q|} \int_Q |f(x)| w(x)\,dx \,\frac{[w]_{A_1}}{\frac{1}{|Q|} \int_Q w(x)\,dx}$$

$$= \frac{[w]_{A_1}}{w(Q)} \int_Q |f(x)| w(x)\,dx \qquad (1.11.17)$$

$$\le \frac{[w]_{A_1}}{w(Q)} \|f\|_{L^1(wdx)} < +\infty. \qquad (1.11.18)$$

従って，$f \in L^1_{\mathrm{loc}}(\mathbb{R})$ である．次に，Calderón-Zygmund 分解の補題 1.8.1 の証明を少し修正して，今の場合にも同じ分解ができることを見ておく．2 進最大関数

$$M_d f(x) = \sup_{x \in Q \in \mathbb{D}} \frac{1}{|Q|} \int_Q |f(y)| \, dy$$

を導入し，

$$\Omega = \{x \in \mathbb{R}; M_d f(x) > \lambda\}$$

とおく．$x \in \Omega$ なら，上限の性質から x を含み $1/|Q| \int_Q |f(y)| \, dy > \lambda$ となる 2 進区間 Q が存在する．逆に，$1/|Q| \int_Q |f(y)| \, dy > \lambda$ なら，全ての $x \in Q$ に対して $M_d f(x) > \lambda$ となる．従って，$1/|Q| \int_Q |f(y)| \, dy > \lambda$ を満たす $Q \in \mathbb{D}$ の全体を $\{R_j\}$ とすると，

$$\Omega = \bigcup_j R_j.$$

$\{R_j\}$ の中の拡大していく部分列 $S_1 \subset S_2 \subset \cdots$ に対して，(1.11.18) と補題 1.11.7 により

$$\frac{1}{|S_j|} \int_{S_j} |f(x)| \, dx \leq [w]_{A_1} \frac{w(S_1)}{w(S_j)} \frac{\|f\|_{L^1(wdx)}}{w(S_1)}$$
$$\leq C_0 [w]_{A_1} \left(\frac{|S_1|}{|S_j|}\right)^{\gamma/(1+\gamma)} \frac{\|f\|_{L^1(wdx)}}{w(S_1)}$$

となるから，この部分列は有限個しかないことが分かる．よって，補題 1.6.3 により $\{R_j\}$ の中の極大 2 進区間 $\{Q_j\}$ をとれば，

$$\Omega = \bigcup_j Q_j, \quad Q_k \cap Q_\ell = \emptyset \quad (k \neq \ell)$$

であり，Q_j の極大性から

$$\lambda < \frac{1}{|Q_j|} \int_{Q_j} |f(x)| \, dx = |f|_{Q_j} \leq 2\lambda$$

である．(1.11.17) も使うと

$$\lambda < \frac{[w]_{A_1}}{w(Q_j)} \int_{Q_j} |f(x)| w(x) \, dx$$

1.11 重み付きノルム不等式

だから，

$$w(\Omega) = \sum_j w(Q_j) < \sum_j \frac{[w]_{A_1}}{\lambda} \int_{Q_j} |f(x)|w(x)\,dx = \frac{[w]_{A_1}}{\lambda} \|f\|_{L^1(wdx)}.$$
(1.11.19)

また，$M_d f(x) \leq \lambda$ ($x \in \Omega^c$) より，

$$|f(x)| \leq \lambda \quad (\text{a.e. } x \in \Omega^c).$$

そこで，定理 1.8.2 の証明のように

$$g(x) = \begin{cases} f(x) & (x \in \Omega^c) \\ \frac{1}{|Q_j|} \int_{Q_j} f(x)\,dx & (x \in Q_j,\quad j=1,2,\ldots) \end{cases}$$

$$f_j(x) = \left(f(x) - \frac{1}{|Q_j|} \int_{Q_j} f(y)\,dy\right)\chi_{Q_j}$$

$$b(x) = \sum_j f_j(x)$$

と定義する．すると $f(x) = g(x) + b(x)$ であり，

$$|g(x)| \leq 2\lambda \quad (\text{a.e. } x \in \mathbb{R}).$$

さらに，(1.11.17) と $[w]_{A_1} \geq 1$ により，

$$\int_{\mathbb{R}} |g(x)|w(x)\,dx$$
$$\leq \int_{\Omega^c} |f(x)|w(x)\,dx + \sum_j \int_{Q_j} \left(\frac{1}{|Q_j|} \int_{Q_j} |f(y)|\,dy\right)w(x)\,dx$$
$$= \int_{\Omega^c} |f(x)|w(x)\,dx + \sum_j w(Q_j)\frac{1}{|Q_j|}\int_{Q_j} |f(y)|\,dy$$
$$\leq \int_{\Omega^c} |f(x)|w(x)\,dx + \sum_j [w]_{A_1} \int_{Q_j} |f(y)|w(y)\,dy$$
$$\leq [w]_{A_1} \int_{\mathbb{R}} |f(x)|w(x)\,dx.$$

これより，$g \in L^1(wdx) \cap L^\infty(wdx)$ だから $g \in L^1(wdx) \cap L^2(wdx)$ でもある．

次に，Q_j の中心を x_j とし，
$$Q_j^* = 2Q_j = Q(x_j, 2\ell(Q_j)), \quad \Omega^* = \bigcup_j Q_j^*$$
とおくと，補題 1.11.3 (iv) と (1.11.19) とにより $C_1 = 2[w]_{A_1}$ として
$$w(\Omega^*) \leq \sum_j w(Q_j^*) = \sum_j C_1 w(Q_j) = C_1 \sum_j w(\Omega) \leq \frac{C_2}{\lambda} \|f\|_{L^1(wdx)}. \tag{1.11.20}$$
さて，$f(x) = g(x) + b(x)$ より $Hf(x) = Hg(x) + Hb(x)$ となり，$|Hg(x)| \leq \lambda/2$ かつ $|Hb(x)| \leq \lambda/2$ なら $|Hf(x)| \leq |Hg(x)| + |Hb(x)| \leq \lambda$ となるから
$$\{x \in \mathbb{R}; |Hf(x)| > \lambda, x \in (\Omega^*)^c\}$$
$$\subset \{x \in (\Omega^*)^c; |Hg(x)| > \lambda/2\} \cup \{x \in (\Omega^*)^c; |Hb(x)| > \lambda/2\}.$$
$$E_1 = \{x \in (\Omega^*)^c; |Hg(x)| > \lambda/2\}, \quad E_2 = \{x \in (\Omega^*)^c; |Hb(x)| > \lambda/2\}$$
とおくと，まず H の $L^2(wdx)$ 有界性と (1.11.19) を使って
$$w(E_1) \leq \frac{1}{(\lambda/2)^2} \int_{E_1} |Hg(x)|^2 w(x) \, dx \leq \frac{4}{\lambda^2} \int_{\mathbb{R}} |Hg(x)|^2 w(x) \, dx$$
$$\leq \frac{C_3}{\lambda^2} \int_{\mathbb{R}} |g(x)|^2 w(x) \, dx$$
$$= \frac{C_3}{\lambda^2} \left(\int_{\Omega} |g(x)|^2 w(x) \, dx + \int_{\Omega^c} |g(x)|^2 w(x) \, dx \right)$$
$$= \frac{C_3}{\lambda^2} \left(\sum_j \int_{Q_j} |f_{Q_j}|^2 w(x) \, dx + \lambda \int_{\Omega^c} |g(x)| w(x) \, dx \right)$$
$$(|g(x)| \leq \lambda, \text{ a.e. } x \in \Omega^c)$$
$$\leq \frac{C_3}{\lambda^2} \left(\sum_j w(Q_j)(2\lambda)^2 + \lambda \int_{\mathbb{R}} |f(x)| w(x) \, dx \right)$$
$$(|f_{Q_j}| \leq 2\lambda, \ g(x) = f(x) \ (x \in \Omega^c))$$
$$= 4C_3 \sum_j w(Q_j) + \frac{C_3}{\lambda} \|f\|_{L^1(wdx)} \leq \frac{C_4}{\lambda} \|f\|_{L^1(wdx)}. \tag{1.11.21}$$
次に，$x \in (Q_j^*)^c$ なら
$$|Hb(x)| \leq \sum_j |Hf_j(x)| \leq \frac{8\lambda}{\pi} \sum_j \frac{\ell(Q_j)^2}{|x - x_j|^2 + \ell(Q_j)^2}$$

1.11 重み付きノルム不等式

であったから，$\ell(Q_j) = |Q_j|$ に注意して

$$w(E_2) \leq \frac{1}{\lambda/2} \int_{E_2} |Hb(x)| w(x)\, dx \leq \frac{2}{\lambda} \int_{(\Omega^*)^c} |Hb(x)| w(x)\, dx$$

$$\leq \frac{16}{\pi} \int_{(\Omega^*)^c} \sum_j \frac{|Q_j|^2}{|x - x_j|^2 + |Q_j|^2} w(x)\, dx$$

$$\leq \frac{16}{\pi} \sum_j |Q_j| \int_{-\infty}^{\infty} \frac{|Q_j|}{|x - x_j|^2 + |Q_j|^2} w(x)\, dx. \qquad (1.11.22)$$

ここで $2^\ell Q_j = [x_j - 2^{\ell-1}|Q_j|, x_j + 2^{\ell-1}|Q_j|)$ とおくと，$w \in A_1$ により

$$\int_{-\infty}^{\infty} \frac{|Q_j|}{|x - x_j|^2 + |Q_j|^2} w(x)\, dx$$

$$= \int_{|x-x_j|<|Q_j|/2} \frac{|Q_j|}{|x - x_j|^2 + |Q_j|^2} w(x)\, dx$$

$$+ \sum_{m=0}^{\infty} \int_{2^{m-1}|Q_j| \leq |x-x_j| < 2^m |Q_j|} \frac{|Q_j|}{|x - x_j|^2 + |Q_j|^2} w(x)\, dx$$

$$\leq \frac{1}{|Q_j|} \int_{|x-x_j|<|Q_j|/2} w(x)\, dx$$

$$+ \sum_{m=0}^{\infty} \frac{1}{2^{m-1}} \int_{|x-x_j|<2^m|Q_j|} \frac{1}{2^{m-1}|Q_j|} w(x)\, dx$$

$$\leq \frac{w(Q_j)}{|Q_j|} + \sum_{m=0}^{\infty} \frac{1}{2^{m-2}} \frac{w(2^m Q_j)}{|2^m Q_j|}$$

$$\leq \frac{w(Q_j)}{|Q_j|} + \sum_{m=0}^{\infty} \frac{1}{2^{m-2}} [w]_{A_1} \operatorname{ess\,inf}_{x \in 2^m Q_j} w(x)$$

$$\leq \frac{w(Q_j)}{|Q_j|} + \sum_{m=0}^{\infty} \frac{1}{2^{m-2}} [w]_{A_1} \operatorname{ess\,inf}_{x \in Q_j} w(x)$$

$$\leq \frac{w(Q_j)}{|Q_j|} + \sum_{m=0}^{\infty} \frac{1}{2^{m-2}} [w]_{A_1} \frac{w(Q_j)}{|Q_j|}$$

$$= (1 + 8[w]_{A_1}) \frac{w(Q_j)}{|Q_j|} \leq 9[w]_{A_1} \frac{w(Q_j)}{|Q_j|}.$$

よって, (1.11.22), (1.11.19) により

$$w(E_2) \leq \frac{16}{\pi} \sum_j 9[w]_{A_1} w(Q_j) \leq C_5 w(\Omega) \leq \frac{C_6}{\lambda} \|f\|_{L^1(wdx)}.$$

ゆえに, (1.11.21) と併せて

$$w(\{x \in \mathbb{R}; |Hf(x)| > \lambda, x \in (\Omega^*)^c\}) \leq w(E_1) + w(E_2)$$
$$\leq \frac{C_4 + C_6}{\lambda} \|f\|_{L^1(wdx)}. \quad (1.11.23)$$

(1.11.20), (1.11.23) によって

$$w(\{x \in \mathbb{R}; |Hf(x)| > \lambda\}) \leq w(\Omega^*) + w(\{x \in \mathbb{R}; |Hf(x)| > \lambda, x \in (\Omega^*)^c\})$$
$$\leq \frac{C_2 + C_4 + C_6}{\lambda} \|f\|_{L^1(wdx)}.$$

補題 1.8.4 により, 任意の $f \in L^1(wdx)$ に対して Hf が一意に定義され, この評価式が成り立つ. ∎

1.12 Hardy 空間

$p = 1$ の場合に Hilbert 変換は $L^1(\mathbb{R})$ 上有界ではないが, この節では, Hilbert 変換が有界になる空間として Hardy 空間 $H^1(\mathbb{R})$ を導入しよう. $f \in L^1(\mathbb{R})$ で $-i\xi|\xi|^{-1}\hat{f}(\xi) = \hat{g}(\xi)$ ($\xi \in \mathbb{R}$) となる $g \in L^1(\mathbb{R})$ が存在するとする. $\varphi \in \mathcal{S}(\mathbb{R})$ で $\int_\mathbb{R} \varphi(x)\,dx = 1$, $\varphi_\varepsilon(x) = \varphi(x/\varepsilon)/\varepsilon$ とする. 例 1.1.10 と定理 1.1.9 により, $\varepsilon \to 0$ のとき $f * \varphi_\varepsilon, g * \varphi_\varepsilon$ はそれぞれ f, g に $L^1(\mathbb{R})$ ノルムで収束する. また, $f, g, \varphi_\varepsilon \in L^1(\mathbb{R})$ だから

$$\mathcal{F}(g * \varphi_\varepsilon) = \mathcal{F}(g)\mathcal{F}(\varphi_\varepsilon) = -i\frac{\xi}{|\xi|}\mathcal{F}(f)\mathcal{F}(\varphi_\varepsilon)$$
$$= -i\frac{\xi}{|\xi|}\mathcal{F}(f * \varphi_\varepsilon) = \mathcal{F}\bigl(H(f * \varphi_\varepsilon)\bigr).$$

$f, g \in L^1(\mathbb{R})$, $\varphi_\varepsilon \in L^2(\mathbb{R})$ だから $f * \varphi_\varepsilon, g * \varphi_\varepsilon \in L^2(\mathbb{R})$ となるので, $H(f * \varphi_\varepsilon) \in L^2(\mathbb{R})$ であり,

$$g * \varphi_\varepsilon = H(f * \varphi_\varepsilon)$$

1.12 Hardy 空間

が得られる. $\varepsilon \to 0$ とすると, 左辺は g に $L^1(\mathbb{R})$ ノルムで収束し, 右辺は Hf に測度収束する. 従って, $g = Hf$ である.

このことを考え, 次のような関数空間を定義する.

定義 1.12.1. $-i\xi|\xi|^{-1}\hat{f}(\xi) = \hat{g}(\xi)$ $(\xi \in \mathbb{R})$ となる $g \in L^1(\mathbb{R})$ が存在するような $f \in L^1(\mathbb{R})$ の全体を Hardy 空間 $H^1(\mathbb{R})$ と呼ぶ. $f \in H^1(\mathbb{R})$ に対して
$$\|f\|_{H^1(\mathbb{R})} = \|f\|_{H^1} = \|f\|_{L^1(\mathbb{R})} + \|Hf\|_{L^1(\mathbb{R})}$$
を f の H^1 ノルムと呼ぶ.

H^1 ノルムがノルムであることは明らかであろう. $\{f_j\}_{j=1}^\infty$ を $H^1(\mathbb{R})$ の Cauchy 列とする. すると, $L^1(\mathbb{R})$ は完備だから, $\|f_j - f\|_{L^1} \to 0$, $\|Hf_j - g\|_{L^1} \to 0$ $(j \to \infty)$ となる $f, g \in L^1(\mathbb{R})$ が存在する. 定理 1.2.3 により
$$\lim_{j \to \infty} \mathcal{F}f_j(\xi) = \mathcal{F}f(\xi), \qquad \lim_{j \to \infty} \mathcal{F}(Hf_j)(\xi) = \mathcal{F}g(\xi).$$
一方, $\mathcal{F}(Hf_j)(\xi) = -i\xi|\xi|^{-1}\mathcal{F}f_j(\xi)$ だから
$$-i\frac{\xi}{|\xi|}\mathcal{F}f(\xi) = \mathcal{F}g(\xi)$$
を得る. よって, $f \in H^1(\mathbb{R})$ で $\lim_{j \to \infty} \|f_j - f\|_{H^1} = 0$ となり, $H^1(\mathbb{R})$ が Banach 空間になることが分かる.

$f \in L^1(\mathbb{R}) \cap L^2(\mathbb{R})$ で $Hf \in L^1(\mathbb{R})$ ならば, $f \in L^2(\mathbb{R})$ より $\mathcal{F}(Hf) = -i\xi|\xi|^{-1}\mathcal{F}(f)$ であるから, $f \in H^1(\mathbb{R})$ である. さらに具体的な例を考えよう.

例 1.12.2. $f \in C^1(\mathbb{R})$ で $|f'(x)| \le A_1(1+|x|)^{-2}$, $|f(x)| \le A_2(1+|x|)^{-3}$ $(x \in \mathbb{R})$, かつ $\int_\mathbb{R} f(x)\,dx = 0$ ならば, $f \in H^1(\mathbb{R})$ である.

従って, 特に $f \in \mathcal{S}(\mathbb{R})$ かつ $\int_\mathbb{R} f(x)\,dx = 0$ ならば, $f \in H^1(\mathbb{R})$ である.

実際, 補題 1.3.2 により, $|Hf(x)| \le C_1(A_1 + A_2)(1+|x|)^{-1}$ である. $|x| \ge 1$ のとき, $\int_\mathbb{R} f(x)\,dx = 0$ により
$$Hf(x) = \frac{1}{\pi}\mathrm{p.v.}\int_\mathbb{R} \frac{1}{x-y}f(y)\,dy - \frac{1}{\pi}\int_\mathbb{R} \frac{1}{x}f(y)\,dy$$

$$= \frac{1}{\pi x}\text{p.v.}\int_{\mathbb{R}}\frac{1}{x-y}yf(y)\,dy$$

だから，$|(xf(x))'| \leq (A_1 + A_2)(1+|x|)^{-1}$, $|xf(x)| \leq A_2(1+|x|)^{-2}$ となることに注意して，再び補題 1.3.2 を使えば，$|Hf(x)| \leq 2C_1(A_1+A_2)(1+|x|)^{-2} \in L^1(\mathbb{R})$ となる．$f \in L^1(\mathbb{R}) \cap L^2(\mathbb{R})$ でもあるから，$f \in H^1(\mathbb{R})$ である．ここで，後のために $|H_\varepsilon f(x)| \leq 2C_1(A_1+A_2)(1+|x|)^{-2}$ $(\varepsilon > 0)$ であることに注意しておく． ∎

$H^1(\mathbb{R})$ の定義から，$f \in H^1(\mathbb{R})$ なら，$Hf \in L^1(\mathbb{R})$ で $-i\xi|\xi|^{-1}\mathcal{F}f(\xi) = \mathcal{F}(Hf)(\xi)$ だから，$-\mathcal{F}(f)(\xi) = -i\xi|\xi|^{-1}\mathcal{F}(Hf)(\xi)$．よって，$f \in L^1(\mathbb{R})$ と併せて，$Hf \in H^1(\mathbb{R})$ で $\|Hf\|_{H^1} = \|f\|_{H^1}$ である．まとめて

定理 1.12.3. Hilbert 変換は $H^1(\mathbb{R})$ 上有界であり，
$$\|Hf\|_{H^1} = \|f\|_{H^1} \quad (f \in H^1(\mathbb{R}))$$
である．

$H^1(\mathbb{R})$ で稠密な良い空間があるかを議論しておく．

補題 1.12.4. $H_{00}^1(\mathbb{R}) = \{f \in L^1(\mathbb{R}); \hat{f} \in C^\infty(\mathbb{R})$ かつ $\hat{f}$ の台は有界閉集合で原点を含まない $\}$ は $H^1(\mathbb{R})$ で稠密である．従って，$\{f \in \mathcal{S}(\mathbb{R}); \int_{\mathbb{R}} f(x)\,dx = 0\}$ は $H^1(\mathbb{R})$ で稠密であり，$H^1(\mathbb{R}) \cap L^2(\mathbb{R})$ も $H^1(\mathbb{R})$ で稠密である．

証明 $f \in H^1(\mathbb{R})$ とし，$\varepsilon > 0$ を任意にとる．$\mathcal{F}(Hf)(\xi) = -i\xi|\xi|^{-1}\hat{f}(\xi)$ で，$Hf \in L^1(\mathbb{R})$ だから $-i\xi|\xi|^{-1}\hat{f}(\xi)$ は連続関数である．従って，$\hat{f}(0) = 0$ であり，$\mathcal{F}(Hf)(0) = 0$ である．そこで，$\varphi \in \mathcal{S}(\mathbb{R})$ で $\hat{\varphi}(\xi) = 1$ $(|\xi| \leq 1)$, $\hat{\varphi}(\xi) = 0$ $(|\xi| \geq 2)$ となるものを一つとる．まず，$\lim_{A\to\infty}\|\varphi_A * f\|_{L^1} = 0$ を見よう．$\hat{f}(0) = 0$ より $\int_{\mathbb{R}} f(x)\,dx = 0$ だから

$$\int_{\mathbb{R}}|\varphi_A * f(x)|\,dx = \int_{\mathbb{R}}\Big|\int_{\mathbb{R}}(\varphi_A(x-y)-\varphi_A(x))f(y)\,dy\Big|\,dx$$
$$\leq \int_{\mathbb{R}}\Big(\int_{\mathbb{R}}\frac{1}{A}\Big|\varphi\Big(\frac{x-y}{A}\Big)-\varphi\Big(\frac{x}{A}\Big)\Big|\,dx\Big)|f(y)|\,dy$$
$$= \int_{\mathbb{R}}\Big(\int_{\mathbb{R}}|\varphi(x-y/A)-\varphi(x)|\,dx\Big)|f(y)|\,dy.$$

1.12 Hardy 空間

ここで, $\int_{\mathbb{R}} |\varphi(x - y/A) - \varphi(x)| \, dx \leq 2 \int_{\mathbb{R}} |\varphi(x)| \, dx$ であり, また $\varphi \in L^1(\mathbb{R})$ であるから $\lim_{A \to \infty} \int_{\mathbb{R}} |\varphi(x - y/A) - \varphi(x)| \, dx = 0$ である. 従って, Lebesgue の収束定理により

$$\lim_{A \to \infty} \int_{\mathbb{R}} \left(\int_{\mathbb{R}} |\varphi(x - y/A) - \varphi(x)| \, dx \right) |f(y)| \, dy = 0.$$

これより $\lim_{A \to \infty} \|\varphi_A * f\|_{L^1} = 0$ である. 同様に, $\lim_{A \to \infty} \|\varphi_A * (Hf)\|_{L^1} = 0$ である. そこで, $\|\varphi_A * f\|_{L^1} < \varepsilon$, $\|\varphi_A * (Hf)\|_{L^1} < \varepsilon$ となる $A > 0$ をとり, $g = f - \varphi_A * f$ とおくと, $\|g - f\|_{L^1} < \varepsilon$, $\|Hg - Hf\|_{L^1} = \|\varphi_A * (Hf)\|_{L^1} < \varepsilon$ である. また, $\hat{\varphi}(\xi) = 1 \ (|\xi| \leq 1)$ と $\hat{g}(\xi) = \hat{f}(\xi) - \hat{\varphi}(A\xi)\hat{f}(\xi)$ より $\hat{g}(\xi) = 0 \ (|\xi| \leq 1/A)$ である. 次いで, 近似定理 1.1.9 により $\lim_{t \to 0} \|\varphi_t * g - g\|_{L^1} = 0$, $\lim_{t \to 0} \|\varphi_t * (Hg) - Hg\|_{L^1} = 0$ となるから, $\|\varphi_a * g - g\|_{L^1} < \varepsilon$, $\|\varphi_a * (Hg) - Hg\|_{L^1} < \varepsilon$ となる $0 < a < A$ を一つ定め, $h = \varphi_a * g$ とおく. $\hat{h}(\xi) = \hat{\varphi}(a\xi)\hat{g}(\xi)$, $\hat{g}(\xi) = 0 \ (|\xi| \leq 1/A)$, $\hat{\varphi}(\xi) = 0 \ (|\xi| \geq 2)$ より, $\hat{h}(\xi) = 0 \ (|\xi| \leq 1/A$ または $|\xi| \geq 2/a)$. $\hat{h} \in L^1(\mathbb{R})$ であることに注意しておこう.

最後に, $\psi \in \mathcal{S}(\mathbb{R})$ で $\psi(\xi) = 0 \ (|\xi| \geq 1)$, $\mathcal{F}^{-1}\psi(0) = (2\pi)^{-1} \int_{\mathbb{R}} \psi(\xi) \, d\xi = 1$ となるものをとる. すると, $|h(x)\mathcal{F}^{-1}\psi(tx) - h(x)| \leq (\|\psi\|_{L^1} + 1)|h(x)|$ で, 各 $x \in \mathbb{R}$ に対して $\lim_{t \to 0} h(x)\mathcal{F}^{-1}\psi(tx) - h(x) = 0$ だから, Lebesgue の収束定理により $\lim_{t \to 0} \int_{\mathbb{R}} |h(x)\mathcal{F}^{-1}\psi(tx) - h(x)| \, dx = 0$. また, $\hat{h} \in L^1(\mathbb{R})$ でもあったから, $\mathcal{F}^{-1}(\hat{h} * \psi_t)(x) = 2\pi \mathcal{F}^{-1}\hat{h}(x) \mathcal{F}^{-1}(\psi_t)(x) = 2\pi h(x) \mathcal{F}^{-1}\psi(tx)$, 従って $\mathcal{F}(2\pi h(\cdot)\mathcal{F}^{-1}\psi(t\cdot)) = \hat{h} * \psi_t$ である. これより $\mathcal{F}(H(h(\cdot)\mathcal{F}^{-1}\psi(t\cdot))(\xi) = -i\xi|\xi|^{-1} \hat{h} * \psi_t(\xi)$.

さて, $0 < t < 1/(2A)$ とする. $|\xi|, |\eta| < 1/(2A)$ なら $|\xi - \eta| < 1/A$ で, $\hat{h}(\xi - \eta) = 0 \ (|\xi - \eta| < 1/A)$, $\psi_t(\eta) = 0 \ (|\eta| > t)$ だから $\int_{\mathbb{R}} \hat{h}(\xi - \eta)\psi_t(\eta) \, d\eta = 0 \ (|\xi| < 1/(2A))$. 同じく $|\xi| > 2/a + 1/(2A)$, $|\eta| < 1/(2A)$ なら $|\xi - \eta| > 2/a$ で, $\hat{h}(\xi - \eta) = 0 \ (|\xi - \eta| > 2/a)$, $\psi_t(\eta) = 0 \ (|\eta| > t)$ だから $\int_{\mathbb{R}} \hat{h}(\xi - \eta)\psi_t(\eta) \, d\eta = 0 \ (|\xi| > 2/a + 1/(2A))$. そこで, $k \in \mathcal{S}(\mathbb{R})$ を $k(\xi) = -i\xi|\xi|^{-1} \ (1/(2A) < |\xi| < 2/a + 1/(2A))$ となるように選び, $K(x) = \mathcal{F}^{-1}k(x)$ とおく. すると, $K \in \mathcal{S}(\mathbb{R})$ で, $\hat{h}(\xi) = 0 \ (|\xi| \leq 1/A$ または $|\xi| \geq 2/a)$, $\hat{h} * \psi_t(\xi) = 0 \ (|\xi| \leq 1/(2A)$ または $|\xi| \geq 2/a + 1/(2A))$ であったから, $k(\xi)\hat{h}(\xi) = -i\xi|\xi|^{-1}\hat{h}(\xi)$, $k(\xi)\hat{h} * \psi_t(\xi) = -i\xi|\xi|^{-1}\hat{h} * \psi_t(\xi)$

となり,
$$Hh(x) = K * h(x), \quad H(h(\cdot)\mathcal{F}^{-1}\psi(t\cdot))(x) = K * (h\mathcal{F}^{-1}(\psi_t))(x).$$

これより
$$\|Hh - H(h(\cdot)\mathcal{F}^{-1}\psi(t\cdot))\|_{L^1} = \|K * (h - h\mathcal{F}^{-1}(\psi_t))\|_{L^1}$$
$$\leq \|K\|_{L^1}\|h - h\mathcal{F}^{-1}(\psi_t)\|_{L^1}.$$

よって,$\lim_{t\to 0}\|h - h\mathcal{F}^{-1}(\psi_t)\|_{L^1} = 0$ であったから
$$\|h - h\mathcal{F}^{-1}(\psi_b)\|_{L^1}, \|Hh - H(h(\cdot)\mathcal{F}^{-1}\psi(b\cdot))\|_{L^1} < \varepsilon$$

となるように $0 < b < 1/(2A)$ を選び, $f_0 = h\mathcal{F}^{-1}(\psi_b)$ とおく. すると,
$$\hat{f}_0(\xi) = 0 \quad (|\xi| < 1/(2A) \text{ または } |\xi| > 2/a + 1/(2A)),$$
$$\|f - f_0\|_{L^1} \leq \|f - g\|_{L^1} + \|g - h\|_{L^1} + \|h - f_0\|_{L^1} < 3\varepsilon,$$
$$\|Hf - Hf_0\|_{L^1} \leq \|Hf - Hg\|_{L^1} + \|Hg - Hh\|_{L^1} + \|Hh - Hf_0\|_{L^1}$$
$$< 3\varepsilon.$$

即ち, $\|f - f_0\|_{H^1} < 6\varepsilon$. また, $\hat{f}_0(\xi) = \hat{h} * \psi_b(\xi)$ で $\psi_b \in \mathcal{S}(\mathbb{R}), \hat{h} \in L^1(\mathbb{R})$ だから, $\hat{f}_0 \in C^\infty(\mathbb{R})$ である. これらより $H^1_{00}(\mathbb{R})$ は $H^1(\mathbb{R})$ で稠密である. ∎

次に,複素平面の上半平面での正則関数と Hardy 空間との関係を見ておこう.
$$P(x) = \frac{1}{\pi}\frac{1}{1+x^2}, \quad P(x,y) = \frac{1}{\pi}\frac{y}{y^2+x^2}, \quad Q(x,y) = \frac{1}{\pi}\frac{x}{y^2+x^2}$$
$$(y > 0, x \in \mathbb{R})$$

とおくと, $P_t(x) = P(x/t)/t = P(x,t)$ であり, $\int_0^\infty e^{-t\xi}e^{ix\xi}\,d\xi = (t-ix)^{-1}$ により
$$\mathcal{F}^{-1}(e^{-t|\xi|})(x) = P(x,t), \quad \mathcal{F}^{-1}(-i\frac{\xi}{|\xi|}e^{-t|\xi|})(x) = Q(x,t) \quad (t > 0)$$

であることが分かる. $g \in L^1(\mathbb{R})$, $h \in L^2(\mathbb{R})$ に対して, $\mathcal{F}(g * h)(\xi) = \mathcal{F}(g)(\xi)\mathcal{F}(h)(\xi)$ であることは容易に分かるから, $Q(x,t)$ が x について

1.12 Hardy 空間

$L^2(\mathbb{R})$ であることに注意すれば，$f \in H^1(\mathbb{R})$ で実数値関数なら

$$\mathcal{F}(P_t * (Hf))(\xi) = \mathcal{F}(P_t)(\xi)\mathcal{F}(Hf)(\xi) = e^{-t|\xi|} \cdot \left(-i\frac{\xi}{|\xi|}\right)\hat{f}(\xi)$$
$$= \mathcal{F}(Q(\cdot,t))(\xi)\hat{f}(\xi) = \mathcal{F}(Q(\cdot,t) * f)(\xi)$$

となるから，$z = x + iy$ に対して

$$F(z) := \bigl(P_y * (f + iHf)\bigr)(x) = P(\cdot, y) * f(x) + iQ(\cdot, y) * f(x)$$

である．$P(x,y),\ Q(x,y)$ が Cauchy-Riemann の関係式を満たすことは容易に確認でき，$f \in L^1(\mathbb{R})$ に注意すれば，$P(\cdot,y) * f(x),\ Q(\cdot,y) * f(x)$ が Cauchy-Riemann の関係式を満たすことが分かる．従って，$F(z)$ は上半平面で正則である．さらに，

$$\int_{\mathbb{R}} |F(x+iy)|\,dx \leq \int_{\mathbb{R}} P_y(x)\,dx \int_{\mathbb{R}} |f(x) + iHf(x)|\,dx \leq \|f\|_{H^1} \quad (y > 0)$$

を満たす．実は，この逆も正しい．この小論では証明を与えないが，次が成り立つ．

定理 1.12.5. $F(z)$ は上半平面で正則で

$$\|F\|_{H^1(\mathbb{R}_+^2)} := \sup_{y>0} \int_{\mathbb{R}} |F(x+iy)|\,dx < +\infty$$

を満たすなら，$f(x) = \lim_{y \to 0} \operatorname{Re} F(x+iy)$ はほとんど全ての $x \in \mathbb{R}$ に対して存在し，$f \in H^1(\mathbb{R})$ で

$$F(z) = P_y * (f + iHf)(x)$$

かつ $\|f\|_{H^1}$ は $\|F\|_{H^1(\mathbb{R}_+^2)}$ と同値である．

上の定義で，$|F(x+iy)|$ を $|F(x+iy)|^p\ (p > 0)$ としたものが，上半平面での一般的な Hardy 空間 $H^p(\mathbb{R}_+^2)$ で，単位円板での古典的な Hardy 空間 $H^p(U)$ の上半平面版である．

$H^1(\mathbb{R})$ の他の特徴付けを証明なしに挙げておく．

定理 1.12.6. $f \in L^1(\mathbb{R})$ に対して，次の四つは同値である．

(i) $f \in H^1(\mathbb{R})$ である.

(ii) $\displaystyle\int_{\mathbb{R}} \sup_{t>0} |P_t * f(x)|\, dx < +\infty.$

(iii) $\displaystyle\int_{\mathbb{R}} \sup_{|u-x|<t} |P_t * f(u)|\, dx < +\infty.$

(iv) (アトム分解) 数列 $\{\lambda\}_{j=1}^{\infty}$ と関数列 $a_j(x)$ で次を満たすものが存在する:

    (a) $\sum_{j=1}^{\infty} |\lambda_j| < \infty$;

    (b) $a_j(x)$ の台はある区間 Q_j に含まれていて, $\int_{Q_j} a_j(x)\, dx = 0$ および $\|a_j\|_{L^\infty} \leq |Q_j|^{-1}$ を満たす ;

    (c) $f(x) = \sum_{j=1}^{\infty} \lambda_j a_j(x)$ in $L^1(\mathbb{R})$.

このとき, (ii), (iii) の積分値, (iv) での f の表現についての $\sum_{j=1}^{\infty} |\lambda_j|$ の下限は, それぞれ $\|f\|_{H^1}$ と同値である.

1.13 BMO 空間

この章の最後に Hardy 空間 $H^1(\mathbb{R})$ の双対空間であり, またシャープ最大関数に関係した関数空間である BMO 空間を扱おう.

定義 1.13.1. $f \in L^1_{\mathrm{loc}}(\mathbb{R})$ が

$$\|f\|_{\mathrm{BMO}} := \sup_{Q} \frac{1}{|Q|} \int_Q |f(x) - f_Q|\, dx < +\infty$$

を満たすとき, f は BMO 関数 (有界平均振動関数) であるといわれる. ここで, 上限は全ての区間 Q についてとるものとし, $f_Q = |Q|^{-1} \int_Q f(x)\, dx$ である.

すぐに分かるように, $\|f\|_{\mathrm{BMO}} = \sup_{x \in \mathbb{R}} f^{\#}(x)$ である.

補題 1.13.2. $f \in L^1_{\mathrm{loc}}(\mathbb{R})$ に対して

$$\sup_Q \inf_{c \in \mathbb{C}} \frac{1}{|Q|} \int_Q |f(x) - c|\, dx \leq \sup_Q \frac{1}{|Q|} \int_Q |f(x) - f_Q|\, dx$$

1.13 BMO 空間

$$\leq 2\sup_Q \inf_{c\in\mathbb{C}} \frac{1}{|Q|}\int_Q |f(x)-c|\,dx$$

である.

証明 区間 Q と任意の $c\in\mathbb{C}$ に対して

$$\frac{1}{|Q|}\int_Q |f(x)-f_Q|\,dx \leq \frac{1}{|Q|}\int_Q |f(x)-c|\,dx + \frac{1}{|Q|}\int_Q |c-f_Q|\,dx$$
$$= 2\frac{1}{|Q|}\int_Q |f(x)-c|\,dx$$

が成り立つことを使えばよい. ∎

Hilbert 変換との関連で次の結果がある.

定理 1.13.3.
$$\|Hf\|_{\mathrm{BMO}} \leq C\|f\|_{L^\infty} \quad (f\in L^\infty_c(\mathbb{R}))$$
となる定数 C が存在する.

証明 f を台が有界集合である有界関数とし, Q を中心 x_0 幅 $2r$ の区間 (x_0-r, x_0+r), $2Q=(x_0-2r, x_0+2r)$ とする.
$f_1(x) = f(x)\chi_{2Q}(x)$, $f_2(x) = f(x)-f_1(x)$ とおく. すると, $x\in Q$, $y\in (2Q)^c$ のとき, $|x-y|\geq |x_0-y|-|x_0-x| > |x_0-y|/2$ だから,

$$\left|Hf(x) - \int_{(2Q)^c}\frac{f(y)}{x_0-y}\,dy\right| = \left|Hf_1(x) + \int_{(2Q)^c}\left(\frac{1}{x-y}-\frac{1}{x_0-y}\right)f(y)\,dy\right|$$
$$\leq |Hf_1(x)| + \int_{(2Q)^c}\frac{2|x-x_0||f(y)|}{|x_0-y|^2}\,dy$$
$$\leq |Hf_1(x)| + 2\|f\|_{L^\infty}.$$

よって, Hilbert 変換の L^2 有界性 (定理 1.3.5) も使うと

$$\frac{1}{|Q|}\int_Q \left|Hf(x)-\int_{(2Q)^c}\frac{f(y)}{x_0-y}\,dy\right|dx \leq \frac{1}{|Q|}\int_Q |Hf_1(x)|\,dx + 2\|f\|_{L^\infty}$$
$$\leq \left(\frac{1}{|Q|}\int_Q |Hf_1(x)|^2\,dx\right)^{1/2} + 2\|f\|_{L^\infty}$$

$$\leq \left(\frac{1}{|Q|}\int_{\mathbb{R}}|f_1(x)|^2\,dx\right)^{1/2}+2\|f\|_{L^\infty}$$
$$\leq (\sqrt{2}+2)\|f\|_{L^\infty}.$$

Q は任意の区間であったから，前補題 1.13.2 により

$$\|Hf\|_{\mathrm{BMO}} \leq 2(\sqrt{2}+2)\|f\|_{L^\infty}$$

を得る． ∎

Hilbert 変換を少し修正すると，有界関数を BMO 関数に変換することも分かる．

定理 1.13.4. $f \in L^\infty(\mathbb{R})$ に対して

$$\tilde{H}f(x) = \lim_{j\to\infty}\left(H(f\chi_{\{|x|<j\}})(x) - \frac{1}{\pi}\int_{1<|y|<j}\frac{f(y)}{-y}\,dy\right)$$

はほとんど全ての x について存在し，任意の有界集合上で L^1 ノルムで収束する．さらに，

$$\|\tilde{H}f\|_{\mathrm{BMO}} \leq C\|f\|_{L^\infty} \quad (f \in L^\infty(\mathbb{R}))$$

となる定数 C が存在する．

証明 $A>0$ を任意に固定する．j_0 を $j_0 \geq 2A$ を満たす最小の整数とする．$j \in \mathbb{N}, j > j_0$ に対して，$|x| \leq A$ のとき

$$g_j(x) := H(f\chi_{\{|x|<j\}})(x) - \frac{1}{\pi}\int_{1<|y|<j}\frac{f(y)}{-y}\,dy$$
$$= H(f\chi_{\{|x|<j_0\}})(x) - \frac{1}{\pi}\int_{1<|y|<j_0}\frac{f(y)}{-y}\,dy$$
$$+ \frac{1}{\pi}\int_{j_0\leq|y|<j}\left(\frac{1}{x-y} - \frac{1}{-y}\right)f(y)\,dy$$

で，

$$\left|\int_{j\leq|y|}\left(\frac{1}{x-y}-\frac{1}{-y}\right)f(y)\,dy\right| \leq \|f\|_{L^\infty}\int_{j\leq|y|}\frac{2|x|}{|y|^2}\,dy \leq \frac{4A}{j}\|f\|_{L^\infty}$$

1.13 BMO 空間

だから, $j \to \infty$ のとき
$$g_j(x) = H(f\chi_{\{|x|<j\}})(x) - \frac{1}{\pi}\int_{1<|y|<j}\frac{f(y)}{-y}\,dy$$

は

$$H(f\chi_{\{|x|<j_0\}})(x) - \frac{1}{\pi}\int_{1<|y|<j_0}\frac{f(y)}{-y}\,dy + \frac{1}{\pi}\int_{j_0\leq|y|}\left(\frac{1}{x-y} - \frac{1}{-y}\right)f(y)\,dy$$

に $[-A, A]$ 上一様収束する, 従って, $L^1([-A, A])$ ノルムで収束する.

区間 Q に対して, Q 上で g_j は $\tilde{H}f$ に L^1 ノルムで収束するから, 定理 1.13.3 も使って

$$\frac{1}{|Q|}\int_Q\left|\tilde{H}f(x) - \frac{1}{|Q|}\int_Q \tilde{H}f(y)\,dy\right|dx$$
$$= \lim_{j\to\infty}\frac{1}{|Q|}\int_Q\left|g_j(x) - \frac{1}{|Q|}\int_Q g_j(y)\,dy\right|dx$$
$$= \lim_{j\to\infty}\frac{1}{|Q|}\int_Q\left|H(f\chi_{\{|x|<j\}})(x) - \frac{1}{|Q|}\int_Q H(f\chi_{\{|x|<j\}})(y)\,dy\right|dx$$
$$\leq \sup_j\|H(f\chi_{\{|x|<j\}})\|_{\text{BMO}} \leq C\|f\|_{L^\infty}.$$

これより
$$\|\tilde{H}f\|_{\text{BMO}} \leq C\|f\|_{L^\infty}$$

が従う. ∎

次に $\text{BMO}(\mathbb{R})$ と $H^1(\mathbb{R})$ との関係について調べておこう.

定理 1.13.5. T が $H^1(\mathbb{R})$ 上の有界線形汎関数なら,
$$T(f) = \int_\mathbb{R}(f(x)g_1(x) + Hf(x)g_2(x))dx \quad (f \in H^1(\mathbb{R}))$$

となる有界関数 g_1, g_2 が存在する. このとき, $\|g_1\|_{L^\infty}, \|g_2\|_{L^\infty} \leq \|T\|_{\text{op}}$.
ただし, $\|T\|_{\text{op}} = \inf\{C > 0; |T(f)| \leq C\|f\|_{H^1}\}$.

逆に, $g_1, g_2 \in L^\infty(\mathbb{R})$ なら,
$$\left|\int_\mathbb{R} f(x)(g_1(x) + \tilde{H}g_2(x))\,dx\right| \leq \max(\|g_1\|_{L^\infty}, \|g_2\|_{L^\infty})\|f\|_{H^1}$$
$$(f \in H^1_{00}(\mathbb{R}))$$

が成り立つ．

証明 $L^1(\mathbb{R}) \times L^1(\mathbb{R})$ にノルム $\|(f_1, f_2)\| = \|f_1\|_{L^1} + \|f_2\|_{L^1}$ を入れた空間を $L^1(\mathbb{R}) \oplus L^1(\mathbb{R})$ で表すと，この空間は Banach 空間であり，$B := \{(f, Hf) \in L^1(\mathbb{R}) \times L^1(\mathbb{R}); f \in H^1(\mathbb{R})\}$ は $L^1(\mathbb{R}) \oplus L^1(\mathbb{R})$ の閉部分空間である．$H^1(\mathbb{R})$ は Banach 空間として B と同一と見なせる．$|T(f)| \leq \|T\|_{\mathrm{op}} \|f\|_{H^1}$ とすると，$|T(f)| \leq \|T\|_{\mathrm{op}} (\|f\|_{L^1} + \|Hf\|_{L^1})$ だから，T は B 上の有界線形汎関数である．よって，Hahn-Banach の定理により $L^1(\mathbb{R}) \oplus L^1(\mathbb{R})$ 上の有界線形汎関数に拡張できる．$L^1(\mathbb{R}) \oplus L^1(\mathbb{R})$ の双対空間は $L^\infty(\mathbb{R}) \oplus L^\infty(\mathbb{R})$ であるから，

$$T(f) = \int_{\mathbb{R}} \bigl(f(x) g_1(x) + Hf(x) g_2(x)\bigr) \, dx,$$
$$\|g_1\|_{L^\infty}, \|g_2\|_{L^\infty} \leq \|T\|_{\mathrm{op}}$$

を満たす有界関数 g_1, g_2 が存在する．

逆に，g_1, g_2 を有界関数とし，$f \in H_{00}^1(\mathbb{R})$ とする．$f \in \mathcal{S}(\mathbb{R})$ であるから，$|f(x)| \leq C(1 + |x|)^{-2}$ である．また，$\int_{\mathbb{R}} f(x) \, dx = 0$ である．

任意の有界関数 g に対して

$$\int_{\mathbb{R}} f(x) \tilde{H} g(x) \, dx = - \int_{\mathbb{R}} Hf(x) g(x) \, dx \tag{1.13.1}$$

が示せれば，

$$\left| \int_{\mathbb{R}} f(x) \bigl(g_1(x) + \tilde{H} g_2(x)\bigr) \, dx \right| = \left| \int_{\mathbb{R}} \bigl(f(x) g_1(x) - Hf(x) g_2(x)\bigr) \, dx \right|$$
$$\leq \bigl(\|f\|_{L^1} \|g_1\|_{L^\infty} + \|Hf\|_{L^1} \|g_2\|_{L^\infty}\bigr) \leq \max(\|g_1\|_{L^\infty}, \|g_2\|_{L^\infty}) \|f\|_{H^1}$$

が成り立つ．そこで (1.13.1) を示そう．$\chi_a = \chi_{\{x \in \mathbb{R}; |x| \leq a\}}$ とおく．$Hf \in L^1(\mathbb{R})$, $g \in L^\infty(\mathbb{R})$, $f, g\chi_{2^k} \in L^2(\mathbb{R})$, $\int_{\mathbb{R}} f(x) \, dx = 0$ に順次注意すれば，

$$-\int_{\mathbb{R}} Hf(x) g(x) \, dx = -\lim_{k \to \infty} \int_{\mathbb{R}} Hf(x) g(x) \chi_{2^k}(x) \, dx$$
$$= \lim_{k \to \infty} \int_{\mathbb{R}} f(x) H(g\chi_{2^k})(x) \, dx$$
$$= \lim_{k \to \infty} \int_{\mathbb{R}} f(x) \left(H(g\chi_{2^k})(x) + \frac{1}{\pi} \int_{1 \leq |y| \leq 2^k} \frac{g(y)}{y} \, dy \right) dx$$

1.13 BMO 空間

$$= \lim_{k\to\infty} \int_{|x|\leq 2} f(x)\left(H(g\chi_{2^k})(x) + \frac{1}{\pi}\int_{1\leq|y|\leq 2^k} \frac{g(y)}{y}\,dy\right)dx$$

$$+ \lim_{k\to\infty} \sum_{j=1}^{\infty} \int_{2^j<|x|\leq 2^{j+1}} f(x)\left(H(g\chi_{2^k})(x) + \frac{1}{\pi}\int_{1\leq|y|\leq 2^k} \frac{g(y)}{y}\,dy\right)dx$$

となる．

$$a_j(k) = \int_{2^j<|x|\leq 2^{j+1}} f(x)\left(H(g\chi_{2^k})(x) + \frac{1}{\pi}\int_{1\leq|y|\leq 2^k} \frac{g(y)}{y}\,dy\right)dx$$

とおくと，

(イ) $k \leq j+2$ のとき，

$a_j(k)$
$$\leq \sup_{2^j<|x|\leq 2^{j+1}} |f(x)| \int_{2^j<|x|\leq 2^{j+1}} \left(|H(g\chi_{2^k})(x)| + \frac{1}{\pi}\int_{1\leq|y|\leq 2^k} \frac{|g(y)|}{|y|}\,dy\right)dx$$
$$\leq C 2^{-2j}\Bigg\{\left(\int_{2^j<|x|\leq 2^{j+1}}\right)^{1/2}\left(\int_{2^j<|x|\leq 2^{j+1}} |H(g\chi_{2^k})(x)|^2\,dx\right)^{1/2}$$
$$+ 2^{j+2} k\frac{\log 2}{\pi}\|g\|_{L^\infty}\Bigg\}$$
$$\leq C 2^{-2j}\left\{2^{(j+1)/2}\|g\chi_{2^k}\|_{L^2} + 2^{j+3}(j+2)\frac{\log 2}{\pi}\|g\|_{L^\infty}\right\}$$
$$\leq C j 2^{-j} \|g\|_{L^\infty}.$$

(ロ) $k > j+2$ のとき，

$$H(g\chi_{2^k})(x) + \frac{1}{\pi}\int_{1\leq|y|\leq 2^k} \frac{g(y)}{y}\,dy$$
$$= H(g\chi_{2^{j+2}})(x) + \frac{1}{\pi}\int_{1\leq|y|\leq 2^{j+2}} \frac{g(y)}{y}\,dy$$
$$+ \frac{1}{\pi}\int_{2^{j+2}\leq|y|\leq 2^k} \left(\frac{1}{x-y} + \frac{1}{y}\right)g(y)\,dy$$

で，$2^j < |x| \leq 2^{j+1}$ のとき

$$\left|\int_{2^{j+2}\leq|y|\leq 2^k}\left(\frac{1}{x-y} + \frac{1}{y}\right)g(y)\,dy\right| \leq \int_{2^{j+2}\leq|y|\leq 2^k} \frac{|x|}{|x-y||y|}|g(y)|\,dy$$
$$\leq \int_{2^{j+2}\leq|y|\leq 2^k} \frac{2|x|}{|y|^2}|g(y)|\,dy \leq C\|g\|_{L^\infty}$$

だから，(イ) で $j+2=k$ の場合も使って

$$a_j(k) \leq Cj2^{-j}\|g\|_{L^\infty}.$$

(イ), (ロ) 併せて，$a_j(k) \leq Cj2^{-j}\|g\|_{L^\infty}$ $(j=1,2,\ldots)$ だから

$$\lim_{k\to\infty}\sum_{j=1}^{\infty}a_j(k) = \sum_{j=1}^{\infty}\lim_{k\to\infty}a_j(k)$$

を得る．よって，

$$\begin{aligned}
&-\int_{\mathbb{R}}Hf(x)g(x)\,dx\\
&=\int_{|x|\leq 2}f(x)\left(\lim_{k\to\infty}H(g\chi_{2^k})(x)+\frac{1}{\pi}\int_{1\leq|y|\leq 2^k}\frac{g(y)}{y}\,dy\right)dx\\
&\quad+\sum_{j=1}^{\infty}\int_{2^j<|x|\leq 2^{j+1}}f(x)\lim_{k\to\infty}\left(H(g\chi_{2^k})(x)+\frac{1}{\pi}\int_{1\leq|y|\leq 2^k}\frac{g(y)}{y}\,dy\right)dx\\
&=\int_{\mathbb{R}}f(x)\lim_{k\to\infty}\left(H(g\chi_{2^k})(x)+\frac{1}{\pi}\int_{1\leq|y|\leq 2^k}\frac{g(y)}{y}\,dy\right)dx\\
&=\int_{\mathbb{R}}f(x)\tilde{H}g(x)\,dx.
\end{aligned}$$

となり，式 (1.13.1) が示せた． ∎

さらに進めると，$\mathrm{BMO}(\mathbb{R})$ 関数は $g_1 + \tilde{H}g_2$ $(g_1, g_2 \in L^\infty(\mathbb{R}))$ の形になるが，ページ数の関係もあり，ここでは証明なしに次の定理を挙げておく．

定理 1.13.6. $H^1(\mathbb{R})$ の双対空間は以下の意味で $\mathrm{BMO}(\mathbb{R})$ である．

(a) $g \in \mathrm{BMO}(\mathbb{R})$ なら，$f \in H^1_{00}(\mathbb{R})$ に対して

$$\ell(f) := \int_{\mathbb{R}}f(x)g(x)\,dx \tag{1.13.2}$$

は存在し

$$\left|\int_{\mathbb{R}}f(x)g(x)\,dx\right| \leq \|f\|_{H^1}\|g\|_{\mathrm{BMO}}$$

となり，ℓ は $H^1(\mathbb{R})$ 上の有界線形汎関数として一意に拡張できる．

1.13 BMO 空間

(b) 逆に，ℓ が $H^1(\mathbb{R})$ 上の有界線形汎関数ならば，$f \in H^1_{00}(\mathbb{R})$ に対して式 (1.13.2) を満たす BMO($\mathbb{R}$) 関数 g が定数関数を除いて一意に定まる．この g は定理 1.13.5 で得られるものと定数を除いて一致する．

以下に，証明なしに BMO($\mathbb{R}$) について基本事項を列挙しておく．

補題 1.13.7. (i) $f \in L^\infty(\mathbb{R})$ なら $\|f\|_{\mathrm{BMO}} \leq 2\|f\|_{L^\infty}$.

(ii) $f \in \mathrm{BMO}(\mathbb{R})$, $\alpha > 1$ なら
$$\int_{\mathbb{R}} \frac{|f(x)|}{(1+|x|)^\alpha}\, dx \leq C_\alpha \|f\|_{\mathrm{BMO}}.$$

(iii) $|F(x) - F(y)| \leq C_0 |x-y|$ $(x, y \in \mathbb{R})$ なら，実数値 BMO 関数 f に対して
$$\|F(f)\|_{\mathrm{BMO}} \leq 2C_0 \|f\|_{\mathrm{BMO}}.$$

これより，$f, g \in \mathrm{BMO}(\mathbb{R})$ で実数値なら
$$\|\max(f, g)\|_{\mathrm{BMO}} \leq 2\max(\|f\|_{\mathrm{BMO}}, \|g\|_{\mathrm{BMO}}),$$
$$\|\min(f, g)\|_{\mathrm{BMO}} \leq 2\max(\|f\|_{\mathrm{BMO}}, \|g\|_{\mathrm{BMO}}).$$

定理 1.13.8 (John-Nirenberg). $f \in \mathrm{BMO}(\mathbb{R})$ なら，任意の区間 Q に対して
$$\frac{|\{x \in Q; |f(x) - f_Q| > \lambda\}|}{|Q|} \leq C_0 e^{-C_1 \lambda / \|f\|_{\mathrm{BMO}}} \quad (\lambda > 0)$$
となる正定数 C_0, C_1 が存在する．これらは f, λ, Q に依存しない．

これより

補題 1.13.9. $1 < p < \infty$ とする．$f \in \mathrm{BMO}(\mathbb{R})$ であるための必要十分条件は，$f \in L^p_{\mathrm{loc}}(\mathbb{R})$ であって
$$\|f\|_{\mathrm{BMO},p} := \sup_{Q:\text{区間}} \left(\frac{1}{|Q|} \int_Q |f(x) - f_Q|^p\, dx \right)^{1/p} < \infty$$
となることである．このとき，$\|f\|_{\mathrm{BMO}} \leq \|f\|_{\mathrm{BMO},p} \leq C_p \|f\|_{\mathrm{BMO}}$ となる正定数 C_p が存在する．

BMO(ℝ) で弱い意味で稠密な良い空間について

補題 1.13.10. $f \in \mathrm{BMO}(\mathbb{R})$ とすると，関数列 $f_n \in C_c^\infty(\mathbb{R})$ で

$$\|f_n\|_{\mathrm{BMO}} \leq 2\|f\|_{\mathrm{BMO}},$$
$$\lim_{n\to\infty} \int_\mathbb{R} f_n(x)\varphi(x)\,dx = \int_\mathbb{R} f(x)\varphi(x)\,dx \quad (\varphi \in \mathcal{S}(\mathbb{R}))$$

を満たすものが存在する.

参考文献

ここで，この章で参考にした文献と，この章の内容をさらに発展させた内容の文献を挙げておく.

単行本では，

[1] 猪狩 惺, 実解析入門, 岩波書店, 東京, 1996.

[2] 伊藤清三, ルベーグ積分入門, 裳華房, 東京, 1963.

[3] R. R. Coifman and Y. Meyer, Au-delà des opérateurs pseudo-différentiels, Astérisque #57, Société Math. France, 1978.

[4] J. García-Cuerva and J. L. Rubio de Francia, Weighted Norm Inequalities and Related Topics, North-Holland Math. Studies **116**, Amsterdam, 1985.

[5] L. Grafakos, Classical and Modern Fourier Analysis, Pearson Education, NJ, 2004.

[6] J.-L. Journé, Calderón-Zygmund Operators, Pseudo-Differential Operators and the Cauchy Integral of Calderón, Lecture Notes in Math. #994, Springer-Verlag, Berlin, 1983.

[7] E. M. Stein, Singular Integrals and Differentiability Properties of Functions, Princeton University Press, Princeton, NJ, 1970.

[8] E. M. Stein and G. Weiss, Introduction to Fourier Analysis on Euclidean Spaces, Princeton University Press, Princeton, NJ, 1971.

[9]　E. M. Stein, Harmonic Analysis: Real Variable Methods, Orthogonality, and Oscillatory Integrals, Princeton University Press, Princeton, NJ, 1993.

[10]　A. Torchinsky, Real-Variable Methods in Harmonic Analysis, Academic Press, New York, 1986.

[11]　A. Uchiyama, Hardy Spaces on the Euclidean Space, Springer-Verlag, Tokyo, 2001.

[12]　A. Zygmund, Trigonometric Series, I and II, 2nd Edition, Cambridge University Press, Cambridge, UK, 1959.

　1.1 節では文献 [1], [2], [3]. 1.2, 1.3 節で文献 [8]. 1.4〜1.8 節で文献 [4], [5], [6], [7], [10]. 1.8 節の Marcinkiewicz の補間定理の証明は文献 [12] を参照した．1.9 節で文献 [3], 1.10 節で文献 [5], 1.11 節で文献 [4], [5]. $H^1(\mathbb{R})$, BMO($\mathbb{R}$) については論文

C. Fefferman and E. M. Stein, H^p spaces of several variables, Acta Math. **129** (1972), 137–193.

と共に文献 [11] を参考にした．

　実解析の分野について，さらに知識を広めようという人は文献 [5], [7], [9] を覗いて見られてはと思う．Hardy 空間，BMO 空間については文献 [11] が詳しい．

第2章

複素関数論と関数解析の方法によるHardy空間の理論

2.1 Hardy空間の定義

$\mathbb{C}$ を複素平面,$D = \{z \in \mathbb{C} \,;\, |z| < 1\}$, $\partial D = \{z \in \mathbb{C} \,;\, |z| = 1\}$ かつ $\overline{D} = \{z \in \mathbb{C} \,;\, |z| \leq 1\}$ とする.$h(D)$ は D 上の実数値調和関数の全体,$H(D)$ は D 上の正則関数の全体を表す.$f \in H(D)$ に対して,$\mathrm{Re}\,(f)$ は f の実数部分,$\mathrm{Im}\,(f)$ は f の虚数部分を表す.$\mathrm{Re}\,H(D) = \{\mathrm{Re}\,(f) \,;\, f \in H(D)\}$ とすると,D は単連結なので,$\mathrm{Re}\,H(D) = h(D)$ が成立する.また $\mathrm{Im}\,H(D) = \{\mathrm{Im}\,(f) \,;\, f \in H(D)\} = h(D)$ である.$h(D)$ や $H(D)$ に属する関数を研究するために,D の境界の近くで関数の絶対値の増大度をはかる量は色々と考えることができる.特に,F が D 上連続のとき,

$$M_p(r, F) = \left\{\frac{1}{2\pi}\int_{-\pi}^{\pi} |F(re^{i\theta})|^p d\theta\right\}^{1/p} \quad (0 < p < \infty)$$

と

$$M_\infty(r, F) = \max_{-\pi \leq \theta < \pi} |F(re^{i\theta})|$$

は応用上重要な F の増大度をはかる量である.もちろん F が $\overline{D} = \{z \in \mathbb{C} \,;\, |z| \leq 1\}$ で連続のときは,任意の p について $\sup_{0 \leq r < 1} M_p(r, F) < \infty$ である.ここで実数値調和関数と正則関数に対して **Hardy** 空間 h^p と H^p を定

2.1 Hardy 空間の定義

義する.$0 < p \leq \infty$ に対して,

$$h^p = \left\{ u \in h(D) \ ; \ \sup_{0 \leq r < 1} M_p(r, u) < \infty \right\}$$

かつ

$$H^p = \left\{ f \in H(D) \ ; \ \sup_{0 \leq r < 1} M_p(r, f) < \infty \right\}$$

とする.定義より $h^\infty \subset h^p \subset h^q \ (p > q)$ かつ $H^\infty \subset H^p \subset H^q \ (p > q)$ が成立する.h^∞ と H^∞ は線形空間であることは明らかである.$0 < p < \infty$ のとき

$$a^p \leq (a+b)^p \leq 2^p(a^p + b^p) \quad (a \geq 0, b \geq 0)$$

であるから,h^p と H^p は線形空間となる.$\operatorname{Re} H(D) = h(D)$ であるが,$\operatorname{Re} H^p = h^p$ が成立するかどうかは,一般の p について示すことは難しい.多項式 $\sum_{n=0}^{\ell} a_n z^n$ は H^∞ に属し,$\sum_{n=0}^{\ell} a_n z^n + \sum_{n=0}^{\ell} \overline{a_n} \overline{z^n}$ は h^∞ に属する.$0 < p < 1$ のとき H^p は空間として大きく,$(1-z)^{-1}$ は H^1 に属さないが,$(1-z)^{-1} \in \bigcap_{0 < p < 1} H^p$ を示すことができる.また $\operatorname{Re}(1-z)^{-1}$ と $\operatorname{Re}(1+z)(1-z)^{-1}$ は h^1 に属すことは後に示す.

次の補題における不等式は Hardy 空間 H^p の研究において,後で使われる.

補題 2.1.1. $0 < p \leq \infty$ とする.$f \in H(D)$ かつ $0 < r < r' < 1$ ならば,$M_p(r, f) \leq M_p(r', f)$ である.

証明 $p \neq \infty$ とする.$u(z)$ を,$|z| < r'$ で調和,$|z| \leq r'$ で連続であり,$|z| = r'$ で $|f(z)|^p$ に等しい関数とする.$|f|^p$ は劣調和関数なので,$|z| \leq r'$ で $|f(z)|^p \leq u(z)$ である.よって,調和関数に対する Gauss の平均値の定理を用いると

$$\begin{aligned} M_p(r, f) &\leq \frac{1}{2\pi} \int_{-\pi}^{\pi} u(re^{i\theta}) d\theta = u(0) \\ &= \frac{1}{2\pi} \int_{-\pi}^{\pi} u(r'e^{i\theta}) d\theta = M_p(r', f). \end{aligned}$$

$p = \infty$ のときは,正則関数に対する最大値の原理より明らかである.∎

2.2 Poisson 核と Cauchy 核

2.1 節で現われた $(1-z)^{-1}$ と $\mathrm{Re}\{(1+z)(1-z)^{-1}\}$ は非常に重要な関数である．$(1-z)^{-1}$ は **Cauchy 核**, $\mathrm{Re}\{(1+z)(1-z)^{-1}\}$ は **Poisson 核** と呼ばれる．これら 2 つの核は次のように結びついている．$z \in D$ に対して z^* を ∂D に関する鏡像とすると，$z^* = z/|z|^2$ であるから

$$\frac{1}{1-z} - \frac{1}{1-z^*} = \frac{1-|z|^2}{|1-z|^2} = \mathrm{Re}\left(\frac{1+z}{1-z}\right)$$

となる．極座標で表し，$z = re^{i\theta}$ ($r \neq 1$) とするとき，

$$\frac{1}{1-re^{i\theta}} = C(r,\theta)$$

かつ

$$\mathrm{Re}\left(\frac{1+re^{i\theta}}{1-re^{i\theta}}\right) = \frac{1-r^2}{1-2r\cos\theta + r^2} = P(r,\theta)$$

と書く．f が $\overline{D}$ を含む開円板で正則ならば，Cauchy の積分表現と Cauchy の積分定理により

$$\begin{aligned}
f(z) &= \frac{1}{2\pi i}\int_{|\zeta|=1}\frac{f(\zeta)}{\zeta-z}d\zeta \\
&= \frac{1}{2\pi i}\int_{|\zeta|=1}f(\zeta)\left(\frac{1}{\zeta-z} - \frac{1}{\zeta-z^*}\right)d\zeta
\end{aligned}$$

である．よって

$$\begin{aligned}
f(re^{i\theta}) &= \frac{1}{2\pi}\int_{-\pi}^{\pi}f(e^{it})C(r,\theta-t)dt \\
&= \frac{1}{2\pi}\int_{-\pi}^{\pi}f(e^{it})P(r,\theta-t)dt
\end{aligned}$$

となる．

$M = M[-\pi,\pi]$ を $[-\pi,\pi]$ 上の (有界な) 複素 Borel 測度の全体を表し，$\mu \in M$ について $\|\mu\| = |\mu|([-\pi,\pi])$ とする．$0 < p \leq \infty$ に対して，$L^p = L^p[-\pi,\pi]$ を $[-\pi,\pi]$ 上の p 乗 Lebesgue 可積分関数の全体を表すと

2.2 Poisson 核と Cauchy 核

き，L^1 は M へ等距離に埋め込むことができる．実際，$F \in L^1$ に対して，$\mu = F(t)dt$ とすると，$\mu \in M$ かつ $\|\mu\| = \int_{-\pi}^{\pi} |F(t)|dt = \|F\|_1$ となる．$\mu \in M$ について，

$$f(re^{i\theta}) = \frac{1}{2\pi} \int_{-\pi}^{\pi} C(r, \theta - t) d\mu(t)$$

は **Cauchy-Stieltjes 積分**，

$$u(re^{i\theta}) = \frac{1}{2\pi} \int_{-\pi}^{\pi} P(r, \theta - t) d\mu(t)$$

は **Poisson-Stieltjes 積分**と呼ばれる．$\mu = F(t)dt$ のとき，それぞれ Cauchy 積分，Poisson 積分と呼ばれる．μ が Dirac 測度 $\delta_{t=0}$ のとき，その Cauchy-Stieltjes 積分は $C(r, \theta)$ であり，Poisson-Stieltjes 積分は $P(r, \theta)$ となっている．

$C(r, \theta - t) = e^{it}/(e^{it} - re^{i\theta})$ は $z = re^{i\theta}$ について正則だから，Cauchy-Stieltjes 積分は $H(D)$ に属する．

$P(r, \theta - t) = \mathrm{Re}\,(e^{it} + re^{i\theta})/(e^{it} - re^{i\theta})$ は $z = re^{i\theta}$ について調和だから，μ が実測度のとき Poisson-Stieltjes 積分は $h(D)$ に属する．実際，Poisson-Stieltjes 積分は h^1 に属することと μ の Cauchy-Stieltjes 積分は $\bigcap_{0 < p < 1} H^p$ に属することを 2.3 節で示す．

2.1 節で注意したように，$u \in h(D)$ に対して $f \in H(D)$ が存在して $\mathrm{Re}\,(f) = u$ とできる．これは，u が $\overline{D}$ を含む開集合で調和であるときには，

$$f(z) = \frac{1}{2\pi} \int_{-\pi}^{\pi} \frac{e^{it} + z}{e^{it} - z} u(e^{it}) dt \quad (z \in D)$$

とすると，f は D で正則であり，両辺の実数部分をとると，

$$\mathrm{Re}\,\{f(z)\} = \frac{1}{2\pi} \int_{-\pi}^{\pi} P(r, \theta - t) u(e^{it}) dt \quad (z \in D)$$

かつ $\mathrm{Re}\,\{f(z)\} = u(z)\ (z \in D)$ となることより示される．よって，f が $\overline{D}$ 上で正則かつ零点を持たないとき，$\mathrm{Re}\,\{\log f(z)\} = \log|f(z)|\ (z \in \overline{D})$ であるから

$$\log|f(z)| = \frac{1}{2\pi} \int_{-\pi}^{\pi} P(r, \theta - t) \log|f(e^{it})| dt \quad (z \in D).$$

$z = 0$ とすると

$$\log|f(0)| = \frac{1}{2\pi}\int_{-\pi}^{\pi}\log|f(e^{it})|dt.$$

この結果を f が D で零点を持つ場合に拡張する．これは **Jensen の公式**と呼ばれる．

$\{a_j\}$ が f の D における**零点集合**とする．ℓ 次の零点を持つときは ℓ 回つづけて書くことにする．$\overline{D}$ 上で正則な $f(z)$ が $z = a$ で零点となるとき，それを取り除くときに $f(z)/(z-a)$ とせずに，

$$h(z) = f(z)\Big/ \frac{z-a}{1-\overline{a}z}$$

とすると，$|h(e^{i\theta})| = |f(e^{i\theta})|$ である．この考えはたびたび使われる．

命題 2.2.1. f は $\overline{D}$ 上で正則，$f(0) \neq 0$ かつ ∂D 上に零点を持たないとする．$\{a_j\}$ を D 内の f の零点集合とすると，$\{a_j\}$ は有限 n 個でかつ

$$\log|f(0)| = \frac{1}{2\pi}\int_{-\pi}^{\pi}\log|f(e^{i\theta})|d\theta + \sum_{j=1}^{n}\log|a_j|.$$

証明 f は $\overline{D}$ で正則であるから，一致の定理より D における零点は有限個である．f の D における零点を取り除いて

$$h(z) = f(z)\Big/ \prod_{j=1}^{n}\frac{z-a_j}{1-\overline{a}_j z}$$

とすると，上で注意したように，

$$\log|h(0)| = \frac{1}{2\pi}\int_{-\pi}^{\pi}\log|h(e^{i\theta})|d\theta,$$

$h(0) = f(0)/\prod_{j=1}^{n}(-a_j)$ かつ $|h(e^{i\theta})| = |f(e^{i\theta})|$ だから，この命題は証明される． ∎

命題 2.2.2. Poisson 核と Cauchy 核

$$P(r,\theta) = \frac{1-r^2}{1-2r\cos\theta + r^2}, \quad C(r,\theta) = \frac{1}{1-re^{i\theta}}$$

2.2 Poisson 核と Cauchy 核

は次の性質を持つ.

(1) $P(r,\theta) > 0 \ \ (0 \leq r < 1)$,
(2) $P(r, \theta + 2\pi) = P(r,\theta) \ \ (0 \leq r < 1)$,
(3) $\dfrac{1}{2\pi} \displaystyle\int_{-\pi}^{\pi} P(r,\theta) d\theta = 1 \ \ (0 \leq r < 1)$,
(4) $\text{Re}\{C(r,\theta)\} = \dfrac{1 - r\cos\theta}{1 - 2r\cos\theta + r^2} > 0$,
(5) $C(r,\theta) - C\left(\dfrac{1}{r}, \theta\right) = P(r,\theta)$.

証明 (3) を除いて明らかである. (3) は $\text{Re}\left(\dfrac{1+z}{1-z}\right)$ に対して Gauss の平均値の定理を用いて示される. ∎

命題 2.2.1 は $\overline{D}$ の代わりに $\{z \in \mathbb{C} \ ; \ |z| \leq r\}$ とすると, 少し形を変えて成立するが, 後で何度か用いられる. 命題 2.2.2 は Poisson 核の大切な性質であり, 後で用いられる.

$\mu \in M[-\pi, \pi]$ について

$$f(z) = \frac{1}{2\pi} \int_{-\pi}^{\pi} \frac{e^{it} + z}{e^{it} - z} d\mu(t) \quad (z \in D)$$

は **Herglotz 積分**と呼ばれる. μ が実測度のとき, その実数部分は Poisson-Stieltjes 積分となる. この関係を用いて, Poisson-Stieltjes 積分の一意性を示す.

命題 2.2.3. $\mu \in M[-\pi, \pi]$ は実測度で $\mu(\{-\pi\}) = \mu(\{\pi\})$ を満たす μ の Poisson-Stieltjes 積分が D 上で零ならば, $\mu \equiv 0$ である.

証明 上に注意した Herglotz 積分と Poisson 積分の関係より,

$$u(z) = \int_{-\pi}^{\pi} P(r, \theta - t) d\mu(t) = 0 \quad (z \in D)$$

ならば, 実定数 γ があって

$$\int_{-\pi}^{\pi} \frac{e^{it} + z}{e^{it} - z} d\mu(t) = i\gamma \quad (z \in D)$$

である.

$$\frac{e^{it}+z}{e^{it}-z} = 1 + 2\sum_{n=1}^{\infty} e^{-int}z^n$$

であるから,$\int_{-\pi}^{\pi} e^{-int}d\mu(t) = 0 \ (n=0,\pm1,\pm2,\cdots)$ となり,Fourier 係数の一意性より $\mu \equiv 0$ である. ■

以後,Poisson 積分の一意性がかかわるとき,$[-\pi,\pi]$ 上の測度は $\mu(\{-\pi\}) = \mu(\{\pi\})$ を満たすとする.また同じことであるが,μ は ∂D 上の測度としてもよい.

2.3 放射状極限と Fatou の定理

本節では Poisson-Stieltjes 積分で表される関数 u は h^1 に属すること,$\lim_{r\to 1} u(re^{i\theta})$ が θ に関して a.e. 存在することを示す.この極限は**放射状極限** (radial limit) といわれる.定理 2.3.2 は **Fatou の定理**と呼ばれる.

定理 2.3.1. μ を $[-\pi,\pi]$ 上の (有界な) 実測度かつ

$$u(re^{i\theta}) = \frac{1}{2\pi}\int_{-\pi}^{\pi} P(r,\theta-t)d\mu(t)$$

とすると,u は h^1 に属する.

証明 $u \in h(D)$ であることは 2.2 節で注意された.$u \in h^1$ は,定義より $\sup_{0\le r<1} M_1(r,u) < \infty$ を示すとよい.L^1 の共役空間は L^∞ であるから,

$$M_1(r,u) =$$
$$\sup\left\{\left|\frac{1}{2\pi}\int_{-\pi}^{\pi} u(re^{i\theta})g(\theta)d\theta\right| \ ; \ g \in L^\infty \ \text{かつ} \ \|g\|_\infty \le 1\right\}$$

より,次の不等式から $\sup_{0\le r<1} M_1(r,u) \le |\mu|([-\pi,\pi]) < \infty$ が示される.$g \in L^\infty$ とすると,Fubini の定理と命題 2.2.1 より

$$\left|\int_{-\pi}^{\pi} u(re^{i\theta})g(\theta)d\theta\right| = \left|\frac{1}{2\pi}\int_{-\pi}^{\pi} d\mu(t)\int_{-\pi}^{\pi} P(r,\theta-t)g(\theta)d\theta\right|$$
$$\le \int_{-\pi}^{\pi} d|\mu|(t)\frac{1}{2\pi}\int_{-\pi}^{\pi} P(r,\theta-t)\|g\|_\infty d\theta$$
$$= \|g\|_\infty |\mu|([-\pi,\pi]).$$

■

2.3 放射状極限と Fatou の定理

実測度 $\mu \in M[-\pi, \pi]$ について

$$\mu(\theta) = \int_0^\theta d\mu(t)$$

とする．即ち $\mu(\theta)$ は区間 $[0, \theta]$ または区間 $[\theta, 0]$ の μ による積分を示す．

定理 2.3.2 (Fatou). $\mu \in M[-\pi, \pi]$ は実測度かつ $\mu'(\theta_0)$ が存在するとき，

$$u(re^{i\theta}) = \frac{1}{2\pi} \int_{-\pi}^{\pi} P(r, \theta - t) d\mu(t)$$

とすると，$\lim_{r \to 1} u(re^{i\theta_0}) = \mu'(\theta_0)$ が成立する．

証明 記号を簡単にするため $\theta_0 = 0$ とみる．$d\nu(t) = d\mu(t) - \mu'(0)dt$ かつ $d\lambda(t) = (\partial P(r,t)/\partial t)dt$ とすると，部分積分より

$$\begin{aligned}
u(r) &- \mu'(0) - \frac{1}{2\pi}[P(r,t)\nu(t)]_{-\pi}^{\pi} \\
&= \frac{1}{2\pi} \int_{-\pi}^{\pi} P(r,t) d\nu(t) - \frac{1}{2\pi}[P(r,t)\nu(t)]_{-\pi}^{\pi} \\
&= -\frac{1}{2\pi} \int_{-\pi}^{\pi} \nu(t) d\lambda(t) \\
&= -\frac{1}{2\pi} \int_{-\pi}^{\pi} (\mu(t) - \mu'(0)t) \left(\frac{\partial}{\partial t} P(r,t)\right) dt \\
&= -\frac{1}{2\pi} \int_{\delta < |t| < \pi} (\mu(t) - \mu'(0)t) \left(\frac{\partial}{\partial t} P(r,t)\right) dt \\
&\quad - \frac{1}{2\pi} \int_{|t| \leq \delta} (\mu(t) - \mu'(0)t) \left(\frac{\partial}{\partial t} P(r,t)\right) dt \\
&= I_\delta^1 + I_\delta^2.
\end{aligned}$$

このとき，

$$\begin{aligned}
|I_\delta^1| &\leq \sup_{\delta \leq |t| \leq \pi} \left|\frac{\partial}{\partial t} P(r,t)\right| \cdot \frac{1}{2\pi} \int_{\delta \leq |t| \leq \pi} |\mu(t) - \mu'(0)t| dt \\
&\leq \frac{2r(1-r^2)}{(1 - 2r\cos\delta + r^2)^2} \cdot \frac{1}{2\pi} \int_{\delta \leq |t| \leq \pi} |\mu(t) - \mu'(0)t| dt \\
&\to 0 \quad (r \to 1).
\end{aligned}$$

なぜなら，μ は有界な実測度より，$\mu(t)$ は $[-\pi, \pi]$ 上で有界な関数であるからである．一方 $\mu(0) = 0$ だから

$$|I_\delta^2| \leq \sup_{|t| \leq \delta} \left| \frac{\mu(t) - \mu(0)}{t} - \mu'(0) \right| \frac{1}{2\pi} \int_{|t| \leq \delta} \left| t \frac{\partial}{\partial t} P(r, t) \right| dt.$$

任意の $\varepsilon > 0$ に対して，δ を十分小さくすると

$$\sup_{|t| \leq \delta} \left| \frac{\mu(t) - \mu(0)}{t} - \mu'(0) \right| \leq \varepsilon$$

とできるので，r を十分 1 に近くとると

$$|I_\delta^2| \leq \frac{\varepsilon}{2\pi} \int_{|t| \leq \delta} \left| t \frac{\partial}{\partial t} P(r, t) \right| dt < 2\varepsilon.$$

ここで，

$$\frac{1}{2\pi} \int_{|t| \leq \delta} \left| t \frac{\partial}{\partial t} P(r, t) \right| dt = \frac{1}{\pi} \int_0^\delta t \left(-\frac{\partial}{\partial t} P(r, t) \right) dt$$
$$= \frac{1}{\pi} \left(-\delta P(r, \delta) + \int_0^\delta P(r, t) dt \right)$$

を用いた．

また $\lim_{r \to 1} [P(r, t)\nu(t)]_{-\pi}^{\pi} = 0$ であるから，任意の $\varepsilon > 0$ に対して，r を十分 1 に近くとると，$|u(r) - \mu'(0)| \leq |I_\delta^1| + |I_\delta^2| < 3\varepsilon$ とできる． ∎

定理 2.3.2 で $d\mu = f(t)dt$ ならば，

$$\mu(\theta) = \int_0^\theta d\mu(t) = \int_0^\theta f(t) dt$$

だから，$\mu'(\theta) = f(\theta)$ a.e. $\theta \in [-\pi, \pi]$. よって $\lim_{r \to 1} u(re^{i\theta}) = f(\theta)$ a.e. $\theta \in [-\pi, \pi]$.

2.4 Poisson-Stieltjes 積分表現

本節では h^1 に属する関数は Poisson-Stieltjes 積分で表されることを示す．従って h^1 に属する関数は全て放射状極限を持つことを示す．

2.4 Poisson-Stieltjes 積分表現

定理 2.4.1. $u \in h^1$ ならば,実測度 $\mu \in M[-\pi, \pi]$ で $\mu(\{-\pi\}) = \mu(\{\pi\})$ となる μ が唯一つ存在し,

$$u(re^{i\theta}) = \frac{1}{2\pi} \int_{-\pi}^{\pi} P(r, \theta - t) d\mu(t)$$

と書ける.

証明 $r_n = 1 - \frac{1}{n}$ かつ $u_n(z) = u(r_n z)$ とおくと $u_n(z)$ は $|z| < 1/(1 - \frac{1}{n})$ で調和であるから,2.2 節で示されたように

$$u_n(z) = \frac{1}{2\pi} \int_{-\pi}^{\pi} P(r, \theta - t) u_n(e^{it}) dt$$

と Poisson 積分表現できる. $u \in h^1$ だから

$$\|u_n\|_1 = \int_{-\pi}^{\pi} |u_n(e^{it})| dt \le \sup_{0 \le r < 1} \int_{-\pi}^{\pi} |u(re^{it})| dt$$
$$= 2\pi \sup_{0 \le r < 1} M_1(r, u) < \infty$$

となるので,$\{u_n\}$ は $L^1 = L^1[-\pi, \pi]$ の半径 C の球に属する.ここで $C = 2\pi \sup M_1(r, \mu)$.

2.2 節で注意されたように,L^1 は $M = M[-\pi, \pi]$ に等距離に埋め込むことができる.M は $[-\pi, \pi]$ 上の連続関数の全体 $C[-\pi, \pi]$ の共役空間となる.M の単位球は *弱トポロジーでコンパクトなので,$\{u_n\}$ の部分列 $\{u_{n_j}\}$ と $\mu \in M$ が存在して,u_{n_j} は μ へ *弱収束する.このとき,$\mu(\{-\pi\}) = \mu(\{\pi\})$ である.よって,r と θ を固定すると $P(r, \theta - t) \in C[-\pi, \pi]$ だから

$$\lim_{j \to \infty} \int_{-\pi}^{\pi} P(r, \theta - t) u_{n_j}(e^{it}) dt = \int_{-\pi}^{\pi} P(r, \theta - t) d\mu(t)$$

が成立する.各 j について,

$$u_{n_j}(re^{i\theta}) = \frac{1}{2\pi} \int_{-\pi}^{\pi} P(r, \theta - t) u_{n_j}(e^{it}) dt$$

かつ $\lim_{j \to \infty} u_{n_j}(re^{i\theta}) = u(re^{i\theta})$ だから

$$u(re^{i\theta}) = \frac{1}{2\pi} \int_{-\pi}^{\pi} P(r, \theta - t) d\mu(t)$$

が成立する.μ の一意性は命題 2.2.3 の結果である. ∎

定理 2.4.1 で $u \in h^p$ $(1 < p \leq \infty)$ のとき，$d\mu = f(t)dt$ かつ $f \in L^p$ とできる．これは，$1/p + 1/q = 1$ とすると $L^p = (L^q)^*$ であるから，定理 2.4.1 の証明のようにして示すことができる．

$f \in H^1$ かつ $f = u + iv$ とすると，$u, v \in h^1$ だから f は複素測度を用いると Poisson-Stieltjes 積分できる．2.12 節で，この測度は Lebesgue 測度に絶対連続となることが示される．

系 2.4.2. $u \in h(D)$ が D 上で正ならば正測度で $\mu(\{-\pi\}) = \mu(\{\pi\})$ となる $\mu \in M[-\pi, \pi]$ が存在し

$$u(re^{i\theta}) = \frac{1}{2\pi} \int_{-\pi}^{\pi} P(r, \theta - t) d\mu(t)$$

と書ける．

証明 $u \in h^1$ である．なぜなら

$$\int_{-\pi}^{\pi} |u(re^{i\theta})| d\theta = \int_{-\pi}^{\pi} u(re^{i\theta}) d\theta = 2\pi u(0).$$

定理 2.4.1 より，u は μ で積分表現できるが，μ は u から定義された u_{n_j} の $*$ 弱極限であった．$u_{n_j}(z) > 0$ $(z \in \overline{D})$ より μ は正の測度となる． ∎

2.5 Hardy 空間の境界値 (I)

2.4 節で注意したように，h^1 と H^1 に属する関数は，Poisson-Stieltjes 積分表現を用いて，ほとんどいたるところ放射状極限が存在することを示すことができる．H^p に属する関数は，$0 < p < 1$ のとき Poisson-Stieltjes 積分表現できないときがある．しかしこの節では，H^p に属する関数は全て，ほとんどいたるところ放射状極限が存在することを示す．

補題 2.5.1. $f \in H(D)$ かつ

$$\sup_{0 \leq r < 1} \int_{-\pi}^{\pi} \log^+ |f(re^{i\theta})| d\theta < \infty$$

ならば，ある $h, k \in H^\infty$ があって $f = h/k$ と書ける．

2.5 Hardy 空間の境界値 (I)

証明 $f \in H(D)$ かつ $f(z) \not\equiv 0$ とすると，ある $m \geq 0$ があって，$f(z) = \sum_{n=m}^{\infty} a_n z^n$ かつ $a_m \neq 0$ と書ける．$\{z_n\}$ を f の 0 以外の零点集合かつ $0 < |z_1| \leq |z_2| \leq \cdots < 1$ とする．もし $\{z_n\} \cap \{z\,;\, |z| = \rho < 1\} = \emptyset$ ならば

$$F(z) = \log\left\{f(z)\frac{\rho^m}{z^m}\prod_{|z_n|<\rho}\left(\frac{\rho^2 - \overline{z}_n z}{\rho(z - z_n)}\right)\right\}$$

は $|z| \leq \rho$ で正則でありかつ $|z| = \rho$ の上で $\mathrm{Re}\{F(z)\} = \log|f(z)|$ である．よって 2.2 節で注意したことから，

$$F(z) = \frac{1}{2\pi}\int_{-\pi}^{\pi}\log|f(\rho e^{it})|\frac{\rho e^{it} + z}{\rho e^{it} - z}dt + iC$$

と書ける．よって，$\rho < 1$ のとき

$$h_\rho(z) = \frac{z^m}{\rho^m}\prod_{|z_n|<\rho}\frac{\rho(z - z_n)}{\rho^2 - \overline{z}_n z} \cdot$$
$$\exp\left\{-\frac{1}{2\pi}\int_{-\pi}^{\pi}\log^-|f(\rho e^{it})|\frac{\rho e^{it} + z}{\rho e^{it} - z}dt + iC\right\}$$

かつ

$$k_\rho(z) = \exp\left\{-\frac{1}{2\pi}\int_{-\pi}^{\pi}\log^+|f(\rho e^{it})|\frac{\rho e^{it} + z}{\rho e^{it} - z}dt\right\}$$

とすると，$f(z) = h_\rho(z)/k_\rho(z)$ となる．$\rho \to 1$ とすることにより，この補題を証明したい．

$\{\rho_\ell\}$ を $\rho_\ell \nearrow 1$ となる数列で $\{z_n\} \cap \{z\,;\, |z| = \rho_\ell\} = \emptyset$ をみたすとする．$H_\ell(z) = h_{\rho_\ell}(\rho_\ell z)$，$K_\ell(z) = k_{\rho_\ell}(\rho_\ell z)$ とすると，$f(\rho_\ell z) = H_\ell(z)/K_\ell(z)$ $(z \in D)$ となる．H_ℓ と K_ℓ は D で正則かつ $|H_\ell(z)| \leq 1$，$|K_\ell(z)| \leq 1$ $(z \in D)$ である．よって $\{H_\ell\}$ と $\{K_\ell\}$ は正規族だから，任意の D に含まれる閉集合 E に対して，ある数列 $\{\ell_j\}$ があって H_{ℓ_j} と K_{ℓ_j} は E で一様収束する．その極限を h と k とするとき，一致の定理により h と k は E と独立で，D 上で正則 $|h(z)| \leq 1$ かつ $|k(z)| \leq 1$ となる．よって，$j \to \infty$ として $f(z) = h(z)/k(z)$ $(z \in D)$ となるはずだが，$k(z) \not\equiv 0$ を示さなくてはならない．ここではじめて，f についての条件

$$\sup_{0 \leq r < 1}\int_{-\pi}^{\pi}\log^+|f(re^{i\theta})|d\theta < \infty$$

を用いる．$\log^+ |f(\rho_\ell z)| \geq -\log |K_\ell(z)|$ だから，Jensen の公式 (命題 2.2.1) と f の条件を用いると，$|K_\ell(0)| \geq \varepsilon > 0$ となるから，$k(z) \not\equiv 0$ である．∎

補題 2.5.2. $k \in H^\infty$ かつ $k(z) \not\equiv 0$ ならば，k はほとんどいたるところ放射状極限 $k(e^{i\theta})$ が存在し，$\log |k(e^{i\theta})| \in L^1$ である．

証明 $\|k\|_\infty \leq 1$ とみてもよい．$k(z) \not\equiv 0$ より，$k(z) = z^m k_0(z)$, $m \geq 0$ かつ $k_0(0) \neq 0$ とできるので，$k(0) \neq 0$ とすることができる．Jensen の公式 (命題 2.2.1) より

$$\frac{1}{2\pi}\int_{-\pi}^{\pi} \log |k(re^{i\theta})|d\theta = \log |k(0)| + \sum_{|z_n|<r} \log \frac{r}{|z_n|}$$

が成立する．ここで，$\{z_n\}$ は k の零点集合である．よって

$$\frac{1}{2\pi}\int_{-\pi}^{\pi} \log |k(re^{i\theta})|d\theta$$

は r について単調増加である．k は H^1 に属するから，2.4 節で注意したように，ほとんどいたるところ放射状極限 $k(e^{i\theta})$ が存在するので，Lebesgue 積分の Fatou の補題より

$$\int_{-\pi}^{\pi} |\log |k(e^{i\theta})||d\theta \leq \underline{\lim}_{r \to 1}\left\{-\int_{-\pi}^{\pi} \log |k(re^{i\theta})|d\theta\right\}.$$

上の右辺の積分は単調減少だから有限値となり，$\log |k(e^{i\theta})| \in L^1$. ∎

定理 2.5.3. $0 < p \leq \infty$ のとき，$f \in H^p$ かつ $f(z) \not\equiv 0$ ならば，f はほとんどいたるところ放射状極限 $f(e^{i\theta})$ が存在する．このとき，$\log |f(e^{i\theta})| \in L^1$ かつ $f(e^{i\theta}) \in L^p$ である．

証明 $0 < p < \infty$ のとき，$\lim_{x \to \infty}(\log x)/x^p = 0$ より，$f \in H^p$ ならば

$$\sup_{0 \leq r < 1}\int_{-\pi}^{\pi} \log^+ |f(re^{i\theta})|d\theta < \infty$$

である．よって補題 2.5.1 より，$f(z) \not\equiv 0$ ならば，ある $h, k \in H^\infty$ があって $f = h/k$ と書ける．補題 2.5.2 より h と k はほとんどいたるところ放射

状極限 $h(e^{i\theta})$ と $k(e^{i\theta})$ が存在し，$k(e^{i\theta})$ は正の測度を持つ集合上で零とならないので，放射状極限 $f(e^{i\theta})$ が存在する．$f \in H^p$ であるから，Fatou の補題より $f(e^{i\theta}) \in L^p$ が分かる．また補題 2.5.2. より $\log|h(e^{i\theta})| \in L^1$ かつ $\log|k(e^{i\theta})| \in L^1$ であるから，$\log|f(e^{i\theta})| \in L^1$ である． ∎

補題 2.5.1 において逆も成立する．逆を示すのは Jensen の公式を用いるとやさしい．補題 2.5.1 の条件を満たす $H(D)$ の関数の全体は Nevanlinna class N と呼ばれ，$N \supset \bigcup_{p>0} H^p$ である．

2.6 Blaschke 積と H^p の零点集合

$|a| < 1$ かつ $a \neq 0$ とするとき，$\frac{|a|}{a} \frac{a-z}{1-\overline{a}z}$ は D から D の上への 1 次変換であり，

$$\left| 1 - \frac{|a|}{a} \frac{a-z}{1-\overline{a}z} \right| = (1-|a|) \frac{|a+|a|z|}{|a| \cdot |1-\overline{a}z|}$$

$$\leq (1-|a|) \cdot \frac{2}{1-|z|} \quad (z \in D)$$

となる．よって $\{a_j\}_{j=1}^\infty \subset D \setminus \{0\}$ とするとき，

$$\sum_{j=1}^\infty \left| 1 - \frac{|a_j|}{a_j} \frac{a_j-z}{1-\overline{a}_j z} \right| \leq \frac{2}{1-|z|} \sum_{j=1}^\infty (1-|a_j|) \quad (z \in D \setminus \{a_j\}_{j=1}^\infty)$$

であるから

$$\prod_{j=1}^\infty \frac{|a_j|}{a_j} \frac{a_j-z}{1-\overline{a}_j z}$$

が各 $z \in D$ について絶対収束する必要十分条件は

$$\sum_{j=1}^\infty (1-|a_j|) < \infty$$

である (必要条件は補題 2.6.2 より示される)．$\sum_{j=1}^\infty (1-|a_j|) < \infty$ のとき，

$$B(z) = z^m \prod_{j=1}^\infty \frac{|a_j|}{a_j} \frac{a_j-z}{1-\overline{a}_j z}$$

は **Blaschke** 積と呼ばれる．ここで m は非負整数であり，$a_j = a_i \ (j \neq i)$ であってもよい．

$0 < x < 1$ のとき $\lim_{x \to 1}(1-x)/(-\log x) = 1$ だから，Blaschke 条件 $\sum_{j=1}^{\infty}(1-|a_j|) < \infty$ と $\sum_{j=1}^{\infty} \log 1/|a_j| < \infty$ は同値である．

定理 2.6.1. $\{a_j\}_{j=1}^{\infty}$ に対して，B をその Blaschke 積とすると，$B \in H^{\infty}$ であり，$|B(z)| < 1 \ (z \in D)$ かつ B の放射状極限は $|B(e^{i\theta})| = 1$ a.e. θ. $\{a_j\}_{j=1}^{\infty}$ は B の零点であり，B は $D \setminus \{0\}$ に他の零点を持たない．

証明 $\sum_{j=1}^{\infty}(1-|a_j|) < \infty$ ならば，上の注意より無限積である B は D の任意のコンパクト集合上で一様収束するから，$B \in H(D)$ である．このとき $B \in H^{\infty}$ であり，$|B(z)| < 1 \ (z \in D)$ となることは明らかである．また $\{a_j\}_{j=1}^{\infty} \bigcup \{0\}$ は B の零点集合であるとしてよいので，$B(0) \neq 0$ とすると，仮定 $\sum_{j=1}^{\infty}(1-|a_j|) < \infty$ より $\log|B(0)| = \sum_{j=1}^{\infty} \log|a_j| > -\infty$ である．このとき，Jensen の公式 (命題 2.2.1) より

$$\frac{1}{2\pi}\int_{-\pi}^{\pi} \log|B(re^{i\theta})|d\theta = \sum_{|a_j|<r} \log\left(\frac{r}{|a_j|}\right) + \log|B(0)|$$

$$= \sum_{|a_j|<r} \log\left(\frac{r}{|a_j|}\right) - \sum_{j=1}^{\infty} \log\frac{1}{|a_j|}.$$

任意の $\varepsilon > 0$ に対して，$\sum_{j>n} \log 1/|a_j| < \varepsilon$ となる n が存在する．$|a_j| < r \ (j=1,2,\ldots,n)$ となるように r を 1 に近くとると

$$\frac{1}{2\pi}\int_{-\pi}^{\pi} \log|B(re^{i\theta})|d\theta \geq \sum_{j=1}^{n} \log\frac{r}{|a_j|} - \sum_{j=1}^{n} \log\frac{1}{|a_j|} - \varepsilon$$

である．ここで，r をさらに 1 に十分近くとると

$$\frac{1}{2\pi}\int_{-\pi}^{\pi} \log|B(re^{i\theta})|d\theta \geq -2\varepsilon$$

だから $\varepsilon \to 0$ として

$$\overline{\lim}_{r \to 1} \frac{1}{2\pi}\int_{-\pi}^{\pi} \log|B(re^{i\theta})|d\theta \geq 0$$

2.6 Blaschke 積と H^p の零点集合

である．補題 2.5.2 より $\lim_{r\to 1} B(re^{i\theta}) = B(e^{i\theta})$ a.e. θ が存在しかつ $\log|B(e^{i\theta})| \leq 0$ a.e. θ. Lebesgue 積分の Fatou の補題より

$$\begin{aligned}
0 &\leq \frac{1}{2\pi}\int_{-\pi}^{\pi}(-\log|B(e^{i\theta})|)d\theta \\
&\leq \underline{\lim}_{r\to 1}\frac{1}{2\pi}\int_{-\pi}^{\pi}(-\log|B(re^{i\theta})|)d\theta \\
&= -\overline{\lim}_{r\to 1}\frac{1}{2\pi}\int_{-\pi}^{\pi}\log|B(re^{i\theta})|d\theta \leq 0
\end{aligned}$$

より $|B(e^{i\theta})| = 1$ a.e. θ. ∎

$\{a_j\}_{j=1}^{\infty} \subset D$ が $\sum_{j=1}^{\infty}(1-|a_j|) < \infty$ ならば，定理 2.6.1 より $f \in H^{\infty}$ でその零点集合が $\{a_j\}_{j=1}^{\infty}$ であるものが存在することを示している．その逆は真であるかというのは自然な問であるが，次にその問に答える．

補題 2.6.2. $\{a_j\}_{j=1}^{\infty} \subset D$ を $f \in H(D)$ の零点集合とする．$f(z) \not\equiv 0$ かつ

$$\sup_{0 \leq r < 1}\int_{-\pi}^{\pi}\log^+|f(re^{i\theta})|d\theta < \infty$$

ならば $\sum_{j=1}^{\infty}(1-|a_j|) < \infty$ である．

証明 $f(0) = 0$ ならば $f(z)/z^{\ell}$ として示せばよいので，$f(0) \neq 0$ とする．$0 < r < 1$ かつ $|a_j| \neq r$ ($j = 1, 2, \ldots$) とすると，Jensen の公式 (命題 2.2.1) より，

$$\log|f(0)| = \frac{1}{2\pi}\int_{-\pi}^{\pi}\log|f(re^{i\theta})|d\theta + \sum_{|a_j|<r}\log\left|\frac{a_j}{r}\right|.$$

$M = \sup_{0 \leq r < 1}\frac{1}{2\pi}\int_{-\pi}^{\pi}\log^+|f(re^{i\theta})|d\theta$ とすると

$$\sum_{|a_j|<r}\log\left|\frac{r}{a_j}\right| \leq M - \log|f(0)|$$

なので, $r \to 1$ として, 任意の k について
$$\sum_{j=1}^{k} \log \frac{1}{|a_j|} \leq M - \log |f(0)|$$
だから
$$\sum_{j=1}^{\infty} \log \frac{1}{|a_j|} < \infty.$$
∎

定理 2.6.3. $0 < p \leq \infty$ とする. $\{a_j\}_{j=1}^{\infty}$ を $f \in H^p$ の零点集合とすると, $\sum_{j=1}^{\infty}(1 - |a_j|) < \infty$ である. 逆に $\sum_{j=1}^{\infty}(1 - |a_j|) < \infty$ ならば, $\{a_j\}_{j=1}^{\infty}$ を零点集合とする $f \in H^p$ が存在する.

証明 $f(0) \neq 0$ としてよい. 定理 2.5.3 の証明により, $f \in H^p$ ならば, f は補題 2.6.2 の仮定を満たすから, $\sum_{j=1}^{\infty}(1 - |a_j|) < \infty$. 逆に $\sum_{j=1}^{\infty}(1 - |a_j|) < \infty$ ならば, 定理 2.6.1 より $\{a_j\}_{j=1}^{\infty}$ に対する Blaschke 積 B を f とするとよい. ∎

定理 2.6.4. $0 < p \leq \infty$ とする. $f \in H^p$ かつ $f(z) \not\equiv 0$ ならば, $f(z) = B(z)g(z)$ と分解できる. ここで B は Blaschke 積であり, g は D に零点を持たず, H^p に属する.

証明 $f(0) \neq 0$ かつその零点集合は無限集合としてよい. $\{a_j\}_{j=1}^{\infty}$ を $f \in H^p$ の零点集合とすると, 定理 2.6.3 より $\sum_{j=1}^{\infty}(1 - |a_j|) < \infty$ である. 定理 2.6.1 より $\{a_j\}_{j=1}^{\infty}$ に対する Blaschke 積 B が存在するので, $g(z) = f(z)/B(z)$ とすると, g は D に零点を持たない. $g \in H^p$ を示さなくてはならない.

$$B_n(z) = \prod_{j=1}^{n} \frac{|a_j|}{a_j} \frac{a_j - z}{1 - \overline{a}_j z} \quad \text{かつ} \quad g_n(z) = f(z)/B_n(z)$$

とすると, 各 n と任意の $\varepsilon > 0$ について, $|z|$ が十分 1 に近いとき $|B_n(z)| >$

$1-\varepsilon$ とできる.よって r が十分 1 に近いならば

$$\frac{1}{2\pi}\int_{-\pi}^{\pi}|g_n(re^{i\theta})|^p d\theta \leq (1-\varepsilon)^{-p}\frac{1}{2\pi}\int_{-\pi}^{\pi}|f(re^{i\theta})|^p d\theta$$
$$\leq (1-\varepsilon)^{-p}\sup_{0\leq r<1}M_p(r,f)^p.$$

$\varepsilon \to 0$ として,r が十分 1 に近いならば

$$\frac{1}{2\pi}\int_{-\pi}^{\pi}|g_n(re^{i\theta})|^p d\theta \leq \sup_{0\leq r<1}M_p(r,f)^p$$

である.補題 2.1.1 より,$r' < r$ ならば $M_p(r', g_n) \leq M_p(r, g_n)$ が示せるので,上の不等式は全ての r で成立する.よって Fatou の補題より

$$\sup_{0\leq r<1}M_p(r,g) \leq \sup_{0\leq r<1}M_p(r,f) < \infty$$

が示せる.∎

2.7 Hardy 空間の境界値 (II)

2.5 節で H^p に属する関数 f はほとんどいたるところ放射状極限 $\lim_{r\to 1}f(re^{i\theta}) = f(e^{i\theta})$ が存在し,$f \in L^p$ であることを示した.H^p は 2.1 節で D の内部で定義されたが,この節では H^p の放射状極限を用いて定義できることを示す.またそのことより,L^p の距離で $\lim_{r\to 1}f(re^{i\theta}) = f(e^{i\theta})$ を示す.

定理 2.7.1. $0 < p \leq \infty$ とする.$p \neq \infty$ ならば

$$\sup_{0\leq r<1}M_p(r,f) = \lim_{r\to 1}M_p(r,f)$$
$$= \left\{\frac{1}{2\pi}\int_{-\pi}^{\pi}|f(e^{i\theta})|^p d\theta\right\}^{1/p} = \|f\|_p,$$

また

$$\sup_{0\leq r<1}M_\infty(r,f) = \operatorname*{ess\,sup}_{-\pi\leq\theta<\pi}|f(e^{i\theta})| = \|f\|_\infty.$$

よって H^p は,$1 \leq p \leq \infty$ のときノルム空間であり,$0 < p < 1$ のときは距離空間である.

証明 $f(z) = \sum_{j=0}^{\infty} a_j z^j \in H^2$ ならば

$$M_2(r, f) = \left(\sum_{j=0}^{\infty} |a_j|^2 r^{2j} \right)^{1/2}$$

だから，放射状極限の存在と Lebesgue 積分の Fatou の補題より

$$\sup_{0 \leq r < 1} M_2(r, f) = \lim_{r \to 1} M_2(r, f)$$
$$= \left(\sum_{j=0}^{\infty} |a_j|^2 \right)^{1/2} = \left\{ \frac{1}{2\pi} \int_{-\pi}^{\pi} |f(e^{i\theta})|^2 d\theta \right\}^{1/2}$$

である．$f \in H^p$ $(0 < p < \infty)$ ならば，定理 2.6.4 より $f = Bg$ と分解できる．g は D で零点を持たないので，$[g(z)]^{p/2} \in H^2$ かつ $|B(e^{i\theta})| = 1$ a.e. θ だから，

$$\int_{-\pi}^{\pi} |f(re^{i\theta})|^p d\theta \leq \int_{-\pi}^{\pi} |g(re^{i\theta})|^p d\theta$$
$$\to \int_{-\pi}^{\pi} |g(e^{i\theta})|^p d\theta = \int_{-\pi}^{\pi} |f(e^{i\theta})|^p d\theta$$

である．補題 2.1.1 より，$\sup_{0 \leq r < 1} M_p(r, f) = \lim_{r \to 1} M_p(r, f)$ であり，Fatou の補題より $p \neq \infty$ のときの証明は終わる．$p = \infty$ のときは，$\|f\|_\infty \leq \sup_{0 \leq r < 1} M_\infty(r, f)$ を示すのは放射状極限の存在と最大値の原理より明らか．$f \in H^\infty$ なら $f \in H^2$ だから Poisson 積分表現できるのを示すのはやさしいので，$\sup_{0 \leq r < 1} M_\infty(r, f) \leq \|f\|_\infty$ が導かれる． ∎

補題 2.7.2. $0 < p < \infty$ かつ $k_n \in L^p$ $(n = 1, 2, \ldots)$ とする．$\lim_{n \to \infty} k_n(\theta) = k(\theta)$ a.e. θ かつ

$$\lim_{n \to \infty} \int_{-\pi}^{\pi} |k_n(\theta)|^p d\theta = \int_{-\pi}^{\pi} |k(\theta)|^p d\theta < \infty$$

ならば

$$\lim_{n \to \infty} \int_{-\pi}^{\pi} |k_n(\theta) - k(\theta)|^p d\theta = 0.$$

2.7 Hardy 空間の境界値 (II)

証明 E を $[-\pi, \pi]$ の Lebesgue 可測集合とし，
$$\Phi_n(E) = \int_E |k_n(\theta)|^p d\theta, \quad \Phi(E) = \int_E |k(\theta)|^p d\theta$$
とおく．E^c を E の $[-\pi, \pi]$ における補集合とすると，Fatou の補題と仮定より，
$$\begin{aligned}\Phi(E) &\leq \underline{\lim}_{n\to\infty} \Phi_n(E) \leq \overline{\lim}_{n\to\infty} \Phi_n(E) \\ &= \lim_{n\to\infty} \Phi_n([-\pi, \pi]) - \underline{\lim}_{n\to\infty} \Phi_n(E^c) \\ &\leq \Phi([-\pi, \pi]) - \Phi(E^c) = \Phi(E).\end{aligned}$$
よって，各 $E \subset [-\pi, \pi]$ について $\lim_{n\to\infty} \Phi_n(E) = \Phi(E)$ が成立する．

任意の $\varepsilon > 0$ に対して，$F \subset [-\pi, \pi]$ を $\Phi(F^c) < \varepsilon$ を満たすとする．$\delta > 0$ を $Q \subset F$ が $d\theta(Q) < \delta$ ならば $\Phi(Q) < \varepsilon$ なるとする．これは Φ が $d\theta$ に関して絶対連続であるから可能である．Egorov の定理より，$d\theta(Q) < \delta$ となる $Q \subset F$ で，k_n が k へ $E = F \cap Q^c$ 上で一様収束するものが存在する．よって，$a \geq 0$ かつ $b \geq 0$ のとき $(a+b)^p \leq 2^p(a^p + b^p)$ が成立するので
$$\begin{aligned}&\int_{-\pi}^{\pi} |k_n(\theta) - k(\theta)|^p d\theta \\ &= \int_{F^c} |k_n(\theta) - k(\theta)|^p d\theta + \int_Q |k_n(\theta) - k(\theta)|^p d\theta \\ &\quad + \int_E |k_n(\theta) - k(\theta)|^p d\theta \\ &\leq 2^p (\Phi_n(F^c) + \Phi(F^c) + \Phi_n(Q) + \Phi(Q)) \\ &\quad + \int_E |k_n(\theta) - k(\theta)|^p d\theta.\end{aligned}$$
$\lim_{n\to\infty} \Phi_n(F^c) = \Phi(F^c) < \varepsilon$ かつ $\lim_{n\to\infty} \Phi_n(Q) = \Phi(Q) < \varepsilon$ であり，一様収束から
$$\lim_{n\to\infty} \int_E |k_n(\theta) - k(\theta)|^p d\theta = 0$$
であるから，任意の $\varepsilon > 0$ に対して
$$\overline{\lim}_{n\to\infty} \int_{-\pi}^{\pi} |k_n(\theta) - k(\theta)|^p d\theta \leq 2^p \cdot 4\varepsilon.$$

定理 2.7.3. $0 < p < \infty$ のとき, $f \in H^p$ ならば,
$$\lim_{r \to 1} \int_{-\pi}^{\pi} |f(re^{i\theta}) - f(e^{i\theta})|^p d\theta = 0.$$

証明 定理 2.5.3 と 定理 2.7.1 より, $\lim_{r \to 1} f(re^{i\theta}) = f(e^{i\theta})$ $a.e.\theta$ かつ
$$\lim_{r \to 1} \int_{-\pi}^{\pi} |f(re^{i\theta})|^p d\theta = \int_{-\pi}^{\pi} |f(e^{i\theta})|^p d\theta.$$
補題 2.7.2 より
$$\lim_{r \to 1} \int_{-\pi}^{\pi} |f(re^{i\theta}) - f(e^{i\theta})|^p d\theta = 0.$$
∎

系 2.7.4. $0 < p \leq \infty$ のとき, $f \in H^p$ ならば
$$\lim_{r \to 1} \int_{-\pi}^{\pi} |\log^+ |f(re^{i\theta})| - \log^+ |f(e^{i\theta})||d\theta = 0.$$

証明 $a \geq 0,\ b \geq 0$ かつ $0 < p \leq 1$ ならば
$$|\log^+ a - \log^+ b| \leq \frac{1}{p}|a - b|^p$$
であることと, 定理 2.7.3 より系を示すことができる. 上の不等式は,
$$\log x \leq \frac{1}{p}(x-1)^p \quad (x \geq 1)$$
より, $1 \leq b < a$ かつ $x = a/b$ とすると示すことができる. $1 < p \leq \infty$ に対しては, $p < p'$ ならば $H^p \supset H^{p'}$ より $0 < p \leq 1$ のときより明らか. ∎

2.8 内部関数と外部関数

定理 2.6.4 では H^p に属する関数 f は $f = Bg$ かつ g は D で零点を持たないという分解を与えたが, この節では g をさらに分解する. 実際, ある実測度 $\mu \in M[-\pi, \pi]$ について
$$\log g(z) = \frac{1}{2\pi} \int_{-\pi}^{\pi} \frac{e^{it} + z}{e^{it} - z} d\mu(t) \quad (z \in D)$$

2.8 内部関数と外部関数

と Herglotz 積分 (2.2 節を見よ) 表現できることを用いる．このとき，$\mu = \mu_a + \mu_s$ と Lebesgue 分解するとき，μ_s は正測度となる．ここで μ_a は Lebesgue 測度に関して絶対連続かつ μ_s は特異である．μ のこの分解は g の分解を与えることを定理 2.8.3 は示している．次の定理 2.8.1 は命題 2.2.1 の一般化であるが，**因数分解定理** 2.8.3 を証明するのに重要である．

定理 2.8.1. $0 < p \leq \infty$ とする．もし $f \in H^p$ ならば
$$\log |f(re^{i\theta})| \leq \frac{1}{2\pi} \int_{-\pi}^{\pi} P(r, \theta - t) \log |f(e^{it})| dt$$
である．

証明 定理 2.6.4 より $f = Bg$ と分解できるから，g について示すならば，$|B(z)| < 1$ $(z \in D)$ かつ $|B(e^{i\theta})| = 1$ a.e. θ より f について不等式を示すことができる．よって f は D に零点を持たないとみることができる．そのとき $\log |f(z)|$ は D で調和なので，$r < \rho < 1$ のとき
$$\log |f(\rho r e^{i\theta})| = \frac{1}{2\pi} \int_{-\pi}^{\pi} P(r, \theta - t) \log |f(\rho e^{it})| dt.$$
系 2.7.4 より
$$\lim_{\rho \to 1} \int_{-\pi}^{\pi} P(r, \theta - t) \log^+ |f(\rho e^{it})| dt$$
$$= \int_{-\pi}^{\pi} P(r, \theta - t) \log^+ |f(e^{it})| dt$$
かつ Lebesgue 積分の Fatou の補題より
$$\lim_{\rho \to 1} \int_{-\pi}^{\pi} P(r, \theta - t) \log^- |f(\rho e^{it})| dt$$
$$\geq \int_{-\pi}^{\pi} P(r, \theta - t) \log^- |f(e^{it})| dt$$
から，この定理は導ける． ■

$Q \in H^\infty$ が**内部関数**とは，$|Q(e^{i\theta})| = 1$ a.e. θ となるものであり，$F \in H^p$ が**外部関数**とは
$$\log |F(re^{i\theta})| = \frac{1}{2\pi} \int_{-\pi}^{\pi} P(r, \theta - t) \log |F(e^{it})| dt$$

となるものである．定理 2.8.1 は不等式は常に成立することを示している．F が外部関数ならば，$\log|F| \in L^1$ だから，F は D に零点を持たない．定理 2.6.1 より Blaschke 積 B は内部関数である．次の定理 2.8.2 は D で零とならない内部関数と外部関数の Herglotz 積分表現と関係している．$\mu \in M[-\pi, \pi]$ を Lebesgue 測度に関して特異な正測度かつ

$$S(z) = \exp\left(-\int_{-\pi}^{\pi} \frac{e^{it}+z}{e^{it}-z} d\mu(t)\right)$$

とすると，$\mu'(\theta) = 0$ a.e. θ かつ

$$\log|S(z)| = -\int_{-\pi}^{\pi} P(r, \theta-t) d\mu(t)$$

であるから，定理 2.3.2 より $|S(e^{i\theta})| = 1$ a.e. θ．よって S は内部関数であり，S は D に零点を持たない．S は特異内部関数と呼ばれる．

定理 2.8.2.

(1) Q が D に零点を持たない内部関数ならば，特異な有界正測度で $\mu(\{-\pi\}) = \mu(\{\pi\})$ となる μ があって

$$Q(z) = e^{i\gamma} \exp\left\{-\int_{-\pi}^{\pi} \frac{e^{it}+z}{e^{it}-z} d\mu(t)\right\}$$

と表現できる．ここで γ は実定数である．

(2) F が外部関数ならば

$$F(z) = e^{i\gamma} \exp\left\{\int_{-\pi}^{\pi} \frac{e^{it}+z}{e^{it}-z} \log|F(e^{it})| dt\right\}$$

と表現できる．ここで γ は実定数である．

証明 (1) 最大値の原理と Fatou の定理 2.3.2 より，$|Q(z)| < 1$ $(z \in D)$ だから $-\log|Q(z)|$ は D で正の調和関数である．系 2.4.2 より正測度 $\mu \in M[-\pi, \pi]$ があって

$$-\log|Q(z)| = \frac{1}{2\pi}\int_{-\pi}^{\pi} P(r, \theta-t) d\mu(t) \quad (z \in D)$$

とできる．$|Q(e^{i\theta})| = 1$ a.e. θ より，定理 2.3.2 より $\mu'(\theta) = 0$ a.e. θ. よって μ は特異な正測度である．

$$q(z) = \frac{1}{2\pi} \int_{-\pi}^{\pi} \frac{e^{it}+z}{e^{it}-z} d\mu(t)$$

とおくと，$\mathrm{Re}\,(q(z)) = -\log|Q(z)|\,(z \in D)$ である．よって，ある実定数 γ があって $-\log Q(z) = q(z) + i\gamma$ と書ける．

(2) F が外部関数のとき，

$$G(z) = \frac{1}{2\pi} \int_{-\pi}^{\pi} \frac{e^{it}+z}{e^{it}-z} \log|F(e^{it})| dt$$

とおくと，外部関数の定義より $\mathrm{Re}\,G(z) = \log|F(z)|\,(z \in D)$ である．よって，ある実定数 γ があって $\log F(z) = G(z) + i\gamma$ と書ける． ∎

定理 2.8.3. $0 < p \leq \infty$ とする．$f \in H^p$ が恒等的に零でないならば，$f = BSF$ と一意に因数分解できる．ここで B は Blaschke 積，S は特異な内部関数かつ F は H^p に属する外部関数である．

証明 定理 2.6.4 より，$f = Bg$ と分解できて，g は D に零点を持たない．定理 2.5.3 より，$f \in L^p$ かつ $\log|f| \in L^1$ である．

$$F(z) = \exp\left\{\frac{1}{2\pi} \int_{-\pi}^{\pi} \frac{e^{it}+z}{e^{it}-z} \log|f(e^{it})| dt\right\}$$

とすると，$|g(e^{i\theta})| = |F(e^{i\theta})|$ a.e. θ. よって $g(z)/F(z) = Q(z)$ とすると，Q は D に零点を持たない内部関数であるから，定理 2.8.2 の (1) より $Q(z) = e^{i\gamma} S(z)$ と書ける．F を $e^{i\gamma} F$ とすると定理が証明される． ∎

2.9　H^1 と積分表現

2.4 節で h^1 に属する関数は Poisson-Stieltjes 積分表現で特徴付けできることを示した．この節では $\mathrm{Re}\,H^1$ に属する関数は Poisson 積分表現できること，即ち μ は Lebesgue 測度に絶対連続であることを示す．よって $\mathrm{Re}\,H^1 \subsetneq h^1$ である．

定理 2.9.1. $f \in H^1$ ならば
$$f(z) = \frac{1}{2\pi} \int_{-\pi}^{\pi} P(r, \theta - t) f(e^{it}) dt$$
と表現できる．

証明 $f \in H^1$ のとき，$0 < \rho < 1$ ならば
$$f(\rho z) = \frac{1}{2\pi} \int_{-\pi}^{\pi} P(r, \theta - t) f(\rho e^{it}) dt$$
であり，定理 2.7.2 より
$$\int_{-\pi}^{\pi} |f(\rho e^{it}) - f(e^{it})| dt \to 0 \quad (\rho \to 1) \ .$$
$$F(z) = \frac{1}{2\pi} \int_{-\pi}^{\pi} P(r, \theta - t) f(e^{it}) dt$$
とすると，$f(\rho z) \to F(z)$ より $F(z) = f(z)$ である． ∎

系 2.9.2. $u \in \operatorname{Re} H^1$ ならば u は Poisson 積分表現できる．

$\phi \in L^1$ に対して
$$\hat{\phi}(n) = \int_{-\pi}^{\pi} \phi(t) e^{-int} dt / 2\pi \quad (n = 0, \pm 1, \pm 2, \ldots)$$
は ϕ の Fourier 係数と呼ばれる．$\phi \in L^1$ の Poisson 積分は D 上で調和であるが，いつ正則であるか．ϕ が H^1 の関数の境界値ならばそうであることを定理 2.9.1 は示している．次の命題 2.9.3 は ϕ の Fourier 係数のことばで，その問に答えている．これは次の 2.10 節で H^1 の境界値の特徴付けに使われる．

命題 2.9.3. $\phi \in L^1$ かつ $\hat{\phi}(n) = 0 \ (n < 0)$ のとき，
$$f(z) = \frac{1}{2\pi} \int_{-\pi}^{\pi} P(r, \theta - t) \phi(e^{it}) dt \quad (z = re^{i\theta})$$
とすると，$f \in H^1$ かつ $f(e^{i\theta}) = \phi(e^{i\theta})$ a.e. θ.

証明 $\hat{\phi}(n) = 0 \ (n < 0)$ だから，Poisson 核の展開

$$P(r, \theta - t) = 1 + \sum_{n=1}^{\infty}(z^n e^{-int} + \overline{z}^n e^{int})$$

より，$f(z) = \sum_{n=0}^{\infty} \hat{\phi}(n) z^n \ (z \in D)$ が示せる．$f \in H(D)$ は $\phi \in L^1$ より明らかであるが，命題 2.2.2 の (3) より

$$M_1(r, f) \leq \frac{1}{2\pi}\int_{-\pi}^{\pi}|\phi(e^{it})|dt$$

であるから $f \in H^1$ である．定理 2.3.2 より $f(e^{i\theta}) = \phi(e^{i\theta})$ a.e. θ である． ∎

$f \in H^1$ ならば

$$f(z) = \frac{1}{2\pi}\int_{-\pi}^{\pi} C(r, \theta - t) f(e^{it}) dt.$$

これは定理 2.9.1 と同様に示すことができるが，2.12 節で別の証明を与える．

2.10 Hardy 空間の境界値 (III)

$0 < p \leq \infty$ に対して，

$$H_*^p = \left\{f(e^{i\theta}) = \lim_{r \to 1} f(re^{i\theta}) \ \text{a.e. } \theta \ ; \ f \in H^p\right\}$$

とする．$f, g \in H_*^p$ かつ $f(e^{i\theta}) = g(e^{i\theta})$ a.e. θ のとき $f = g$ とすると，定理 2.5.3 より $H_*^p \subset L^p$ である．このとき，定理 2.7.1 より H^p と H_*^p は同一視できる．この節では，H_*^p は L^p の閉部分空間であることを示して，H^p は完備であることを導く．

$f \in L^p$ に対して

$$\|f\|_p^p = \int_{-\pi}^{\pi} |f(t)|^p \frac{dt}{2\pi} \quad (p \neq \infty)$$

かつ $\|f\|_\infty = \mathrm{ess\,sup}_{-\pi \leq t \leq \pi} |f(t)|$ とする．$1 \leq p \leq \infty$ のとき $\|f\|_p$ はノルムとなり，L^p は Banach 空間となる．$0 < p < 1$ のとき $d(f, g) = \|f - g\|_p^p$ とすると，距離となり，L^p は完備距離空間である．

この節では $1 \leq p \leq \infty$ のとき $H_*^p = \{f \in L^p \,;\, \hat{f}(n) = 0 \,(n < 0)\}$ を示す.

補題 2.10.1. $0 < p \leq \infty$ のとき, $f \in H^p$ ならば
$$|f(z)| \leq 2^{1/p}\|f\|_p(1-r)^{-1/p} \quad (r = |z|).$$

証明 $p = 1$ のとき, 定理 2.9.1 より
$$|f(z)| \leq \frac{1}{2\pi}\int_{-\pi}^{\pi} P(r, \theta - t)|f(e^{it})|dt \leq \frac{1+r}{1-r}\|f\|_1$$
より明らかである. $p = \infty$ のときは定理 2.7.1 より明らかだから, $0 < p < \infty$ とすると, 定理 2.6.4 より $f = Bg$ と分解でき, $|f(z)| \leq |g(z)|$ かつ $\|f\|_p = \|g\|_p$ である. $[g(z)]^p \in H^1$ だから, $p = 1$ のときより
$$|g(z)|^p \leq \frac{1+r}{1-r}\|g^p\|_1 = \frac{1+r}{1-r}\|f\|_p^p$$
であるから, 補題は証明される. ∎

定理 2.10.2. $0 < p \leq \infty$ のとき, H_*^p は L^p の閉部分空間である. $p \neq \infty$ のとき, H_*^p で $e^{i\theta}$ の多項式の全体は稠密である.

証明 $p \neq \infty$ のとき, H_*^p で $e^{i\theta}$ の多項式の全体は稠密であることを示す. $f \in H_*^p$ かつ $\varepsilon > 0$ とすると, H_*^p の定義より $f \in H^p$ とみることができるので, 定理 2.7.3 より
$$\|f_\rho - f\|_p < \varepsilon$$
となる $0 < \rho < 1$ が存在する. ここで $f_\rho(z) = f(\rho z)$ である. $s_n(z)$ を $f(z)$ の $z = 0$ における Taylor 展開の n 番目の部分和とする. このとき, $s_n(z)$ は $f(z)$ へ $|z| = \rho$ 上で一様収束するから, 十分大きな n に対して
$$\|s_{n\rho} - f_\rho\|_p < \varepsilon$$
とできる. よって $e^{i\theta}$ の多項式が H_*^p で稠密であることは, $0 < p < \infty$ のとき
$$(a+b)^p \leq 2^p(a^p + b^p) \quad (a \geq 0, \ b \geq 0)$$

2.10 Hardy 空間の境界値 (III)

であることを用いると示すことができる.

H_*^p は L^p の閉部分空間であることを示す. $f_n \in H_*^p$, $\phi \in L^p$ かつ $\|f_n - \phi\|_p \to 0$ $(n \to \infty)$ とすると $\{f_n\}$ は L^p で有界であるから, 補題 2.10.1 より, 任意の $\rho < 1$ に対して $\{f_n(z)\}$ は $|z| \leq \rho$ で一様有界である. $\{f_n\}$ は $|z| \leq \rho$ で正規族となるので, その部分列 $\{f_{n_j}\}$ が存在して $f_{n_j}(z)$ は $|z| \leq \rho$ で正則な $f(z)$ に一様収束できる. f は ρ によらないことは, 一致の定理により示せて, $\{f_n\}$ は L^p で有界より $f \in H^p$ となる. $\phi(\theta) = f(e^{i\theta})$ a.e. θ を示すと証明は終わる. 任意の $\varepsilon > 0$ に対して, ある N が存在して, $n, m \geq N$ ならば $\|f_n - f_m\|_p < \varepsilon$ となる. よって, $m \geq N$ かつ $r < 1$ とすると

$$M_p(r, f - f_m) = \lim_{j \to \infty} M_p(r, f_{n_j} - f_m)$$
$$\leq \lim_{j \to \infty} \|f_{n_j} - f_m\|_p \leq \varepsilon.$$

定理 2.7.1 より $m \geq N$ ならば $\|f - f_m\|_p \leq \varepsilon$. よって $\|f - f_n\|_p \to 0$ かつ $\phi(\theta) = f(e^{i\theta})$ a.e. θ. ∎

次の 2 つの系は定理 2.7.1 と上の定理の結果である.

系 2.10.3. $1 \leq p \leq \infty$ のとき, H^p は Banach 空間となる.

系 2.10.4. $0 < p < 1$ のとき, H^p は完備距離空間となる.

$f(z) = \sum_{n=0}^{\infty} a_n z^n \in H^2$ のとき $F(e^{i\theta}) = \sum_{n=0}^{\infty} a_n e^{in\theta}$ とすると $F \in L^2$ であるが, $F(e^{i\theta}) = f(e^{i\theta})$ a.e. θ となることを, 即ち $\hat{f}(n) = a_n$ $(n \geq 0)$ ということをもっと一般的に示す.

定理 2.10.5. $1 \leq p \leq \infty$ とする. $f(z) = \sum_{n=0}^{\infty} a_n z^n \in H^p$ とすると, $\hat{f}(n) = a_n$ $(n \geq 0)$ かつ $\hat{f}(n) = 0$ $(n < 0)$ である. ここで $\hat{f}(n)$ は $f(e^{i\theta})$ の Fourier 係数である. さらに,

$$H_*^p = \{\phi \in L^p \,;\, \hat{\phi}(n) = 0 \quad (n = -1, -2, \ldots)\}.$$

証明 $f \in H^p$ とすると, $0 < r < 1$ のとき

$$\hat{f}_r(n) = \frac{1}{2\pi} \int_{-\pi}^{\pi} e^{-int} f(re^{it}) dt = \begin{cases} r^n a_n & (n \geq 0) \\ 0 & (n < 0) \end{cases}$$

であり, $|\hat{f}_r(n) - \hat{f}(n)| \leq \|f_r - f\|_1$ である. よって, 定理 2.7.3 より, $r \to 1$ として $\hat{f}(n) = \lim_{r \to 1} \hat{f}_r(n)$ となるので定理の前半が証明される. 後半に対しては, 前半より $H_*^p \supset \{\phi \in L^p \,;\, \hat{\phi}(n) = 0 \ (n < 0)\}$ を示すとよい. これは命題 2.9.3 より, $p = 1$ のときは既に示されている. $p \neq 1$ のときも同様である. ∎

H^p の境界値の全体 H_*^p において, H_*^1 が定数以外の実数値関数を含まないことは, 定理 2.10.5 より明らかである. $0 < p < 1$ のとき H_*^p に定数以外の実数値関数が存在する. 実際 $f(z) = i(1 + z)(1 - z)^{-1}$ とすると, $f \in \bigcap_{p<1} H^p$ であり $f(e^{i\theta}) = -2\sin\theta|1 - e^{i\theta}|^{-2} \in \bigcap_{p<1} H_*^p$ である. 一方 $H_*^{1/2}$ は定数以外の非負関数を含まない [1]. 次の命題は 2.16 節で用いるためにもっと一般的に述べる [2].

命題 2.10.6. $f \in e^{-in\theta} H_*^{1/2}$, $n \geq 0$, が ∂D 上で非負ならば, f は高々 n 次の三角多項式である.

証明 $e^{-in\theta} H_*^1$ に属する非負値関数は高々 n 次の三角多項式であることは明らかである. $f \in e^{-in\theta} H_*^{1/2}$ が非負値関数とするとき, 命題を証明するためには, $f \in e^{-in\theta} H_*^1$ を示すとよい. $f(e^{i\theta}) = e^{-in\theta} g(e^{i\theta})$ かつ $g \in H_*^{1/2}$ とすると, 定理 2.8.3 より $g = QG$ と一意に因数分解できる. ここで Q は内部関数であり, G は外部関数である. $g_1 = QG^{1/2}$, $g_2 = G^{1/2}$ とすると $g = g_1 \cdot g_2$ であり, $g_j \in H_*^1$ $(j = 1, 2)$ である. このとき, $|g_1| = |g_2|$ である. $g_1 \cdot e^{-in\theta} g_2 = |g_1|^2$ であるから, $e^{-in\theta} g_2 = \overline{g}_1$ である. よって $g_1 + e^{-in\theta} g_2$ と $i(g_1 - e^{-in\theta} g_2)$ は実数値関数である.

$0 < r < 1$ のとき, $A_r = \{z \in \mathbb{C} \,;\, r < |z| < 1\}$ とする. F が A_r で正則,

$$\sup_{r \leq t < 1} \int_{-\pi}^{\pi} |F(te^{i\theta})| d\theta < \infty$$

かつ F が ∂D 上で実数値ならば, F は ∂D を超えて解析接続できる. この結果はこの本の領域を越えるが, よく知られていて, その証明は [3] にある.

$$F_1(z) = g_1(z) + \frac{g_2(z)}{z^n}, \ F_2(z) = i\left(g_1(z) - \frac{g_2(z)}{z^n}\right)$$

とおくと, F_1 と F_2 は ∂D 上で正則となる. よって g_1 は ∂D 上で正則となり, $g_1 \in H_*^\infty$ だから $g \in H_*^\infty$ である. これは f が $e^{-in\theta} H_*^1$ を示している. ∎

2.11　H^p $(0 < p < 1)$ と積分表現

$(1+z)(1-z)^{-1}$ は $\bigcap_{p<1} H^p$ に属することを示すことはやさしい. 定理 2.11.2 は補題 2.11.1 を用いて, この結果を一般化している.

補題 2.11.1. $G(z)$ が D で実数値関数で劣調和とする. もし $\phi \in H^\infty$, $\|\phi\|_\infty \leq 1$ かつ $\phi(0) = 0$ ならば,

$$\int_{-\pi}^\pi G(\phi(re^{i\theta}))d\theta \leq \int_{-\pi}^\pi G(re^{i\theta})d\theta \quad (0 < r < 1).$$

証明 $U(z)$ を $|z| < r$ で調和かつ $|z| = r$ で $U(z) = G(z)$ とすると, $G(z)$ が劣調和であるから, $|z| \leq r$ で $G(z) \leq U(z)$ である. Schwarz の補題より $|\phi(z)| \leq |z|$ であるから, $G(\phi(z)) \leq U(\phi(z))$ であるので

$$\frac{1}{2\pi}\int_{-\pi}^\pi G(\phi(re^{i\theta}))d\theta \leq \frac{1}{2\pi}\int_{-\pi}^\pi U(\phi(re^{i\theta}))d\theta$$
$$= U(\phi(0)) = U(0) = \frac{1}{2\pi}\int_{-\pi}^\pi U(re^{i\theta})d\theta$$
$$= \frac{1}{2\pi}\int_{-\pi}^\pi G(re^{i\theta})d\theta.$$

∎

定理 2.11.2. $f \in H(D)$ かつ $\operatorname{Re} f(z) > 0$ $(z \in D)$ ならば $f \in \bigcap_{p<1} H^p$ である.

証明 $\operatorname{Re} f(z) > 0$ $(z \in D)$ であるから, $f(0) = 1$ としてよい. $\phi(z) = (f(z) - 1)/(f(z) + 1)$ とすると, $\phi \in H^\infty$, $\|\phi\|_\infty \leq 1$ かつ $\phi(0) = 0$ である. $f(z) = (1 + \phi(z))/(1 - \phi(z))$ であり,

$$G(z) = \left|\frac{1+z}{1-z}\right|^p$$

とすると，$G(z)$ は劣調和かつ $|f(z)|^p = G(\phi(z))$ だから，補題 2.11.1 より $f \in \bigcap_{p<1} H^p$ が示せる． ∎

F を複素測度 $\mu \in M[-\pi, \pi]$ の Cauchy-Stieltjes 積分，即ち
$$F(z) = \frac{1}{2\pi} \int_{-\pi}^{\pi} C(r, \theta - t) d\mu(t) = \frac{1}{2\pi} \int_{-\pi}^{\pi} \frac{e^{it}}{e^{it} - z} d\mu(t)$$
とすると，$F(z)$ は $|z| \neq 1$ のとき正則である．

定理 2.11.3. F が複素測度 $\mu \in M[-\pi, \pi]$ の Cauchy-Stieltjes 積分ならば $F \in \bigcap_{p<1} H^p$ である．

証明 μ を正測度としてよいので，そのとき命題 2.2.2 より $\operatorname{Re} F(z) > 0$ である．定理 2.11.2 より $F \in \bigcap_{p<1} H^p$ である． ∎

定理 2.11.3 において，その逆は成立しないしまた $\bigcap_{p<1} H^p$ を H^1 に置き換えることはできないことが知られている．

2.12 Riesz 兄弟の定理

この節では Cauchy-Stieltjes 積分がいつ H^1 に属するかを示す．これは，測度論的に驚くべき結果である **Riesz 兄弟** (F. and M. Riesz) の定理と深くかかわっている．2.11 節で $\bigcap_{p<1} H^p$ に属する関数は必ずしも Poisson-Stieltjes 積分表現できないことを注意したが，定理 2.12.1 は H^1 については可能であることを示す．この節で $\hat{\mu}$ は μ の Fourier 係数を表す．

補題 2.12.1. $\mu \in M[-\pi, \pi]$ を複素測度かつ $\hat{\mu}(n) = 0$ $(n < 0)$ ならば μ の Poisson-Stieltjes 積分は H^1 に属する．かつ実際は Poisson 積分である．

証明 $F(z)$ は μ の Cauchy-Stieltjes 積分とすると，$|z| < 1$ のとき
$$\frac{1}{1 - ze^{-it}} = \sum_{n=0}^{\infty} e^{-int} z^n$$
かつ
$$\frac{e^{it}}{e^{it} - \frac{1}{\bar{z}}} = -\sum_{n=0}^{\infty} e^{i(n+1)t} \bar{z}^{n+1}$$

より $F(z) = \sum_{n=0}^{\infty} \hat{\mu}(n) z^n$

かつ
$$F\left(\frac{1}{\bar{z}}\right) = -\sum_{n=0}^{\infty} \hat{\mu}(-(n+1))\left(\frac{1}{\bar{z}}\right)^{n+1} \equiv 0$$

となる．よって
$$F(z) = F(z) - F\left(\frac{1}{\bar{z}}\right) = \frac{1}{2\pi}\int_{-\pi}^{\pi} P(r, \theta - t) d\mu(t)$$

が $|z| < 1$ で成立し，定理 2.3.1 の証明より $F \in H^1$ である． ∎

定理 2.12.2 (Riesz 兄弟). $\mu \in M[-\pi, \pi]$ が $\mu(\{-\pi\}) = \mu(\{\pi\})$ となる複素測度かつ $\hat{\mu}(n) = 0$ $(n < 0)$ ならば μ は Lebesgue 測度に絶対連続である．

証明 補題 2.12.1 より，μ の Poisson-Stieltjes 積分 $f(z)$ は H^1 に属する．定理 2.9.1 より $f(z)$ は $f(e^{it})$ によって Poisson 積分表現できる．Poisson 積分表現の一意性 (命題 2.2.3) より，$d\mu(t) = f(e^{it})dt$ である． ∎

命題 2.12.3. $f \in H^1$ は f の境界値 $f(e^{it})$ で Cauchy 積分表現できる．

証明 $f(e^{it})$ の Cauchy 積分を F とする．$d\mu = f(e^{it})dt$ とすると，定理 2.10.5 より $\hat{\mu}(n) = 0$ $(n < 0)$ である．補題 2.12.1 より $F \in H^1$ かつ F は Poisson 積分でありかつ定理 2.9.1 より f に等しい．即ち

$$\begin{aligned} F(z) &= \frac{1}{2\pi}\int_{-\pi}^{\pi} \frac{e^{it}}{e^{it} - z} f(e^{it}) dt \\ &= \frac{1}{2\pi}\int_{-\pi}^{\pi} P(r, \theta - t) f(e^{it}) dt = f(z). \end{aligned}$$
∎

2.13 有界な線形汎関数

$0 < p \leq \infty$ のとき，固定された $a \in D$ に対して，$f \in H^p$ に対して $f(a)$ を対応させる写像は，補題 2.10.1 により有界線形汎関数である．この節では H^p 上の有界線形汎関数の全体 $(H^p)^*$ を調べる．

H^p とその境界値の全体 H^p_* は定理 2.7.1 と定理 2.10.5 により同一視できるので, H^p は L^p の線形部分空間であることを用いて $(H^p)^*$ を調べる. $1 \le p < \infty$ のとき, $1/p + 1/q = 1$ とすると $(L^p)^*$ は L^q と等距離同型となること, 即ち $(L^p)^* = L^q$ はよく知られている. また $0 < p < 1$ のとき, $(L^p)^* = \{0\}$ となることも知られている. しかし上に注意したように, 一般に $(H^p)^* \ne \{0\}$ である.

$1 \le p \le \infty$ とすると, $H^p \subset L^p$ であるから L^p 上の有界線形汎関数を H^p に制限すると $(H^p)^*$ の元が得られる. また Hahn-Banach の定理より, H^p 上の有界線形汎関数は L^p 上に拡大できるので, $(L^p)^* = L^q$ $(p \ne \infty)$ の元が得られる. このことを正確に述べると定理 2.13.1 となる.

定理 2.13.1. $1 \le p < \infty$ かつ $1/p + 1/q = 1$ とする. $(H^p)^*$ は L^q/zH^q に等距離同型である. 即ち $(H^p)^* = L^q/zH^q$ である.

証明 $g \in L^q$ に対して,

$$\Phi_g(k) = \int_{-\pi}^{\pi} k(e^{i\theta}) g(e^{i\theta}) d\theta/2\pi \quad (k \in L^p)$$

とすると, $\Phi_g \in (L^p)^*$ かつ $\|\Phi_g\| = \|g\|_q$ である. $\phi = \Phi_g | H^p$ とすると $\phi \in (H^p)^*$ となる. 定理 2.10.5 より

$$\begin{aligned}(H^p)^\perp &= \left\{ g \in L^q \, ; \, \int_{-\pi}^{\pi} f(e^{i\theta}) g(e^{i\theta}) d\theta/2\pi = 0 \quad (f \in H^p) \right\} \\ &= zH^q\end{aligned}$$

であるから, 任意の $h \in zH^q$ に対して $\phi = \Phi_{g+h} | H^p$ である. よって L^q/zH^q は $(H^p)^*$ に縮小に埋め込むことができる. 等距離であることは, 次の逆の証明の結果である.

逆に $\phi \in (H^p)^*$ とすると, Hahn-Banach の定理より, $\Phi \in (L^p)^*$ が存在して, $\phi = \Phi | H^p$ かつ $\|\phi\| = \|\Phi\|$ とできる. $(L^p)^* = L^q$ より, $\Phi = \Phi_g$ かつ $\|\Phi\| = \|g\|_q$ となる $g \in L^q$ が存在する. 任意の $h \in zH^q$ に対して, $\Phi | H^p = \Phi_{g+h} | H^p$ だから $\|g\|_q = \inf \|g+h\|_q$ である. よって $(H^p)^*$ は L^q/zH^q へ等距離に埋め込むことができる. ∎

2.13 有界な線形汎関数

$p = \infty$ のとき, $(L^\infty)^* \underset{\neq}{\supset} L^1$ であるから定理 2.13.1 は成立しない. しかし定理 2.13.1 の証明と同様にして, $(H^\infty)^* = (L^\infty)^*/(H^\infty)^\perp$ を示すことができる.

定理 2.13.2. $1 < p \le \infty$ かつ $1/p + 1/q = 1$ とする. H^p は $(L^q/zH^q)^*$ に等距離同型である. 即ち $H^p = (L^q/zH^q)^*$ である.

証明 $g \in H^p$ に対して

$$\Phi_g(k) = \int_{-\pi}^{\pi} k(e^{i\theta}) g(e^{i\theta}) d\theta/2\pi \quad (k \in L^q)$$

とすると, $\Phi_g \in (L^q)^*$ かつ $\|\Phi_g\| = \|g\|_p$ である. Φ_g は $zH^q = (H^p)^\perp$ 上で零だから, $\phi_g(k + zH^q) = \Phi_g(k)$ とすると, $\phi_g \in (L^q/zH^q)^*$ かつ $\|\phi_g\| \le \|g\|_p$ である. よって H^p は $(L^q/zH^q)^*$ に縮小に埋め込むことができる.

逆に $\phi \in (L^q/zH^q)^*$ とするとき,

$$\Phi(k) = \phi(k + zH^q) \quad (k \in L^q)$$

とおくと, $\Phi \in (L^q)^*$ かつ $\|\Phi\| \le \|\phi\|$ である. $(L^q)^* = L^p$ であるから, $\Phi = \Phi_g$ かつ $\|\Phi\| = \|g\|_p$ となる $g \in L^p$ が存在する. Φ_g は zH^q 上で零だから, $g \in (zH^q)^\perp = H^p$ である. よって $(L^q/zH^q)^*$ は縮小に H^p に埋め込むことができる. ∎

定理 2.13.2 は $p = 1$ のときは成立しないが, Riesz 兄弟の定理を用いることにより, H^1 はある Banach 空間の共役空間となる.

$$C = \{f \in C[-\pi, \pi] \; ; \; f(-\pi) = f(\pi)\}$$

とすると, C は D の境界 ∂D 上の複素数値連続関数の全体と同一視できる.

$$A = \{f \in C \; ; \; \hat{f}(n) = 0 \; (n < 0)\}$$

とすると, $H(D)$ に属する関数で $\overline{D}$ 上で連続なものの全体を ∂D に制限したものと一致する. A は円板環と呼ばれる.

定理 2.13.3. H^1 は $(C/zA)^*$ と等距離同型である．即ち，$H^1 = (C/zA)^*$ である．

証明 C^* は ∂D 上の (有界な) 複素測度の全体 $M(\partial D)$ と一致するので，定理 2.12.2 より

$$(zA)^\perp = \{\mu \in M(\partial D) \, ; \, \hat{\mu}(n) = 0 \quad (n < 0)\}$$
$$= H^1$$

であるから，定理は補題 2.13.2 の証明と全く同様に示すことができる． ∎

2.14　極値問題

$\phi \in (H^p)^*$ のとき，

$$\|\phi\| = \sup\{|\phi(f)| \, ; \, f \in H^p, \, \|f\|_p \leq 1\}$$

に対する極値問題とは次の (i)～(iv) のことである．(i) 上限の値は何か？ (ii) 上限は最大値となり得るか？ (iii) 最大値を与える関数 (**極値関数**) は唯一つか？ (iv) 極値関数はどんな関数か？

一般的な $\phi \in (H^p)^*$ $(1 \leq p < \infty)$ は，

$$\phi(f) = \frac{1}{2\pi} \int_{-\pi}^{\pi} f(e^{it}) e^{it} k(e^{it}) dt$$
$$= \frac{1}{2\pi i} \int_{|z|=1} f(z) k(z) dz \quad (f \in H^p)$$

と表現される．ここで $k \in L^q$ かつ $1/p + 1/q = 1$ である．$\phi \in (H^\infty)^*$ は一般には $k \in L^1$ で表現されない．なぜなら $(L^\infty)^* \supsetneq L^1$ であるからである．しかし $k \in L^1$ で表現される ϕ は，$(H^\infty)^*$ に属することは明らかである．2.13 節で示されたように，$1 \leq p < \infty$ のとき $(H^p)^* = L^q/zH^q$ かつ $p = \infty$ のとき $(H^\infty)^* = (L^1/zH^1)^{**} \supset L^1/zH^1$ であるから，もし $h - k \in H^q$ ならば，h と k は $(H^p)^*$ で同じ元を与える．よって $\|\phi\| \leq \|k + g\|_q$ $(g \in H^q)$ であるが，次の共役関係 (定理 2.14.2) を示すことができ，さらに $1 < p < \infty$ に対して極値問題 (ii) を解くことができる．

2.14 極値問題

補題 2.14.1. X を Banach 空間, S を X の閉部分空間かつ $S^\perp = \{\phi \in X^* \,;\, \phi(x) = 0 \; (x \in S)\}$ とする.

(1) $\phi \in X^*$ ならば

$$\sup\{|\phi(x)| \,;\, x \in S, \|x\| \leq 1\} = \min\{\|\phi + \psi\| \,;\, \psi \in S^\perp\}.$$

(2) $x \in X$ ならば

$$\max\{|\psi(x)| \,;\, \psi \in S^\perp, \|\psi\| \leq 1\} = \inf\{\|x + y\| \,;\, y \in S\}.$$

証明 (1) 定理 2.13.1 の証明は一般的で, $S^* = X^*/S^\perp$ が成立する. その証明は (1) を示している. (2) 定理 2.13.2 の証明は一般的で $S^\perp = (X/S)^*$ が成立する. $\psi \in S^\perp$ かつ $\|\psi\| \leq 1$ とすると, 任意の $x \in X$ と任意の $y \in S$ に対して

$$|\psi(x)| = |\psi(x+y)| \leq \|x+y\|$$

より

$$\sup\{|\psi(x)| \,;\, \psi \in S^\perp, \|\psi\| \leq 1\} \leq \|x + S\|.$$

である. Hahn-Banach の定理の系 [4, 補題 30.1] より, $\|\Psi_0(x+S)\| = \|x+S\|$ かつ $\|\Psi_0\| = 1$ となる $\Psi_0 \in (X/S)^*$ が存在する. $\psi_0(x) = \Psi_0(x+S)$ とすると $\psi_0 \in S^\perp$ かつ $\|\psi_0\| = \|\Psi_0\| = 1$ であるから, (2) が証明される. ∎

定理 2.14.2. $1 \leq p \leq \infty$ かつ, $1/p + 1/q = 1$ とする. $k \in L^q$ ならば

$$\sup\left\{\left|\frac{1}{2\pi i}\int_{|z|=1} f(z)k(z)dz\right| \,;\, f \in H^p, \|f\|_p \leq 1\right\}$$
$$= \min\{\|k - g\|_q \,;\, g \in H^q\}$$

である. $p \neq 1$ のとき sup は max とできる.

証明 $1 < p \leq \infty$ のとき, $X = L^q$, $S^\perp = zH^p$ かつ $S = H^q$ として補題 2.14.1 の (2) を用いると

$$\max\left\{\left|\frac{1}{2\pi i}\int_{|z|=1} f(z)k(z)dz\right| \,;\, f \in H^p, \|f\|_p \leq 1\right\}$$
$$= \inf\{\|k - g\|_q \,;\, g \in H^q\}.$$

また，$X = L^p$, $S^\perp = H^q$ かつ $S = zH^p$ として補題 2.14.1 の (1) を用いると inf は min とできる．$p = 1$ のとき，$X = L^1$, $S = zH^1$ かつ $S^\perp = H^\infty$ として補題 2.14.1 の (1) を用いるとよい． ∎

共役関係で，最小値を与える関数は**極値核**と呼ばれる．

補題 2.14.3. $1 \leq p \leq \infty$ かつ $1/p + 1/q = 1$ とする．$F \in H^p$ が $\phi \in (H^p)^*$ の極値関数かつ $\phi(F) > 0$ であり，その共役関係の極値核が K である必要十分条件は次のようである．

$$e^{i\theta} F(e^{i\theta}) K(e^{i\theta}) \geq 0 \ \text{a.e.} \ \theta$$

であり，かつもし $p = 1$ ならば a.e. θ で $|K(e^{i\theta})| = \|K\|_\infty$, $1 < p < \infty$ ならば a.e. θ で $|F(e^{i\theta})|^p = \|K\|_q^{-q} |K(e^{i\theta})|^q$ かつ $p = \infty$ ならば $\{\theta \, ; \, K(e^{i\theta}) \neq 0\}$ 上 a.e. θ で $|F(e^{i\theta})| = 1$ である．

証明 定理 2.14.2 より

$$\frac{1}{2\pi} \int_{-\pi}^{\pi} F(e^{i\theta}) e^{i\theta} K(e^{i\theta}) d\theta = \|K\|_q \|F\|_p$$

である．Hölder の不等式によって

$$\frac{1}{2\pi} \int_{-\pi}^{\pi} e^{i\theta} F(e^{i\theta}) K(e^{i\theta}) d\theta = \frac{1}{2\pi} \int_{-\pi}^{\pi} |e^{i\theta} F(e^{i\theta}) K(e^{i\theta})| d\theta$$

だから $e^{i\theta} F(e^{i\theta}) K(e^{i\theta}) \geq 0$ a.e. θ となる．また Hölder の不等式において等式が成立しているから，後半の $|K|$ と $|F|$ の関係式が示される． ∎

定理 2.14.4. $1 \leq p \leq \infty$ かつ $\phi \in (H^p)^*$ とする．

(1) $1 < p < \infty$ のとき，H^p の極値問題の解は存在し，定数倍を除いて唯一つである．

(2) $p = \infty$ のとき，$\phi \in L^1/zH^1$ ならば，H^∞ の極値問題の解は存在し，定数倍を除いて唯一つである．

(3) $p = 1$ のとき，$\phi \in C/zA$ ならば H^1 の極値問題の解は存在するが定数倍を除いて唯一つと限らない．

証明 (1) と (2) については，解の存在は定理 2.14.2 の結果であり，解の一意性については補題 2.14.3 による．(3) については，$\phi \in C/zA$ ならば ϕ は $*$ 弱連続であり，H^1 の単位球は $*$ 弱コンパクトだから解が存在する．

$$\phi(f) = \frac{1}{2\pi i} \int_{|z|=1} f(z)\bar{z}^2 dz$$

とすると，解は無限にある． ∎

2.15 端点と露点

H^p $(1 \leq p \leq \infty)$ の単位球 S^p で，$\phi \in (H^p)^*$ の極値問題の定数倍を除いて唯一つの解となる関数 $f \in S^p$ は**露点** (exposed point) と呼ばれる．S^p の露点は全て S^p の境界に属する．補題 2.14.3 と定理 2.14.4 により，$1 < p < \infty$ のとき，S^p の境界の関数は全て露点である．$p = 1, \infty$ では露点は S^p の中で非常に特殊な関数である．S^p で，S^p の2つの異なる関数の真の凸結合とならない $f \in S^p$ は**端点** (extreme point) と呼ばれる．S^p の端点は全て S^p の境界に属する．$1 < p < \infty$ のとき逆が成立することは，Minkowski の不等式の結果である．この節では，$p = 1, \infty$ の場合に端点と露点を調べる．露点は常に端点であることを示すはやさしい．$1 < p < \infty$ では S^p の露点と端点は S^p の境界と一致するが，$p = 1, \infty$ では端点であるが，露点とは限らない境界の点があることを示す．

補題 2.15.1. $p = 1$ または ∞ とする．f が S^p の端点でない必要十分条件は，$\|f \pm g\|_p \leq 1$ となる零でない $g \in S^p$ が存在することである．

証明 f が端点でないとすると，$0 < a < 1$ と $h, k \in S^p$ で $h \not\equiv k$ となるものが存在して，$f = ah + (1-a)k$ と書くことができる．$0 < a \pm \varepsilon < 1$ を満たすように ε をとる．$\ell = f + \varepsilon(h - k)$ かつ $m = f - \varepsilon(h - k)$ とすると，ℓ と m は S^p に属する．$g = (\ell - m)/2$ とすると $g \not\equiv 0$，$f + g = \ell$ かつ $f - g = m$ である．逆は $f = (f+g)/2 + (f-g)/2$ であるから明らか．この証明は $1 < p < \infty$ でも成立する． ∎

補題 2.15.2. $g, f \in H^1$ かつ $|g(e^{it})| \leq |f(e^{it})|$ a.e. t とする.もし f が外部関数ならば,$|g(z)| \leq |f(z)|$ $(z \in D)$ である.

証明 定理 2.8.1 より

$$\log|g(re^{i\theta})| \leq \frac{1}{2\pi}\int_{-\pi}^{\pi} P(r,\theta-t)\log|g(e^{it})|dt,$$

また f は外部関数だから,

$$\log|f(re^{i\theta})| = \frac{1}{2\pi}\int_{-\pi}^{\pi} P(r,\theta-t)\log|f(e^{it})|dt.$$

これは $|g(re^{i\theta})| \leq |f(re^{i\theta})|$ $(0 \leq r < 1,\ -\pi \leq \theta < \pi)$ を示している. ∎

定理 2.15.3. $f \in H^1$ とする.f が S^1 の端点である必要十分条件は f が $\|f\|_1 = 1$ かつ外部関数であることである.

証明 $f \in S^1$ を外部関数とする.f が端点でないとすると,補題 2.15.1 より,$\|f \pm g\|_1 \leq 1$ となる零でない $g \in S^1$ が存在する.$\|f\|_1 = 1$ とすると,$\|f+g\|_1 = \|f-g\|_1 = 1$ となる.よって $k = g/f$ とおくと,

$$\int_{-\pi}^{\pi}\{|1+k(e^{i\theta})| + |1-k(e^{i\theta})| - 2\}|f(e^{i\theta})|d\theta \leq 0.$$

$|1+k(e^{i\theta})| + |1-k(e^{i\theta})| \geq 2$ a.e. θ であるから,$|1+k(e^{i\theta})| + |1-k(e^{i\theta})| = 2$ a.e. θ となるから,$-1 \leq k(e^{i\theta}) \leq 1$ a.e. θ である.よって $|g(e^{i\theta})| \leq |f(e^{i\theta})|$ a.e. θ となるので,補題 2.15.2 より k は H^∞ に属する.定理 2.10.5 より $\hat{k}(n) = 0$ $(n = \pm 1, \pm 2, \ldots)$ だから,Fourier 係数の一意性より,k は定数であるが,$|1+k(e^{i\theta})| = |1-k(e^{i\theta})|$ より $k \equiv 0$.よって $g \equiv 0$.これは矛盾であるから,f は端点である.

f を S^1 の端点とする.このとき $\|f\|_1 = 1$ である.f が外部関数でないとすると,定理 2.8.3 より $f = qh$ と因数分解できる.ここで q は定数でない内部関数であり,h は外部関数である.実定数 α に対して,

$$g = \frac{1}{2}(e^{i\alpha}q + e^{-i\alpha}\overline{q})f$$

2.15 端点と露点

とすると，$g \in H^1$ である．q は定数でないので，$g \equiv 0$ とはならない．α を

$$\int_{-\pi}^{\pi} \mathrm{Re}\,\{e^{i\alpha}q(e^{i\theta})\}|f(e^{i\theta})|d\theta = 0$$

となるように選ぶと，

$$\|f \pm g\|_1 = \int_{-\pi}^{\pi} |1 \pm \mathrm{Re}\,\{e^{i\alpha}q(e^{i\theta})\}||f(e^{i\theta})|d\theta = 1$$

である．これは補題 2.15.1 に矛盾するから，f は外部関数である． ∎

定理 2.15.4. $f \in H^\infty$ とする．f が S^∞ の端点である必要十分条件は，$\|f\|_\infty = 1$ かつ

$$\int_{-\pi}^{\pi} \log(1-|f(e^{i\theta})|)d\theta = -\infty$$

を満たすことである．

証明 $f \in S^\infty$ は

$$\int_{-\pi}^{\pi} \log(1-|f(e^{i\theta})|)d\theta = -\infty$$

を満たすとする．$g \in S^\infty$ を $\|f \pm g\|_\infty \leq 1$ とすると

$$|g(e^{i\theta})|^2 \leq 1 - |f(e^{i\theta})|^2 \leq 2(1-|f(e^{i\theta})|)$$

より，$\int_{-\pi}^{\pi} \log|g(e^{i\theta})|d\theta = -\infty$ である．定理 2.5.3 より $g \equiv 0$ である．よって補題 2.15.1 より f は S^∞ の端点である．

逆に，$\|f\|_\infty = 1$ かつ

$$\int_{-\pi}^{\pi} \log(1-|f(e^{i\theta})|)d\theta > -\infty$$

ならば，

$$g(z) = \exp\left\{\frac{1}{2\pi}\int_{-\pi}^{\pi} \frac{e^{it}+z}{e^{it}-z}\log(1-|f(e^{it})|)dt\right\}$$

とすると，$\log(1-|f(e^{it})|) \leq 0$ だから $|g(z)| \leq 1$ かつ定理 2.3.2 より $|g(e^{it})| = 1 - |f(e^{it})|$ a.e. t. よって $\|f \pm g\|_\infty \leq 1$ かつ $g \in S^\infty$ となり，補題 2.15.1 より f は S^∞ の端点ではない． ∎

命題 2.15.5. $f \in S^1$ かつ $\|f\|_1 = 1$ とするとき, f が S^1 の露点である必要十分条件は, $g \in H^1$ かつ $g(e^{i\theta})/f(e^{i\theta}) \geq 0$ a.e. θ なる g が f のスカラー倍に限ることである.

証明 f が S^1 の露点とする. $\phi \in (H^1)^*$ があって, $\phi(f) > 0$ としてよい. もし零でない $g \in H^1$ が, $g(e^{i\theta})/f(e^{i\theta}) \geq 0$ a.e. θ を満足すると, 補題 2.14.3 より $g/\|g\|_1$ も ϕ の極値関数となる. f は S^1 の露点であるから g は f のスカラー倍である. f を S^1 の露点ではないとする. $K = |f|/zf$ とし, ϕ を K により導かれる $(H^1)^*$ の元とすると, f は ϕ の極値関数である. f は露点でないから, $g \in S^1$ で $\phi(g) = \phi(f)$ となる f のスカラー倍ではない g が存在する. 補題 2.14.3 より $g(e^{i\theta})/f(e^{i\theta}) \geq 0$ a.e. θ. ∎

命題 2.15.6. $f \in S^\infty$ とするとき, f が ∂D 上の正則度の集合上で絶対値が 1 であるならば, f は S^∞ の露点である.

証明 $E = \{\theta \in [-\pi, \pi]; |f(e^{i\theta})| = 1\}$ とすると, $d\theta(E) > 0$ である.

$$K(e^{i\theta}) = \begin{cases} e^{-i\theta}|f(e^{i\theta})|/f(e^{i\theta}) & (\theta \in E), \\ 0 & (\theta \notin E) \end{cases}$$

とすると, $K \in L^1$ であり, $e^{i\theta}f(e^{i\theta})K(e^{i\theta}) \geq 0$ a.e. θ である. 補題 2.14.3 より, f は極値核 K によって定義される $\phi \in (H^\infty)^*$ の極値関数であり, $\phi(f) > 0$ である. g を ϕ の他の極値関数とすると, 実定数 α があって $e^{i\alpha}e^{i\theta}g(e^{i\theta})K(e^{i\theta}) \geq 0$ a.e. θ となるので $g = e^{-i\alpha}f$ となる. ∎

例 2.15.7. $f \in S^1$ かつ $\|f\|_1 = 1$ とする. もし $\operatorname{Re} f(e^{i\theta})k(e^{i\theta}) \geq 0$ a.e. θ となる $k \in H^\infty$ で $k^{-1} \in H^\infty$ となるものが存在するならば, f は S^1 の端点である.

証明 まず, $g = fk$ とするとき g が外部関数であることを示す. 定理 2.8.3 より $g = B_1 S_1 h_1$ と因数分解できる. $\operatorname{Re} g(e^{i\theta}) \geq 0$ a.e. θ だから, 定理 2.9.1 より $\operatorname{Re} g(z) > 0$ $(z \in D)$ であるので $g = S_1 h_1$ である. $\operatorname{Re} g^{-1}(z) > 0$ $(z \in D)$ だから, 定理 2.11.2 より $g^{-1} \in \bigcap_{p<1} H^p$ である. 定理 2.8.3 より $g^{-1} = S_2 h_2$ と因数分解できる. よって $1 = S_1 S_2 h_1 h_2$ で

ある．定義より，$j = 1, 2$ に対して

$$S_j(z) = e^{i\gamma_j} \exp\left\{-\int_{-\pi}^{\pi} \frac{e^{it}+z}{e^{it}-z} d\mu_j(t)\right\}$$

である．ここで $\mu_j \in M[-\pi, \pi]$ は特異な正測度である．また定義より，$j = 1, 2$ に対して

$$h_j(z) = \exp\left\{\int_{-\pi}^{\pi} \frac{e^{it}+z}{e^{it}-z} \log|h_j(e^{it})| dt\right\}$$

である．よって，$1 = S_1 S_2 h_1 h_2$ より $|(h_1 h_2)(e^{i\theta})| = 1$ a.e. θ だから，$(h_1 h_2)(z) = 1$ $(z \in D)$．よって $(S_1 S_2)(z) = 1$ $(z \in D)$ だから $\mu_1 + \mu_2 = 0$ であり，$\mu_1 = \mu_2 = 0$ となる．よって $S_1 = e^{i\gamma_1}$ となり，$g = e^{i\gamma_1} h_1$ は外部関数である．k が外部関数であることは同様に示すことができるから，$f = k^{-1} g$ も外部関数である． ∎

例 2.15.8. $f \in S^1$ かつ $\|f\|_1 = 1$ とする．もし $\operatorname{Re} f(e^{i\theta}) k(e^{i\theta}) \geq 0$ a.e. θ となる $k \in H^\infty$ で $k^{-1} \in H^\infty$ となるものが存在するならば，f は S^1 の露点である．

証明 $g = fk/\|fk\|_1$ とする．$k, k^{-1} \in H^\infty$ だから，命題 2.15.5 より $h \in S^1$ が $h(e^{i\theta})/g(e^{i\theta}) \geq 0$ a.e. θ ならば $h = g$ を示すとよい．$\operatorname{Re}(h(e^{i\theta}) + g(e^{i\theta}))/2 \geq 0$ a.e. θ より，例 2.15.7 より $(h+g)/2$ は外部関数である．一方もし h が g のスカラー倍でなければ，定理 2.15.3 に反する． ∎

定理 2.15.3 は de Leeuw-Rudin の結果である [5]．命題 2.15.6 は逆も成立することが知られている [6]．例 2.15.8 は [7] により，その証明は [8] による．S^1 の露点は端点と比較するとよく分かっていない．露点の研究については [9] と [10] がある．

2.16 極値問題の解

$1 \leq p \leq \infty$ のとき，$\phi \in (H^p)^*$ に対してその極値問題の解で $\phi(f) > 0$ となるものの全体を S_ϕ^p と書く．即ち

$$S_\phi^p = \{f \in S^p \,;\, \phi(f) = \|\phi\|\}$$

とする．ここで $S^p = \{f \in H^p \; ; \; \|f\|_p = 1\}$ である．S^p_ϕ は凸集合である．$\langle S^p_\phi \rangle$ を S^p_ϕ を含む H^p の最小の部分空間とする．定理 2.14.4 より，$1 < p < \infty$ のとき $\langle S^p_\phi \rangle$ は 1 次元である．また $p = \infty$ のとき，$\phi \in L^1/zH^1$ ならば $\langle S^p_\phi \rangle$ は 1 次元である．しかし，$p = 1$ のとき，$\phi \in C/zA$ であっても $\langle S^p_\phi \rangle$ は 1 次元とは限らない．$1/p + 1/q = 1$ のとき $k \in L^q$ に対して

$$\phi(f) = \frac{1}{2\pi i} \int_{|z|=1} f(z) k(z) dz \quad (f \in H^p)$$

であるとき，$S^p_\phi = S^p_k$ と書く．$p \neq \infty$ のとき定理 2.13.1 より $\phi \in (H^p)^*$ に対して，上のような k が常に存在する．

補題 2.14.3 より $\phi \in (H^p)^*$ の極値核と極値解の関係が示されているが，それより次の命題が直ちに導かれる．

命題 2.16.1. $1 \leq p < \infty$, $\phi \in (H^p)^*$ かつ $\|\phi\| = 1$ とする．K を ϕ の極値核とすると，

$$S^p_\phi = \left\{ f \in S^p \; ; \; K(e^{i\theta}) = e^{-i\theta} \frac{|f(e^{i\theta})|^p}{f(e^{i\theta})} \; \text{a.e.} \; \theta \right\}$$

である．ここで，$p = 1$ のときは $S^1_\phi \neq \emptyset$ としている．

証明 補題 2.14.3 より，$f \in S^p_\phi$ ならば $e^{i\theta} K(e^{i\theta}) f(e^{i\theta}) = |K(e^{i\theta})||f(e^{i\theta})|$ かつ $|K(e^{i\theta})| = |f(e^{i\theta})|^{p/q}$ より，$1/p + 1/q = 1$ だから明らか． ∎

k の具体的例として次のようなものがある．

例 2.16.2. k を ϕ の積分表現の核とする．$f(z) = \sum_{j=0}^\infty a_j z^j \in H(D)$ とする．
(1) $k(z) = \sum_{j=1}^n \frac{c_j}{z - \beta_j}$, $|\beta_j| < 1$ ならば $\phi(f) = \sum_{j=1}^n c_j f(\beta_j)$ である．
(2) $k(z) = n!(z - \beta)^{-n-1}$, $|\beta| < 1$ ならば $\phi(f) = f^{(n)}(\beta)$ である．
(3) $k(z) = \sum_{j=0}^n c_j z^{-j-1}$ ならば $\phi(f) = \sum_{j=0}^n c_j a_j$ である．

次の例は，(3) で $c_0 = \cdots = c_{n-1} = 0$ かつ $c_n = 1$ のときの S^p_ϕ を描いている．ϕ が連続関数のときに S^p_ϕ を描くために重要である．

2.16 極値問題の解

例 2.16.3. $k(z) = z^{-(n+1)}$ とするとき, $p \neq 1$ ならば $S_k^p = \{z^n\}$ であり, $p = 1$ のときは

$$S_k^1 = \left\{\gamma \prod_{j=1}^n (z-\alpha_j)(1-\overline{\alpha}_j z) \in S^1 \,; \gamma > 0 \quad \text{かつ} \quad \alpha_j \in \mathbb{C},\, |\alpha_j| \leq 1 \right\}$$

である.

証明 $p \neq 1$ のとき定理 2.14.4 より明らかである. $p = 1$ のとき, S_k^1 が右辺を含むことは, 命題 2.16.1 より明らかである. S_k^1 が右辺に含まれることを示す. $f \in S_k^1$ に対して $F(z) = f(z)/z^n$ とすると, 命題 2.16.1 より $F(z) \geq 0$ ($z \in \partial D$) なので, $F(z) = \sum_{j=-n}^n c_j z^j, \overline{c}_j = c_{-j}$ かつ $c_n \neq 0$ である. $F(z)$ は有理関数であり, $F(z) \geq 0$ ($z \in \partial D$) なので, 鏡像の原理より $F(\alpha) = 0$ ならば $F(1/\overline{\alpha}) = 0$ である. $f(z) = z^n F(z)$ は次数 $2n$ の多項式で, $2n$ 個の零点を持つ. ∂D 上の零点は偶位数である. よって

$$f(z) = \gamma \prod_{j=1}^n (z-\alpha_j)(1-\overline{\alpha}_j z),$$

$|\alpha_j| \leq 1$ かつ $\gamma > 0$ である. ∎

補題 2.16.4. q_j ($1 \leq j \leq \ell$) は定数でない内部関数, $q = \prod_{j=1}^\ell q_j$ かつ h を外部関数とする. $K = \overline{zq}|h|/h$ とすると, 任意の $\{b_j\}_{j=1}^\ell \subset D$ に対して, $f(b_1) = \cdots = f(b_\ell) = 0$ となる $f \in S_K^1$ が存在する.

証明 a.e. θ に対して

$$\overline{q(e^{i\theta})} \prod_{j=1}^\ell (q_j(e^{i\theta}) - q_j(0))(1 - \overline{q_j(0)} q_j(e^{i\theta})) \geq 0$$

であるから, 定数 $\gamma > 0$ を選ぶと, 命題 2.16.1 より

$$g = \gamma h \prod_{j=1}^\ell (q_j - q_j(0))(1 - \overline{q_j(0)} q_j)$$

は S_K^1 に属する.$g/z^\ell \in H^1$ であるから,任意の $\{b_j\}_{j=1}^\ell \subset D$ に対して,ある定数 $\delta > 0$ があって

$$f = \delta \frac{g}{z^\ell} \prod_{j=1}^{\ell}(z-b_j)(1-\bar{b}_j z)$$

は S_K^1 に属するから,f は求める関数である. ∎

補題 2.16.5. $K = \bar{z}^{m+1}|g|/g$,m は非負整数かつ g は S^1 の露点とする.任意の $f \in S_K^1$ の因数分解の内部関数は,D で $(m+1)$ 個以上の零点を持たない有限 Blaschke 積である.

証明 $\{a_j\}_{j=1}^{m+1} \subset D$ について,$f(a_1) = \cdots = f(a_{m+1}) = 0$ となる $f \in S_K^1$ が存在するならば,ある $\gamma > 0$ と $h \in H^1$ があって,

$$f(z) = \gamma \prod_{j=1}^{m+1}(z-a_j)(1-\bar{a}_j z)h$$

と書くことができる.よって,例 2.16.3 より,ある $\gamma_0 > 0$ があって,$\gamma_0 z^{m+1} h \in S_K^1$ とできる.このとき,補題 2.14.3 より $e^{i\theta}h(e^{i\theta})/g(e^{i\theta}) \geq 0$ a.e. θ であるから,露点の定義より g は zh の定数倍となる.よって,g は外部関数とならないので,S^1 の露点であることに矛盾する.$f = qh$ と分解できて,q は特異内部関数とすると,$q = \prod_{j=1}^{m+1} q_j$ と分解できる.ここで q_j ($1 \leq j \leq m+1$) は定数ではない.よって,$\delta > 0, |\alpha_j| \leq 1$ ($1 \leq j \leq m+1$) かつ

$$F(z) = \delta \prod_{j=1}^{m+1}(q_j - \alpha_j)(1-\bar{\alpha}_j q_j)h$$

とすると $F \in S_K$ とできる.$q_j - \alpha_j$ は D の中に零点を持つよう選ぶと F は $(m+1)$ 個の零点を持つ.これは上に示されたことに矛盾するので,f の内部関数は求める Blaschke 積である. ∎

補題 2.16.6. $K = \bar{z}^{m+1}|g|/g$,m は非負整数かつ g は S^1 の露点とする.このとき

$$S_K^1 = (\{\gamma\} \times S_{\bar{z}^{m+1}}^1 \times g) \cap S^1$$

となる.

2.16 極値問題の解

証明 m についての帰納法で示す. $K_m = \bar{z}^{m+1}|g|/g$ とおく. $m = 0$ なら, g は S^1 の露点だから, $S^1_{K_0} = \{g\}$ である. $1 \leq m \leq n$ について, この補題が成立するとする. 即ち, $S^1_{K_m} = (\{\gamma\} \times S^1_{\bar{z}^{m+1}} \times g) \cap S^1$ が成立するとする. $S^1_{K_{n+1}} \supseteq (\{\gamma\} \times S^1_{\bar{z}^{n+2}} \times g) \cap S^1$ は例 2.16.3 より明らかであるから, $S^1_{K_{n+1}} \subseteq (\{\gamma\} \times S^1_{\bar{z}^{n+2}} \times g) \cap S^1$ を示す. $f \in S^1_{K_{n+1}}$ ならば

$$F = (f + z^{n+1}g)/2 \in S^1_{K_{n+1}}$$

である. F は S^1 の端点ではないので, 定理 2.15.3 より F は外部関数ではない. 補題 2.16.5 より, ある $1 \leq \ell \leq n+1$ について, $\{a_j\}_{j=1}^{\ell} \subset D$ と外部関数 $h \in H^1$ が存在して

$$F = \prod_{j=1}^{\ell} \frac{z - a_j}{1 - \bar{a}_j z} h$$

と書ける. 各 j について, $\mathrm{Re}\,(1/1 - \bar{a}_j z) \geq 0$ だから, 定理 2.15.3 と例 2.15.7 より $(1 - \bar{a}_j z)^{-1}$ は外部関数である. 外部関数の有限個の積はまた外部関数となるので,

$$k = \frac{1}{\alpha} \prod_{j=1}^{\ell} \frac{h}{(1 - \bar{a}_j z)^2}$$

として, $\|k\|_1 = 1$ となるように $\alpha > 0$ を定めると, k は H^1 の外部関数であり,

$$F = \alpha \prod_{j=1}^{\ell} (z - a_j)(1 - \bar{a}_j z) k.$$

よって $e^{i\ell\theta} k(e^{i\theta})/F(e^{i\theta}) \geq 0$ a.e. θ であり, $F(e^{i\theta}) e^{-i(n+1)\theta}/g(e^{i\theta}) \geq 0$ a.e. θ だから $e^{i\ell\theta} k(e^{i\theta}) e^{-i(n+1)\theta}/g(e^{i\theta}) \geq 0$ a.e. θ であるから, $k \in S^1_{K_{n-\ell+1}}$. 帰納法の仮定より,

$$k = \beta \prod_{j=1}^{n-\ell+1} (z - b_j)(1 - \bar{b}_j z) g$$

と書ける. ここで $\beta > 0$ であり, $\{b_j\}_{j=1}^{n-\ell+1} \subset \partial D$ である. $a_{\ell+j} = b_j$ ($1 \leq$

$j \leq n - \ell + 1$) とすると

$$F = \alpha\beta \prod_{j=1}^{n+1}(z - a_j)(1 - \overline{a}_j z)g.$$

$$p = 2\alpha\beta \prod_{j=1}^{n+1}(z - a_j)(1 - \overline{a}_j z) - z^{n+1}$$

とすると, $f = 2F - z^{n+1}g = pg$ である. $f \in S^1_{K_{n+1}}$ なので, $e^{-i(n+1)\theta}g(e^{i\theta})^{-1}f(e^{i\theta}) \geq 0$ a.e. θ だから, $e^{-i(n+1)\theta}p(e^{i\theta}) \geq 0$ a.e. θ. よって $p \in \{\gamma\} \times S^1_{\overline{z}^{n+2}}$ であるから, f は $(\{\gamma\} \times S^1_{\overline{z}^{n+2}} \times g) \cap S^1$ に属する. ∎

補題 2.16.7. $k \notin H^\infty$ かつ S^1_k は空でない S^1 の ∗弱コンパクト集合とすると, ある非負整数 m があって, 任意の $f \in S^1_k$ の因数分解の内部関数は, その D における零点の個数が m を越えない有限 Blaschke 積である.

証明 D における任意の有限個の点に対して, それを零点とする関数が S^1_k に存在すると, 補題 2.16.4 より, 各自然数 n について

$$f_n\left(\frac{1}{2}\right) = f_n\left(\frac{1}{3}\right) = \cdots = f_n\left(\frac{1}{n}\right) = 0$$

となる f_n が S^1_k に存在する. S^1_k が ∗弱コンパクトであるから, $\{f_n\}$ の部分列は $f \in S^1_k$ へ, $H^1 = (C/zA)^*$(定理 2.13.3 を見よ) の ∗弱トポロジーで収束する. 各 n について, 点 $z = 1/n$ に対する点評価は命題 2.9.4 より, ∗弱トポロジーに関して連続であるから, $f(1/n) = 0$ $(n = 2, 3, \ldots)$. よって一致の定理より $f \equiv 0$ である. これは $f \in S^1_k$ に反する. それゆえに, 補題 2.16.4 は任意の $f \in S^1_k$ の因数分解の内部関数は有限 Blaschke 積であることを示しているので, この補題の証明が終わる. ∎

定理 2.16.8. $\phi \in C/zA$, 即ち $k \in C$ とする. そのとき, 非負整数 m と S^1 の露点 g があって

$$S^1_\phi = S^1_k = \left\{ \gamma \prod_{j=1}^m (z - a_j)(1 - \overline{a}_j z)g \in S^1 \ ; \ \gamma > 0, \{a_j\}_{j=1}^m \subset D \right\}$$

2.16 極値問題の解

となる.

証明 仮定と定理 2.13.3 より S^1_ϕ は *弱コンパクトである. 補題 2.16.7 より, 任意の $f \in S^1_\phi$ の因数分解の内部関数は有限 Blaschke 積で, その零点の個数は一定数を超えない. m をその零点の最大個数とすると, $f = \prod_{j=1}^m \frac{z-a_j}{1-\overline{a}_j z} h$ となる $f \in S^1_\phi$ が存在する. ここで $h \in H^1$ は外部関数である.

$$g = \gamma h / \prod_{j=1}^m (1-\overline{a}_j z)^2$$

とすると, $\gamma > 0$ を選んで $g \in \mathcal{S}^1$ とできる.

$$\frac{f(e^{i\theta})}{e^{im\theta}g(e^{i\theta})} = \frac{1}{\gamma} \frac{\prod_{j=1}^m (e^{i\theta}-a_j)(1-\overline{a}_j e^{i\theta})}{e^{im\theta}} \geq 0 \text{ a.e. } \theta$$

となるので, 命題 2.16.1 より $z^m g \in S^1_\phi$ である. g が S^1 の露点であることが分かると, $K = \overline{z}^{m+1}|g|/g$ として補題 2.16.6 を用いると, 定理の証明は終わる. g が S^1 の露点でないならば, 命題 2.15.5 より $g \not\equiv G$ となる $G \in S^1$ が存在して $z^m G \in S^1_\phi$ となる. このとき $z^m(g+G)/2 \in S^1_\phi$ となるが, 定理 2.15.3 より $(g+G)/2$ は外部関数とはならないので, S^1_ϕ に属する関数の内部関数部分は Blaschke 積でその零点の個数は m を超えないということに矛盾する. ∎

定理 2.16.9. $1 < p < \infty$, $1/p + 1/q = 1$ かつ $\phi \in (H^p)^*$, $\|\phi\| = 1$ とする. K を ϕ の極値核かつ G を $|K(e^{i\theta})| = |G(e^{i\theta})|$ a.e. θ となる外部関数とする. $\phi_0 \in (H^1)^*$ を $K_0 = K/G$ で定義されるとする. $\phi_0 \in C/zA$ ならば, ある $\{a_j\}_{j=1}^n \subset \overline{D}$ と $\gamma > 0$ が存在して,

$$K_0 = \overline{z}^{n+1}\frac{|g|}{g} \text{ かつ } g \text{ は } S^1 \text{の露点,}$$

$$G = \gamma^{1/q} \prod_{j=1}^s (1-\overline{a}_j z)^{2/q} \left[\prod_{j=s+1}^n (z-a_j)(1-\overline{a}_j z)\right]^{1/q} g^{1/q}$$

かつ S^p_ϕ は

$$\gamma^{1/p} \prod_{j=1}^s (z-a_j)(1-\overline{a}_j z)^{2/p-1} \left[\prod_{j=s+1}^n (z-a_j)(1-\overline{a}_j z)\right]^{1/p} g^{1/p}$$

となる S^p の元からなる。ここで $|a_j| < 1$ $(1 \le j \le s)$, $|a_j| = 1$ $(s+1 \le j \le n)$ かつ $\gamma > 0$ である。

証明 $1 < p < \infty$ だから定理 2.14.4 より $S_\phi^p = \{F\}$ となる $F \in H^p$ が存在する。このとき、K は ϕ の極値核だから、補題 2.14.3 より $|K(e^{i\theta})| = |F(e^{i\theta})|^{p/q}$ a.e. θ である。定理 2.8.3 より $F = Qh$ と因数分解できる。$G = h^{q/p}$ とすると、G は外部関数であり $|K(e^{i\theta})| = |G(e^{i\theta})|$ a.e. θ かつ $F = QG^{p/q}$ である。$K_0 = K/G$ であるから、$q/p + 1 = q$ を用いて、補題 2.14.3 より $e^{i\theta} Q(e^{i\theta}) G^q(e^{i\theta}) K_0(e^{i\theta}) \ge 0$ a.e. θ である。$|QG^q| = |F|^p$ だから $QG^q \in \mathcal{S}^1$ であるので、$QG^q \in \mathcal{S}_{\phi_0}^1$ となる。$\phi_0 \in C/zA$ だから、定理 2.16.8 より $K_0 = \bar{z}^{n+1}|g|/g, g$ は S^1 の露点でありかつ

$$QG^q = \gamma \prod_{j=1}^n (z - a_j)(1 - \bar{a}_j z) g$$

となる $\gamma > 0$ と $\{a_j\}_{j=1}^n \subset \overline{D}$ と g が存在する。ここで、$\{a_j\}_{j=1}^n$ は $|a_j| < 1$ $(1 \le j \le s)$ かつ $|a_j| = 1$ $(s+1 \le j \le n)$ とみることができる。それゆえに、

$$Q = \prod_{j=1}^s \frac{z - a_j}{1 - \bar{a}_j z}$$

かつ

$$G^q = \gamma \prod_{j=1}^s (1 - \bar{a}_j z)^2 \prod_{j=s+1}^n (z - a_j)(1 - \bar{a}_j z) g$$

となる。$F = QG^{q/p}$ であるから

$$F = \gamma^{1/p} \prod_{j=1}^s (z - a_j)(1 - \bar{a}_j z)^{2/p - 1} \left[\prod_{j=s+1}^n (z - a_j)(1 - \bar{a}_j z) \right]^{1/p} g^{1/p}$$

となる。∎

ϕ を定義する核 k が有理関数のときは応用上重要であり多くの人々によって研究された。たとえば、Duren による成書 [11] の 8 章を参照せよ。k が有理関数ならば、$k \in C$ であるから、定理 2.16.8 が適用できる。また、

$1 < p < \infty$ のとき,k に対する極値核 K がふたたび有理関数となることが知られているので,定理 2.16.9 を適用できる.定理 2.16.8 は [8] に,定理 2.16.9 は [12] において証明されている.定理 2.16.8 で $\phi \notin C/zA$ であるとき,S_ϕ^1 の研究については [13] がある.

2.17 Pick の補間問題

D における相異なる有限個の点 $\{z_j\}_{j=1}^n$ と,$\mathbb{C}$ における有限個のデータ $\{w_j\}_{j=1}^n$ について,H^∞ に属する関数 f で,

$$f(z_j) = w_j \quad (1 \le j \le n)$$

となるものが存在する.実際 $1 \le j \le n$ に対して,

$$B_n(z) = \prod_{j=1}^n \frac{z-z_j}{1-\overline{z}_j z} \quad \text{かつ} \quad B_{nj}(z) = B_n(z) \frac{1-\overline{z}_j z}{z-z_j}$$

とする.

$$f(z) = \sum_{j=1}^n w_j \frac{B_{nj}(z)}{B_{nj}(z_j)}$$

とおくと,$f(z_j) = w_j$ $(1 \le j \le n)$ となる.よって f の上のさらなる条件がないときには,有限個の点の場合には補間問題は簡単に解かれる.応用上重要な (有限) 補間問題は,いつ $\|f\|_\infty \le 1$ として選ぶことができるかである.

定理 2.17.1 は最小ノルム補間問題と呼ばれるが,2.18 節で用いられる.定理 2.17.7 は **Pick の定理** [14] と呼ばれる.Sarason による新しい方法で,即ち定理 2.17.5 を用いて Pick の定理を証明する.この方法は,複素関数論ではなく,作用素論を用いている.

定理 2.17.1. $1 \le p \le \infty$, $\{z_j\}_{j=1}^n \subset D$ かつ $\{w_j\}_{j=1}^n \subset \mathbb{C}$ とする.このとき $f(z_j) = w_j$ $(1 \le j \le n)$ を満足する最小ノルムの $f \in H^p$ が存在す

る．また

$$\min\{\|f\|_p\ ;\ f\in H^p, f(z_j)=w_j\ (1\le j\le n)\}$$
$$=\max\left\{\left|\sum_{j=1}^n \frac{w_j(1-|z_j|^2)}{B_{nj}(z_j)}g(z_j)\right|\ ;\ g\in H^q, \|g\|_q\le 1\right\}$$

である．

証明 最初に，
$$F(z)=\sum_{j=1}^n w_j \frac{B_{nj}(z)}{B_{nj}(z_j)}$$
とすると，$F\in H^p$ である．$g\in H^p$ について
$$f(z)=F(z)-B_n(z)g(z)$$
とすると，$f(z_j)=w_j\ (1\le j\le m)$ となる．$\{w_j\}_{j=1}^n$ に対する一般的な補間関数はこの形となる．$k=F/B_n$ とすると，$k\in L^p$ であり
$$\inf_{g\in H^p}\|F-B_n g\|_p = \inf_{g\in H^p}\|k-g\|_p$$
となる．定理 2.14.2 より，inf は min とすることができるので，$f(z_j)=w_j\ (1\le j\le n)$ となる最小ノルムの $f\in H^p$ が存在する．
$$k(z)=\sum_{j=1}^n \frac{w_j}{B_{nj}(z_j)}\frac{1-\bar{z}_j z}{z-z_j}$$
であるから，$h\in H^q\ (1/p+1/q)$ に対して
$$\phi(f)=\frac{1}{2\pi i}\int_{-\pi}^{\pi}k(z)h(z)dz=\sum_{j=1}^n \frac{w_j(1-|z_j|^2)}{B_{nj}(z_j)}h(z_j)$$
とすると，$\phi\in (H^q)^*$ である．定理 2.14.2 より $p\ne 1$ のとき
$$\min\{\|f\|_p\ ;\ f\in H^p, f(z_j)=w_j\ (1\le j\le n)\}$$
$$=\min\{\|k-g\|_p\ ;\ g\in H^p\}$$
$$=\max\left\{\left|\sum_{j=1}^n \frac{w_j(1-|z_j|^2)}{B_{nj}(z_j)}h(z_j)\right|\ ;\ h\in H^q,\ \|h\|_q\le 1\right\}$$

2.17 Pick の補間問題

である. $p = 1$ のときも, $k \in C$ であるから定理 2.14.2 と定理 2.14.4 の (3) より, 上の等式は成立する. ∎

$f \in H^\infty$ に対して, M_f を H^2 上のかけ算作用素とすると H^2 上の有界な線形作用素となる. H^2 は内積 $\langle\ ,\ \rangle$ を

$$\langle f, g \rangle = \frac{1}{2\pi} \int_{-\pi}^{\pi} f(e^{i\theta}) \overline{g(e^{i\theta})} d\theta \quad (f, g \in H^2)$$

として定義すると, Hilbert 空間となる. 内部関数 q に対して, $N = H^2 \ominus qH^2$, 即ち qH^2 の H^2 における直交補空間とする. P を H^2 から N への直交射影とする. N 上の有界線形作用素 T_f を $T_f = PM_f|N$ として定義する. T_f^* は T_f の共役作用素を表す. 定理 2.17.5 は q が一般の内部関数のとき Sarason[15] によって証明された.

補題 2.17.2. $q = B_n$ のとき N は $\{(1 - \overline{z}_j z)^{-1}\}_{j=1}^n$ で生成される.

証明 $|a| < 1$ のとき, 命題 2.9.4 より $g \in H^2$ ならば

$$g(a) = \frac{1}{2\pi} \int_{-\pi}^{\pi} \frac{e^{it}}{e^{it} - a} g(e^{it}) dt$$

である.

$$\frac{e^{it}}{e^{it} - a} = \frac{1}{1 - ae^{-it}}$$

だから, $\{(1 - \overline{z}_j z)^{-1}\}_{j=1}^n$ は $B_n H^2$ に直交する. $B_n H^2 = \{g \in H^2\ ;\ g(z_j) = 0\ (1 \leq j \leq n)\}$ であるから, N は n 次元空間であるので, N は $\{(1 - \overline{z}_j z)^{-1}\}_{j=1}^n$ で生成される. ∎

補題 2.17.3. $q = B_n$ のとき, $f \in H^\infty$ なら

$$T_f^*\left(\frac{1}{1 - \overline{z}_j z}\right) = \frac{\overline{f(z_j)}}{1 - \overline{z}_j z} \quad (1 \leq j \leq n)$$

である.

証明 $k_j = (1 - \overline{z}_j z)^{-1}$ $(1 \leq j \leq n)$ とすると,任意の $g \in N$ に対して

$$\langle T_f^* k_j, g \rangle = \langle k_j, fg \rangle = \overline{\langle fg, k_j \rangle} = \overline{f(z_j) g(z_j)}$$
$$= \langle \overline{f(z_j)} k_j, g \rangle$$

であるから,$T_f^* k_j = \overline{f(z_j)} k_j$ である. ∎

補題 2.17.4. $q = B_n$ とする.このとき任意の $f \in H^\infty$ について,$T_z T_f = T_f T_z$ である.さらに A が N 上の有界線形作用素で,$T_z A = A T_z$ ならば,任意の $h \in N$ について $T_h A = A T_h$ が成立する.

証明 任意の $f, g \in H^\infty$ について,

$$T_f T_g = P M_f P M_g | N = P M_f (P + I - P) M_g | N$$
$$= P M_{fg} | N = T_{fg}$$

である.ここで $(I - P) H^2 = B_n H^2$ であるから $M_f (I - P) M_g N \subset B_n H^2$ となることを用いた.これは前半を示している.また,$T_z A = A T_z$ のとき f が z の多項式ならば $T_f A = A T_f$ となる.$h \in N$ ならば補題 2.17.2 より,h は z の多項式により一様近似できる.これらのことより $\|T_f\| \leq \|f\|_\infty$ が成立することを用いて,$T_h A = A T_h$ を示すことができる. ∎

定理 2.17.5 (Sarason). $q = B_n$ とする.A が N 上の有界な線形作用素で,$T_z A = A T_z$ ならば $A = T_f$ かつ $\|A\| = \|f\|_\infty$ となる $f \in H^\infty$ が存在する.

証明 補題 2.17.2 より,$N \subset H^\infty$ であるから $F = AP1$ とおくと,$F \in H^\infty$ である.補題 2.17.4 より $h, g \in N$ とすると $T_h T_F = T_F T_h$ だから,

$$\langle Ah, g \rangle = \langle A T_h P1, g \rangle = \langle T_h A P1, g \rangle$$
$$= \langle T_h T_F P1, g \rangle = \langle T_F T_h P1, g \rangle$$
$$= \langle T_F h, g \rangle$$

が成立する.$h, g \in N$ は任意であるから,$A = T_F$ となり,$\|A\| \leq \|F\|_\infty$ である.

2.17 Pick の補間問題

$F - G \in B_n H^\infty$ ならば $T_F = T_G$ だから，$\|A\| \leq \|F + B_n H^\infty\|$. $\|A\| = \|F + B_n H^\infty\|$ を示すと，定理 2.14.2 より $A = T_f$ かつ $\|A\| = \|f\|_\infty$ となる f の存在が示せる．$h \in H^2$, $k \in B_n \overline{H_0^2}$ ならば

$$\langle Fh, k \rangle = \langle FPh, k \rangle + \langle F(I - P)h, k \rangle$$
$$= \langle FPh, k \rangle = \langle PFPh, k \rangle.$$

よって $k = B_n \overline{g}$ とすると，

$$\left| \int_{-\pi}^{\pi} \overline{B}_n F h g d\theta/2\pi \right| \leq \|T_F\| \|h\|_2 \|g\|_2$$

である．任意の $\ell \in e^{i\theta} H^1$ は，定理 2.8.3 より $\ell = QL$ と因数分解できるから，$h = L^{1/2}$ かつ $g = QL^{1/2}$ とすると $\|\ell\|_1 = \|h\|_2 \|g\|_2$ となる．よって

$$\left| \int_{-\pi}^{\pi} \overline{B}_n F \ell d\theta/2\pi \right| \leq \|T_F\| \|\ell\|_1$$

であるから，定理 2.14.2 より

$$\|\overline{B}_n F + H^\infty\| \leq \|T_F\|$$

だから，$\|T_F\| = \|F + B_n H^\infty\|$ が示せる． ∎

補題 2.17.6. $q = B_n$ とする．$B(1 - \overline{z}_j z)^{-1} = \overline{w}_j(1 - \overline{z}_j z)^{-1}$ $(1 \leq j \leq n)$ とすると，B は N 上の有界な線形作用素 $\tilde{B}$ に拡張でき，$\|\tilde{B}\| \leq 1$ となる必要十分条件は

$$\sum_{j,k=1}^n \frac{1 - w_j \overline{w}_k}{1 - z_j \overline{z}_k} \alpha_j \overline{\alpha}_k \geq 0 \quad (\{\alpha_j\}_{j=1}^n \subset \mathbb{C})$$

である．

証明 補題 2.17.2 より $h \in N$ ならば，$h = \sum_{j=1}^n \alpha_j (1 - \overline{z}_j z)^{-1}$ と書けるので，

$$\tilde{B}h = \sum_{j=1}^n \alpha_j \overline{w}_j (1 - \overline{z}_j z)^{-1}$$

とすると $\tilde{B}$ は N 上の有界線形作用素となる．$\|h\|_2^2 = \sum_{j,k} \alpha_j \overline{\alpha}_k (1-\overline{z}_j z_k)^{-1}$ であり，かつ
$$\|\tilde{B}h\|_2^2 = \sum_{j,k} \alpha_j \overline{\alpha}_k \overline{w}_j w_k \, (1-\overline{z}_j z_k)^{-1}$$
である．よって $\|\tilde{B}h\|_2 \leq \|h\|_2$ である必要かつ十分条件は，任意の $\{\alpha_j\}_{j=1}^n$ について
$$\sum_{j,k=1}^n \frac{1-w_j \overline{w}_k}{1-z_j \overline{z}_k} \overline{\alpha}_j \alpha_k \geq 0$$
である． ■

定理 2.17.7 (Pick). $\{z_j\}_{j=1}^n \subset D$ かつ $\{w_j\}_{j=1}^n \subset \mathbb{C}$ とする．$f(z_j) = w_j \, (1 \leq j \leq n)$ を満足する $f \in H^\infty$ で，$\|f\|_\infty \leq 1$ となるものが存在する必要十分条件は
$$\sum_{j,k=1}^n \frac{1-w_j \overline{w}_k}{1-z_j \overline{z}_k} \alpha_j \overline{\alpha}_k \geq 0 \quad (\{\alpha_j\}_{j=1}^n \subset \mathbb{C})$$
である．

証明 $f(z_j) = w_j \, (1 \leq j \leq n)$ かつ $\|f\|_\infty \leq 1$ となる $f \in H^\infty$ が存在するならば，補題 2.17.3 と $\|T_f^*\| = \|T_f\|$ と補題 2.17.6 より
$$\sum_{j,k=1}^n \frac{1-w_j \overline{w}_k}{1-z_j \overline{z}_k} \alpha_j \overline{\alpha}_k \geq 0 \quad (\{\alpha_j\}_{j=1}^n \subset \mathbb{C})$$
である．逆に
$$\sum_{j,k=1}^n \frac{1-w_j \overline{w}_k}{1-z_j \overline{z}_k} \alpha_j \overline{\alpha}_k \geq 0$$
ならば，$B(1-\overline{z}_j z)^{-1} = \overline{w}_j (1-\overline{z}_j z)^{-1}$ とすると，補題 2.17.6 より $\|\tilde{B}\| \leq 1$ となる．$\tilde{B}T_z^* = T_z^* \tilde{B}$ だから，$A = \tilde{B}^*$ とすると，$T_z A = AT_z$ となる．よって，定理 2.17.5 より $A = T_f$ かつ $\|A\| = \|f\|_\infty$ となる $f \in H^\infty$ が存在する．補題 2.17.3 より $T_f^*(1-\overline{z}_j z)^{-1} = \overline{f(z_j)}(1-\overline{z}_j z)^{-1}$ であるから，$f(z_j) = w_j$ かつ $\|f\|_\infty = \|\tilde{B}\| \leq 1$ である． ■

2.18 Carleson の補間問題 (I)

D における相異なる無限個の点 $\{z_j\}_{j=1}^{\infty}$ と $\mathbb{C}$ における無限個のデータ $\{w_j\}_{j=1}^{\infty}$ について, H^p に属する関数 f で
$$f(z_j) = w_j \quad (1 \le j < \infty)$$
となるものは, $\{z_j\}$ が有限個の点である場合とは異なりいつでも存在するとは限らない.

2.17 節におけるように, 相異なる $\{z_j\}_{j=1}^{n}$ に対して Blaschke 積 $B_n(z)$ と $B_{nj}(z)$ を定義し,
$$f_n(z) = \sum_{j=1}^{n} w_j \frac{B_{nj}(z)}{B_{nj}(z_j)}$$
とおく. このとき $f_n(z_j) = w_j \ (1 \le j \le n)$ であった. 次の命題 2.18.1 は無限個の補間問題についての一般的な解答を与えている.

命題 2.18.1. $1 \le p \le \infty$ かつ $1/p + 1/q = 1$ とする. また $\{z_j\}_{j=1}^{\infty} \subset D$ かつ $\{w_j\}_{j=1}^{\infty} \subset \mathbb{C}$ とする. このとき, $f(z_j) = w_j \ (1 \le j < \infty)$ となる $f \in H^p$ が存在する必要十分条件は, 全ての $g \in H^q$ について
$$\left| \sum_{j=1}^{n} \frac{w_j}{B_{nj}(z_j)} (1 - |z_j|^2) g(z_j) \right| \le \gamma \|g\|_q \quad (n = 1, 2, \ldots)$$
となる定数 $\gamma > 0$ が存在することである.

証明 $w = (w_j)_{j=1}^{\infty}$ とするとき, $n \ge 1$ に対して
$$m_{p,n}(w) = \inf\{\|f_n + B_n h\|_p \ ; \ h \in H^p\}$$
とすると, 定理 2.17.1 より
$$m_{p,n}(w) = \sup \left\{ \left| \sum_{j=1}^{n} \frac{w_j}{B_{nj}(z_j)} (1 - |z_j|^2) g(z_j) \right| \ ; \right.$$
$$\left. g \in H^q \text{ かつ } \|g\|_q \le 1 \right\}$$

である. $\gamma = \sup_n m_{p,n}(w) < \infty$ とする. 定理 2.14.2 より, $F_n \in f_n + B_n H^p$ かつ $\|F_n\|_p = m_{p,n}(w)$ となる F_n が存在する. このとき $\|F_n\|_p \leq \gamma$ $(n \geq 1)$ かつ $F_n(z_j) = w_j$ $(1 \leq j \leq n)$ である. 定理 2.13.2 と定理 2.13.3 より, H^p の単位球は $*$ 弱コンパクトであるから, $\{F_n\}$ の部分列 $\{F_{n_k}\}$ で, F_{n_k} はある $f \in H^p$ に $*$ 弱トポロジーで収束する. 命題 2.9.4 より

$$\phi_j(h) = h(z_j) = \frac{1}{2\pi i} \int_{|z|=1} \frac{h(z)}{z - z_j} dz \quad (h \in H^p)$$

とすると, $(z - z_j)^{-1} \in L^q \cap C$ であるから, ϕ_j は $*$ 弱連続である. よって $f(z_j) = w_j$ $(1 \leq j < \infty)$ である. 逆に $f \in H^p$ で $f(z_j) = w_j$ $(1 \leq j < \infty)$ となる f が存在すると,

$$\inf\{\|f + B_n h\|_p \,;\, h \in H^p\} \leq \|f\|_p$$

であるから, $\sup_n m_{p,n}(w) < \infty$ となる. これは定理を示している. ■

命題 2.18.1 は無限個の補間問題に対する解答としては全く不十分である. 次の命題 2.18.2 はある特別なデータ $\{w_j\}_{j=1}^\infty$ に対する解答を与えている. $\delta_{\ell j} = 0$ $(\ell \neq j)$ かつ $\delta_{\ell j} = 1$ $(\ell = j)$ とする.

命題 2.18.2. $0 < p \leq \infty$ かつ $(w_j)_{j=1}^\infty = (\delta_{\ell j})_{j=1}^\infty$ とするとき,

$$f(z_j) = w_j \quad (1 \leq j < \infty)$$

となる $f \in H^p$ が存在する必要十分条件は $\sum_{j=1}^\infty (1 - |z_j|) < \infty$ である.

証明 $\sum_{j=1}^\infty (1 - |z_j|) < \infty$ とすると, 定理 2.6.1 より $\{z_j\}_{j=1}^\infty$ に対する Blaschke 積 B が存在する. 任意の自然数 ℓ に対して

$$B_\ell(z) = B(z) \frac{z_\ell}{|z_\ell|} \frac{1 - \overline{z}_\ell z}{z_\ell - z}$$

として,

$$f(z) = B_\ell(z)/B_\ell(z_\ell)$$

とおくと, $f \in H^p$ かつ $f(z_j) = \delta_{\ell j}$ $(1 \leq j < \infty)$ である. 逆に, $f(z_j) = \delta_{\ell j}$ $(1 \leq j < \infty)$ となる $f \in H^p$ が存在するならば, 定理 2.6.3 より $\sum_{j=1}^\infty (1 - |z_j|) < \infty$ となる. ■

2.18 Carlesonの補間問題 (I)

$$\ell^0 = \{(w_j) \; ; \; (w_j) = (\delta_{\ell j}),\ 1 \le \ell < \infty\}$$

とすると,もし $\sum_{j=1}^{\infty}(1-|z_j|) < \infty$ ならば命題 2.18.2 より $\{(f(z_j))\,;\,f \in H^p\} \supset \ell^0$ である. $\ell^{\infty} = \{(w_j) \; ; \; \sup_j |w_j| < \infty\}$ とすると,

$$\ell^{\infty} \supset \{(f(z_j)) \; ; \; f \in H^{\infty}\} \supset \ell^0$$

である. $\{(f(z_j))\,;\,f \in H^{\infty}\}$ は ℓ^{∞} のどのような部分空間かを知ることが最終目標であるが,Carleson[16] は $\{(f(z_j))\,;\,f \in H^{\infty}\} = \ell^{\infty}$ となる必要十分条件を与えた.この Carleson の結果は,Shapiro と Shields[17] によって $1 \le p < \infty$ へ,Kabaila[18] によって $0 < p < 1$ へ一般化された.しかし彼等は $\{(f(z_j))\,;\,f \in H^p\}$ ではなく $\{((1-|z_j|^2)^{1/p}f(z_j))\,;\,f \in H^p\}$ を研究した. $0 < p < \infty$ に対して,$\ell^p = \{(w_j)\,;\,\sum_{j=1}^{\infty}|w_j|^p < \infty\}$ とする.

$\{z_j\}_{j=1}^{\infty} \subset D$ は $\sum_{j=1}^{\infty}(1-|z_j|) < \infty$ とすると,定理 2.6.1 より Blaschke 積

$$B(z) = \prod_{j=1}^{\infty} \frac{|z_j|}{z_j} \frac{z_j - z}{1 - \overline{z}_j z}$$

が存在する.

$$\rho_{k,n} = \prod_{\substack{j=1 \\ j \ne k}}^{n} \left| \frac{z_j - z_k}{1 - \overline{z}_j z_k} \right| \qquad (1 \le k \le n),$$

$$\rho_k = \prod_{\substack{j=1 \\ j \ne k}}^{\infty} \left| \frac{z_j - z_k}{1 - \overline{z}_j z_k} \right|$$

とすると,$\rho_{k,n} \ge \rho_{k,n+1}$ かつ $\lim_{n \to \infty} \rho_{k,n} = \rho_k$ $(k \ge 1)$ である.一般に $\rho_k > 0$ とは限らないが,$\rho_k > 0$ $(k \ge 1)$ のとき $\{z_j\}_{j=1}^{\infty}$ は**分離**されているといわれる. $\inf_k \rho_k > 0$ のとき $\{z_j\}_{j=1}^{\infty}$ は**一様分離**されているといわれる.

定理 2.18.3. $0 < p \le \infty$ とする. $\{((1-|z_j|^2)^{1/p}f(z_j))\,;\,f \in H^p\} = \ell^p$ となる必要十分条件は $\{z_j\}_{j=1}^{\infty}$ が一様分離されていることである.

$\ell^p((1-|z|^2)^{1/p}) = \{(w_j)\,;\,\sum_{j=1}^{\infty}(1-|z_j|^2)|w_j|^p < \infty\}$ とするとき, $\{((1-|z_j|^2)^{1/p}f(z_j))\,;\,f \in H^p\} = \ell^p$ であることは $\{(f(z_j))\,;\,f \in H^p\} = \ell^p((1-|z|^2)^{1/p})$ である.

これから定理 2.18.3 の証明をするが, $p=2$ のとき (正確には十分条件の証明の一部) が証明されると, $p \neq 2$ の場合はそれから導かれる. 次の命題 2.18.4 の証明は 2.19 節で証明されるが, この節ではそれを用いて, 目標である定理 2.18.3 の証明を与える.

命題 2.18.4. $\{((1-|z_j|^2)^{1/2}f(z_j))\,;\,f\in H^2\} = \ell^2$ となる必要十分条件は $\{z_j\}_{j=1}^{\infty}$ が一様分離されていることである.

証明 補題 2.18.5 は必要性を示している. $\inf_j \rho_j > 0$ ならば $\{((1-|z_j|^2)^{1/2}f(z_j))\,;\,f\in H^2\} = \ell^2$ は 2.19 節で示される. ∎

補題 2.18.5. $0 < p \leq \infty$ とする. もし $\{((1-|z_j|^2)^{1/p}f(z_j))\,;\,f\in H^p\} = \ell^p$ ならば $\inf_j \rho_j > 0$ である.

証明 $T_p(f) = ((1-|z_j|^2)^{1/p}f(z_j))$ とすると, 仮定より $T_p(H^p) = \ell^p$ である. $f_n \in H^p$, $f_n \to f$ かつ

$$T_p(f_n) = ((1-|z_j|^2)^{1/p}f_n(z_j)) \to w \in \ell^p$$

とすると, $f_n(z_j) \to f(z_j)$ $(j \geq 1)$ より $T_p(f) = w$ である. これは T_p が閉作用素であることを示しているので, 閉グラフ定理より T_p は H^p から ℓ^p への有界作用素となる.

$$\ker T_p = \{f \in H^p\,;\,f(z_j) = 0\ (j \geq 1)\}$$

とおくと, $\ker T_p$ は作用素 T_p の核であるから, $T_p(H^p) = \ell^p$ より, $H^p/\ker T_p$ から ℓ^p への全単射である作用素 $\mathcal{T}_p$ が T_p から定義できる. 即ち, $\mathcal{T}_p(f + \ker T_p) = T_p(f)$ $(f \in H^p)$ とする. このとき $\mathcal{T}_p$ は可逆であるから, 任意の $w \in \ell^p$ に対して

$$(1-|z_j|^2)^{1/p}f(z_j) = w_j \quad (j \geq 1)$$

かつ, $\gamma = \|\mathcal{T}_p^{-1}\|$ とすると

$$\|f\|_p \leq \gamma \|w\|_p$$

2.18 Carleson の補間問題 (I)

となる $f \in H^p$ が存在する．よって各 k に対して，$\|f_k\|_p \leq \gamma$ かつ

$$f_k(z_j) = \begin{cases} (1-|z_k|^2)^{-1/p} & (j=k) \\ 0 & (j \neq k) \end{cases}$$

となる $f_k \in H^p$ が存在する．$n > k$ に対して，

$$F_{nk}(z) = f_k(z) \prod_{\substack{j=1 \\ j \neq k}}^{n} \frac{1-\overline{z}_j z}{z_j - z}$$

とすると，$F_{nk} \in H^p$ かつ $\|F_{nk}\|_p = \|f_k\|_p \leq \gamma$．補題 2.10.1 より

$$|F_{nk}(z_k)| \leq 2^{1/p}\|F_{nk}\|_p (1-|z_k|)^{-1/p}$$

であるから

$$\left| \prod_{\substack{j=1 \\ j \neq k}}^{n} \frac{1-\overline{z}_j z_k}{z_j - z_k} \right| = |f_k(z_k)|^{-1}|F_{nk}(z_k)| \leq 2^{1/p}\gamma.$$

これは $\inf_j \rho_j > 0$ を示している． ∎

補題 2.18.6. $0 < p \leq \infty$ のとき，$\inf_j \rho_j > 0$ ならば $\{((1-|z_j|^2)^{1/p} f(z_j))\,;\, f \in H^p\} \subset \ell^p$ である．

証明 $p = \infty$ のときは明らかであるから，$0 < p < \infty$ としてよい．定理 2.6.4 より $f \in H^p$ は $f(z) = B(z)[F(z)]^{2/p}$ と書くことができる．ここで B は Blaschke 積であり，F は D で零点とならない H^2 の関数である．よって命題 2.18.4 より，

$$\sum_{j=1}^{\infty}(1-|z_j|^2)|f(z_j)|^p \leq \sum_{j=1}^{\infty}(1-|z_j|^2)|F(z_j)|^2 < \infty$$

である． ∎

補題 2.18.7. $1 \leq p \leq \infty$ のとき，$\inf_j \rho_j > 0$ ならば $\{((1-|z_j|^2)^{1/p} f(z_j))\,;\, f \in H^p\} \supset \ell^p$ である．

証明 定理 2.17.1 より

$$g_n(z_j) = (1-|z_j|^2)^{-1/p} w_j \quad (1 \le j \le n)$$

を満たす最小ノルムの $g_n \in H^p$ が存在する．また $p \ne 1$ のとき，$1/p+1/q = 1$ とすると，

$$\|g_n\|_p = \left| \sum_{j=1}^n \frac{w_j(1-|z_j|^2)^{1/q}}{B_{nj}(z_j)} f(z_j) \right|$$

となる $f \in H^q$ で $\|f\|_q = 1$ を満たすものが存在する．

$$\frac{|w_j|(1-|z_j|^2)^{1/q}}{|B_{nj}(z_j)|} |f(z_j)| \le \rho_j^{-1} \cdot |w_j| \cdot (1-|z_j|^2)^{1/q} |f(z_j)|$$

とみて，Hölder の不等式より

$$\begin{aligned}
\|g_n\|_p &\le (\inf_j \rho_j)^{-1} \|w\|_p \left\{ \sum_{j=1}^n (1-|z_j|^2)|f(z_j)|^q \right\}^{1/q} \\
&\le \gamma (\inf_j \rho_j)^{-1} \|w\|_p \|f\|_q \\
&\le \gamma (\inf_j \rho_j)^{-1} \|w\|_q.
\end{aligned}$$

ここで γ の存在は補題 2.18.6 と閉グラフ定理による． ∎

補題 2.10.1 より $\{g_n\}$ は正規族だから，ある $g \in H(D)$ が存在して，各 $R < 1$ に対して $\{g_n\}$ のある部分列が g へ $\{z; |z| < R\}$ で一様収束する．

補題 2.18.8. $0 < p \le 1$ のとき $\inf_j \rho_j > 0$ ならば $\{((1-|z_j|^2)^{1/p} f(z_j)) \,;\, f \in H^p\} \supset \ell^p$ である．

証明 $f_j(z) = (1-\bar{z}_j z)^{-2/p}$ のとき，

$$f(z) = \sum_{j=1}^\infty (1-|z_j|^2)^{1/p} w_j [B_j(z_j)]^{-1} B_j(z) f_j(z)$$

とする．$(w_j) \in \ell^p$ かつ $\inf_j \rho_j > 0$ とすると，任意の r について f は $|z| \le r < 1$ で一様収束するので，$f \in H(D)$ である．さらに，Minkowski

の不等式より

$$M_p^p(r,f) \leq (\inf_j \rho_j)^{-p} \sum_{j=1}^{\infty}(1-|z_j|^2)|w_j|^p M_p^p(r,f_j)$$
$$\leq (\inf_j \rho_j)^{-p}\|w\|_p. \qquad \blacksquare$$

定理 2.18.2 の証明 必要条件は補題 2.18.5 である．十分条件を示す．$\inf_j \rho_j > 0$ とすると，命題 2.18.4 (まだ証明されていない十分性) を用いて示された補題 2.18.6 より，$0 < p \leq \infty$ のとき

$$\{((1-|z_j|^2)^{1/p} f(z_j))\,;\, f \in H^p\} \subset \ell^p$$

である．逆の包含関係については，$0 < p \leq 1$ のときは，補題 2.18.8 より

$$\{((1-|z_j|^2)^{1/p} f(z_j))\,;\, f \in H^p\} \supset \ell^p$$

である．$1 \leq p \leq \infty$ のときは，補題 2.18.7 より示される．定理 2.18.2 の証明で残されているのは，命題 2.18.4 の十分性のみである．

2.19　Carleson の補間問題 (II)

この節では命題 2.18.4 の十分性を証明する．このとき，補題 2.18.6 より命題 2.18.4 の証明が完成する．また一様分離されている $\{z_j\}_{j=1}^{\infty}$ の例を与える．

補題 2.19.1. $\rho_j > 0$ $(j \geq 1)$ とすると，

$$\sum_{j=1}^{\infty} \frac{(1-|z_j|^2)(1-|z_k|^2)}{|1-\overline{z}_j z_k|^2} \leq 1 - 2\log \rho_k \quad (k \geq 1).$$

証明　$\alpha_{jk} = (1-|z_j|^2)(1-|z_k|^2)/|1-\overline{z}_j z_k|^2$ とすると，簡単な計算により

$$\left|\frac{z_k - z_j}{1 - \overline{z}_j z_k}\right|^2 = 1 - \alpha_{jk}$$

となる．よって

$$\rho_k^2 = \prod_{j \neq k} \left| \frac{z_k - z_j}{1 - \overline{z}_j z_k} \right|^2 = \prod_{j \neq k} (1 - \alpha_{jk})$$

$$\leq \exp\left\{-\sum_{j \neq k} \alpha_{jk}\right\}$$

であるから，$0 < \alpha_{jk} \leq 1$ を用いて補題は示される． ∎

補題 2.19.2. $a_{jk} \in \mathbb{C}$ $(1 \leq j, k \leq n)$ は $a_{kj} = \overline{a_{jk}}$ かつ

$$\sum_{j=1}^n |a_{jk}| \leq M \quad (1 \leq k \leq n)$$

とする．そのとき，任意の $\{x_j\}_{j=1}^n \subset \mathbb{C}$ に対して

$$\left| \sum_{j,k=1}^n a_{jk} x_j \overline{x}_k \right| \leq M \sum_{j=1}^n |x_j|^2.$$

証明 Schwartz の不等式を用いて

$$\sum_{j,k=1}^n |a_{jk} x_j \overline{x}_k|$$

$$\leq \sum_{k=1}^n \left(\sum_{j=1}^n |a_{jk}||x_j|^2 \right)^{1/2} \left(\sum_{j=1}^n |a_{jk}||x_k|^2 \right)^{1/2}$$

$$\leq M^{1/2} \sum_{k=1}^n \left(\sum_{j=1}^n |a_{jk}||x_j|^2 \right)^{1/2} |x_k|$$

$$\leq M^{1/2} \left\{ \sum_{k=1}^n \left(\sum_{j=1}^n |a_{jk}||x_j|^2 \right) \right\}^{1/2} \left(\sum_{k=1}^n |x_k|^2 \right)^{1/2}$$

$$= M^{1/2} \left\{ \sum_{j=1}^n \left(\sum_{k=1}^n |a_{jk}| \right) |x_j|^2 \right\}^{1/2} \left(\sum_{k=1}^n |x_k|^2 \right)^{1/2}$$

$$\leq M \left(\sum_{j=1}^n |x_j|^2 \right)^{1/2} \left(\sum_{k=1}^n |x_k|^2 \right)^{1/2}.$$

∎

2.19 Carleson の補間問題 (II)

2.17 節におけるように H^2 に内積 $\langle\ ,\ \rangle$ を定義する.即ち $f,g \in H^2$ に対して
$$\langle f, g \rangle = \frac{1}{2\pi} \int_{-\pi}^{\pi} f(e^{i\theta})\overline{g(e^{i\theta})}d\theta$$
とする.$B_n(z)$ と $B_{nk}(z)$ $(k \leq n)$ を 2.17 節で定義された Blaschke 積とする.$\inf_j \rho_j > 0$ のとき $\{((1-|z_j|^2)^{1/2}f(z_j))\ ;\ f \in H^2\} = \ell^2$ を示す.

$w = (w_k) \in \ell^2$ を任意の元とするとき,
$$F_{nk}(z) = (1-|z_k|^2)^{3/2}[B_n(z)]^2(z-z_k)^{-2}$$
かつ
$$f_n(z) = \sum_{k=1}^{n} w_k[B_{nk}(z_k)]^{-2}F_{nk}(z)$$
とする.そのとき
$$(1-|z_k|^2)^{1/2}f_n(z_k) = w_k \quad (1 \leq k \leq n)$$
かつ
$$\|f_n\|_2^2 = \langle f_n, f_n \rangle$$
$$= \sum_{j,k=1}^{n} w_j[B_{nj}(z_j)]^{-2}\overline{w}_k[\overline{B_{nk}}(z_k)]^{-2}\langle F_{nj}, F_{nk}\rangle$$
である.留数定理より,
$$\langle F_{nj}, F_{nk}\rangle = (1-|z_j|^2)^{3/2}(1-|z_k|^2)^{3/2}(1+z_j\bar{z}_k)(1-z_j\bar{z}_k)^{-3}$$
だから,$(1-|z_j|^2)(1-|z_k|^2) \leq |1-z_j\bar{z}_k|^2$ より
$$|\langle F_{nj}, F_{nk}\rangle| \leq 2(1-|z_j|^2)(1-|z_k|^2)|1-z_j\bar{z}_k|^{-2}$$
である.補題 2.19.1 より
$$\sum_{j=1}^{n} |\langle F_{nj}, F_{nk}\rangle| \leq 2(1-2\log\rho_k) \quad (1 \leq k \leq n)$$
だから補題 2.19.2 より
$$\|f_n\|_2^2 \leq \sum_{j,k=1}^{n} |w_j|\rho_{j,n}^{-2}|w_k|\rho_{k,n}^{-2}|\langle F_{nj}, F_{nk}\rangle|$$
$$\leq 2(1-2\log\inf_{1\leq k\leq n}\rho_k)\sum_{j=1}^{n}|w_j|^2\rho_{j,k}^{-4}$$

$$\leq 2(1 - 2\log \inf_{1 \leq k \leq n} \rho_k) \sup_{1 \leq j \leq n} \rho_j^{-4} \sum_{j=1}^{n} |w_j|^2$$

$$\leq 2(1 - 2\log \inf_j \rho_j)(\inf_j \rho_j)^{-4} \sum_{j=1}^{\infty} |w_j|^2.$$

かくして補題 2.10.1 より $\{f_n\}$ は正規族であることが示せる．よってある $f \in H^2$ が存在し，各 $R < 1$ に対して $\{f_n\}$ のある部分列が f へ $\{z\,;\,|z| < R\}$ で一様収束する．よって

$$(1 - |z_j|^2)^{1/2} f(z_j) = w_j \quad (j \geq 1)$$

かつ

$$\|f\|_2 \leq 2(1 - 2\log \inf_j \rho_j)(\inf_j \rho_j)^{-2} \|w\|_2.$$

かくして $\{((1-|z_j|^2)^{1/2} f(z_j))\,;\, f \in H^2\} \supset \ell^2$ が示されている．

$\{((1-|z_j|^2)^{1/2} f(z_j))\,;\, f \in H^2\} \subset \ell^2$ を示さなければならない．任意の $w = (w_j) \in \ell^2$ に対して，前半の証明より，$\gamma = 2(1-2\log\inf_j \rho_j)(\inf_j \rho_j)^{-2}$ とすると，

$$\min\{\|g\|_2\,;\, g \in H^2,\, (1-|z_j|^2)^{1/2} g(z_j) = w_j \ (1 \leq j \leq n)\} \leq \gamma \|w\|_2$$

である．よって定理 2.17.1 より任意の $f \in H^2$ は次の不等式を満足する．

$$\left| \sum_{j=1}^{n} \frac{w_j (1-|z_j|^2)^{1/2}}{B_{nj}(z_j)} f(z_j) \right| \leq \gamma \|w\|_2 \|f\|_2.$$

ここで $(\ell^2)^* = \ell^2$ を用いると，任意の n について

$$\left(\sum_{j=1}^{n} \frac{(1-|z_j|^2)}{\rho_{j,n}^2} |f(z_j)|^2 \right)^{1/2} \leq \gamma \|f\|_2$$

となる．よって，$\gamma_0 = 2(1 - 2\log\inf_j \rho_j)(\inf_j \rho_j)^{-1}$ とすると

$$\left(\sum_{j=1}^{\infty} (1-|z_j|^2) |f(z_j)|^2 \right)^{1/2} \leq \gamma_0 \|f\|_2$$

2.19 Carleson の補間問題 (II)

だから，$\{((1-|z_j|^2)^{1/2}f(z_j))\,;\,f\in H^2\}\subset \ell^2$ が導かれる．かくして，前半と合わせて $\{((1-|z_j|^2)^{1/2}f(z_j))\,;\,f\in H^2\}=\ell^2$ である． ∎

次の Hayman[19] と Newman[20] による例 2.19.4 は一様分離されている $\{z_j\}_{j=1}^\infty$ は存在するかという疑問に答えている．

補題 2.19.3. $|\alpha|<1$ かつ $|\beta|<1$ ならば，
$$\left|\frac{\alpha-\beta}{1-\overline{\alpha}\beta}\right|\geq\frac{|\alpha|-|\beta|}{1-|\alpha\beta|}.$$

証明 $1\leq A<B$ のとき，
$$\frac{A+x}{B+x}\geq\frac{A-1}{B-1}\quad(-1\leq x\leq 1)$$

であるから，$a>0$, $A=\dfrac{a^2+r^2}{2ar}$, $B=\dfrac{1+a^2r^2}{2ar}$ かつ $x=-\cos\theta$ とすると，
$$\left|\frac{a-re^{i\theta}}{1-are^{i\theta}}\right|^2=\frac{A+x}{B+x}\geq\frac{A-1}{B-1}=\left(\frac{a-r}{1-ar}\right)^2.$$

これは $a=\alpha, re^{i\theta}=\beta$ のとき補題を示しているが，一般の α の場合は簡単に導かれる． ∎

例 2.19.4. $\{z_j\}_{j=1}^\infty\subset D$ であるとき，もし
$$1-|z_n|\leq c(1-|z_{n-1}|)\quad(1\leq n<\infty)$$

となる $0<c<1$ が存在するならば $\{z_j\}_{j=1}^\infty$ は一様分離されている．

証明 $j>k$ のとき，仮定より
$$1-|z_j|\leq c^{j-k}(1-|z_k|)\quad(1\leq k<\infty).$$

よって
$$|z_j|-|z_k|\geq(1-c^{j-k})(1-|z_k|)$$

かつ
$$\begin{aligned}1-|z_jz_k|&=1-|z_j|+|z_j|(1-|z_k|)\\&\leq(1+c^{j-k})(1-|z_k|).\end{aligned}$$

それゆえに，補題 2.19.3 より，$j > k$ ならば

$$\left|\frac{z_k - z_j}{1 - \overline{z}_j z_k}\right| \geq \frac{|z_j| - |z_k|}{1 - |z_j z_k|} \geq \frac{1 - c^{j-k}}{1 + c^{j-k}}.$$

$j < k$ のときは，上の不等式は

$$\left|\frac{z_k - z_j}{1 - \overline{z}_j z_k}\right| \geq \frac{1 - c^{k-j}}{1 + c^{k-j}}$$

となる．かくして

$$\prod_{\substack{j=1 \\ j \neq k}}^{\infty} \left|\frac{z_k - z_j}{1 - \overline{z}_j z_k}\right| = \prod_{j=1}^{k-1} \left|\frac{z_k - z_j}{1 - \overline{z}_j z_k}\right| \times \prod_{j=k+1}^{\infty} \left|\frac{z_k - z_j}{1 - \overline{z}_j z_k}\right|$$

$$\geq \prod_{n=1}^{k-1} \frac{1 - c^n}{1 + c^n} \prod_{n=1}^{\infty} \frac{1 - c^n}{1 + c^n}.$$

$\sum_{n=1}^{\infty} 2c^n/(1+c^n) < \infty$ なので，上の無限乗積 $\prod_{n=1}^{\infty} (1-c^n)/(1+c^n) > 0$ であるから，$\{z_j\}_{j=1}^{\infty}$ は一様分離されている． ■

Carleson の補間問題は正則関数に対するものであるが，調和関数に対する研究については [21] がある．

2.20　半平面の Hardy 空間

$\mathcal{H}(\mathcal{D})$ は上半平面 $\mathcal{D} = \{z \in \mathbb{C} \,;\, \mathrm{Im}\,(z) > 0\}$ 上の正則関数の全体を表す．$f \in \mathcal{H}(\mathcal{D})$ に対して，$0 < y < \infty$ のとき

$$\mathcal{M}_p(y, f) = \left\{\int_{-\infty}^{\infty} |f(x+iy)|^p dx\right\}^{1/p} \quad (0 < p < \infty)$$

とする．$\mathcal{D}$ 上の Hardy 空間 $\mathcal{H}^p$ は次のように定義する．

$$\mathcal{H}^p = \left\{f \in \mathcal{H}(\mathcal{D}) \,;\, \sup_{0 < y < \infty} \mathcal{M}_p(y, f) < \infty\right\}$$

かつ $\mathcal{H}^{\infty}$ は $\mathcal{D}$ 上の有界正則関数の全体を示す．

2.20 半平面の Hardy 空間

この節では D 上の Hardy 空間 H^p の結果の応用として，$\mathcal{D}$ 上の Hardy 空間 $\mathcal{H}^p$ について述べる．$\overline{\mathcal{D}} = \{z \in \mathbb{C} \,;\, \mathrm{Im}\,(z) \geq 0\}$ かつ

$$z = \phi(w) = \frac{i-w}{i+w} \quad (w \in \overline{\mathcal{D}})$$

とすると，ϕ は $\mathcal{D}$ から D への 1 対 1 の正則な写像を与える．

$$w = \psi(z) = i\frac{1-z}{1+z}$$

とすると，$\psi \circ \phi(w) = w$ かつ $\phi \circ \psi(z) = z$ であり，ψ は D から $\mathcal{D}$ への 1 対 1 の正則な写像となる．$g \in H(D)$ に対して $g \circ \phi \in \mathcal{H}(\mathcal{D})$ であり，逆に $f \in \mathcal{H}(\mathcal{D})$ に対して $f \circ \psi \in H(D)$ である．しかし $g \in H^p$ に対して $g \circ \phi \in \mathcal{H}^p$ とは限らない．実際，ある $0 < \alpha < 1$ に対して，$g(z) = 1/(1-z)^\alpha$ とすると $g \in H^1$ であるが，$g \notin \bigcup_{p \geq 1} \mathcal{H}^p$ であることを示すのはやさしい．一方 $f \in \mathcal{H}^p$ に対して $f \circ \psi \in H^p$ を示すことができるので，2.19 節までの H^p についての結果を $\mathcal{H}^p$ の研究に使うことができる．また g が D で調和ならば，$g \circ \phi$ は $\mathcal{D}$ で調和であり，逆に f が $\mathcal{D}$ で調和ならば $f \circ \psi$ は D で調和である．

単位円板 D 上の Hardy 空間の研究において，Cauchy 核，Poisson 核と Herglotz 核は重要な役割をはたした．これら 3 つの核を半平面 $\mathcal{D}$ 上へ変換する．$\phi(t) = e^{i\tau} (t \in \partial D)$ と書くと，Cauchy 核は

$$\frac{1}{1-z} = \frac{1}{2}\left(1 + \frac{i}{w}\right), \quad \frac{e^{i\tau}}{e^{i\tau}-z} = \frac{1}{2}\left(1 + i\frac{1+tw}{w-t}\right)$$

へ，Poisson 核は

$$\mathrm{Re}\left(\frac{1+z}{1-z}\right) = \mathrm{Re}\left(\frac{i}{w}\right), \quad \mathrm{Re}\left(\frac{e^{i\tau}+z}{e^{i\tau}-z}\right) = \mathrm{Re}\left(i\frac{1+tw}{w-t}\right)$$

へ，Herglotz 核は

$$\frac{1+z}{1-z} = \frac{i}{w}, \quad \frac{e^{i\tau}+z}{e^{i\tau}-z} = i\frac{1+tw}{w-t}$$

へ変換する．これらの変換された核は再び $\mathcal{D}$ 上で重要となる．

$\mathcal{D}$ 上で重要であった 1 次変換は次のように変換される．$a = \phi(b)$ とすると，
$$\frac{a-z}{1-\overline{a}z} = \frac{\phi(b)-\phi(w)}{1-\overline{\phi(b)}\phi(w)} = \frac{i-\overline{b}}{i+b}\frac{w-b}{w-\overline{b}}$$
かつ
$$\frac{|a|}{a}\frac{a-z}{1-\overline{a}z} = \frac{|\phi(b)|}{\phi(b)}\frac{\phi(b)-\phi(w)}{1-\overline{\phi(b)}\phi(w)} = \frac{|1+b^2|}{1+b^2}\frac{w-b}{w-\overline{b}}.$$

$\phi(t) = e^{i\tau}(-\infty < t < \infty)$ とするならば，$g \in L^1[-\pi, \pi]$ に対して $f(t) = g \circ \phi(t)$ とすると，
$$\frac{1}{2\pi}\int_{-\pi}^{\pi} g(e^{i\tau})d\tau = \frac{1}{\pi}\int_{-\infty}^{\infty} f(t)\frac{1}{1+t^2}dt.$$

$z = re^{i\theta}$, $w = x+iy$ かつ $z = \phi(w)$, $0 \leq r < 1$ とすると
$$\frac{1}{2\pi}\int_{-\pi}^{\pi} g(e^{i\tau})P(r, \theta-\tau)d\tau = \frac{1}{\pi}\int_{-\infty}^{\infty} f(t)P(y, x-t)dt$$

である．ここで $P(y, x-t) = y/((x-t)^2 + y^2)$ である．$P(y, x) = \text{Re}(i/w) = y/(x^2+y^2)$ は $\mathcal{D}$ 上の Poisson 核と呼ばれる．

定理 2.20.1. F を $(-\infty, \infty)$ 上で $(1+t^2)^{-1}dt$ に関して可積分とする．$y > 0$ のとき，
$$f(x+iy) = \frac{1}{\pi}\int_{-\infty}^{\infty} F(t)P(y, x-t)dt$$

とすると，f は $\mathcal{D}$ で調和である．さらに $\lim_{y\to 0} f(x+iy) = F(x)$ a.e. $x \in (-\infty, \infty)$．ここで $y \to 0$ は $y = (1-r^2)/(1+r^2+2r\cos\theta) \to 0$ $(r \to 1)$ を意味する．

証明 $G(e^{i\tau}) = (F \circ \psi)(e^{i\tau}) = F(t)$ とすると，F は $(1+t^2)^{-1}dt$ に関して可積分だから $G \in L^1[-\pi, \pi]$ となる．よって $z = re^{i\theta}, \psi(z) = w = x+iy$ とすると
$$g(re^{i\theta}) = \frac{1}{2\pi}\int_{-\pi}^{\pi} G(e^{i\tau})P(r, \theta-\tau)d\tau$$
$$= \frac{1}{\pi}\int_{-\infty}^{\infty} F(t)P(y, x-t)dt = f(x+iy).$$

2.20 半平面の Hardy 空間

$$y = \frac{1-r^2}{1+r^2+2r\cos\theta}, \quad x = \frac{2r\sin\theta}{1+r^2+2r\cos\theta}$$

より，定理 2.3.2 とその後の注意により，$\lim_{r\to 1} g(re^{i\theta}) = G(e^{i\theta})$ a.e. $\theta \in [-\pi, \pi]$ だから $\lim_{y\to 0} f(x+iy) = F(x)$ a.e. $x \in (-\infty, \infty)$ が示される． ∎

x 軸と直交する直線上を $y \to 0$ として定理 2.20.1 が成立することは知られている．

補題 2.20.2. $p \geq 1$ かつ $f \in \mathcal{H}^p$ とする．$w = \zeta + i\eta$ かつ $y_0 > 0$ のとき次が成立する．

(1) $f(w) = \dfrac{1}{2\pi i} \displaystyle\int_{-\infty}^{\infty} \dfrac{f(t+iy_0)}{t+iy_0-w} dt \quad (\eta > y_0)$,

(2) $\dfrac{1}{2\pi i} \displaystyle\int_{-\infty}^{\infty} \dfrac{f(t+iy_0)}{t+iy_0-w} dt = 0 \quad (\eta < y_0)$,

(3) $f(w) = \dfrac{1}{\pi} \displaystyle\int_{-\infty}^{\infty} f(t+iy_0) \dfrac{\eta-y_0}{(t-\zeta)^2+(\eta-y_0)^2} dt \quad (\eta > y_0)$.

証明 (1) w を $\mathrm{Im}(w) > 0$ として固定する．$-x < \mathrm{Re}(w) < x$, $y_0 < \mathrm{Im}(w) < y$ となるように x, y を選ぶ．長方形 $-x+iy_0$, $x+iy_0$, $x+iy$, $-x+iy$ に関しての Cauchy の積分公式より

$$\begin{aligned} 2\pi i f(w) &= \int_{-x}^{x} \frac{f(t+iy_0)}{t+iy_0-w} dt - \int_{-x}^{x} \frac{f(t+iy)}{t+iy-w} dt \\ &\quad + i\int_{y_0}^{y} \frac{f(x+is)}{x+is-w} ds - i\int_{y_0}^{y} \frac{f(-x+is)}{-x+is-w} ds \\ &= I_1(x) + I_2(x) + I_3(x) + I_4(x) \end{aligned}$$

が導ける．α を $\alpha > 2|\mathrm{Re}(w)|$ として，上の両辺を区間 $[\alpha, 2\alpha]$ 上で，上の両辺を平均すると，

$$2\pi i f(w) = \sum_{j=1}^{4} \frac{1}{\alpha} \int_{\alpha}^{2\alpha} I_j(x) dx.$$

各 j について

$$I_j(\infty) = \lim_{\alpha\to\infty} \frac{1}{\alpha} \int_{\alpha}^{2\alpha} I_j(x) dx$$

とおくと, $I_3(\infty) = I_4(\infty) = 0$ (後半で示す),
$$I_1(\infty) = \int_{-\infty}^{\infty} \frac{f(t+iy_0)}{t+iy_0-w} dt$$
かつ
$$I_2(\infty) = -\int_{-\infty}^{\infty} \frac{f(t+iy)}{t+iy-w} dt$$
を示すことができる (後半で示す). よって任意の $y > \text{Im}(w)$ について
$$2\pi i f(w) = \int_{-\infty}^{\infty} \frac{f(t+iy_0)}{t+iy_0-w} dt - \int_{-\infty}^{\infty} \frac{f(t+iy)}{t+iy-w} dt\ .$$
$y \to \infty$ とすると,
$$-I_2(\infty) = \int_{-\infty}^{\infty} \frac{f(t+iy)}{t+iy-w} dt \longrightarrow 0 \quad (後半で示す)$$
が示せるので
$$2\pi i f(w) = \int_{-\infty}^{\infty} \frac{f(t+iy_0)}{t+iy_0-w} dt \quad (\text{Im}(w) > y_0)$$
となり (1) の証明が終わる.

これから, 上で示すことができるとして仮定したことを示す. $I_1(\infty)$ と $I_2(\infty)$ の積分表現は, $s = y_0$ または $s = y$ のとき $y_0 < \text{Im}(w) < y$ だから,
$$\int_{-\infty}^{\infty} \frac{|f(t+is)|}{|t+is-w|} dt < \infty$$
だから, $\lim_{x \to \infty} I_j(x)$ $(j = 1, 2)$ が存在することより明らかである. $I_2(\infty)$ の積分表現が, $y \to \infty$ として 0 へ収束することは, $p = 1$ と $p > 1$ のときに分けて次のように示される. $p = 1$ のとき,
$$\left| \int_{-\infty}^{\infty} \frac{f(t+iy)}{t+iy-w} dt \right| \leq \int_{-\infty}^{\infty} \frac{|f(t+iy)|}{y-\text{Im}(w)} dt$$
$$\leq \frac{1}{y-\text{Im}(w)} \sup_{0<y<\infty} \mathcal{M}_1(y, f) = O\left(\frac{1}{y}\right)$$
であり, $p > 1$ のときは $1/p + 1/q = 1$ とすると, Hölder の不等式より
$$\left| \int_{-\infty}^{\infty} \frac{f(t+iy)}{t+iy-w} dt \right|$$
$$\leq \sup_{0<y<\infty} \mathcal{M}_p(y, f) \left(\int_{-\infty}^{\infty} \frac{dt}{|t+iy-w|^q} \right)^{1/q} = O(y^{-1+\frac{1}{q}})$$

となることによる. 仮定したことで, $I_3(\infty) = I_4(\infty) = 0$ を示すことが残っている. $I_4(\infty) = 0$ は同様なので $I_3(\infty) = 0$ のみを示す. $\alpha > 2|\text{Re}(w)|$ とすると, $\alpha < x < 2\alpha$ だから $|x + is - w| \geq |x - \text{Re}(w)| \geq \alpha/2$ なので

$$\left| \frac{1}{\alpha} \int_\alpha^{2\alpha} I_3(x) dx \right| \leq \frac{1}{\alpha} \int_\alpha^{2\alpha} dx \int_{y_0}^y \left| \frac{f(x+is)}{x+is-w} \right| ds$$

$$\leq \frac{2}{\alpha^2} \int_{y_0}^y ds \int_\alpha^{2\alpha} |f(x+is)| dx$$

である. $1/p + 1/q = 1$ として, Hölder の不等式を用いると,

$$\int_\alpha^{2\alpha} |f(x+is)| dx \leq \alpha^{1/q} \sup_{0<y<\infty} \mathcal{M}_p(y,f)$$

であるから, これを上の不等式に代入して

$$\left| \frac{1}{\alpha} \int_\alpha^{2\alpha} I_3(x) dx \right| \leq 2\alpha^{\frac{1}{q}-2} (y-y_0) \sup_{0<y<\infty} \mathcal{M}_p(y,f)$$

となる. $f \in \mathcal{H}^p$ だから, $\alpha \to \infty$ として

$$I_3(\infty) = \lim_{\alpha \to \infty} \frac{1}{\alpha} \int_\alpha^{2\alpha} I_3(x) dx = 0.$$

(2) $\text{Im}(w) < y_0$ であるから, 長方形 $-x+iy_0$, $x+iy_0$, $x+iy$, $-x+iy$ に関して Cauchy の定理を用いると,

$$0 = \int_{-x}^x \frac{f(t+iy_0)}{t+iy_0-w} dt - \int_{-x}^x \frac{f(t+iy)}{t+iy-w} dt$$
$$+ i \int_{y_0}^y \frac{f(x+is)}{x+is-w} ds - i \int_{y_0}^y \frac{f(-x+is)}{-x+is-w} ds$$
$$= I_1(x) + I_2(x) + I_3(x) + I_4(x).$$

(1) と同様にして, $\lim_{y \to \infty} I_2(\infty) = I_3(\infty) = I_4(\infty) = 0$ を示すことができるので,

$$\frac{1}{2\pi i} \int_{-\infty}^\infty \frac{f(t+iy_0)}{t+iy_0-w} dt = 0 \quad (\text{Im}(w) < y_0).$$

(3) $w = \zeta + i\eta$, $\eta > y_0$ かつ $w' = i2y_0 + \zeta - i\eta$ とする. $\text{Im}(w') < y_0$ だから (2) より

$$0 = \frac{1}{2\pi i} \int_{-\infty}^\infty \frac{f(t+iy_0)}{t+iy_0-w'} dt$$

であるから，(1) の $f(w)$ の積分表現からそれを引いて

$$f(w) = \frac{1}{\pi} \int_{-\infty}^{\infty} f(t+iy_0) \frac{\eta - y_0}{(t-\zeta)^2 + (\eta - y_0)^2} dt$$

である． ∎

補題 2.20.3. $1 \leq p < \infty$ とする．$\Gamma = \{z\,;|z| = R < 1\}$ かつ γ が Γ の内部の任意の円の周のとき，$g \in H(D)$ ならば

$$\int_\gamma |g(z)|^p |dz| \leq 2 \int_\Gamma |g(z)|^p |dz|.$$

証明 $z \in \gamma$ とするとき，

$$g(z) = \frac{1}{2\pi} \int_{-\pi}^{\pi} g(Re^{i\theta}) \frac{R^2 - |z|^2}{|Re^{i\theta} - z|^2} d\theta$$

であるから，Hölder の不等式を用いて

$$\int_\gamma |g(z)|^p |dz|$$
$$\leq \int_\gamma \left(\frac{1}{2\pi} \int_{-\pi}^{\pi} |g(Re^{i\theta})|^p \frac{R^2 - |z|^2}{|Re^{i\theta} - z|^2} d\theta \right) |dz|$$
$$\leq \int_{-\pi}^{\pi} |g(Re^{i\theta})|^p \left(\frac{1}{2\pi} \int_\gamma \frac{R^2 - |z|^2}{|Re^{i\theta} - z|^2} |dz| \right) d\theta$$

となる．円 γ の中心を a，半径 r とすると，$r \leq |Re^{-i\theta} - a|$ だから Gauss の平均値の定理より

$$\frac{1}{2\pi} \int_\gamma \frac{R^2 - |z|^2}{|Re^{i\theta} - z|^2} |dz| = r \times \frac{R^2 - |a|^2}{|Re^{i\theta} - a|^2} \leq 2.$$

これは補題を示している． ∎

定理 2.20.4. $1 \leq p \leq \infty$ とする．$f \in \mathcal{H}^p$ に対して $g = f \circ \psi$ とすると，$g \in H^p$ である．ここで $\psi(z) = i(1-z)/(1+z)$ である．

証明 $p = \infty$ のときは明らかであるから，$1 \leq p < \infty$ とする．$g = f \circ \psi$ とするとき，

2.20 半平面の Hardy 空間

$$\sup_r \int_{-\pi}^{\pi} |g(re^{i\theta})|^p d\theta/2\pi \le 2 \sup_y \int_{-\infty}^{\infty} |f(x+iy)|^p dx/\pi$$

が示されるならば, $f \in \mathcal{H}^p$ という仮定より g は H^p に属する.

$0 < r < 1$ に対して $\gamma_r = \{z \,;\, |z| = r\}$, $0 < \delta$ に対して

$$\Gamma_\delta = \left\{ z \,;\, z = \phi(w) = \frac{i-w}{i+w}, \text{ Im}(w) = \delta \right\}$$

とすると, Γ_δ は中心 $-\delta/(1+\delta)$, 半径 $1/(1+\delta)$ の円である. 任意の $r < 1$ に対して, γ_r は Γ_δ の内部に含まれる $\delta > 0$ が存在する. 補題 2.20.2 の (3) より, f は $\{w \,;\, \text{Im}(w) \ge \delta\} \cup \{$ 無限遠点 $\}$ で連続である. なぜなら $w \to \infty$ のとき $\{w \,;\, \text{Im}(w) \ge \delta\}$ で $f(w) \to 0$ となるからである. よって g は円板 $\{z \,;\, z = \phi(w), \text{Im}(w) \ge \delta\}$ で連続かつその内部で正則である. γ_r はこの円板の内部に含まれるので, 補題 2.20.3 より定理は示される. ∎

定理 2.20.5. $1 \le p < \infty$ かつ $f \in \mathcal{H}^p$ とする. $y \to 0$ を定理 2.20.1 と同じ意味とする.

(1) $\lim_{y \to 0} f(x+iy)$ が a.e. $x \in (-\infty, \infty)$ で存在する.

(2) $f(x) = \lim_{y \to 0} f(x+iy)$ は $L^p(-\infty, \infty)$ に属し,

$$f(x+iy) = \frac{1}{\pi} \int_{-\infty}^{\infty} f(t) P(y, x-t) dt \quad (y > 0).$$

証明 (1) $g = f \circ \psi$ とすると, 定理 2.20.4 より $g \in H^p$ であるから, 定理 2.5.3 より $\lim_{r \to 1} g(re^{i\theta})$ が a.e. $\theta \in [-\pi, \pi]$ で存在する. よって定理 2.20.1 の証明は (1) を示している.

(2) 再び $g = f \circ \psi$ とすると, $p \ge 1$ だから定理 2.9.1 より

$$g(z) = \frac{1}{2\pi} \int_{-\pi}^{\pi} g(e^{i\tau}) P(r, \theta - \tau) d\tau.$$

定理 2.20.1 の前の注意により, $\psi(z) = x + iy$ とすると

$$f(x+iy) = \frac{1}{\pi} \int_{-\infty}^{\infty} f(t) P(y, x-t) dt. \quad ∎$$

定理 2.20.4 を用いて, 定理 2.20.5 のようにして, $p \geq 1$ ならば H^p で成立する多くの結果が $\mathcal{H}^p$ で成立する. ここでは, $\mathcal{H}^p$ に属する関数の零点について述べる.

$$\{b_j\}_{j=1}^\infty \subset \mathcal{D} \quad \text{かつ} \quad \sum_{j=1}^\infty \frac{\text{Im}(b_j)}{|i+b_j|^2} < \infty$$

とするとき,

$$\mathcal{B}(w) = \left(\frac{w-i}{w+i}\right)^m \prod_{j=1}^\infty \frac{|b_j^2+1|}{b_j^2+1} \cdot \frac{w-b_j}{w-\overline{b}_j}$$

は上半平面 $\mathcal{D}$ 上の Blaschke 積と呼ばれる. ここで m は非負整数であり, $b_j = b_i$ $(j \neq i)$ であってもよい. $a_j = \phi(b_j)$, $z = \phi(w)$ とすると

$$\frac{|a_j|}{a_j} \frac{a_j - z}{1 - \overline{a}_j z} = \frac{|b_j^2+1|}{b_j^2+1} \cdot \frac{w-b_j}{w-\overline{b}_j}$$

であるから, $B(z) = \mathcal{B} \circ \psi(z)$, 即ち $B \circ \phi(w) = \mathcal{B}(w)$ とすると $B(z)$ は D 上の $\{a_j\}_{j=1}^\infty$ の Blaschke 積となる. 実際

$$1 - |a_j|^2 = 1 - \left|\frac{i-b_j}{i+b_j}\right|^2 = \frac{4\text{Im}(b_j)}{|i+b_j|^2}$$

であり,

$$\sum_{j=1}^\infty \frac{\text{Im}(b_j)}{|i+b_j|^2} < \infty \quad \text{より} \quad \sum_{j=1}^\infty (1 - |a_j|^2) < \infty$$

である. 定理 2.6.1 より $B \in H^\infty$ だから $\mathcal{B} \in \mathcal{H}^\infty$ となり $|\mathcal{B}(w)| < 1$ $(w \in \mathcal{D})$ かつ $|\mathcal{B}(x)| = 1$ a.e. $x \in (-\infty, \infty)$. $\{b_j\}_{j=1}^\infty$ は $\mathcal{B}$ の零点であり, $\mathcal{B}$ は $\mathcal{D}$ に他の零点を持たない.

定理 2.20.6. $1 \leq p \leq \infty$ とする. $\{b_j\}_{j=1}^\infty$ を $f \in \mathcal{H}^p$ の零点集合とすると,

$$\sum_{j=1}^\infty \frac{\text{Im}(b_j)}{|i+b_j|^2} < \infty$$

である. 逆に $\sum_{j=1}^\infty \text{Im}(b_j)/|i+b_j|^2 < \infty$ ならば, $\{b_j\}_{j=1}^\infty$ を零点集合とする, $f \in \mathcal{H}^p$ が存在する.

2.20 半平面の Hardy 空間

証明 $g = f \circ \psi$ とすると, 定理 2.20.4 より $g \in H^p$ であり, $a_j = \phi(b_j)$ とすると $\{a_j\}_{j=1}^\infty$ は g の零点集合となる. 定理 2.6.3 より $\sum_{j=1}^\infty (1 - |a_j|) < \infty$ だから $\sum_{j=1}^\infty \operatorname{Im}(b_j)/|i+b_j|^2 < \infty$ となる. 逆はこの定理の上の注意より, $\mathcal{B}$ は $\{b_j\}_{j=1}^\infty$ の Blaschke 積とすると, $\mathcal{B} \in \mathcal{H}^\infty$ となる. $h(w) = (w+i)^{-2/p}$ とすると, h は $\mathcal{H}^p$ に属し $\mathcal{D}$ 上で零点を持たない. $f = \mathcal{B}h$ は求めるものである. ∎

定理 2.20.7. $1 \leq p \leq \infty$ とする. $f \in \mathcal{H}^p$ かつ $f(w) \not\equiv 0$ なら, $f(w) = \mathcal{B}(w)F(w)$ と分解できる. ここで $\mathcal{B}$ は Blaschke 積であり, F は $\mathcal{H}^p$ に属し, $\mathcal{D}$ に零点を持たない.

証明 $g = f \circ \psi \in H^p$ であるから, 定理 2.6.4 より $g = Bh$ と分解できる. ここで B は Blaschke 積であり, $h \in H^p$ は D 上で零点を持たない. よって定理 2.9.1 より, $z = re^{i\theta}$ とすると

$$h^p(z) = \frac{1}{2\pi} \int_{-\pi}^\pi h^p(e^{i\tau}) P(r, \theta - \tau) d\tau$$

と Poisson 積分表現できる. $\mathcal{B} = B \circ \phi$ は $\mathcal{D}$ 上の Blaschke 積であり, $F = h \circ \phi$ は $\mathcal{D}$ 上で零点を持たない. $F \in \mathcal{H}^p$ を示すことが残っている. 定理 2.20.1 の上の注意より,

$$F^p(x + iy) = \frac{1}{\pi} \int_{-\infty}^\infty F^p(t) P(y, x-t) dt \quad (y > 0)$$

だから

$$\frac{1}{\pi} \int_{-\infty}^\infty P(y, x-t) dx = \frac{1}{2\pi} \int_{-\pi}^\pi P(r, \theta - \tau) d\tau = 1$$

を用いると, Fubini の定理より

$$\sup_{y>0} \int_{-\infty}^\infty |F(x+iy)|^p dx < \infty$$

となり, $F \in \mathcal{H}^p$ が示される. ここで $|F(t)| = |f(t)|$ a.e. t が用いられた. ∎

$(-\infty, \infty)$ 上の Lebesgue 測度に関して特異な有界な Borel 正測度 ν に対して

$$\mathcal{S}(w) = \exp\left\{i\int_{-\infty}^{\infty} \frac{1+tw}{t-w} d\nu(t)\right\}$$

は，特異内部関数と呼ばれる．$\mathcal{D}$ 上の任意の内部関数 (即ち，$\mathcal{H}^\infty$ に属する関数でその境界値がほとんどいたるところ絶対値が 1 であるもの) は，ある定数 $\alpha \geq 0$ が存在して

$$e^{i\alpha w}\mathcal{B}(w)\mathcal{S}(w)$$

と書けることが知られている．ある実定数 γ について，$G \in \mathcal{H}^p$ が

$$G(w) = e^{i\gamma}\exp\left\{\frac{1}{\pi i}\int_{-\infty}^{\infty}\frac{1+tz}{t-z}\frac{\log|G(t)|}{1+t^2}dt\right\}$$

と書けるとき，$\mathcal{D}$ 上の外部関数と呼ばれる．任意の $\mathcal{H}^p$ の関数は内部関数と外部関数の積と書けることが知られている．

注意

この章は主として Duren の成書 [11] を参考にして書かれている．また Hoffman の本 [22] と Koosis の成書 [23] もまた部分的に参考にされている．

参考文献

[1] J. Neuwirth and D. J. Newman, Positive $H^{1/2}$ functions are constant, Proc. Amer. Math. Soc. **18**(1967), 958.

[2] H. Helson and D. Sarason, Past and future, Math. Scand. **21**(1967), 5–16.

[3] H. L. Royden, The boundary values of analytic and harmormonic functions, Math. Zeitschr. **78**(1962), 1–24.

[4] 竹之内 脩, 函数解析, 近代数学講座 13, 朝倉書店, 東京, 1967.

[5] K. deLeeuw and W. Rudin, Extreme points and extremum problems in H^1, Pacific J. Math. **8**(1958), 467–485.

[6] K. deLeeuw, W. Rudin and J. Wermer, The isometries of some function spaces, Proc. Amer. Math. Soc. **11**(1960), 694–698.

[7] K. Yabuta, Some uniqueness theorems for $H^p(U^n)$ functions, Tôhoku Math. J. **24**(1972), 353–357.

[8] T. Nakazi, Exposed points and extremal problems in H^1, J. Funct. Anal. **53**(1983), 224–230.

[9] D. Sarason, Exposed points in H^1, I In Operator Theory:Advances and Applications, **41**(1989), 485–496.

[10] J. Inoue, An example of a non-exposed extreme function on the unit ball of H^1, Proc. Edinburgh Math. Soc. **37**(1993), 47–51.

[11] P. L. K. Duren, Theory of H^p Spaces, Academic Press, New York, 1970.

[12] T. Nakazi, Extremal problems in H^p, J. Austral. Math. Soc. **52**(1992), 103–110.

[13] E. Hayashi, The solution sets of extremal problems in H^1, Proc. Amer. Math. Soc. **93**(1985), 690–696.

[14] G. Pick, Über die Beschränkungen analytische Funktionen, welche durch vorgegebene Funktionsuerte bewirkt werden, Math. Ann. **77**(1916), 7–23.

[15] D. Sarason, Generalized interpolation in H^∞, Trans. Amer. Math. Soc. **127**(1967), 179–203.

[16] L. Carleson, An interpolations problem by bounded analytic functions, Amer. J. Math. **80**(1958), 921–930.

[17] H. S. Shapiro and A. Shields, On some interpolation problems for analytic functions, Amer. J. Math. **83**(1961), 513–532.

[18] V. Kabaila, Interpolation sequences for the H_p classes in the case $p < 1$, Litovsk. Mat. Sb. **3**(1963), 141–147 (in Russian).

[19] W. K. Hayman, Interpolation by bounded functions, Ann. Inst. Fourier (Grenoble) **8**(1959), 277–290.

[20] D. J. Newman, Interpolation in H^∞, Trans. Amer. Math. Soc. **92**(1959), 501–507.

[21] J. Garnett, Harmonic interpolating sequences, L^p and BMO, Ann. Inst. Fourier (Grenoble) **28**, 215–228.

[22] K. Hoffman, Banach Spaces of Analytic Functions, Prentice-Hall, Englewood Cliffs, New Jersey, 1962.

[23] P. Koosis, Introduction to H_p Spaces, London Math. Society Lecture Notes Series, 40. Cambridge Univ. Press, London and New York, 1980.

第 3 章

Fourier 解析における可換 Banach 環

3.1 可換 Banach 環

　この節では，可換 Banach 環の一般論を述べることを目的にする．Fourier 解析によく現れる可換 Banach 環は，極大イデアル空間の構造が複雑な場合が多いが，ここでの例は，簡単な場合を扱った．次節で Fourier 解析に現れる主な可換 Banach 環を扱う．なお，関数解析でよく知られている基礎知識は仮定した．

3.1.1　可換 Banach 環の定義

定義 3.1.1. 集合 A は次の性質を持つ．

(1) A は複素数体 $\mathbf{C}$ 上の環 $(+, \cdot)$ である．即ち，
　　(i) A は $\mathbf{C}$ 上のベクトル空間である．
　　(ii) $x(yz) = (xy)z$, $x(y+z) = xy + xz$, $\alpha(xy) = (\alpha x)y = x(\alpha y)$
　　　　$(x, y, z \in A, \alpha \in \mathbf{C})$.
(2) $x \in A$ に対して，非負値 $\|x\|$ が対応して次を満たす（次の (i),(ii),(iii) を満たす $\|\cdot\|$ をノルムという）．
　　(i) $\|x\| \geq 0$，および $\|x\| = 0$ なる場合は $x = 0$ に限る．

(ii) $\|\alpha x\| = |\alpha|\,\|x\|$.
(iii) $\|x+y\| \leq \|x\| + \|y\|$.
(vi) $\|xy\| \leq \|x\| \cdot \|y\|$.

(3) A はノルムから導かれる距離 $d(x,y) = \|x-y\|$ に関して完備である．

このとき，A を **Banach 環**という．特に，$x,y \in A$ に対して $xy = yx$ のとき，A を**可換 Banach 環**という．また，$ex = xe = x$ なる $e \in A$ が存在するとき，e を A の**単位元**という．以後，A における位相はノルム $\|\cdot\|$ から導入された距離 $d(x,y)$ で考える．

可換 Banach 環において，単位元 e が存在するとき $\|e\| = 1$ とする．単位元が存在しないとき，
$$A_e = \{(x,\lambda) : x \in A, \lambda \in \mathbf{C}\}$$
とおく．そのとき

$$\begin{aligned}
\text{和} \quad & (x,\lambda) + (y,\mu) = (x+y, \lambda+\mu), \\
\text{スカラー倍} \quad & \alpha(x,\lambda) = (\alpha x, \alpha\lambda), \\
\text{積} \quad & (x,\lambda) \cdot (y,\mu) = (xy + \mu x + \lambda y, \lambda\mu), \\
\text{ノルム} \quad & \|(x,\lambda)\| = \|x\| + |\lambda|, \\
& (x,y \in A, \lambda,\mu,\alpha \in \mathbf{C})
\end{aligned}$$

を定義すると A_e は単位元 $e = (0,1)$ を持つ可換 Banach 環になる．このとき A_e の中で $\{(x,0) : x \in A\}$ は A と可換 Banach 環として同一視できる．この A_e を A に**単位元を添加した可換 Banach 環**と呼ぶ．

例

(1) $\mathbf{T} = \{|z| = 1 : z \in \mathbf{C}\}$ とすると $\mathbf{T}$ はコンパクト集合で積について可換群となる．また，$C(\mathbf{T})$ を $\mathbf{T}$ 上の複素数値連続関数の全体とすると，通常の関数の演算とノルム $\|f\|_\infty = \sup\{|f(z)| : z \in \mathbf{T}\}$ で可換 Banach 環になる．

(2) $\ell^1 = \{a = \{a_n\} : \Sigma_{n \in \mathbf{Z}} |a_n| < \infty, a_n \in \mathbf{C}(n \in \mathbf{Z})\}$ とおく．$\mathbf{Z}$ は整数の集合を表す．また，$a = \{a_n\}, b = \{b_n\} \in \ell^1, \alpha, \beta \in \mathbf{C}$ をとる

と，$\alpha a + \beta b \in \ell^1$ となる．さらに，$\|a\|_{\ell^1} = \Sigma_{n \in \mathbf{Z}} |a_n| < \infty$, $a * b = \{\Sigma_{k \in \mathbf{Z}} a_{n-k} b_k\}$ とおくと ℓ^1 はノルム $\|\cdot\|_{\ell^1}$ と演算 $*$ で可換 Banach 環になる．

この後，コンパクト Hausdorff 空間 X に対し，$C(X)$ で $\|f\|_\infty = \sup_{x \in X} |f(x)|$ をノルムに持つ Banach 空間を表す．

3.1.2 逆元，リゾルベント，スペクトル

定義 3.1.2. A を単位元 e を持つ可換 Banach 環とすると，
$$A^{-1} = \{x \in A : xx^{-1} = e \text{ となる } x \text{ の逆元 } x^{-1} \text{ が存在する}\}$$
とおく．

定理 3.1.3. A を単位元 e を持つ可換 Banach 環とする．

(1) $A^{-1} \supset \{x : \|e - x\| < 1\}$ かつ，A^{-1} は開集合である．
(2) x から x^{-1} への対応は A^{-1} から A^{-1} への連続写像である．

証明 (1) $\|x\| < 1$ のとき，$x^0 = e$ とおくと，$\sum_{n=0}^{\infty} x^n$ は A で絶対収束する．よって，$\sum_{n=0}^{\infty} x^n$ は収束する．このとき
$$(e - x) \sum_{n=0}^{\infty} x^n = \sum_{n=0}^{\infty} x^n - \sum_{n=1}^{\infty} x^n = e$$
であるから，$\{e - x : \|x\| < 1\} \subset A^{-1}$ となる．ゆえに，$\{x : \|e - x\| < 1\} \subset A^{-1}$ となる．

さらに，$x \in A^{-1}$ のとき，$\|y\| < \|x^{-1}\|^{-1}$ ならば，
$$\|x^{-1} y\| \leq \|x^{-1}\| \cdot \|y\| < 1$$
であるから，前半のことから $e - (-x^{-1} y) \in A^{-1}$ となる．従って，$\|y\| < \|x^{-1}\|^{-1}$ ならば，$x + y \in A^{-1}$ となり，A^{-1} が開集合であることが分かる．

(2) (1) を用いて
$$(x + y)^{-1} - x^{-1} = x^{-1}((e + x^{-1} y)^{-1} - e)$$
$$= x^{-1} \left(\sum_{n=0}^{\infty} (-x^{-1} y)^n - e \right)$$

$$= x^{-2}y \sum_{n=0}^{\infty} (-1)^{n+1} (x^{-1}y)^n$$

であるから,

$$\|(x+y)^{-1} - x^{-1}\| \leq \|x^{-2}y\| \sum_{n=0}^{\infty} \|x^{-1}y\|^n$$

$$\leq \|x^{-2}\| \cdot \|y\| \sum_{n=0}^{\infty} (\|x^{-1}\| \cdot \|y\|)^n$$

$$= \frac{\|x^{-2}\| \cdot \|y\|}{1 - \|x^{-1}\| \cdot \|y\|} \to 0 \qquad (\|y\| \to 0)$$

が分かる. ゆえに $\|y\| \to 0$ ならば, $\|(x+y)^{-1} - x^{-1}\| \to 0$. ∎

定義 3.1.4.

(1) A を単位元 e を持つ可換 Banach 環とする.

　(i) $x \in A$ のとき,

$$\mathrm{Sp}_A(x) = \{\lambda \in \mathbf{C} : x - \lambda e \notin A^{-1}\}$$

　を x の (A における) **スペクトル**という. $\mathrm{Sp}_A(x)$ を $\mathrm{Sp}(x, A)$ とも表す.

　(ii) $\lambda \notin \mathrm{Sp}_A(x)$ なる $\lambda \in \mathbf{C}$ に対して,

$$R(x, \lambda) = (x - \lambda e)^{-1}$$

　とおき, x のリゾルベントという.

(2) A が単位元を持たない可換 Banach 環のとき $\mathrm{Sp}_A(x) = \mathrm{Sp}_{A_e}(x)$ とおく. この場合 $\lambda \neq 0$, $\lambda \notin \mathrm{Sp}_A(x)$ となる必要十分条件は, $xy - \lambda^{-1}x - \lambda y = 0$ となる $y \in A$ が存在することは容易に分かる.

定義 3.1.5. $\mathbf{C} \supset D$ を開集合, 可換 Banach 環 A に対して $F(\lambda) : D \to A$ が D で**正則**であるとは, 任意の $\lambda_0 \in D$ に対して,

$$\lim_{\lambda \to \lambda_0} \frac{F(\lambda) - F(\lambda_0)}{\lambda - \lambda_0}$$

が A に存在することをいう.

3.1 可換 Banach 環

定理 3.1.6. A を可換 Banach 環とする．このとき，$x \in A$ に対し，次の (i)〜(iii) が成り立つ．

(i) $\mathrm{Sp}_A(x)$ は閉集合である．
(ii) $\mathrm{Sp}_A(x) \subset \{\lambda\colon |\lambda| \leq \|x\|\}$.
(iii) $\mathrm{Sp}_A(x) \neq \emptyset$.

特に，(i), (ii) より $\mathrm{Sp}_A(x)$ は複素平面上のコンパクト集合である．

証明 はじめに，A が単位元 e を持つとする．(i) $F(\lambda) = x - \lambda e$ とおくと，$F(\lambda)\colon \mathbf{C} \to A$ は連続写像である．実際，

$$\|F(\lambda) - F(\lambda_0)\| = \|(x - \lambda e) - (x - \lambda_0 e)\| = |\lambda - \lambda_0|\,\|e\|$$

より分かる．ここで，A^{-1} は定理 3.1.3 より開集合であるから，$(A^{-1})^c$ は閉集合である．ゆえに F は連続より，$F^{-1}((A^{-1})^c)$ は複素平面の閉部分集合となる．従って，$\mathrm{Sp}_A(x) = F^{-1}((A^{-1})^c)$ は閉集合となる．

(ii) $|\lambda| > \|x\|$ ならば，定理 3.1.3 より $x - \lambda e = -\lambda(e - \lambda^{-1}x) \in A^{-1}$ となるので，$\lambda \notin \mathrm{Sp}_A(x)$ である．従って，$\mathrm{Sp}_A(x) \subset \{\lambda\colon |\lambda| \leq \|x\|\}$ となる．よって $\mathrm{Sp}_A(x)$ は $\mathbf{C}$ のコンパクトな部分集合となる．

(iii) $\mathrm{Sp}_A(x) \neq \emptyset$ を示す．$\lambda_0 \notin \mathrm{Sp}_A(x)$ のとき，$G(\lambda) = R(x, \lambda)$ は $\lambda = \lambda_0$ で正則であり，$|\lambda| > \|x\|$ ならば

$$\lim_{\lambda \to \lambda_0} \frac{R(x, \lambda) - R(x, \lambda_0)}{\lambda - \lambda_0} = (R(x, \lambda_0))^2,$$

$$R(x, \lambda) = -\frac{1}{\lambda} \sum_{n=0}^{\infty} \left(\frac{x}{\lambda}\right)^n$$

となる．実際，$R(x, \lambda) - R(x, \lambda_0) = (\lambda - \lambda_0) R(x, \lambda) R(x, \lambda_0)$ および $|\lambda| > \|x\|$ のとき

$$(x - \lambda e)^{-1} = \left(-\frac{1}{\lambda}\right)\left(e - \frac{x}{\lambda}\right)^{-1} = \left(-\frac{1}{\lambda}\right) \sum_{n=0}^{\infty} \left(\frac{x}{\lambda}\right)^n$$

より得られる．そこで，$G(\lambda)$ を考えると $\mathrm{Sp}_A(x) = \emptyset$ ならベクトル値関数として $\mathbf{C}$ で正則で，$\mathbf{C}$ で有界となる．従ってベクトル値の関数論 (cf. [3])

より, $G(\lambda) = y$ ($\lambda \in \mathbf{C}$) となる $y \in A$ が存在する. ゆえに $\lambda = 0$ ならば $y = G(0) = x^{-1}$ となり, $\lambda = 1$ ならば $y = G(1) = (x-e)^{-1}$ となる. これは $y = G(\lambda) \in A^{-1}$ に矛盾する. 従って $\mathrm{Sp}_A(x) \neq \emptyset$ となる.

A が単位元を持たないときは, $x \in A$ に対して $\mathrm{Sp}_A(x) = \mathrm{Sp}_{A_e}(x)$ より x を A_e の元として考えることにより前半の議論から $\mathrm{Sp}_A(x)$ は $\mathbf{C}$ の空でないコンパクトな部分集合となる. ∎

系 3.1.7. 単位元 e を持つ可換 Banach 環 A が体ならば, 複素数と (環として) 同型になる.

証明 A を体とする. $x \in A$ ならば定理 3.1.6 より $\mathrm{Sp}_A(x) \neq \emptyset$ となる. 従って $\lambda \in \mathbf{C}$ が存在して $x - \lambda e \notin A^{-1}$ となる. このとき A が体であるから $x - \lambda e = 0$ となる. 結局 $x = \lambda e$ が得られて, この対応 $x \mapsto \lambda$ で A と $\mathbf{C}$ は環として同型となる. ∎

定義 3.1.8. $x \in A$ のとき
$$\rho(x) = \sup\{|\lambda| : \lambda \in \mathrm{Sp}_A(x)\}$$
と定義して, $\rho(x)$ を x の**スペクトル半径**という.

定理 3.1.9. 次が成立する:
$$\rho(x) = \lim_{n \to \infty} \|x^n\|^{1/n}.$$

証明 A が単位元 e を持つとする. $\lambda \in \mathrm{Sp}_A(x)$ ならば, $\lambda^n \in \mathrm{Sp}_A(x^n)$ である. 定理 3.1.6 から $|\lambda^n| \leq \|x^n\|$ となり $|\lambda| \leq \underline{\lim}_{n \to \infty} \|x^n\|^{1/n}$ を得る. よって
$$\rho(x) \leq \underline{\lim}_{n \to \infty} \|x^n\|^{1/n}.$$
さて,
$$F(\lambda) = \left(-\frac{1}{\lambda}\right) \sum_{n=0}^{\infty} \left(\frac{x}{\lambda}\right)^n$$
を考えるとき, $|\lambda| > \overline{\lim}_{n \to \infty} \sqrt[n]{\|x^n\|}$ ならば, $F(\lambda)$ の右辺は, A で収束し, $F(\lambda) \in A$ となる (cf. [3], [8]). また, $\|\lambda^{-1} x\| < 1$ のとき, 定理 3.1.6 より
$$(x - \lambda e)^{-1} = F(\lambda)$$

3.1 可換 Banach 環

であるから $(x-\lambda e)F(1/\lambda) = e$ となることに注意する．さらに，$|\lambda| > \rho(x)$ ならば，$\rho(x)$ の定義より $\lambda \notin \mathrm{Sp}_A(x)$ より，正則である $R(x,\lambda) = (x-\lambda e)^{-1}$ が存在する．以上から

$$\frac{1}{\rho(x)} \leq \frac{1}{\varlimsup_{n\to\infty} \sqrt[n]{\|x^n\|}}$$

となる．ゆえに

$$\varlimsup_{n\to\infty} \|x^n\|^{1/n} \leq \rho(x)$$

であるから，前半と合わせて

$$\rho(x) = \lim_{n\to\infty} \|x^n\|^{1/n}$$

がいえる．A が単位元を持たないときは $x \in A$ を A_e で考えて，$\mathrm{Sp}_A(x) = \mathrm{Sp}_{A_e}(x)$ より単位元を持つ場合に帰着される． ∎

3.1.3 イデアル

以下では A を可換 Banach 環と仮定する．

定義 3.1.10.

(1) A の部分集合 I が $\mathbf{C}$ 上の環であり，$x \in I$, $y \in A$ のとき，$xy \in I$ が成り立つならば，I を A の**イデアル**という．
(2) I がイデアルで，$I \subsetneq J \subsetneq A$ なるイデアル J が存在しないとき I を**極大イデアル**という．

次は容易に示される．

命題 3.1.11. I が A のイデアルのとき，I による同値類 $A/I = \{x+I : x \in A\}$ は

 (i) $(x+I) + (y+I) = x+y+I$
 (ii) $\lambda(x+I) = \lambda x + I$
 (iii) $(x+I)(y+I) = xy + I$

によって **C** 上の環になる．A/I を **商環** という．特に I が閉集合のとき A/I は商位相 $\|x+I\|_{A/I} = \inf_{z \in I} \|x+z\|$ により可換 Banach 環になる．

定義 3.1.12. A のイデアル I が **正則イデアル** とは，商環 A/I が単位元を持つことである．このとき A/I が単位元を持つ必要十分条件は任意の $x \in A$ に対し $ux - x \in I$ となる $u \in A$ が存在することである．この u を I を法とする A の **単位元** という．

補題 3.1.13. $I \subsetneq A$, I を正則イデアルとするとき，正則な極大イデアル J が存在して，$I \subset J \subsetneq A$ を満たす．

証明 Zorn の補題を用いて示す．I を A と異なる正則イデアルとすると I を法とする A の単位元 u は明らかに I に属さない．実際 $u \in I$ ならば $ux - x \in I$ $(x \in A)$ より $I = A$ となるからである．今，$I \subset J$, $u \notin J$ なる A のイデアル J の全体を $\mathcal{J}$ とすると，$\mathcal{J}$ は包含関係で半順序集合になる．$\mathcal{J}$ の任意の全順序を持つ部分集合 $\mathcal{K}$ をとるとき $L = \bigcup_{J \in \mathcal{K}} J$ は I を含む A のイデアルで，$u \notin L$ となっている．従って $L \in \mathcal{J}$ となる．よって Zorn の補題より $\mathcal{J}$ に極大元 J が存在する．つまり $I \subset J \subsetneq A$ なるイデアルである．このとき任意の $x \in A$ に対して，$ux - x \in I \subset J$ だから J は I を含む正則な極大イデアルである． ∎

命題 3.1.14.

(i) A が単位元 e を持つならば，A のイデアル I は正則イデアルであり，A の極大イデアルは閉集合である (閉集合であるイデアルを **閉イデアル** という)．

(ii) A は単位元を持たないとする．$I \subset A$ が正則な極大イデアルならば，I は閉イデアルである．

証明 (i) $x + I \in A/I$ のとき $(e+I)(x+I) = x+I$ より I は正則イデアルである．I が極大イデアルとする．$\|e - x\| < 1$ ならば，定理 3.1.3 より $x \notin I$ である．従って $x \in I$ ならば，$\|e-x\| \geq 1$ である．そこで I の閉包を $\overline{I}$ で表し，任意の $y \in \overline{I}$ をとると，$\|e - y\| \geq 1$ となる．よって $\overline{I} \subsetneq A$

3.1 可換 Banach 環

で, $\overline{I}$ はイデアルである. また I が極大イデアルより $I = \overline{I}$ となる. 従って閉集合である.

(ii) u を I を法とする A の単位元とする. このとき $\|u - I\| = \inf_{x \in I} \|u - x\|$ とおくと $\|u - I\| \geq 1$ となる. 実際, $v \in I$ が存在して $\|u - v\| < 1$ とする. 任意の $x \in A$ を固定して

$$y = x + \left(\sum_{n=1}^{\infty}(u-v)^n\right)x$$

とおくと,

$$y - uy + vy = x + \left(\sum_{n=1}^{\infty}(u-v)^n\right)x$$
$$-u\left(x + \left(\sum_{n=1}^{\infty}(u-v)^n\right)x\right) + v\left(x + \left(\sum_{n=1}^{\infty}(u-v)^n\right)x\right)$$
$$= x + \left(\sum_{n=1}^{\infty}(u-v)^n\right)x - (u-v)x - \left(\sum_{n=2}^{\infty}(u-v)^n\right)x$$
$$= x$$

となる. 即ち, $v \in I$ と u の定義より $x \in I$ となる. ゆえに $A = I$ となり矛盾する. 従って $\|u - I\| \geq 1$ が成り立つ. $\overline{I}$ は I の閉包で $I \subset \overline{I}$ より, $\overline{I}$ は正則イデアルである. $\|u - x\| \geq 1 \ (x \in I)$ であるから, $\|u - x\| \geq 1 \ (x \in \overline{I})$ となる. ゆえに $\overline{I} \subsetneq A$ である. 従って I が極大イデアルより $I = \overline{I}$ となる. ∎

補題 3.1.15. I を A と異なる A の正則なイデアルとするとき, I が正則な極大イデアルである必要十分条件は A/I が $\mathbf{C}$ と同型になることである.

証明 A/I が $\mathbf{C}$ と同型とする. I が極大イデアルでなければ補題 3.1.13 より, 極大イデアル J が存在して, $I \subsetneq J$ となる. $w \in J \cap I^c$ をとるとき, $w + I$ に対応する $0 \neq \lambda \in \mathbf{C}$ がある. 従って $w + I$ は A/I で逆元を持つ. ゆえに $J = A$ となり矛盾が生じるので, I は極大イデアルである.

逆に I を正則な極大イデアルとする. 命題 3.1.11, 命題 3.1.14 より A/I は単位元 $u + I$ を持つ可換 Banach 環になる. このとき A/I は体である.

実際 $x_0 + I \in A/I$, $x_0 \notin I$ とすると I が極大イデアルより $\{x_0 x + I : x \in A\} = A/I$ となる．なぜならば，$\{xx_0 + y : x \in A, y \in I\}$ は I を含むイデアルだからである．ゆえに $z \in A$ が存在して $zx_0 + I = (z+I)(x_0+I) = u+I$ となり $x_0 + I$ は逆元を持つから A/I は体である．従って系 3.1.7 より A/I と $\mathbf{C}$ と同型である． ∎

定理 3.1.16. A を単位元を持たない可換 Banach 環，A_e を A に単位元 e を添加した可換 Banach 環とする．さらに，$\mathfrak{M}_1$ を A_e の正則な極大イデアル全体とし，$\mathfrak{M}_0$ を A の正則な極大イデアル全体とするならば，$\mathfrak{M}_1 \setminus \{A\} \ni I \mapsto I \cap A \in \mathfrak{M}_0$ は全単射である．

証明 はじめに，$I \in \mathfrak{M}_1 \setminus \{A\}$ ならば $I \cap A \in \mathfrak{M}_0$ を示す．まず $I \cap A$ は A のイデアルであり，仮定から $I \not\subset A$ であることは容易に分かる．さらに $u \in A$ が存在して $u - e \in I$ が成り立つ．実際，$I \not\subset A$ だから複素数 $\lambda_0 \neq 0$ と $y \in A$ が存在して $y + \lambda_0 e \in I$ である．即ち，$y/\lambda_0 + e \in I$．そこで $-u = y/\lambda_0$ とおけば $e - u \in I$ が分かる．これより $ux - x \in I$ $(x \in A)$ となる．ゆえに $ux - x \in I \cap A$ $(x \in A)$ であり，$I \cap A$ が A の正則なイデアルとなる．さらに $I \cap A$ は A の極大イデアルである．なぜならば，$A \cap I \subsetneq J \subset A$ なる A のイデアル J があれば，$v_0 \in J$ が存在して $v_0 \notin I \cap A$ となる．このとき $v_0 + I \in A_e/I$ は補題 3.1.15 から適当な複素数 $0 \neq \lambda' \in \mathbf{C}$ に対応するので $v_0/\lambda' - e \in I$ となる．ゆえに $e - u \in I, v_0/\lambda' - e \in I$ より $v_0/\lambda' - u \in I \cap A \subset J$ を得る．$v_0 \in J$ を考えると $u \in J$ となる．よって $J = A$ である．以上から $I \cap A \in \mathfrak{M}_0$ を得る．

次に上の写像が 1 対 1 対応であることを示す．実際，$I_1, I_2 \in \mathfrak{M}_1 \setminus \{A\}$，$I_1 \cap A = I_2 \cap A$ とする．このとき前のことより，$u \in A$ が存在して $ux - x \in I_1 \cap A$ $(x \in A)$ となる．そこで

$$J = \{x \in A_e : xu \in I_1 \cap A\}$$

とおくと，J は A_e のイデアルで $J \supset I_1$ となる．ここで，$I_1 \cap A \subsetneq A$ だから $e \notin J$ となり，$J \subsetneq A_e$ を得る．従って I_1 が極大イデアルより $J = I_1$ となる．同様に $J = I_2$ である．ゆえに $I_1 = I_2$ を得る．

3.1 可換 Banach 環

さらにこの写像が全射であることを示す．実際，任意の $J \in \mathfrak{M}_0$ を固定して適当な $u \in A$ をとると $ux - x \in J$ $(x \in A)$ となり，

$$I' = \{x \in A_e : ux \in J\}$$

とおくと I' は A_e のイデアルで，$u \notin I'$ となる．実際 $u \in I'$ ならば，$u^2 \in J$, $u^2 - u \in J$ より $u \in J$ で矛盾する．そこで I を $I \supset I'$ かつ $u \notin I$ なる A_e の極大イデアルとすると，$u \notin I$ より $I \neq A$ だから $I \in \mathfrak{M}_1 \setminus \{A\}$ となる．このとき $x \in J$ なら $ux \in J$ より $x \in I'$ である．よって $J \subset I$ で，$J \subset I \cap A$ となる．J は極大イデアルだから $J = I \cap A$ を得る． ∎

例

任意の $x_0 \in \mathbf{T}$ に対し，

$$I(x_0) = \{f \in C(\mathbf{T}) : f(x_0) = 0\}$$

は，可換 Banach 環 $C(\mathbf{T})$ の極大イデアルである．

3.1.4 Gelfand 変換

定義 3.1.17. 可換 Banach 環 A をとるとき，$\chi \colon A \to \mathbf{C}$ が次の性質を持つとき**指標**という．

(i) $\chi(\alpha x + \beta y) = \alpha \chi(x) + \beta \chi(y)$
(ii) $\chi(xy) = \chi(x)\chi(y)$ $\qquad (x, y \in A, \alpha, \beta \in \mathbf{C})$

$\chi \not\equiv 0$ なる A の指標 χ の全体を $\Delta(A)$ で表す．

定理 3.1.18. $\Delta(A)$ と A の正則極大イデアル全体 $\mathfrak{M}(A)$ は $\Delta(A) \ni \chi \mapsto \chi^{-1}(0) \in \mathfrak{M}(A)$ の対応で全単射である．

証明 はじめに，上の対応が全射であることを示す．実際，$I \in \mathfrak{M}(A)$ とすると，A/I は補題 3.1.15 より $\mathbf{C}$ と同型で，このとき

$$A/I \ni x + I \mapsto \chi(x + I) \in \mathbf{C}$$

への対応は同型になる．さらに $\chi(x) = \chi(x+I)$ とおくと，χ は指標になる．実際，定義できることは $x - x' \in I$ ならば χ の定義より $\chi(x) = \chi(x+I) = \chi(x'+I)$ となることから分かる．このとき $\chi^{-1}(0) = I$ である．逆に $\Delta(A) \ni \chi$ に対して，$I = \chi^{-1}(0)$ とおくと χ は準同型より A/I は $\mathbf{C}$ と同型になる．

次に，単射であることを示す．実際，$I = \chi^{-1}(0) = (\chi')^{-1}(0) = I'$ ならば，$\chi(x+I) = \chi'(x+I)$ だから $\chi = \chi'$ となる． ∎

系 3.1.19. A を可換 Banach 環とするとき，$x \in A$ ならば，次が成り立つ．

(1) A が単位元を持つとき，$\mathrm{Sp}_A(x) = \{\chi(x) \colon \chi \in \Delta(A)\}$．
(2) A が単位元を持たないとき，$\mathrm{Sp}_A(x) = \{\chi(x) \colon \chi \in \Delta(A)\} \cup \{0\}$．

証明 (1) A の単位元を e とすると，$\lambda \in \mathrm{Sp}_A(x)$ のとき，$x - \lambda e \notin A^{-1}$ である．このとき $I \in \mathfrak{M}(A)$ が存在して $x - \lambda e \in I$ となる．従って定理 3.1.18 より $\chi \in \Delta(A)$ が存在して $\chi^{-1}(0) = I$ となる．即ち，$\chi(x - \lambda e) = 0$．ゆえに，$\chi(x) = \lambda$．従って $\lambda \in \{\chi(x) \colon \chi \in \Delta(A)\}$ となる．逆向きは明らかである．

(2) A_e を A に単位元 e を添加した可換 Banach 環とすると，$\mathrm{Sp}_A(x) = \mathrm{Sp}_{A_e}(x)$ であるから，

$$\mathrm{Sp}_{A_e}(x) = \{\chi(x) \colon \chi \in \Delta(A_e)\} = \{\chi(x) \colon \chi \in \Delta(A)\} \cup \{0\}$$

より分かる． ∎

系 3.1.20. $\chi \in \Delta(A)$ のとき，$|\chi(x)| \leq \|x\|$ $(x \in A)$．特に，χ は A 上の複素数値連続関数となる．

証明 系 3.1.19 より，$\mathrm{Sp}_A(x) = \{\chi(x) \colon \chi \in \Delta(A)\}$，または $\mathrm{Sp}_A(x) = \{\chi(x) \colon \chi \in \Delta(A)\} \cup \{0\}$ である．$\rho(x) = \sup\{|\lambda| \colon \lambda \in \mathrm{Sp}_A(x)\}$ であるから $|\chi(x)| \leq \|x\|$ となる．特に，$\|x_n - x\| \to 0$ のとき

$$|\chi(x_n) - \chi(x)| = |\chi(x_n - x)| \leq \|x_n - x\| \to 0$$

より，$\chi \colon A \to \mathbf{C}$ は連続である． ∎

3.1 可換 Banach 環

定義 3.1.21. Banach 空間 A に対して A^* を連続な A 上の線形である複素数値関数 (これを A 上の**連続な線形汎関数**という) の全体と定義する．このとき，$u \in A^*$ が A 上で連続である必要十分条件は $|u(x)| \leq C\|x\|$ $(x \in A)$ となる定数 $C > 0$ が存在することである．A^* は通常の演算でベクトル空間になる．

定義 3.1.22.

(1) $u \in A^*$, $\|u\| = \sup\{|u(x)| : x \in A, \|x\| = 1\}$ とおくと A^* は $\|\cdot\|$ で Banach 空間になる．この位相を A^* の**ノルム位相**という．

(2) $u_0 \in A^*$ をとり，u_0 の近傍 U を次のように定義する．
$$U = U(u_0; x_1, \ldots, x_n, \varepsilon)$$
$$= \{u \in A^* : |u(x_j) - u_0(x_j)| < \varepsilon \ (j = 1, \ldots, n)\}$$
ただし，$\varepsilon > 0$, $x_1, \ldots, x_n \in A$, $n \in \mathbf{N}$ (**N** は自然数の集合を表す) とする．このとき
$$W(u_0) = \{U = U(u_0; x_1, \ldots, x_n, \varepsilon) : \varepsilon > 0, \ x_1, \ldots, x_n \in A, \ n \in \mathbf{N}\}$$
は u_0 の基本近傍系をなす．これによる A^* の位相を **∗-弱位相**という．

(3) $\Delta(A)$ に A^* の ∗-弱位相による相対位相を導入する．

補題 3.1.23.

(1) $\Delta(A)$ は Hausdorff 空間である．

(2) $\Delta(A)$ の A^* における ∗-弱位相による閉包 $\overline{\Delta(A)}$ は，A が単位元を持つときは，$\overline{\Delta(A)} = \Delta(A)$ で，A が単位元を持たないときは，$\overline{\Delta(A)} = \Delta(A) \cup \{0\}$ となる．ただし，$0 \in A^*$ は，$0(x) \equiv 0$ $(x \in A)$ とする．

証明 (1) $\chi_1 \neq \chi_2$, $\chi_1, \chi_2 \in \Delta(A)$ とする．$\chi_1 \neq \chi_2$ より，$x \in A$ が存在して $\chi_1(x) \neq \chi_2(x)$ である．そこで，
$$\varepsilon = \frac{|\chi_1(x) - \chi_2(x)|}{3} > 0$$
とおく．さらに $U_j = \{\chi \in \Delta(A) : |\chi(x) - \chi_j(x)| < \varepsilon\}$ $(j = 1, 2)$ とおくと $U_1 \cap U_2 = \emptyset$ となる．なぜならば $U_1 \cap U_2 \ni \chi_0$ のとき $|\chi_0(x) - \chi_j(x)| < \varepsilon$. ゆえに $|\chi_1(x) - \chi_2(x)| < 2\varepsilon = 2|\chi_1(x) - \chi_2(x)|/3$ となって矛盾する．

(2) $u_0 \in \overline{\Delta(A)}$ をとる．$x, y \in A, \varepsilon > 0$ に対して

$$U = \{u \in A^* : |u(x) - u_0(x)| < \varepsilon,$$
$$|u(y) - u_0(y)| < \varepsilon, \ |u(xy) - u_0(xy)| < \varepsilon\}$$

とおく．これは u_0 の近傍だから $U \cap \Delta(A) \neq \emptyset$ である．ゆえに $\chi \in U \cap \Delta(A)$ が存在して $|\chi(x) - u_0(x)| < \varepsilon$, $|\chi(y) - u_0(y)| < \varepsilon$, $|\chi(xy) - u_0(xy)| < \varepsilon$. 従って

$$|u_0(xy) - u_0(x)u_0(y)| \leq |u_0(xy) - \chi(xy)| + |\chi(xy) - \chi(x)\chi(y)|$$
$$+ |\chi(y) - u_0(y)||\chi(x)| + |\chi(x) - u_0(x)||u_0(y)|$$
$$\leq \varepsilon(1 + \|x\| + |u_0(y)|).$$

よって $u_0(xy) = u_0(x)u_0(y)$ が示されて，$u_0 \in \Delta(A) \cup \{0\}$ となる．もしも A が単位元を持つならば $u_0 \in \Delta(A)$ だから $\overline{\Delta(A)} = \Delta(A)$ となる．単位元を持たないときは，$\overline{\Delta(A)} = \Delta(A) \cup \{0\}$ となる． ∎

次は関数解析でよく知られている定理である．

定理 3.1.24. $B = \{u \in A^* : \|u\| \leq 1\}$ とおくと B は $*$-弱位相でコンパクトになる．

定理 3.1.24 を用いると次が成立する．

系 3.1.25. 可換 Banach 環 A に対して次が成り立つ：

(1) A が単位元を持てば，$\Delta(A)$ はコンパクトである．
(2) A が単位元を持たなければ，$\Delta(A)$ の各点はコンパクトな近傍を持つ．

証明 (1) $\overline{\Delta(A)} = \Delta(A) \subset B = \{u \in A^* : \|u\| \leq 1\}$ より，定理 3.1.24 を用いると $\Delta(A)$ はコンパクトである．

(2) $\overline{\Delta(A)} = \Delta(A) \cup \{0\} (\subset B)$ より，定理 3.1.24 を用いれば $\Delta(A) \cup \{0\}$ はコンパクトである．従って $\Delta(A)$ の各点はコンパクトな近傍を持つ． ∎

定義 3.1.26. A を可換 Banach 環，$\mathfrak{M}(A)$ を A の正則極大イデアルの全体とする．そこで $\mathfrak{M}(A)$ の位相を次のように導入する：$\mathfrak{M}(A)$ と $\Delta(A)$ は定

3.1 可換 Banach 環 **217**

理 3.1.18 のようにして,1 対 1 に対応するので $\mathfrak{M}(A) \ni M$ と $\chi_M \in \Delta(A)$ を対応させて考える. $M_0 \in \mathfrak{M}(A)$ の近傍

$$U(M_0) = \{M \in \mathfrak{M}(A) \colon |\chi_M(x_j) - \chi_{M_0}(x_j)| < \varepsilon \ (j = 1, \ldots, n)\}$$
$$(= U(M_0; \{x_j\}_1^n, \varepsilon))$$

(ただし, $x_j \in A, \varepsilon > 0, n \in \mathbf{N}$) とおくとき,

$$\mathcal{W}(M_0) = \{U(M_0; \{x_j\}^n, \varepsilon) \colon x_j \in A \ (j = 1, \ldots, n), \ \varepsilon > 0, \ n \text{ は自然数}\}$$

を M_0 の基本近傍系とおく.このようにして $\Delta(A)$ の位相により導入された位相を持つ $\mathfrak{M}(A)$ を A の**極大イデアル空間**という.

定義 3.1.27. A を可換 Banach 環,$\mathfrak{M}(A)$ を A の極大イデアル空間とする.$x \in A$ に対して,$\hat{x}(M) = \chi_M(x) \ (\chi_M \in \Delta(A))$ とおくと $\hat{x}$ は $\mathfrak{M}(A)$ 上の複素数値関数となる.これを x の **Gelfand 変換 (Gelfand 表現)** という.混乱が生じない場合は,$\Delta(A)$ と $\mathfrak{M}(A)$ を同一視して,$\hat{x}(M)$ を $\hat{x}(\chi_M)$ と表す.

命題 3.1.28.

(1) $\hat{x}$ は $\mathfrak{M}(A)$ 上の連続関数である.
(2) $\mathfrak{M}(A)$ の位相は $\hat{x}$ が連続になるような最も弱い位相である.
(3) 任意の $\epsilon > 0$ に対し,$\{M \in \mathfrak{M}(A) \colon |\hat{x}(M)| \geq \epsilon\}$ は $\mathfrak{M}(A)$ のコンパクト部分集合である.

証明 (1) $x \in A, M_0 \in \mathfrak{M}(A), \varepsilon > 0$ をとる.$U = \{M \in \mathfrak{M}(A) \colon |\hat{x}(M) - \hat{x}(M_0)| < \varepsilon\}$ とおくと,$\mathfrak{M}(A)$ の位相の定義より U は $M_0 \in \mathfrak{M}(A)$ の近傍である.$M \in U$ ならば,$|\hat{x}(M) - \hat{x}(M_0)| < \varepsilon$ より $\hat{x}$ は M_0 で連続となる.従って $\hat{x}$ は $\mathfrak{M}(A)$ 上の連続関数である.

 (2) $x \in A, \varepsilon > 0, M_0 \in \mathfrak{M}(A)$ をとる.$U = \{M \in \mathfrak{M}(A) \colon |\hat{x}(M) - \hat{x}(M_0)| < \varepsilon\}$ とおく.$\mathcal{O}$ を集合 $\mathfrak{M}(A)$ の位相で $\hat{x}$ を連続にするような開集合系とする.このとき,$\hat{x}$ が $\mathcal{O}$ の位相で連続より,$U \in \mathcal{O}$ となる.ゆえに A の極大イデアル空間 $\mathfrak{M}(A)$ の開集合の全体は $\mathcal{O}$ に含まれる.よって極大イデアル $\mathfrak{M}(A)$ の位相は $\hat{x}$ を連続にする $\mathfrak{M}(A)$ の最も弱い位相である.

 (3) 系 3.1.25 より示される. ∎

定義 3.1.29. A を可換 Banach 環とする．このとき A が**半単純**であるとは，$x \in \bigcap_{M \in \mathfrak{M}(A)} M$ ならば $x = 0$ となることである．

次の定理は関数解析でよく知られている．

閉グラフ定理. X, Y を Banach 空間，$T: X \to Y$ を線形作用素とする．さらに
$$\lim_{n \to \infty} x_n = x, \ \lim_{n \to \infty} Tx_n = y$$
のとき $Tx = y$ が成り立つならば，T は連続である．

定理 3.1.30. A, B を可換 Banach 環とし，B を半単純とする．このとき $T: A \to B$ が線形写像かつ $T(xy) = (Tx)(Ty)$ $(x, y \in A)$ ならば，T は連続となる．

証明 閉グラフ定理より $x, x_n \in A$ かつ $z \in B$ のとき
$$\lim_{n \to \infty} x_n = x \text{ かつ } \lim_{n \to \infty} Tx_n = z$$
ならば，$Tx = z$ を示せばよい．任意の $\chi \in \Delta(B)$ に対して，$\chi(T(xy)) = \chi(TxTy) = \chi(Tx)\chi(Ty) = (\chi \circ T)(x)(\chi \circ T)(y)$ であるから $\chi \circ T$ は A の指標となる．ゆえに $\chi \circ T \in \Delta(A) \cup \{0\}$ である．よって $\chi \circ T: A \to \mathbf{C}$ は連続である．従って $\lim_{n \to \infty} x_n = x$ のとき
$$\lim_{n \to \infty} \chi \circ T(x_n) = \chi \circ T(x)$$
となる．一方，$\lim_{n \to \infty} Tx_n = z, \chi \in \Delta(B)$ より
$$\lim_{n \to \infty} \chi(Tx_n) = \chi(z)$$
であるから $\chi \circ T(x) = \chi(z)$ となる．即ち，$\chi_M(Tx) = \chi_M(z)$ $(M \in \mathfrak{M}(B))$ となる．ゆえに $0 = \chi_M(Tx - z) = (Tx - z)\hat{\ }(M)$ $(\chi \in \Delta(B))$ となる．B は半単純より $Tx = z$ となる．■

系 3.1.31. A が可換 Banach 環で，半単純ならば，A のノルム位相は一意に決まる．

3.1 可換 Banach 環

証明 $(A, \|\cdot\|_1), (A, \|\cdot\|_2)$ を可換 Banach 環で，半単純とする．定理 3.1.30 で T を恒等写像とする．T は線形かつ $T(xy) = T(x)T(y)$ より，T は定理 3.1.30 の仮定を満たす．従って $\|x\|_2 \leq C_1 \|x\|_1$ となる $C_1 > 0$ が存在する．逆も同様だから $C^{-1}\|x\|_1 \leq \|x\|_2 \leq C\|x\|_1$ $(x \in A)$ となる $C > 0$ が存在する． ■

例

(1) 可換 Banach 環 $C(\mathbf{T})$ の Gelfand 変換は恒等写像である．実際，極大イデアルは定理 3.1.16 の後の例の記号を用いると $I(x_0)$ $(x_0 \in \mathbf{T})$ の形であり，$x_0 \in \mathbf{T}$ から $I(x_0) \in \mathfrak{M}(C(\mathbf{T}))$ への写像は連続となり，$\mathbf{T}$ と $\mathfrak{M}(C(\mathbf{T}))$ は，同相である．従って，位相同型写像となる．
(2) 可換 Banach 環 ℓ^1 の Gelfand 変換は $a = \{a_n\}$ に対し，$\hat{a}(x) = \Sigma_{n \in \mathbf{Z}} a_n e^{inx}$ となる．極大イデアル空間は，$\mathbf{T}$ である．実際，$x \in \mathbf{T}$ から $M_x = \{a = \{a_n\} \in \ell^1 : \hat{a}(x) = 0\} \in \mathfrak{M}(\ell^1)$ への写像は全単射かつ連続である．従って，$\mathbf{T}$ と $\mathfrak{M}(\ell^1)$ は同相となる (3.2 節の $A(\mathbf{T})$ の項参照).

3.1.5 正則な可換 Banach 環

定義 3.1.32. A を可換 Banach 環とする．

(1) $D \subset A$ に対して，$h(D) = \{M \in \mathfrak{M}(A) : M \supset D\}$ とおく．このとき Gelfand 変換を用いると $h(D) = \{\chi \in \Delta(A) : \hat{x} = 0 \ (x \in D)\}$ となる．
(2) $E \subset \mathfrak{M}(A)$ に対して，$k(E) = \bigcap\{M : M \in E\}$ とおく．このとき Gelfand 変換を用いると $k(E) = \{x \in A : \hat{x}(\chi) = 0 \ (\chi \in E)\}$ と考えてもよい．ただし，空集合 ϕ に対し，$k(\emptyset) = A$ とおく．

定理 3.1.33. $E, E_1, E_2 \subset \mathfrak{M}(A)$ とするとき，次が成立する．

(1) $hk(E) \supset E$.
(2) $hk(E) = hk(hk(E))$.

(3) $hk(\emptyset) = \emptyset$.
(4) $hk(E_1 \cup E_2) = hk(E_1) \cup hk(E_2)$.

証明 (1) $\chi \in E$ のとき, $x \in k(E)$ ならば $\hat{x}(\chi) = 0$ となるので $\chi \in hk(E)$ となる.

(2) (1) より $khk(E) \subset k(E)$ である. 一方, $\chi \in hk(E)$ に対して $x \in k(E)$ をとると定義 3.1.32 より $\hat{x}(\chi) = 0$ となるので $k(E) \subset khk(E)$ となる. ゆえに $khk(E) = k(E)$ となる. 従って $hk(hk(E)) = hk(E)$ を得る.

(3) $k(\emptyset) = A$, $h(A) = \emptyset$ より $hk(\phi) = \phi$ となる.

(4) $E_1 \cup E_2 \supset E_j$ $(j = 1, 2)$ より $hk(E_1 \cup E_2) \supset hk(E_j)$ $(j = 1, 2)$. ゆえに $hk(E_1 \cup E_2) \supset hk(E_1) \cup hk(E_2)$ となる. 逆に, $\chi \notin hk(E_1) \cup hk(E_2)$ とすると $x_j \in k(E_j)$, $\chi(x_j) \neq 0$ なる $x_j \in A$ $(j = 1, 2)$ が存在する. このとき $x_1 x_2 \in k(E_1 \cup E_2)$ である. 実際 $\chi' \in E_1 \cup E_2$ とすると $\chi' \in E_1$ ならば $x_1 \in k(E_1)$ より $\chi'(x_1) = 0$ となり, $\chi'(x_1 x_2) = 0$ が成立する. 同様に $\chi' \in E_2$ の場合も $\chi'(x_1 x_2) = 0$ が成立する. 従って $\chi(x_1 x_2) \neq 0$ から $\chi \notin hk(E_1 \cup E_2)$ である. ゆえに $\chi \notin hk(E_1) \cup hk(E_2)$ なら $\chi \notin hk(E_1 \cup E_2)$ が成立し, $hk(E_1 \cup E_2) \subset hk(E_1) \cup hk(E_2)$ が示される. ∎

定義 3.1.34. $E \subset \mathfrak{M}(A)$ に対して, $hk(E)$ を対応させると定理 3.1.33 により $\mathfrak{M}(A)$ に閉包による位相が導入される ($E = hk(E)$ なる E を閉集合として位相を導入する). これを $\mathfrak{M}(A)$ 上の hk **位相**という.

定義 3.1.35. 可換 Banach 環 A に対し, $\hat{A} = \{\hat{x} : x \in A\}$ とおく. F を $\mathfrak{M}(A)$ の閉集合, $\chi_0 \notin F$, $\chi_0 \in \mathfrak{M}(A)$ とするとき, $\hat{x}(\chi) = 0$ $(\chi \in F)$ かつ $\hat{x}(\chi_0) \neq 0$ となる $x \in A$ が存在するとき, 可換 Banach 環 A は**正則**であるという.

定理 3.1.36. 次の命題は同値である.

(1) 可換 Banach 環 A が正則である.
(2) $\mathfrak{M}(A)$ の位相と hk の位相は一致する.
    特に A が単位元を持つときは次も同値である.

3.1 可換 Banach 環   **221**

(3) F を $\mathfrak{M}(A)$ の閉集合, K を $\mathfrak{M}(A)$ のコンパクト集合で $K \cap F = \emptyset$ とするとき, $x \in A$ が存在して, $\hat{x}(\chi) = 0$ $(\chi \in F)$, $\hat{x}(\chi) = 1$ $(\chi \in K)$ となる.

証明 初めに (1) と (2) が同値であることを示す. F を $\mathfrak{M}(A)$ の閉集合とする. このとき $hk(F) \subset F$ となる. 実際, (1) の仮定より $\chi \notin F$ ならば, $x \in A$ が存在して $\hat{x}(F) = 0$, $\hat{x}(\chi) \neq 0$ となる. このとき $x \in k(F)$ より $\chi \notin hk(F)$ となることから $hk(F) \subset F$ を得る. 従って定理 3.1.33 より $F \subset hk(F)$ が成り立つので $hk(F) = F$ となる. ゆえに $F(\subset \mathfrak{M}(A))$ が閉集合のとき hk 位相においても閉集合となる. 逆に hk 位相において $F(\subset \mathfrak{M}(A))$ が閉集合とする. このとき $hk(F) = F$ であり $h(k(F))$ は $\mathfrak{M}(A)$ の閉集合であるから F は $\mathfrak{M}(A)$ の閉集合となる. (3) を仮定すると (1) は明らかである. 逆に (1) を仮定して (3) を示す. このために次の補題を考える.

補題 3.1.37. A を単位元 e を持つ正則な可換 Banach 環, I を A のイデアル, E を $\mathfrak{M}(A)$ の空でないコンパクト集合で $h(I) \cap E = \emptyset$ とする. このとき $x \in I$ が存在して $\hat{x}(\chi) = 1$ $(\chi \in E)$ となる.

証明 商環 $A/k(E)$ の極大イデアル空間 $\mathfrak{M}(A/k(E))$ は E と同相である. 実際, $\chi \in E$ ならば, $\tilde{\chi}(x + k(E)) = \chi(x)$ とおくと $A/k(E)$ 上の 0 でない指標が定義できる. さらに $\chi \in E$ に対して $\tilde{\chi}$ を対応させる写像は E から $\Delta(A/k(E))$ への全単射となる. なぜならば, $\widetilde{\chi_0} \in \Delta(A/k(E))$ に対して $\chi_0(x) = \widetilde{\chi_0}(x + k(E))$ とすると $x \in k(E)$ ならば $\widetilde{\chi_0}(x) = 0$ で, (1) より $hk(E) = E$ であるから, $\chi_0 \in E$ となる. 従って対応は全射となる. 単射は明らかである. またこの写像は連続であるから E と $\mathfrak{M}(A/k(E))$ は同相となる. さて仮定より $h(I \cup k(E)) \subset h(I) \cap hk(E) = h(I) \cap E = \emptyset$ であるから $h(I \cup k(E)) = \emptyset$ となる. 従って $I, k(E)$ を含む A の極大イデアルは存在しない. 即ち, $I, k(E)$ を含むイデアルは A となる. 従って e を A の単位元とすると $u + k(E) = e + k(E)$ となる $u \in I, u \notin k(E)$ が存在する. ゆえに $u = e + v$ となる $v \in k(E)$ が存在する. 即ち $u \in I$, $\hat{u}(\chi) = \hat{e}(\chi) = 1$ $(\chi \in E)$ となる. ∎

((1) ならば (3) が成立することの証明)
補題 3.1.37 において $I = k(F)$, $E = K$ とおくと $x \in A$ が存在して $x \in k(F)$, $\hat{x}(\chi) = 1$ $(\chi \in K)$ となる. 即ち, $x \in A$, $\hat{x}(\chi) = 0$ $(\chi \in F)$, $\hat{x}(\chi) = 1$ $(\chi \in K)$ となる. ∎

定理 3.1.38. A を単位元 e を持つ正則な可換 Banach 環とする. $U_1, \ldots, U_n$ を $\mathfrak{M}(A)$ の開被覆とする. このとき $x_j \in A$ $(j = 1, \ldots, n)$ が存在して $\operatorname{supp} \widehat{x_j} \subset U_j$ $(j = 1, \ldots, n)$, $\sum_{j=1}^n \widehat{x_j}(\chi) = 1$ $(\chi \in \mathfrak{M}(A))$ となる.

証明 $n = 1$ のときは $x_1 = e$ をとればよい. $n-1$ のとき成立すると仮定する. $V, V_3, V_4, \ldots, V_n$ を $\mathfrak{M}(A)$ の開被覆で $V \subset \overline{V} \subset U_1 \cup U_2$, $V_j \subset \overline{V_j} \subset U_j$ $(j = 3, \ldots, n)$ とする. このとき $n-1$ の仮定より $x, x_3, \ldots, x_n \in A$ で $\operatorname{supp} \hat{x} \subset V$, $\operatorname{supp} \widehat{x_j} \subset V_j$, $\hat{x}(\chi) + \widehat{x_3}(\chi) + \cdots + \widehat{x_n}(\chi) = 1$ $(\chi \in A)$ を満たすものが存在する. このとき $E = \operatorname{supp} \hat{x}$, $E_1 = E \setminus U_2$, $E_2 = E \setminus U_1$ とおくとき定理 3.1.36 より $\operatorname{supp} \hat{y} \subset V \cap U_1$, $\hat{y}(\chi) = 1$ $(\chi \in E_1)$ となる $y \in A$ が存在する. 実際, $(V \cap U_1)^c \cap E_1 = \emptyset$ である. このとき $x_1 = xy$, $x_2 = x(e-y)$ とおくと $x_1 + x_2 = x$ で $\operatorname{supp} \widehat{x_1} \subset V \cap U_1 \subset U_1$, $\operatorname{supp} \widehat{x_2} \subset E \cap U_2 \subset U_2$ となる. 従って $\widehat{x_1} + \cdots + \widehat{x_n} = 1$, $\operatorname{supp} \widehat{x_j} \subset U_j$ $(j = 1, \ldots, n)$ を満たす. ∎

系 3.1.39. A を単位元 e を持つ半単純で正則な可換 Banach 環とする. I を A のイデアルとして, f を A の極大イデアル空間 $\mathfrak{M}(A)$ 上の連続関数とする. このとき任意の $\chi_0 \in \mathfrak{M}(A)$ に対して $x_0 \in I$ が存在して χ_0 のある近傍 U_0 で $f(\chi) = \widehat{x_0}(\chi)$ $(\chi \in U_0)$ が成り立つならば, $\hat{x}(\chi) = f(\chi)$ $(\chi \in \mathfrak{M}(A))$ となる $x \in I$ が存在する.

証明 各 $\chi_0 \in \mathfrak{M}(A)$ に対して, 仮定のような χ_0 の近傍 U_0 を対応させれば $\{U_0\}$ は $\mathfrak{M}(A)$ の開被覆で, $\mathfrak{M}(A)$ はコンパクトであるから $\{U_0\}$ から $\mathfrak{M}(A)$ の有限開被覆 $U_1, \ldots, U_n$ がとれる. これに対して定理 3.1.38 より, $z_1, \ldots, z_n \in A$, $\operatorname{supp} \widehat{z_j} \subset U_j$, $\widehat{z_1} + \cdots + \widehat{z_n} = 1$ を選ぶ. このとき

$$f(\chi)\widehat{z_1}(\chi) + \cdots + f(\chi)\widehat{z_n}(\chi) = f(\chi) \ (\chi \in \mathfrak{M}(A))$$

3.1 可換 Banach 環

が成り立つ．ここで仮定より $f(\chi) = \widehat{x_j}(\chi)$ $(\chi \in U_j)$ となる $x_j \in I$ が存在するとしてよいので

$$\widehat{x_1}(\chi)\widehat{z_1}(\chi) + \cdots + \widehat{x_n}(\chi)\widehat{z_n}(\chi) = f(\chi) \quad (\chi \in \mathfrak{M}(A))$$

が成り立つ．A が半単純で，I はイデアルであるから $x = x_1 z_1 + \cdots + x_n z_n$ とおくと $x \in I$, $\hat{x} = f$ となる． ∎

例

(1) 可換 Banach 環 $C(\mathbf{T})$ の Gelfand 変換は恒等写像であるから，正則になる．

(2) 可換 Banach 環 ℓ^1 の極大イデアル空間は $\mathbf{T}$ であり，$\mathbf{T}$ 上の 2 回連続微分可能な関数 $f(x)$ は $f(x) = \Sigma_{n \in \mathbf{Z}} a_n e^{inx}$, $\Sigma_{n \in \mathbf{Z}} |a_n| < \infty$ と表せるので ℓ^1 は，正則になる (3.2.1 項参照)．

3.1.6 スペクトル合成

定義 3.1.40. A を正則な可換 Banach 環とする．

(1) $E \subset \mathfrak{M}(A)$ を閉集合，I を正則な閉イデアルとする．$h(I) = E$ となる I が一意に決まるとき，E を可換 Banach 環 A のスペクトル合成集合という．

(2) $\mathfrak{M}(A)$ の中にスペクトル合成集合でない閉集合が存在するとき，可換 Banach 環 A をスペクトル合成不可能という．

(3) $\mathfrak{M}(A)$ の全ての閉集合がスペクトル合成集合のとき，可換 Banach 環 A をスペクトル合成可能という．

以後この節では，A は単位元 e を持つ正則な可換 Banach 環であるとする．

定義 3.1.41. $E \subset \mathfrak{M}(A)$ に対して，$I(E) = \{x \in A : \hat{x}(\chi) = 0 \ (\chi \in E)\}$ とおくと $I(E)$ は閉イデアルである．また $j(E) = \{x \in A : \operatorname{supp} \hat{x}$ はコンパクト集合で，$\operatorname{supp} \hat{x} \cap E = \emptyset\}$, $J(E) = \overline{j(E)}$ ($j(E)$ の A における閉包) とおくと $j(E), J(E)$ は共にイデアルとなる．

補題 3.1.42. A は半単純とする．$I \subset \mathfrak{M}(A)$ を閉集合とすると，$I(E)$ は $h(I) = E$ となるイデアル I の中の最大のイデアルで，$j(E)$ は $h(I) = E$ となるイデアル I の中の最小のイデアルである．

証明 $h(I) = E$ のとき，$x \in I$ ならば $\widehat{x}(\chi) = 0$ $(\chi \in E)$ であるから $x \in I(E)$ となる．また $h(j(E)) \supset E$ は明らかである．$\chi \notin E$ とすると A が正則であるから $\widehat{x_0}(\chi) = 1$, $\operatorname{supp} \widehat{x_0}$ はコンパクト集合, $\operatorname{supp} \widehat{x_0} \cap E = \emptyset$ となる $x_0 \in A$ が存在する．このとき $x_0 \in j(E)$ であるから $\chi \notin h(j(E))$ となり $h(j(E)) = E$ を得る．また $h(I) = E$ となるイデアル I をとる．このとき $K \cap E = \emptyset$ となるコンパクト集合 $K \subset \mathfrak{M}(A)$ に対して補題 3.1.37 より $\widehat{a}(\chi) = 1$ $(\chi \in K)$, $\widehat{a}(\chi) = 0$ $(\chi \in E)$ となる $a \in I$ が存在する．ゆえに $x \in A$, $\operatorname{supp} \widehat{x} \subset K$ に対して $\widehat{a}\widehat{x} = \widehat{x}$ となり A が半単純だから $x = ax \in I$ を得る．従って $j(E) \subset I$ となる． ∎

注意 3.1.43. 補題 3.1.42 から閉集合 $E \subset \mathfrak{M}(A)$ が A のスペクトル合成集合である必要かつ十分条件は $I(E) = J(E)$ となることである．

定義 3.1.44. 可換 Banach 環 A が Ditkin 条件を満たすとは，$\chi \in \mathfrak{M}(A)$ と $x \in A$ に対して，$\hat{x}(\chi) = 0$ となるとき χ の近傍で $\widehat{x_n} = 0$ となる $x_n \in A$ で $\lim_{n \to \infty} x_n x = x$ となる $\{x_n\} \subset A$ が存在することである．

定理 3.1.45. A を単位元 e を持つ半単純正則な可換 Banach 環として，Ditkin 条件を満たすとする．I を A の閉イデアルで，$x_0 \in kh(I)$ とする．このとき $h(\{x_0\}) \cap h(I)$ の位相的境界が，空でない完全集合を含まないならば，$x_0 \in I$ となる．

証明 与えられた $x_0 \in kh(I)$ に対し，

$E = $
$\{\chi \in \Delta(A) : I$ のどんな元 x に対しても χ の近傍で $\widehat{x_0} = \widehat{x}$ とはならない $\}$

とおくとき，$E = \emptyset$ を示せば系 3.1.39 より定理 3.1.45 が示される．さて $\chi \notin h(I)$ のとき補題 3.1.37 より，$a \in I$, χ の近傍で $\widehat{a} = 1$ となる $a \in A$ が存在するので $\chi \notin E$ となる．また $\chi \in \mathfrak{M}(A)$ が $h(\{x_0\})$

の位相的境界にないときは，χ は $h(\{x_0\})$ の内点かまたは $\chi \notin h(\{x_0\})$ である．χ が $h(\{x_0\})$ の内点ならば $\widehat{x_0} = 0$ が χ のある近傍で成立するので $\chi \notin E$ となる．$\chi \notin h(\{x_0\})$ のときは $x_0 (\in kh(I))$ の仮定より $h(\{x_0\}) \supset hkh(I) = h(I)$ であるから $\chi \notin h(I)$ となる．従って $\chi \notin E$ となる．まとめると E は $h(\{x_0\}) \cap h(I)$ の位相的境界に含まれることが示された．さらに E は孤立点を持たない．実際，$\chi \in E$ が孤立点ならば χ の近傍 U で U の $\mathfrak{M}(A)$ における閉包を $\overline{U}$ とするとき $\overline{U} \cap E = \{\chi\}$ となるものがある．$\widehat{x_0}(\chi) = 0$ なので Ditkin 条件より χ の近傍で $\widehat{z_n} = 0$ となり，$\lim_{n \to \infty} z_n x_0 = x_0$ となる $\{z_n\} \subset A$ が存在する．このとき χ の近傍で $\widehat{y} = 1$ かつ $\operatorname{supp} \widehat{y} \subset U$ となる $y \in A$ をとれば，系 3.1.39 より $z_n y x_0 \in I$ となる．従って $\lim_{n \to \infty} z_n y x_0 = y x_0 \in I$ から，$y x_0 \in I$ となる．ゆえに E の定義から $\chi \notin E$ となり矛盾が生じる．以上から E は完全集合となる．仮定より $h(\{x_0\}) \cap h(I)$ の位相的境界は空でない完全集合を含まないので $E = \emptyset$ となる．∎

系 3.1.46. A を単位元 e を持つ半単純正則な Ditkin 条件を満たす可換 Banach 環とするとき，閉集合 $E \subset \mathfrak{M}(A)$ の位相的境界が空でない完全集合を含まなければ，E は $(A$ の$)$ スペクトル合成集合となる．

証明 $x_0 \in I(E)$ とする．このとき，$h(J(E)) = E$ より $x_0 \in k(E) = kh(J(E))$ である．さらに仮定を用いると $h(\{x_0\}) \cap E = E$ より $h(\{x_0\}) \cap h(J(E))$ の位相的境界は完全集合を含まない．従って定理 3.1.45 より $x_0 \in J(E)$ となるから，$I(E) = J(E)$ が示される．∎

3.1.7 半単純可換 Banach 環の作用関数

定義 3.1.47. A を半単純可換 Banach 環とする．$G \subset \mathbf{C}$ で，$F \colon G \to \mathbf{C}$ なる関数とする．$x \in A$, $\operatorname{Sp}_A(x) \subset G$ に対し

$$F(\widehat{x}(M)) = \widehat{y}(M) \quad (M \in \mathfrak{M}(A))$$

となる $y \in A$ が存在するとき F を A の**作用関数**という．

定理 3.1.48. A を単位元 e を持つ半単純可換 Banach 環とする．F が単連結領域 $G(\subset \mathbf{C})$ で正則な関数ならば，F は A の作用関数である．即ち，Γ を G における長さを持つ閉曲線で，supp $\hat{x}$ を Γ の内部に含むものとすれば，

$$F(x) = \frac{1}{2\pi i}\int_\Gamma \frac{F(z)}{z-x}\,dz \in A$$

が定義されて，$\widehat{F(x)}(M) = F(\hat{x}(M))$ $(M \in \mathfrak{M}(A))$ が成立する．

証明 ベクトル値関数の関数論より示される (cf. [3], [8])．詳細は省略する． ∎

解析関数の Banach 環への作用については，[1], [2] 等で取り扱われている．

3.2　いくつかの可換 Banach 環の Gelfand 表現

この節では，Fourier 解析に現れる可換 Banach 環の例として，絶対収束する Fourier 級数を持つ連続関数の空間，Fourier 変換の空間等を取り上げ，それらの極大イデアル空間について述べる．なお，Riemann-Lebesgue の補題等の初等的な Fourier 解析の知識は，仮定した．

3.2.1　$A(\mathbf{T})$ について

定義 3.2.1.

$$A(\mathbf{T}) = \left\{ f \in C(\mathbf{T}) : \|f\|_{A(\mathbf{T})} = \sum_{n=-\infty}^{\infty} \left|\hat{f}(n)\right| < \infty \right\}$$

を定義する．ただし，

$$\hat{f}(n) = \frac{1}{2\pi}\int_0^{2\pi} f(x)e^{-inx}dx$$

とする (一般に，可積分関数 f に対し $\hat{f}(n)$ を f の **Fourier 係数**といい，形式的な級数 $\sum_{n\in\mathbf{Z}} \hat{f}(n)e^{inx}$ を f の **Fourier 級数**という)．また，和とスカ

3.2 いくつかの可換 Banach 環の Gelfand 表現 **227**

ラー倍,積を
$$(\alpha f + \beta g)(x) = \alpha f(x) + \beta g(x) \quad (\alpha, \beta \in \mathbf{C}, \ f, g \in A(\mathbf{T}))$$
で,積を
$$(fg)(x) = f(x)g(x) \quad (f, g \in A(\mathbf{T}))$$
によって定義すると $A(\mathbf{T})$ は,環になる.さらに,$\|\cdot\|_{A(\mathbf{T})}$ はノルムの性質を満たし,このノルムで完備になる.また,$\|fg\|_{A(\mathbf{T})} \leq \|f\|_{A(\mathbf{T})}\|g\|_{A(\mathbf{T})}$ が成り立つので,絶対収束する Fourier 級数を持つ連続関数のなす空間 $A(\mathbf{T})$ は定数関数 1 を単位元に持つ可換 Banach 環となる.

定理 3.2.2. $A(\mathbf{T})$ の極大イデアル空間 $\mathfrak{M}(A(\mathbf{T}))$ は $\mathbf{T}$ と同一視される. Gelfand 変換は恒等写像になる.また $A(\mathbf{T})$ は半単純である.

証明 $\mathfrak{M}(A(\mathbf{T})) = \Delta(A(\mathbf{T}))$ より $\chi \in \Delta(A(\mathbf{T}))$ を調べる.$e^{i\theta} \in A(\mathbf{T})$ だから
$$\chi(e^{i\theta})\chi(e^{-i\theta}) = \chi(e^{i\theta}e^{-i\theta}) = \chi(1) = 1$$
となる.ゆえに $\chi(e^{i\theta})\chi(e^{-i\theta}) = 1$.さらに $|\chi(e^{i\theta})| \leq \|e^{i\theta}\|_{A(\mathbf{T})} = 1$ だから $|\chi(e^{i\theta})| = 1$ となる.よって $\chi(e^{i\theta}) = e^{i\xi}$ ($\xi \in [0, 2\pi)$) とおける.そこで $f \in A(\mathbf{T})$, $f(\theta) = \sum_{n \in \mathbf{Z}} \hat{f}(n)e^{in\theta}$ において $f_N(\theta) = \sum_{|n| \leq N} \hat{f}(n)e^{in\theta}$ とおくと $\|f_N - f\|_{A(\mathbf{T})} \to 0$ ($N \to \infty$) より,
$$|\chi(f) - \chi(f_N)| = |\chi(f - f_N)| \leq \|f_N - f\|_{A(\mathbf{T})} \to 0 \ (N \to \infty)$$
となる.ゆえに
$$\chi(f) = \sum_{n \in \mathbf{Z}} \hat{f}(n)e^{in\xi}.$$
即ち,$\chi \in \Delta(A(\mathbf{T}))$ に対して $\xi \in [0, 2\pi)$ が対応する.逆に $\xi \in [0, 2\pi)$ に対して $\chi_\xi : f \to f(\xi)$ を考えると $\chi_\xi \in \Delta(A(\mathbf{T}))$ となる.従って,$\xi \in [0, 2\pi)$ から $\chi_\xi \in \Delta(A(\mathbf{T}))$ の対応は全射である.$\chi_\xi(f) = \chi_{\xi'}(f)$ ($f \in A(\mathbf{T})$) から $e^{i\xi} = e^{i\xi'}$ ($\xi, \xi' \in [0, 2\pi)$) より $\xi = \xi'$ となり単射である.また,$\lim_{n \to \infty} \xi_n = \xi$ とするとき,
$$\lim_{n \to \infty} \chi_{\xi_n}(f) = \lim_{n \to \infty} f(\xi_n) = f(\xi)$$

より
$$\lim_{n\to\infty} \chi_{\xi_n}(f) = \chi_\xi(f)$$
となる．$\mathbf{T}$ はコンパクト Hausdorff 空間であるから，$\Delta(A(\mathbf{T}))$ は $\mathbf{T}$ と同相になる．よって Gelfand 変換は恒等写像である．これより $A(\mathbf{T})$ は半単純である． ∎

注意 3.2.3. $n \in \mathbf{N}$, $\mathbf{T}^n = \{\theta = (\theta_1, \ldots, \theta_n) \colon \theta_j \in [0, 2\pi)\, (j = 1, 2, \ldots, n)\}$ とおく．

$$A(\mathbf{T}^n) = \left\{ f \in C(\mathbf{T}^n) \colon f(\theta) = \sum_{m=(m_1,\ldots,m_n)\in \mathbf{Z}^n} \hat{f}(m) e^{im\cdot\theta}, \right.$$
$$\left. \|f\|_{A(\mathbf{T}^n)} = \sum_{m\in\mathbf{Z}^n} |\hat{f}(m)| < \infty \right\}$$

によって定義 3.2.1 の多次元版を定義する．ただし，$m\cdot\theta = \sum_{j=1}^n m_j \theta_j$ で，

$$\hat{f}(m) = \frac{1}{(2\pi)^n} = \int_0^{2\pi} \int_0^{2\pi} \cdots \int_0^{2\pi} f(\theta_1, \ldots, \theta_n) e^{-im\cdot\theta}\, d\theta$$

とする．このとき $A(\mathbf{T}^n)$ についても定理 3.2.2 と同様のことがいえる．

3.2.2　Fourier 変換のなす可換 Banach 環 $A(\mathbf{R}^n)$

定義 3.2.4. n 次元 Euclid 空間 $\mathbf{R}^n$ 上の Lebesgue 可積分関数の空間を

$$L^1(\mathbf{R}^n) = \left\{ f \colon \|f\|_1 = \frac{1}{(2\pi)^n} \int_{\mathbf{R}^n} |f(x)|\, dx < \infty \right\}$$

によって定義する．さらに

$$\hat{f}(\xi) = \frac{1}{(2\pi)^n} \int_{\mathbf{R}^n} f(x) e^{-i\xi\cdot x}\, dx$$

によって f の **Fourier 変換**を定義する．ただし $\xi\cdot x$ は内積とする．

$f, g \in L^1(\mathbf{R}^n)$, $\alpha, \beta \in \mathbf{C}$ に対して，$(\alpha f + \beta g)(x) = \alpha f(x) + \beta g(x)$，および $f * g(x) = \frac{1}{(2\pi)^n} \int_{\mathbf{R}^n} f(x-y) g(y)\, dy$ により $L^1(\mathbf{R}^n)$ は和，スカラー

3.2 いくつかの可換 Banach 環の Gelfand 表現

倍,積で環となる.また,$L^1(\mathbf{R}^n)$ は $\|\cdot\|_1$ をノルムとして Banach 空間となり,$\|f*g\|_1 \leq \|f\|_1\|g\|_1$ を満たす.以上より,$L^1(\mathbf{R}^n)$ は可換 Banach 環になる.

また,測度空間 (X,μ) に対し,$L^\infty(X)$ で $\|f\|_{L^\infty} = \inf\{M : |f(x)| < M \ (\mu - \text{a.e.})\}$ をノルムに持つ Banach 空間を表す.以後,$L^1(\mathbf{R})^* = L^\infty(\mathbf{R})$,$L^1(\mathbf{T})^* = L^\infty(\mathbf{T})$ 等は,既知とする.

定理 3.2.5. 次のことが成り立つ.

(1) $L^1(\mathbf{R}^n)$ は単位元を持たない可換 Banach 環である.
(2) $\mathfrak{M}(L^1(\mathbf{R}^n)) = \mathbf{R}^n$.$L^1(\mathbf{R}^n)$ の Gelfand 変換は Fourier 変換になる.
(3) $A(\mathbf{R}^n) = \{\hat{f} : f \in L^1(\mathbf{R}^n)\}$,$\|\hat{f}\|_{A(\mathbf{R}^n)} = \|f\|_1$ とおくと,$A(\mathbf{R}^n)$ は関数の通常の演算での和,スカラー倍,積とノルム $\|\cdot\|_{A(\mathbf{R}^n)}$ で単位元を持たない可換 Banach 環になる.
(4) $\mathfrak{M}(A(\mathbf{R}^n)) = \mathbf{R}^n$.$A(\mathbf{R}^n)$ の Gelfand 変換は恒等写像になる.

証明 (1) $L^1(\mathbf{R}^n)$ が単位元 e を持つとすると $e*e = e$ となる.これより $\hat{e} \cdot \hat{e} = \hat{e}$ である.ゆえに $\hat{e}(\xi) = 0, 1 \ (\xi \in \mathbf{R}^n)$ となる.$\hat{e}$ は,Riemann-Lebesgue の補題より無限遠点で 0 となる連続関数だから $\hat{e} \equiv 0$ である.従って Fourier 変換の性質から $e \equiv 0$ となる.これは e が単位元であることに矛盾する.

(2) $n = 1$ として示す ($n > 1$ のときも同様).$\xi \in \mathbf{R}$ に対して,$\chi_\xi(f) = \hat{f}(\xi)$ とおくと Fourier 変換の性質より $\chi_\xi \in \Delta(L^1(\mathbf{R}))$ となる.また,$\chi_\xi(f) = \chi_{\xi'}(f) \ (f \in L^1(\mathbf{R}))$ ならば,$\xi = \xi'$ となるので,この対応は単射である.さらに $\lim_{n\to\infty} \xi_n = \xi$ ならば,$\lim_{n\to\infty} \hat{f}(\xi_n) = \hat{f}(\xi)$ より $\xi \mapsto \chi_\xi$ は連続である.しかも,この対応は全射である.実際,$\chi \in \Delta(L^1(\mathbf{R}))$ とすると $\chi : L^1(\mathbf{R}) \to \mathbf{C}$ は準同型である.ここで $L^1(\mathbf{R})$ 上の連続な線形汎関数の空間は $L^\infty(\mathbf{R})$ であるので,$|\chi(f)| \leq \|f\|_1$ であることより,$\phi \in L^\infty(\mathbf{R})$ が存在して

$$\chi(f) = \int f(x)\phi(x)\frac{dx}{2\pi}$$

となる．さらに $\|\phi\|_{L^\infty} = 1$ である．このとき $f, g \in L^1(\mathbf{R})$ ならば，

$$\begin{aligned}
\int \chi(f) g(y) \phi(y) \frac{dy}{2\pi} &= \chi(f) \chi(g) \\
&= \chi(f * g) \\
&= \int (f * g)(x) \phi(x) \frac{dx}{2\pi} \\
&= \iint g(y) f(x-y) \frac{dy}{2\pi} \phi(x) \frac{dx}{2\pi} \\
&= \int g(y) \int f(x-y) \phi(x) \frac{dx}{2\pi} \frac{dy}{2\pi} \\
&= \int g(y) \chi(f_y) \frac{dy}{2\pi}
\end{aligned}$$

となる．ただし $f_y(x) = f(x-y)$ とする．ゆえに

$$\int \chi(f) \phi(y) g(y) \frac{dy}{2\pi} = \int \chi(f_y) g(y) \frac{dy}{2\pi} \quad (g \in L^1(\mathbf{R}))$$

であるから，$\chi(f) \phi(y) = \chi(f_y)$ を得る．ここで $\chi(f) \neq 0$ となる f を固定する．$y \to 0$ とするとき $\|f_y - f\|_1 \to 0$ となるので，$\phi(y) = \chi(f_y)/\chi(f)$ (a.e. y) より ϕ は連続としてよい．y の代わりに $x+y$ をとると

$$\chi(f) \phi(x+y) = \chi(f_{x+y}) = \chi((f_x)_y) = \chi(f_x) \phi(y) = \chi(f) \phi(x) \phi(y)$$

となるから $\phi(x+y) = \phi(x) \phi(y)$, $|\phi(x)| \leq 1$ がいえる．ゆえに $\phi(0) = \phi(0)^2$．これより，$\phi(0) = 1$ である．従って，$1 = \phi(0) = \phi(x)\phi(-x)$, $|\phi(x)| \leq 1$ より，$|\phi(x)| = 1$ $(x \in \mathbf{R})$ となる．このとき

$$\int_0^\delta \phi(x) \frac{dx}{2\pi} = \alpha \neq 0$$

となる $\delta > 0$ が存在する．また，

$$\alpha \phi(x) = \int_0^\delta \phi(y) \phi(x) \frac{dy}{2\pi} = \int_0^\delta \phi(x+y) \frac{dy}{2\pi} = \int_x^{x+\delta} \phi(y) \frac{dy}{2\pi}$$

より，$\phi(x)$ は微分可能である．ゆえに，

$$\frac{\phi(x+h) - \phi(x)}{h} = \frac{\phi(x)\phi(h) - \phi(x)}{h} = \phi(x) \frac{\phi(h) - 1}{h}$$

3.2 いくつかの可換 Banach 環の Gelfand 表現

を用いると $\phi'(x) = \phi'(0)\phi(x)$, $|\phi(x)| = 1$, $\phi(0) = 1$ となる. 従って, $\xi \in \mathbf{R}$ が存在して $\phi(x) = e^{-i\xi x}$ となる. よって

$$\chi(f) = \int f(x) e^{-i\xi x} \frac{dx}{2\pi} = \hat{f}(\xi).$$

以上から, $\mathbf{R} \ni \xi \mapsto \chi_\xi \in \Delta(L^1(\mathbf{R}))$ は全射となる.

逆に $\xi_0 \in \mathbf{R}$, $\varepsilon > 0$ をとり, $|\xi - \xi_0| < \varepsilon$ とする. このとき $f \in L^1(\mathbf{R})$ で $|\hat{f}(\xi)| < |\hat{f}(\xi_0)| = 1$ ($\xi \in \mathbf{R}$, $\xi \neq \xi_0$) となるものをとる. ここで, ある $\delta > 0$ をとることにより $V = \{\chi_\xi \colon |\chi_\xi(f) - \chi_{\xi_0}(f)| < \delta\}$ を考えるとき V は $\Delta(L^1(\mathbf{R}))$ の開集合で $\chi_\xi \in V$ ならば, $|\xi - \xi_0| < \varepsilon$ とできる. よって $\xi \mapsto \chi_\xi$ の逆写像も連続である. よって, $\mathbf{R}$ と $\Delta(L^1(\mathbf{R}))$ は, 同相である. 従って, f の Gelfand 変換は f の Fourier 変換となる.

(3), (4) は (1), (2) より容易に示せる. ∎

3.2.3 測度のなす可換 Banach 環 (測度環)$M(\mathbf{T})$

ここでは, $\mathbf{T}$ 上の有界正則 Borel 測度のなす可換 Banach 環 $M(\mathbf{T})$ について若干の性質を述べる. $M(\mathbf{T})$ は可換 Banach 環として複雑な構造を持ち, 多くの研究がある ([2], [12], [13] 等).

$$L^1(\mathbf{T}) = \left\{ f \colon \|f\|_1 (= \|f\|_{L^1(\mathbf{T})}) = \frac{1}{2\pi} \int_0^{2\pi} |f(x)|\, dx < \infty \right\}$$

と定義する.

定義 3.2.6. (1) $\mathbf{T}$ 上の有界で正則な複素数値 Borel 測度の全体を $M(\mathbf{T})$ で表す. $\mathcal{B}$ を $\mathbf{T}$ 上の Borel 集合全体とし, $\mu \in M(\mathbf{T})$ に対し,

$|\mu|(E) =$
$\sup \left\{ \sum_{j=1}^n |\mu(E_j)| \colon E = \bigcup_{j=1}^n E_j,\ E_j \in \mathcal{B},\ \{E_j\}_j \text{は互いに素},\ n \in \mathbf{N} \right\}$,
$\|\mu\| = \|\mu\|_{M(\mathbf{T})} = |\mu|(\mathbf{T})$

とおく. また, $\alpha, \beta \in \mathbf{C}, \mu, \nu \in M(\mathbf{T})$ のとき,

$$(\alpha\mu + \beta\nu)(E) = \alpha \cdot \mu(E) + \beta \cdot \nu(E),$$
$$\mu * \nu(E) = \int \mu(E - x) d\nu(x) \quad (E \in \mathcal{B})$$

と定義すると, $\alpha\mu + \beta\nu, \mu * \nu \in M(\mathbf{T})$ となる. このとき, $M(\mathbf{T})$ はノルム $\|\cdot\|$, 積 $*$, 和, スカラー倍に関して, 可換 Banach 環になる. さらに, $\delta_0(E) = 1$ $(0 \in E)$, 0 $(0 \notin E)$ とおくと δ_0 は $M(\mathbf{T})$ の単位元になる (δ_0 を Dirac 測度という). 従って $M(\mathbf{T})$ は, 単位元を持つ可換 Banach 環になる. これを $\mathbf{T}$ 上の測度環という.

(2) $\mu \in M(\mathbf{T})$ に対し, **Fourier-Stieltjes 変換**を

$$\hat{\mu}(n) = \int_0^{2\pi} e^{-inx} d\mu(x) \quad (n \in \mathbf{Z})$$

によって定義する.

$\mu \in M(\mathbf{T})$ に対し, $T_\mu f = \int f(x) d\mu(x)$ とおくと T_μ は, $C(\mathbf{T})$ 上の連続な線形汎関数となる. このとき, $C(\mathbf{T})$ 上の連続な線形汎関数の空間 $C(\mathbf{T})^*$ をとると, Riesz の表現定理により $\mu \in M(\mathbf{T})$ から $T_\mu \in C(\mathbf{T})^*$ への対応で, $M(\mathbf{T})$ と $C(\mathbf{T})^*$ が Banach 空間として同一視される. この後, Riesz の表現定理は既知する (cf. [9], [11]).

補題 3.2.7. (1) $L^1(\mathbf{T})$ は, $M(\mathbf{T})$ の閉イデアルとなる.
(2) $L^1(\mathbf{T})$ の極大イデアル空間は $\mathbf{Z}$ で, $M(\mathbf{T})$ の極大イデアル空間 $\Delta(M(\mathbf{T}))$ の開集合と見なされる.

証明 (1) $f \in L^1(\mathbf{T})$ に対し, $\mu_f(E) = \int_E f(x) \frac{dx}{2\pi}$ とおくと $\mu_f \in M(\mathbf{T})$ で $\|\mu_f\| = \|f\|_1$ となるので, $L^1(\mathbf{T})$ は $M(\mathbf{T})$ の閉部分空間になる. また, $\mathbf{T}$ 上の Lebesgue 測度を $dm(x) = \frac{dx}{2\pi}$ とおき, $m(E) = 0$ とする. このとき, $f \in L^1(\mathbf{T}), \mu \in M(\mathbf{T})$ ならば

$$\mu_f * \mu(E) = \int_0^{2\pi} \mu_f(E - x) d\mu(x) = 0$$

となるので, $f * \mu = \mu_f * \mu \in L^1(\mathbf{T})$ を得る. 従って $L^1(\mathbf{T})$ は $M(\mathbf{T})$ のイデアルである.

3.2 いくつかの可換 Banach 環の Gelfand 表現

(2) $L^1(\mathbf{T})$ の極大イデアル空間は，定理 3.2.5 と同様にして $\mathbf{Z}$ と同一視できることが示される (ϕ が 2π 周期であることを用いる)．従って $\Delta(L^1(\mathbf{T})) = \mathbf{Z}$ となる．$L^1(\mathbf{T})$ が $M(\mathbf{T})$ のイデアルであることより，$\Delta(M(\mathbf{T}))$ の中で $\mathbf{Z}$ は開集合となる． ∎

定理 3.2.8 (Williamson [55]). $\mathrm{Sp}(\mu, M(\mathbf{T}))$ が $\hat{\mu}(\mathbf{Z})$ の閉包を真に含むような $\mu \in M(\mathbf{T})$ が存在する．これより，$\overline{\mathbf{Z}}$ は $\Delta(M(\mathbf{T}))$ の真部分集合となる．

証明 あとに述べる注意 3.3.12 より $\mu \in M(\mathbf{T})$ が存在して，$\mu(\mathbf{T}) = 1$, $\mu \geq 0$ (この μ を確率測度という) で，$\hat{\mu}$ が実数値をとり，任意の 1 点の測度が 0 となる．さらに，この測度は，$\mu^n = \mu^{n-1} * \mu$ $(n > 1)$ とおくとき，$\delta_0, \mu, \mu^2, \mu^3, \ldots$ は互いに素な集合に測度を持つようにとれる．このとき，$\lambda \in \mathbf{C}, |\lambda| = 1$ に対して

$$\|(\lambda \delta_0 + \mu)^n\| = \left\| \sum_{k=0}^{n} \binom{n}{k} \lambda^k \mu^{n-k} \right\|$$
$$= \sum_{k=0}^{n} \binom{n}{k} |\lambda|^k \|\mu\|^{n-k}$$
$$= \sum_{k=0}^{n} \binom{n}{k} = 2^n$$

となる．ゆえに $\lim_{n\to\infty} \|(\lambda \delta_0 + \mu)^n\|^{\frac{1}{n}} = 2$ であるから $\chi \in \Delta(M(\mathbf{T}))$ が存在して $|\chi(\lambda \delta_0 + \mu)| = 2$ となる．よって $\chi(\mu) = \lambda$ を得る．従って，μ の取り方により，$\overline{\hat{\mu}(\mathbf{Z})} \subsetneq \mathrm{Sp}(\mu, M(\mathbf{T}))$ となる．これと補題 3.2.7 より $\overline{\mathbf{Z}} \subsetneq \Delta(M(\mathbf{T}))$ を得る． ∎

次は，定理 3.2.8 の μ を用いて，$\nu = \mu^2 + \delta_0$ とおけば容易に得られる．

系 3.2.9. $\hat{\nu} \geq 1$ なる $\nu \in M(\mathbf{T})$ が存在して $1/\hat{\nu}$ は Fourier-Stieltjes 変換にならない．

これらの結果は，本質的には，1938 年，Wiener - Pitt [54] により得られたもので，このような現象を **Wiener-Pitt の現象**という．この方向では，もっと精密な結果が F. Parreau によって得られていて，次の Katznelson の問題 [6] の否定的解決になっている．

Katznelson の問題 $\mu \in M(\mathbf{T})$ に対し，$\mathrm{Sp}(\mu, M(\mathbf{T}))$ が実数の部分集合ならば，$\hat{\mu}(\mathbf{Z})$ は，$\mathrm{Sp}(\mu, M(\mathbf{T}))$ で稠密か？

定理 3.2.10 (Parreau [36]). $\mu \in M(\mathbf{T})$ が存在して次を満たす：

$$\mathbf{R} \supset \mathrm{Sp}(\mu, M(\mathbf{T})) \supsetneq \overline{\hat{\mu}(\mathbf{Z})}.$$

3.2.4 可換 Banach 環 $\mathfrak{M}_p(\mathbf{T})$

$1 \leq p < \infty$ とする．$L^p(\mathbf{T}) = \{f : \|f\|_p = (\frac{1}{2\pi}\int_0^{2\pi}|f(x)|^p\,dx)^{1/p} < \infty\}$ とおくと $L^p(\mathbf{T})$ は通常の演算で Banach 空間になる．$\mathbf{T}$ 上の関数 $f(x)$ に対して，$\tau_y f(x) = f(x-y)$ とするとき，$T\tau_y = \tau_y T$ ($y \in \mathbf{T}$) なる $L^p(\mathbf{T})$ 上の連続な線形作用素 T を**マルチプライヤー作用素**といい，その全体を $\mathfrak{M}_p(\mathbf{T})$ と表す．このとき，$\mathfrak{M}_p(\mathbf{T})$ は，作用素ノルム $\|T\|_{\mathfrak{M}_p(\mathbf{T})} = \sup\{\|Tf\|_p : \|f\|_p \leq 1\}$ と自然な演算で，Banach 空間になる．また，双対性を用いて，$T(f*g) = Tf*g$ ($f,g \in C(\mathbf{T})$) が示せる．さらに，次の性質を持つ (cf. [9])．

補題 3.2.11. $1 \leq p \leq 2$ とする．

(1) $T \in \mathfrak{M}_p(\mathbf{T})$ のとき，$(Tf)^\wedge(n) = \hat{T}(n)\hat{f}(n)$ ($f \in C(\mathbf{T})$) なる $\hat{T} \in \ell^\infty$ が存在する．ここで，ℓ^∞ は $\mathbf{Z}$ 上の有界数列 $\{a_n\}$ からなる $\|\{a_n\}\|_{\ell^\infty} = \sup_n |a_n|$ をノルムとする Banach 空間を表す．また，$M_p(\mathbf{Z}) = \{\hat{T} : T \in \mathfrak{M}_p(\mathbf{T})\}$ と表し，$M_p(\mathbf{Z})$ の元を**マルチプライヤー**という．$M_p(\mathbf{Z})$ のノルムは $\mathfrak{M}_p(\mathbf{T})$ から自然に導入されたものである．

(2) $\mathfrak{M}_1(\mathbf{T})$ は，$M(\mathbf{T})$ と Banach 空間として同一視される．

(3) $M_2(\mathbf{Z})$ は，ℓ^∞ と Banach 空間として同一視される．

証明 (1) $f(x) = e^{-inx}$ のとき，$\hat{T}(n) = \int_0^{2\pi} Tf(x)e^{-inx}\frac{dx}{2\pi}$ とおくと Hölder の不等式より $\left|\hat{T}(n)\right| \leq \|T\|_{\mathfrak{M}_p}$ となる．このとき，$T(e^{-inx}) =$

3.2 いくつかの可換 Banach 環の Gelfand 表現

$\hat{T}(n)e^{inx}$ であるから $f \in C(\mathbf{T})$ に対しては, $\widehat{Tf}(n) = \hat{T}(n)\hat{f}(n)$ $(n \in \mathbf{Z})$ となる. また, 三角多項式全体は $L^p(\mathbf{T})$ で稠密より $\{\hat{T}(n)\}$ は, 一意に決まる.

(2) $\mu \in M(\mathbf{T})$ なら $T_\mu f = \mu * f$ より $T_\mu f \in L^1(\mathbf{T})$ $(f \in L^1(\mathbf{T}))$ となる. また, Fubini の定理から $\|T_\mu f\|_1 = \int \left|\int f(x-y)d\mu(y)\right| \frac{dx}{2\pi} \le \|\mu\| \|f\|_1$ となり, $\|T_\mu\|_{\mathfrak{M}_1} \le \|\mu\|$ を得る. 逆に $T \in \mathfrak{M}_1(\mathbf{T})$ のとき $\mathbf{T}$ 上の三角不等式 g に対し, $\sum_n \hat{g}(n)\hat{T}(n) = \int T(e^{-inx})g(-x)\frac{dx}{2\pi}$ を対応させると (1) より $\left|\sum_n \hat{g}(n)\hat{T}(n)\right| \le \|T\|_{\mathfrak{M}_1} \|g\|_\infty$ となるので, Riesz の表現定理より $\int g(-x)d\mu(x) = \Sigma_n \hat{g}(n)\hat{T}(n)$ となる $\mu \in M(\mathbf{T})$ が存在する. 特に $g(x) = e^{inx}$ のとき $\hat{\mu}(n) = \hat{T}(n)$ となるので $T = T_\mu$ とかける. ゆえに, $\|\mu\| \le \|T\|_{\mathfrak{M}_1}$ となる. 以上から $\|\mu\| = \|T_\mu\|_{\mathfrak{M}_1}$ であり, $\mathfrak{M}_1(\mathbf{T})$ は, Banach 空間として $M(\mathbf{T})$ と同一視される.

(3) $\{a_n\} \in \ell^\infty$ なら, $f \in L^2(\mathbf{T})$ のとき Parseval の等式より
$$\sum |a_n \hat{f}(n)|^2 \le \|\{a_n\}\|_{\ell^\infty}^2 \sum |\hat{f}(n)|^2 = \|\{a_n\}\|_{\ell^\infty}^2 \|f\|_2^2 < \infty$$
となるので, $\hat{g}(n) = a_n \hat{f}(n)$ $(n \in \mathbf{Z})$ となる $g \in L^2(\mathbf{T})$ がある. ゆえに, $(Tf)\hat{}(n) = a_n \hat{f}(n)$ により, $T \in \mathfrak{M}_2(\mathbf{T})$ が定まり, $\|T\|_{\mathfrak{M}_2} \le \|\{a_n\}\|_{\ell^\infty}$ がわかる. 逆に $T \in \mathfrak{M}_2(\mathbf{T})$ なら (2) のようにして $\hat{T}(n) = \int T(e^{-inx})e^{-inx}\frac{dx}{2\pi}$ とおくと Schwarz の不等式より $\hat{T} \in \ell^\infty$ および $\|\{\hat{T}(n)\}\|_{\ell^\infty} \le \|T\|_{\mathfrak{M}_2}$ が示される. ■

次の証明は補題 3.2.11 より容易である.

定理 3.2.12. $1 \le p \le 2$ とする. $\mathfrak{M}_p(\mathbf{T})$ は作用素の合成で, 単位元 $I = \delta_0$ を持つ可換 Banach 環となる.

3.2.5 特異積分作用素のなす可換 Banach 環

ここでは, $n \ge 2$ のとき, 特異積分作用素全体が可換 Banach 環をなすことについて Calderón-Zygmund [14] の結果のみを紹介する. 証明などの詳細は, [14] を参照いただきたい.

定義 3.2.13. $\Omega(x)$ を $\mathbf{R}^n \setminus \{0\}$ 上の関数で，S^{n-1} を $\mathbf{R}^n$ の単位球面とするとき，$1 < q < \infty$ に対して次の性質を満たす：

(1) $\Omega(rx) = \Omega(x) \qquad (x \in S^{n-1},\ r > 0)$.
(2) $\Omega \in L^q(S^{n-1})$.
(3) $\displaystyle\int_{S^{n-1}} \Omega(x')\,d\sigma(x') = 0$. ここで $d\sigma$ は，S^{n-1} 上の面積要素を表し，$L^q(S^{n-1}) = \{f : \|f\|_{L^q(S^{n-1})} = (\int_{S^{n-1}} |f(x')|^q \, d\sigma(x'))^{1/q} < \infty\}$ とする．

$K(x) = \Omega(x)/|x|^n \ (x \neq 0)$ とおくとき，特異積分作用素

$$K * f(x) = \lim_{\varepsilon \to 0} \int_{|x-y|>\varepsilon} K(x-y) f(y)\,dy$$

は $L^p(\mathbf{R}^n)$ $(1 < p < \infty)$ 上の有界線形作用素になり，その Fourier 変換は

$$\mathcal{F}(K * f) = \mathcal{F}(K)\mathcal{F}(f) \qquad (f \in C_c^\infty(\mathbf{R}^n))$$

で，ほとんど全ての点で $|\mathcal{F}(K)| \leq C \|K\|_{L^q(S^{n-1})}$ となることが知られている (cf.[5])．ただし，$C_c^\infty(\mathbf{R}^n)$ はコンパクトな台を持つ無限回連続偏微分可能な関数の全体とする．上記の K の集合を $\mathcal{K}$ で表す．このとき $1 < q < \infty$ に対して，次の特異積分作用素の族

$$A_q = \{T : Tf = \alpha f + K * f,\ \alpha \in \mathbf{C}, K \in \mathcal{K}\}$$

を定義する．さらに $T \in A_q, Tf = \alpha f + K * f$ に対して

$$|T|_q = |\alpha| + \|K\|_{L^q(S^{n-1})}$$

とおく．

このとき，次が成立する：

定理 3.2.14 (Calderón-Zygmund). A_q は作用素の通常の演算とノルム $|\cdot|_q$ に関して，単位元を持つ可換 Banach 環になる．

また，A_q の極大イデアル空間については，次が示されている．

定理 3.2.15. 単位元を持つ可換 Banach 環 A_q の極大イデアル空間 $\mathfrak{M}(A_q)$ は，S^{n-1} と同一視される．

3.3 $A(\mathbf{T})$ におけるスペクトル合成について

ここでは，はじめにスペクトル合成集合のいくつかの例を述べて，後半で $A(\mathbf{T})$ がスペクトル合成不可能を示した Malliavin の結果 [34] を述べる．そのあと希薄集合 (thin set) である Kronecker 集合について述べる．

3.3.1 スペクトル合成集合の例

定理 3.3.1. $\mathbf{T}$ 上の一点は，$A(\mathbf{T})$ のスペクトル合成集合である．

証明 平行移動を考えることにより，$\{0\} \subset \mathbf{T} = [-\pi, \pi)$ がスペクトル合成集合であることを示せばよい．なぜならば，$\{0\}$ がスペクトル合成集合であるとする．$x_0 \in \mathbf{T}, f \in A(\mathbf{T}), f(x_0) = 0$ をとる．$f_{-x_0}(x) = f(x + x_0)$ とおけば $f_{-x_0} \in A(\mathbf{T}), f_{-x_0}(0) = f(x_0) = 0$ となる．$\{0\}$ がスペクトル合成集合だから，任意の $\varepsilon > 0$ に対し，$g \in A(\mathbf{T})$ が存在して，g は原点の近傍で 0 でかつ $\|f_{-x_0} - g\|_{A(\mathbf{T})} < \varepsilon$ となる．$h(x) = g(x - x_0)$ とおくと，$h \in A(\mathbf{T})$，h は x_0 の近傍で 0 となる．ここで $f(x + x_0) - h(x + x_0) = f_{x_0}(x) - g(x)$ より $\|f - h\|_{A(\mathbf{T})} = \|f_{-x_0} - g\|_{A(\mathbf{T})} < \varepsilon$ となる．

そこで以下に，$\{0\}$ が $A(\mathbf{T})$ のスペクトル合成集合を示す．$f(0) = 0$, $f \in A(\mathbf{T})$ とする．今，$0 < \varepsilon < 1/2$ として

$$\Delta_\varepsilon(x) = \max\left\{0, 1 - \frac{|x|}{\varepsilon}\right\}, \qquad V_\varepsilon = 2\Delta_{2\varepsilon} - \Delta_\varepsilon$$

とおくと

$$\lim_{\varepsilon \to 0} \|V_\varepsilon f\|_{A(\mathbf{T})} = 0$$

となる．実際，連続微分可能な関数 $f \in C^1(\mathbf{T})$ に対して

$$\|V_\varepsilon f\|_{A(\mathbf{T})} = \sum_{n \in \mathbf{Z}} \left|\widehat{V_\varepsilon f}(n)\right| = \left|\widehat{V_\varepsilon f}(0)\right| + \sum_{n \neq 0} \left|\widehat{V_\varepsilon f}(n)\right|.$$

ここで

$$\left|\widehat{V_\varepsilon f}(0)\right| = \left|\frac{1}{2\pi}\int_{-\pi}^{\pi} V_\varepsilon(x) f(x)\, dx\right| = \left|\frac{1}{2\pi}\int_{-2\varepsilon}^{2\varepsilon} V_\varepsilon(x) f(x)\, dx\right|$$

を考える．

$$\int_{-2\varepsilon}^{2\varepsilon} V_\varepsilon(x) f(x) \frac{dx}{2\pi} = \left[x(V_\varepsilon f)(x) \frac{1}{2\pi} \right]_{-2\varepsilon}^{2\varepsilon} - \frac{1}{2\pi} \int_{-2\varepsilon}^{2\varepsilon} x(V_\varepsilon f)'(x)\, dx$$

より，右辺に Schwarz の不等式を用いると，

$$\left| \int_{-2\varepsilon}^{2\varepsilon} V_\varepsilon(x) f(x) \frac{dx}{2\pi} \right| \leq \left| \int_{-2\varepsilon}^{2\varepsilon} x(V_\varepsilon f)'(x) \frac{dx}{2\pi} \right|$$
$$\leq \left(\int_{-2\varepsilon}^{2\varepsilon} x^2 \frac{dx}{2\pi} \right)^{1/2} \left(\int_{-\pi}^{\pi} |(V_\varepsilon f)'(x)|^2 \frac{dx}{2\pi} \right)^{1/2}$$
$$= C\varepsilon^{3/2} \left(\int_{-\pi}^{\pi} |(V_\varepsilon f)'(x)|^2 \frac{dx}{2\pi} \right)^{1/2}$$

となる．次に $n \neq 0$ のとき，

$$\widehat{V_\varepsilon f}(n) = \frac{1}{2\pi} \int_{-\pi}^{\pi} (V_\varepsilon f)(x) e^{-inx}\, dx$$
$$= \left[-\frac{e^{-inx}}{2\pi in} (V_\varepsilon f)(x) \right]_{-\pi}^{\pi} + \frac{1}{2\pi in} \int_{-\pi}^{\pi} (V_\varepsilon f)'(x) e^{-inx}\, dx$$

だから

$$\widehat{V_\varepsilon f}(n) = \frac{1}{2\pi in} \int_{-\pi}^{\pi} (V_\varepsilon f)'(x) e^{inx}\, dx$$

となる．また，

$$\sum_{n \neq 0} \left| \widehat{V_\varepsilon f}(n) \right| = \sum_{n \neq 0} \frac{1}{n} \left| \int_{-\pi}^{\pi} (V_\varepsilon f)'(x) e^{-inx} \frac{dx}{2\pi} \right|$$
$$\leq \left(\sum_{n \neq 0} \frac{1}{n^2} \right)^{1/2} \left(\sum_{n \neq 0} \left| \widehat{(V_\varepsilon f)'}(n) \right|^2 \right)^{1/2}$$
$$\leq C \left(\frac{1}{2\pi} \int_{-\pi}^{\pi} |(V_\varepsilon f)'(x)|^2\, dx \right)^{1/2}$$

となる．ここで，

$$\left(\int_{-\pi}^{\pi} |(V_\varepsilon f)'(x)|^2 \frac{dx}{2\pi} \right)^{1/2} \leq C\varepsilon^{1/2}$$

3.3 $A(\mathbf{T})$ におけるスペクトル合成について

である．実際，ほとんどいたるところで $(V_\varepsilon f)'(x) = V_\varepsilon'(x)f(x) + V_\varepsilon(x)f'(x)$ であり，

$$V_\varepsilon'(x) = \begin{cases} \frac{1}{2\varepsilon} & (-2\varepsilon < x < -\varepsilon) \\ -\frac{1}{2\varepsilon} & (\varepsilon < x < 2\varepsilon) \\ 0 & (|x| \leq \varepsilon,\ |x| \geq 2\varepsilon) \end{cases}$$

と $f(0) = 0$ より示される．以上から，

$$\lim_{\varepsilon \to 0} \|V_\varepsilon f\|_{A(\mathbf{T})} = 0$$

となる．一般の $f \in A(\mathbf{T})$ については連続微分可能な関数全体が $A(\mathbf{T})$ で稠密であることと $\|V_\varepsilon\|_{A(\mathbf{T})} \leq 3$ より得られる．$\|V_\varepsilon\|_{A(\mathbf{T})} \leq 3$ であることは

$$\widehat{\Delta_\varepsilon}(n) = \frac{2}{\pi} \cdot \frac{\sin^2(\frac{\varepsilon n}{2})}{\varepsilon n^2} \geq 0, \qquad \|\Delta_\varepsilon\|_{A(\mathbf{T})} = \Delta_\varepsilon(0) = 1$$

から分かる．そこで $f \in A(\mathbf{T})$, $f(0) = 0$ とする．$g_\varepsilon = (1 - V_\varepsilon)f$ とおくと，g_ε は原点の近傍で 0 で $g_\varepsilon \in A(\mathbf{T})$ である．また，

$$\|g_\varepsilon - f\|_{A(\mathbf{T})} = \|V_\varepsilon f\|_{A(\mathbf{T})} \to 0 \quad (\varepsilon \to 0)$$

より

$$\lim_{\varepsilon \to 0} \|g_\varepsilon - f\|_{A(\mathbf{T})} = 0$$

ゆえに $\{0\}$ は $A(\mathbf{T})$ のスペクトル合成集合であることが示された． ∎

系 3.3.2. 閉区間 $[a, b] \subset \mathbf{T}$ は $A(\mathbf{T})$ のスペクトル合成集合である．

証明 $[a, b] \subset (-\pi, \pi)$ としてよい．$V_\varepsilon^a(x) = V_\varepsilon(x - a)$, $V_\varepsilon^b(x) = V_\varepsilon(x - b)$ とおく．$f \in A(\mathbf{T})$ を $f(x) = 0$ $(x \in [a, b])$ とする．$g_\varepsilon = (1 - V_\varepsilon^a)(1 - V_\varepsilon^b)f$ とおくと $g_\varepsilon \in A(\mathbf{T})$ は $[a, b]$ の近傍で 0 である．また

$$\begin{aligned}\|f - g_\varepsilon\|_{A(\mathbf{T})} &\leq \|f - (1 - V_\varepsilon^a)f\|_{A(\mathbf{T})} \\ &\quad + \|(1 - V_\varepsilon^a)f - (1 - V_\varepsilon^a)(1 - V_\varepsilon^b)f\|_{A(\mathbf{T})} \\ &\leq \|V_\varepsilon^a f\|_{A(\mathbf{T})} + \|1 - V_\varepsilon^a\|_{A(\mathbf{T})} \|V_\varepsilon^b f\|_{A(\mathbf{T})} \\ &\leq \|V_\varepsilon(f_{-a})\|_{A(\mathbf{T})} + 4\|V_\varepsilon(f_{-b})\|_{A(\mathbf{T})} \to 0 \quad (\varepsilon \to 0)\end{aligned}$$

であるから，$\|f - g_\varepsilon\|_{A(\mathbf{T})} \to 0$ $(\varepsilon \to 0)$ となる． ∎

3.3.2 Malliavin の定理

ここでは可換 Banach 環 $A(\mathbf{T})$ はスペクトル合成不可能であることを述べる．今日では，この結果は，Malliavin の定理といわれている (cf. [6], [7], [8], [11], [34], [39])．

定理 3.3.3 (Malliavin). $A(\mathbf{T})$ はスペクトル合成不可能である．

次に述べる補題 3.3.4, 補題 3.3.5 により上記の定理が示される．

補題 3.3.4. 実数値関数 $f \in A(\mathbf{T})$ が次の性質を持つとする：
$t^p \omega(t) \in L^1(\mathbf{R})$ $(p = 0, 1, \ldots)$, ただし

$$\omega(t) = \sup_{\|g\|_{A(\mathbf{T})} \leq 1} \left| \int e^{itf(x)} g(x) \frac{dx}{2\pi} \right|.$$

このとき $(f-a)^p$ $(p = 0, 1, \ldots)$ によって生成された $A(\mathbf{T})$ の閉イデアル I_p $(p = 0, 1, \ldots)$ は全て異なるような $a \in \mathbf{R}$ が存在する．

証明 $K = f(\mathbf{T})$ とおき，$\tau \in C(\mathbf{T})$ を固定する．$\varphi \in C(K)$ から $\int \varphi(f(x)) \tau(x) \frac{dx}{2\pi}$ への複素数値関数を考えると，線形でかつ

$$\left| \int \varphi(f(x)) \tau(x) \frac{dx}{2\pi} \right| \leq \|\varphi\|_\infty \|\tau\|_\infty \|\mu\|$$

となるから，これは連続な線形汎関数である．ゆえに Riesz の表現定理より

$$\int \varphi(f(x)) \tau(x) \frac{dx}{2\pi} = \int_K \varphi(t) \, d\lambda_\tau(t)$$

なる $\lambda_\tau \in M(K)$ (K 上の有界正則 Borel 測度の全体) が存在する．ここで $\tau \in C(\mathbf{T})$ より $\lambda_\tau \in M(K)$ への写像を調べると線形であることはすぐ分かる．さらに $\psi \in C(K)$ のとき，$d\lambda_{\psi(f)\tau} = \psi(x) d\lambda_\tau$ が成立する．実際，

$$\int_K \varphi(t)\psi(t) \, d\lambda_\tau(t) = \int \varphi(f(x))\psi(f(x))\tau(x) \frac{dx}{2\pi}$$
$$= \int_K \varphi(t) \, d\lambda_{\psi(f)\tau}(t)$$

3.3 $A(\mathbf{T})$ におけるスペクトル合成について

である．そこで $\varphi(t) = e^{ist}, \tau = g(x)$ とおくと

$$\int e^{isf(x)}g(x)\frac{dx}{2\pi} = \int_K e^{ist}\,d\lambda_g(t)$$

となる．このとき，仮定を用いると

$$\left|\int_K e^{ist}\,d\lambda_g\right| \le \omega(s)\|g\|_{A(\mathbf{T})}, \quad s^p\omega(s) \in L^1(\mathbf{R})\ (p = 0, 1, \dots)$$

より，$d\lambda_g(t) = m_g(t)dt, m_g \in C^\infty(\mathbf{R})$（$\mathbf{R}$ 上の無限回微分可能な関数の全体）と表せる．ゆえに

$$m_g(t) = \frac{1}{2\pi}\int_{-\infty}^\infty e^{its}\widehat{\lambda_g}(s)\,ds$$

となり

$$\begin{aligned}\frac{d^p}{dt^p}m_g(t) &= \frac{1}{2\pi}\int_{-\infty}^\infty (is)^p e^{its}\widehat{\lambda_g}(s)\,ds \\ &= \frac{i^p}{2\pi}\int_{-\infty}^\infty s^p e^{its}\widehat{\lambda_g}(s)\,ds\end{aligned}$$

を得る．従って

$$\left|\frac{d^p}{dt^p}m_g(t)\right| \le \frac{1}{2\pi}\int_{-\infty}^\infty |s|^p\,\omega(s)\,ds\|g\|_{A(\mathbf{T})}$$

より

$$\left|\frac{d^p}{dt^p}m_g(t)\right| \le C_p\|g\|_{A(\mathbf{T})}$$

を得る．よって $a \in \mathbf{R}$ に対して

$$\Phi_p : g \mapsto \left(\frac{d^p}{dt^p}m_g\right)(a)$$

は $A(\mathbf{T})$ 上の連続な線形汎関数となる．そこで $g \equiv 1$ とおくと

$$\int_{-\infty}^\infty m_1(t)\,dt = \widehat{\lambda_1}(0) = \int \frac{dx}{2\pi} = 1 \ne 0$$

であるから $a \in \mathbf{R}$ を $m_1(a) \neq 0$ ととれば, $p, q = 1, 2, \ldots$ に対して, λ_τ の性質より

$$\Phi_p((f-a)^q) = \left(\frac{d^p}{dt^p} m_{(f-a)^q}\right)(a)$$
$$= \left(\frac{d^p}{dt^p}(t-a)^q m_1\right)(a)$$

となる. 従って $q > p$ ならば $\Phi_p((f-a)^q) = 0$, $q = p$ ならば $\Phi_p((f-a)^p \cdot 1) = p! m_1(a) \neq 0$ となるので $p = 1, 2, \ldots$ に対して $(f-a)^p$ で生成された各イデアルは全て異なる. ∎

次に補題 3.3.4 の仮定を満たす f の存在を示す.

補題 3.3.5. 実数値関数 $f \in A(\mathbf{T})$ と $\delta > 0$ が存在して

$$\omega(t) = \sup_{\|g\|_{A(\mathbf{T})} \leq 1} \left|\int_0^{2\pi} e^{itf(x)} g(x)\, dx\right| = O(e^{-\delta|t|^{1/2}}).$$

を満たす. これより f は補題 3.3.4 を満たすことが示される.

証明 第 1 段階. $0 \neq g_\alpha$, $0 \neq h_\alpha \in A(\mathbf{T})$ ($\alpha \in \mathbf{R}$) が α に連続的に依存するとする. このとき任意の $M > 0, \varepsilon > 0$ に対して

$$\|g_\alpha(x) h_\alpha(kx)\|_{A^\infty} \leq (1+\varepsilon) \|g_\alpha\|_{A^\infty} \|h_\alpha\|_{A^\infty} \qquad (|\alpha| \leq M)$$

となる $k \in \mathbf{N}$ が存在する. ただし, $\|f\|_{A^\infty} = \sup_{n \in \mathbf{Z}} \left|\hat{f}(n)\right|$ とする.

第 1 段階の証明. α を固定し, k を自然数とする.

$$\widehat{g_\alpha(x) h_\alpha}(kx)(l) = \sum \widehat{h_\alpha}(j) \widehat{g_\alpha}(l-kj)$$

より l', j' を $l' = l - kj'$, $-k/2 \leq l' \leq (k/2)+1$ なるものとすれば,

$$\left|\sum_j \widehat{g_\alpha}(l-kj) \widehat{h_\alpha}(j) - \widehat{g_\alpha}(l') \widehat{h_\alpha}(j')\right| \leq \sum_{|n| \geq \frac{k}{2}-1} |\widehat{g_\alpha}(n)| \, \|h_\alpha\|_{A^\infty}$$

となる. ゆえに

$$\|g_\alpha(x) h_\alpha(kx)\|_{A^\infty} \leq \sum_{|n| \geq \frac{k}{2}-1} |\widehat{g_\alpha}(n)| \, \|h_\alpha\|_{A^\infty} + \|g_\alpha\|_{A^\infty} \|h_\alpha\|_{A^\infty}$$

3.3　$A(\mathbf{T})$ におけるスペクトル合成について

および，

$$\left|\widehat{g_\alpha}(l')\widehat{h_\alpha}(j')\right| \leq \sum_{|n|\geq \frac{k}{2}-1} |\widehat{g_\alpha}(n)|\,\|h_\alpha\|_{A^\infty} + \|g_\alpha(x)h_\alpha(kx)\|_{A^\infty}$$

を得る．後半の式からは

$$\|g_\alpha\|_{A^\infty}\|h_\alpha\|_{A^\infty} \leq \sum_{|n|\geq \frac{k}{2}-1} |\widehat{g_\alpha}(n)|\,\|h_\alpha\|_{A^\infty} + \|g_\alpha(x)h_\alpha(kx)\|_{A^\infty}$$

が分かる．ゆえに α を固定するとき，$\varepsilon>0$ に対して k を十分大にすれば

$$\left|\|g_\alpha\|_{A^\infty}\|h_\alpha\|_{A^\infty} - \|g_\alpha(x)h_\alpha(kx)\|_{A^\infty}\right| < \varepsilon$$

となる．ここで $[-M,M]$ がコンパクト集合であることを用いると，$\eta>0$ に対して $\delta>0$ と $\alpha_1,\ldots,\alpha_n \in [-M,M]$ が存在して，任意の $|\alpha|\leq M$ に対して，$|\alpha-\alpha_j|<\delta$ で $\|g_\alpha - g_{\alpha_j}\|_{A(\mathbf{T})} < \eta$, $\|h_\alpha - h_{\alpha_j}\|_{A(\mathbf{T})} < \eta$ となる．このとき k を十分大にして

$$\left|\|g_{\alpha_j}\|_{A^\infty}\|h_{\alpha_j}\|_{A^\infty} - \|g_{\alpha_j}(x)h_{\alpha_j}(kx)\|_{A^\infty}\right| < \eta \quad (j=1,\ldots,n)$$

とすれば，

$$C = \sup_{\alpha\in[-M,M]} \|g_\alpha\|_{A^\infty} < \infty,\ D = \sup_{\alpha\in[-M,M]} \|h_\alpha\|_{A^\infty} < \infty$$

とおくとき，$\alpha \in [-M,M]$ に対し，α_j が存在して，

$$\begin{aligned}
&\left|\|g_\alpha\|_{A^\infty}\|h_\alpha\|_{A^\infty} - \|g_\alpha(x)h_\alpha(kx)\|_{A^\infty}\right| \\
&\leq \left|\|g_\alpha\|_{A^\infty}\|h_\alpha\|_{A^\infty} - \|g_{\alpha_j}\|_{A^\infty}\|h_{\alpha_j}\|_{A^\infty}\right| \\
&\quad + \left|\|g_{\alpha_j}\|_{A^\infty}\|h_{\alpha_j}\|_{A^\infty} - \|g_{\alpha_j}(x)h_{\alpha_j}(kx)\|_{A^\infty}\right| \\
&\quad + \|g_{\alpha_j}(x)h_{\alpha_j}(kx) - g_\alpha(x)h_{\alpha_j}(kx)\|_{A^\infty} \\
&\quad + \|g_\alpha(x)h_{\alpha_j}(kx) - g_\alpha(x)h_\alpha(kx)\|_{A^\infty} \\
&\leq \|g_\alpha - g_{\alpha_j}\|_{A(\mathbf{T})}\|h_\alpha\|_{A^\infty} + \|g_{\alpha_j}\|_{A^\infty}\|h_\alpha - h_{\alpha_j}\|_{A(\mathbf{T})} \\
&\quad + \|g_\alpha - g_{\alpha_j}\|_{A(\mathbf{T})}\|h_{\alpha_j}\|_{A^\infty} + \|g_\alpha\|_{A^\infty}\|h_\alpha - h_{\alpha_j}\|_{A(\mathbf{T})} \\
&\leq 2(C+D)\eta.
\end{aligned}$$

ここで $\eta>0$ を十分小さくして右辺を ϵ より小さくなればよい．

第 2 段階. 原点を含まない閉区間 $[a,b]$ に対して
$$\|e^{i\alpha\cos kx}\|_{A^\infty} \leq \rho < 1 \qquad (k \in \mathbf{Z},\ \alpha \in [a,b])$$
となる ρ が存在する.

第 2 段階の証明. $\|f(x)\|_{A^\infty} = \|f(kx)\|_{A^\infty}$ より $\|e^{i\alpha\cos kx}\|_{A^\infty} = \|e^{i\alpha\cos x}\|_{A^\infty}$ である. また $f_\alpha(x) = e^{i\alpha\cos x}$ とおくとき, Parseval の等式を用いて
$$1 = \frac{1}{2\pi}\int_0^{2\pi} \left|e^{i\alpha\cos x}\right|^2 dx = \sum_{n=-\infty}^\infty \left|\widehat{f_\alpha}(n)\right|^2$$
であるから $\alpha \in [a,b]$ に対して $\alpha \neq 0$ より $\left|\widehat{f_\alpha}(n)\right| < 1$ $(n \in \mathbf{Z})$ となる. さらに $\sup_{\alpha\in[a,b]} \sup_n \left|\widehat{f_\alpha}(n)\right| = 1$ ならば $\left|\widehat{f_{\alpha_j}}(n_{\alpha_j})\right| \to 1$ $(j \to \infty)$ なる $\{\alpha_j\}, \{n_{\alpha_j}\}$ が存在する. $[a,b]$ はコンパクト集合であるから $\alpha_j \to \alpha_0$ $(j \to \infty)$ としてよい. このとき
$$\left|\widehat{f_{\alpha_j}}(n) - \widehat{f_{\alpha_0}}(n)\right| \leq \int \left|e^{i\alpha_j\cos x} - e^{i\alpha_0\cos x}\right| dx \to 0 \qquad (\alpha_j \to \alpha_0)$$
であり, $|n_{\alpha_j}| \to \infty$ ならば $\widehat{f_{\alpha_0}}(n_{\alpha_j}) \to 0$ となるから $\{n_{\alpha_j}\}$ は有界集合としてよい. さらに $\left|\widehat{f_{\alpha_j}}(n_{\alpha_j})\right| \to 1$ $(j \to \infty)$ であるから $n_{\alpha_j} = n_{\alpha_0}$ としてよい. つまり $f_{\alpha_0}(x) = e^{in_{\alpha_0}x}$ となる. これは $e^{in_{\alpha_0}x} = e^{i\alpha\cos x}$ $(x \in \mathbf{T})$ を意味することになり矛盾する.

第 3 段階.
$$f(x) = \sum_{k=1}^\infty \frac{1}{k^2}\cos p_k x$$
とおくとき $\{p_k\} \subset \mathbf{N}$ を適当にとれば $f(x)$ は求めるものになる.

第 3 段階の証明. $\prod_{k=1}^\infty (1+\varepsilon_k) < 2$ なる $\varepsilon_k > 0$ を選び p_k は以下のようにとる. $p_1 = 1$ として, p_n までは選ばれたとする. p_{n+1} は第 1 段階を用いて
$$\left\|\prod_{k=1}^{n+1} e^{i(u/k^2)\cos p_k x}\right\|_{A^\infty}$$
$$= \left\|e^{i\sum_{k=1}^{n+1}(u/k^2)\cos p_k x}\right\|_{A^\infty}$$

3.3 $A(\mathbf{T})$ におけるスペクトル合成について

$$\leq (1+\varepsilon_n) \left\| \prod_{k=1}^{n} e^{i(u/k^2)\cos p_k x} \right\|_{A^\infty} \left\| e^{i(u/(n+1)^2)\cos p_{n+1} x} \right\|_{A^\infty} \quad (|u| \leq n^2)$$

となるようにとる. このようにして $\{p_k\} \subset \mathbf{N}$ を選ぶ. このとき

$$f(x) = \sum_{k=1}^{\infty} \frac{1}{k^2} \cos p_k x$$

が求めるものである. 実際 $u \neq 0$ を固定する. $n \in \mathbf{N}$ を $4^{n-1} \leq |u| < 4^n$ としてよい. この場合, $\left\| e^{i(u/k^2)\cos p_k x} \right\|_{A^\infty} \leq 1$ より

$$\begin{aligned}
\|e^{iuf}\|_{A^\infty} &= \left\| e^{iu\sum_{k=1}^{\infty}(1/k^2)\cos p_k x} \right\|_{A^\infty} \\
&\leq \left\| \prod_{k=1}^{2^{n+1}} e^{i(u/k^2)\cos p_k x} \right\|_{A^\infty} \left\| \prod_{k=2^{n+1}+1}^{\infty} e^{i(u/k^2)\cos p_k x} \right\|_{A^\infty} \\
&\leq 2 \prod_{k=2^n}^{2^{n+1}} (1+\varepsilon_k) \left\| e^{i(u/k^2)\cos p_k x} \right\|_{A^\infty}.
\end{aligned}$$

ここで

$$\frac{1}{16} = \frac{4^{n-1}}{4^{n+1}} \leq \frac{|u|}{k^2} < \frac{4^n}{4^n} = 1 \quad (2^n \leq k \leq 2^{n+1})$$

より $1/16 \leq |u|/k^2 < 1$ となる. 従って第 2 段階を用いて ($a = 1/16$, $b = 1$, $\alpha = |u|/k^2$)

$$\|e^{iuf}\|_{A^\infty} \leq 2 \left(\prod_{k=2^n}^{2^{n+1}} (1+\varepsilon_k) \right) \rho^{2^n} \quad (0 < \rho < 1)$$

となる. 従って $\delta = -\log \rho$ とおくと

$$\|e^{iuf}\|_{A^\infty} \leq 4e^{|u|^{1/2}\log \rho} = 4e^{-\delta |u|^{1/2}}$$

となる. そこで今 $g \in A(\mathbf{T})$, $\|g\|_{A(\mathbf{T})} \leq 1$ とすると

$$\begin{aligned}
\left| \int_0^{2\pi} e^{itf(x)} g(x)\, dx \right| &= \left| \int_0^{2\pi} e^{itf(x)} \sum_{n \in \mathbf{Z}} \hat{g}(n) e^{inx}\, dx \right| \\
&\leq \sum |\hat{g}(n)| \left| \int_0^{2\pi} e^{itf(x)} e^{inx}\, dx \right| \\
&\leq 2\pi \|g\|_{A(\mathbf{T})} \|e^{itf}\|_{A^\infty}
\end{aligned}$$

より $\omega(t) = O(e^{-\delta |t|^{1/2}})$ を得る. これで, 第 3 段階は示された.

以上のことから命題は示された. ∎

3.3.3 Kronecker 集合について

定義 3.3.6. $\mathbf{T}$ の閉部分集合 K が **Kronecker 集合**とは, $f \in S(K) = \{f \in C(K) : |f(x)| = 1 \ (x \in K)\}$ に対して, 任意の $\varepsilon > 0$ をとるとき, $n \in \mathbf{Z}$ が存在して,
$$\max_{x \in K} \left| f(x) - e^{inx} \right| < \varepsilon$$
となることである.

定義 3.3.7. $E \subset \mathbf{T}$ が $\mathbf{Q}$ 上 1 次独立とは, $\{x_1, \ldots, x_k\} \subset E \subset [-\pi, \pi) = \mathbf{T}$, $\{q_0, q_1, \ldots, q_k\} \subset \mathbf{Z}$ に対して $q_1 x_1 + \cdots + q_k x_k = \pi q_0$ ならば $q_0 = q_1 = \cdots = q_k = 0$ となることである.

Kronecker の定理 ([8]). $\{x_1, x_2, \ldots, x_n\} \subset \mathbf{T}$ が $\mathbf{Q}$ 上 1 次独立ならば, 任意の $\{\beta_1, \beta_2, \ldots, \beta_n\} \subset \mathbf{R}$ と任意の $\varepsilon > 0$ に対し, $k \in \mathbf{Z}$ が存在して
$$\left| e^{ikx_j} - e^{i\beta_j} \right| < \varepsilon \quad (j = 1, \ldots, n)$$
が成立する.

次は, Kronecker の定理を用いて容易に示せる.

定理 3.3.8. $\mathbf{T}$ の 1 次独立な有限部分集合 E は Kronecker 集合である.

定理 3.3.9. Kronecker 集合 E は 1 次独立な集合である.

証明 $\{x_1, \ldots, x_k\} \subset E$, $q_j \in \mathbf{Q} \ (j = 0, 1, \ldots, k)$ に対して,
$$\sum_{j=1}^{k} q_j x_j = 2\pi q_0$$
とする. このとき $n \in \mathbf{Z}$ に対して

3.3 $A(\mathbf{T})$ におけるスペクトル合成について

$$\prod_{j=1}^{k}(e^{inx_j})^{q_j} = e^{in\sum_{j=1}^{k} q_j x_j} = e^{i2\pi q_0 n}$$

となる.従って $\prod_{j=1}^{k}(e^{inx_j})^{q_j} = 1$. ここで Kronecker 集合の定義より $\alpha_j \in \mathbf{R}$ $(j=1,\ldots,k)$ をとると,$\varepsilon > 0$ に対し,$m \in \mathbf{Z}$ が存在して $|e^{imx_j} - e^{i\alpha_j}| < \varepsilon$ $(j=1,\ldots,k)$. ゆえに,$e^{i\sum_{j=1}^{k} \alpha_j q_j} = 1$ $(\alpha_j \in \mathbf{R})$. 従って,$q_j = 0$ $(j=1,\ldots,n)$. よって,$q_0 = 0$. 以上から E は 1 次独立である. ∎

次に自明でない完全不連結な完全集合(これを **Cantor 集合**という)である Kronecker 集合の存在を Rudin[11] により示す.

補題 3.3.10. $U_1, U_2, \ldots, U_k$ を $(0,\pi)$ の空でない互いに素な開区間の列とすれば,$x_j \in U_j$ $(j=1,\ldots,k)$ が存在して $\{x_1,\ldots,x_k\}$ は Kronecker 集合になる.

証明 U_j は非可算集合より $x_j \in U_j (j=1,\ldots,k)$ が存在して $\{x_1,\ldots,x_k\}$ が 1 次独立になるようにとれる.このとき定理 3.3.8 より成り立つ. ∎

定理 3.3.11. $\mathbf{T}$ に Cantor 集合である Kronecker 集合が存在する.

証明 $P_1^0 = [\frac{1}{3}, \frac{1}{2}] \subset (-\pi, \pi)$ とおく.$r \geq 1$ に対して $s = 2^{r-1}$ として互いに素な閉区間 $P_1^{r-1}, P_2^{r-1}, \ldots, P_s^{r-1}$ が作られたとする.このとき P_j^{r-1} の中に互いに素な開区間 W_{2j-1}, W_{2j} $(1 \leq j \leq s)$ をとる.そのようにすれば,補題 3.3.10 より Kronecker 集合 $\{x_1^r, \ldots, x_{2s}^r\}$ $(x_j^r \in W_j, 1 \leq j \leq 2s)$ が存在する.ここで $A_r \subset \mathbf{Z}$ (有限集合) が存在して,任意の $\{\alpha_1, \ldots, \alpha_{2r}\} \subset \mathbf{R}$ に対して適当な $n \in A_r$ をとると

$$\left| e^{i\alpha_j} - e^{inx_j^r} \right| < \frac{1}{r} \quad (j=1,\ldots,2^r)$$

となる.このとき閉区間 $P_j^r \subset W_j$ が存在して

$$\left| e^{inx} - e^{inx_j^r} \right| < \frac{1}{r} \quad (x \in P_j^r,\ n \in A_r)$$

とできる．さらに P_j^r の長さを $|P_j^r| < 1/r$ とする．これを帰納的に続けて

$$P = \bigcap_{r=1}^{\infty} \bigcup_{j=1}^{2^r} P_j^r$$

とおく．作り方より，P は Cantor 集合である．$f \in S(P)$, $\varepsilon > 0$ とする．$f \in C(P)$ より P 上で一様連続である．ゆえに十分大きな r_0 が存在して $f(P \cap P_j^{r_0})$ $(1 \leq j \leq 2^{r_0})$ が $\{z \in \mathbf{C} : |z| = 1\}$ の全体にならないようにできる．このとき，$P \cap P_j^{r_0} \subset (-\pi, \pi)$ より $\widetilde{f} \in S(\bigcup_j P_j^{r_0})$ が存在して $\widetilde{f}\big|_{P \cap (\bigcup_j P_j^{r_0})} = f$ とできる．さらに P_j^r の作り方より，$\varepsilon > 0$, $r > r_0$, $r > 3/\varepsilon$ で，$\left|\widetilde{f}(x) - \widetilde{f}(x_j^r)\right| < \varepsilon/3$ $(x \in P_j^r,\ 1 \leq j \leq 2^r)$ としてよい．また作り方より，$n \in A_r$ が存在して，$\left|\widetilde{f}(x_j^r) - e^{inx_j^r}\right| < 1/r$ $(1 \leq j \leq 2^r)$ となる．ゆえに，$x \in \bigcup P_j^r$ に対して

$$\left|\widetilde{f}(x) - e^{inx}\right| \leq \left|\widetilde{f}(x) - \widetilde{f}(x_j^r)\right| + \left|\widetilde{f}(x_j^r) - e^{inx_j^r}\right| + \left|e^{inx_j^r} - e^{inx}\right|$$
$$< \frac{\varepsilon}{3} + \frac{1}{r} + \frac{1}{r} < \varepsilon.$$

従って，$\left|f(x) - e^{inx}\right| < \varepsilon$ $(x \in P)$． ∎

注意 3.3.12 (cf.[11])．上記において $Q = P \cup (-P)$ とおくと Q 上の任意の 1 点の測度が 0 となる $\mu \in M(\mathbf{T})$ をとるとき，δ_0, μ, μ^2, μ^3, $\ldots$, $\mu^n = \mu^{n-1} * \mu, \ldots$ なる測度は，互いに素な集合の上に集積している．このことは，P が 1 次独立な集合であることと測度の積の定義より示せる．実際，$n, m \geq 1$ をとり，$Q_m = \{x_l + \cdots + x_m : x_j \in Q\}$ とおくとき，$\mu^n(Q_m) = 0$ $(m < n)$ となる．例えば，$n = 3$, $m = 1$, $\mu \geq 0$ のとき，

$$\mu^3(Q_m) = \int \mu^2(Q - x) d\mu(x)$$
$$= \int \int \chi_{Q-x}(w) d\mu^2(w) d\mu(x)$$
$$= \mu \times \mu \times \mu(\{(x, y, z) \in Q \times Q \times Q : x + y + z \in Q\})$$
$$\leq \sum_{i \neq j, 1 \leq i, j \leq 3} \mu \times \mu \times \mu(\{(x_1, x_2, x_3) \in Q \times Q \times Q : x_i \pm x_j = 0\})$$

(3.3.1)

3.4 スペクトル合成について—Varopoulos の方法—

となる.ただし,$\chi_{Q-x}(w)$ は $Q-x$ の特性関数である.ここで,Fubini の定理と $\mu(\{x\}) = 0$ $(x \in \mathbf{T})$ を用いると,(3.3.1) の右辺が 0 となる.このような考え方を用いて $\mu^n(Q_m) = 0$ $(m < n)$ を得る.

Kronecker 集合は,その定義と Riemann-Lebesgue の補題より,Lebesgue 測度 0 となり,完全不連結集合であることがいえる.Varopoulos [50] は,この性質を利用してスペクトル合成について次を示した.その証明は,$A(\mathbf{T})$ 上の連続な線形汎関数を調べ,Kronecker 集合の性質を駆使して関数解析的手法で行われるもので興味あるが,ここでは省略する.証明は,論文 [50] を参照いただきたい.

定理 3.3.13. $\mathbf{T}$ の Kronecker 集合は $A(\mathbf{T})$ のスペクトル合成集合である.

非離散局所コンパクト Abel 群でも指標を用いて,Kronecker 集合が定義されるが,一般には不連結とは限らないことが知られている.Saeki [44] は,Varopoulos [50] の方法を発展させて,非離散局所コンパクト Abel 群に一般化した結果を得ている.

3.4 スペクトル合成について—Varopoulos の方法—

Schwartz [49] により,$\mathbf{R}^3$ の単位球面 S^2 が $L^1(\mathbf{R}^3)$ でスペクトル合成集合でないということが示された.ここでは,これを用いた可換 Banach 環のスペクトル合成に関する Varopoulos の研究 [52](およびその参考文献 cf. [23]) について述べる.また,この L. Schwartz の研究の幾何学的発展の方向についても補足する.

3.4.1 Schwartz の結果

次は Schwartz [49] の結果である.

定理 3.4.1. $n \geq 3$ のとき,S^{n-1} は $A(\mathbf{R}^n)$ のスペクトル合成集合ではない.

証明

$$I(S^{n-1}) = \{f \in A(\mathbf{R}^n) : f(y) = 0 \ (y \in S^{n-1})\},$$
$$I_1(S^{n-1}) = \left\{f \in I(S^{n-1}) \cap C^\infty(\mathbf{R}^n) : \frac{\partial f}{\partial y_1}(y) = 0 \ (y \in S^{n-1})\right\}$$

とおく. μ を S^{n-1} 上の面積要素として, $\mu(S^{n-1}) = 1$ とする. このとき

$$\widehat{\mu}(y) = \int_{S^{n-1}} e^{-iy\cdot x} \, d\mu(x) = \Gamma\left(\frac{n}{2}\right) \left(\frac{2}{|y|}\right)^{\frac{n-2}{2}} J_{\frac{n-2}{2}}(|y|) \quad (n \geq 3, \ y \neq 0)$$

である (cf. [11]). ここで, Γ はガンマ関数で, J_α は第 1 種 Bessel 関数である. このとき, $y = (y_1, \ldots, y_n)$ に対して

$$|y_1||\widehat{\mu}(y)| \leq C \left(\frac{1}{|y|}\right)^{\frac{n-2}{2}} \left|J_{\frac{n-2}{2}}(|y|)\right| |y|$$

より, Bessel 関数の性質 (C は適当な定数)

$$\begin{cases} \left|J_{\frac{n-2}{2}}(|y|)\right| \leq C' |y|^{\frac{n-2}{2}} & (|y| \to 0), \\ \left|J_{\frac{n-2}{2}}(|y|)\right| \leq C' |y|^{-\frac{1}{2}} & (|y| \to \infty) \end{cases}$$

を用いると, 適当な定数 C により $n \geq 3$ のとき $|y_1\widehat{\mu}(y)| \leq C \ (y \in \mathbf{R}^n)$. そこで,

$$Tf = -i \int_{\mathbf{R}^n} \tilde{f}(y) y_1 \widehat{\mu}(y) \frac{dy}{2\pi}$$
$$(\tilde{f} \in C_c^\infty(\mathbf{R}^n) \subset A(\mathbf{R}^n), \ f \text{ は } \tilde{f} \text{ の Fourier 変換})$$

とおくと

$$|Tf| \leq C \int_{\mathbf{R}^n} \left|\tilde{f}(y)\right| dy = \|f\|_{A(\mathbf{R}^n)}$$

となる. また $C_c^\infty(\mathbf{R}^n)$ は $A(\mathbf{R}^n)$ で稠密より $|Tf| \leq C\|f\|_{A(\mathbf{R}^n)}$ がいえる. さらに

$$Tf = -i \int_{\mathbf{R}^n} \tilde{f}(y) y_1 \widehat{\mu}(y) \frac{dy}{2\pi}$$
$$= \iint (-iy_1) \tilde{f}(y) e^{-iy\cdot x} \frac{dy}{2\pi} d\mu(x)$$
$$= \int \lim_{h \to 0} \frac{\int \tilde{f}(y) e^{-i(x+h_1)\cdot y} \frac{dy}{2\pi} - \int \tilde{f}(y) e^{-ix\cdot y} \frac{dy}{2\pi}}{h} \, d\mu(x)$$

$$= \int \frac{\partial f}{\partial x_1}(x)\, d\mu(x)$$

となる．ただし $h_1 = (h, 0, \ldots, 0)$ とする．このとき $f \in I_1(S^{n-1})$ ならば，$Tf = 0$ となる．しかるに $1/2 < |x| < 3/2$ で $g(x) = x_1(|x|^2 - 1)$ となるような $g \in C_c^\infty(\mathbf{R}^n)$ をとると $g \in I(S^{n-1})$ であり，しかも

$$Tg = \int_{S^{n-1}} 2x_1^2 \, d\mu(x) > 0$$

となる．ゆえに関数解析の基礎により

$$I(S^{n-1}) \supsetneq \overline{I_1(S^{n-1})} \supseteq J(S^{n-1})$$

となる．よって $\overline{I_1(S^{n-1})}$ が $A(\mathbf{R}^n)$ の閉イデアルであることを考えると S^{n-1} はスペクトル合成集合ではない． ∎

3.4.2　$A(\mathbf{T}^3)$ のスペクトル合成について

3.4.1 項により $A(\mathbf{R}^3)$ はスペクトル合成不可能な可換 Banach 環であることが分かった．これを用いて，以下のように $A(\mathbf{T}^3)$ がスペクトル合成不可能であることが示せる．

命題 3.4.2.

$$E = \left\{ (x_1, x_2, x_3) \in \mathbf{R}^3 : |x_1| \geq \frac{\pi}{2} \text{ または } |x_2| \geq \frac{\pi}{2} \text{ または } |x_3| \geq \frac{\pi}{2} \right\}$$

とおくと E は $A(\mathbf{R}^3)$ のスペクトル合成集合である．

証明　$f \in A(\mathbf{R}^3)$, $f = 0$ on E, $f_\alpha(x) = \alpha^3 f(\alpha x)$, $0 < \alpha < 1$ とおくと

$$\|f_\alpha - f\|_{A(\mathbf{R}^3)} \to 0 \qquad (\alpha \to 1)$$

で，f_α は E の近傍で 0 である．よって E はスペクトル合成集合である． ∎

命題 3.4.3. 命題 3.4.2 の記号で，$E \cup S^2$ は $A(\mathbf{R}^3)$ のスペクトル合成集合ではない．

証明 $E \cup S^2$ がスペクトル合成集合として, $f \in I(S^2)$ をとる. $\varepsilon > 0$ に対して $h \in A(\mathbf{R}^3)$ で $\mathrm{supp}\, h$ がコンパクト集合となるもので $\|f - hf\|_{A(\mathbf{R}^3)} < \varepsilon$ とする. さらに $g \in A(\mathbf{R}^3)$ を S^2 の近傍で 0 で, $\mathrm{supp}\, h \cap E$ で 1 となるものとする. このとき $fh - ghf \in I(E \cup S^2)$ であるから $E \cup S^2$ がスペクトル合成集合と仮定したことにより $E \cup S^2$ の近傍で 0 となる $k \in A(\mathbf{R}^3)$ で $\|k - (fh - fhg)\|_{A(\mathbf{R}^3)} < \varepsilon$ となるものが存在する. 従って

$$\|f - (k + fhg)\|_{A(\mathbf{R}^3)} \leq \|f - fh\|_{A(\mathbf{R}^3)} + \|fh - (k + fhg)\|_{A(\mathbf{R}^3)} < 2\varepsilon$$

となり, S^2 が $A(\mathbf{R}^3)$ のスペクトル合成集合となり矛盾する. ∎

命題 3.4.4. $f \in A(\mathbf{T}^3)$ を $f(x_1, x_2, x_3) = 0$ ($\frac{\pi}{2} \leq |x_1| \leq \pi$ または $\frac{\pi}{2} \leq |x_2| \leq \pi$ または $\frac{\pi}{2} \leq |x_3| \leq \pi$) とする. このとき,

$$g(x_1, x_2, x_3) = \begin{cases} f(x_1, x_2, x_3) & (|x_j| \leq \frac{\pi}{2},\ j = 1, 2, 3), \\ 0 & (その他) \end{cases}$$

とおくと $g \in A(\mathbf{R}^3)$ で

$$C_1 \|g\|_{A(\mathbf{R}^3)} \leq \|f\|_{A(\mathbf{T}^3)} \leq C_2 \|g\|_{A(\mathbf{R}^3)}$$

となる定数 $C_1, C_2 > 0$ が存在する.

証明 $E' = \{(x_1, x_2, x_3) : |x_j| \leq \frac{\pi}{2},\ j = 1, 2, 3\}$ とおく. E' の近傍で 1 で $\mathrm{supp}\, h \subset \{(x_1, x_2, x_3) : |x_j| \leq \frac{2\pi}{3},\ j = 1, 2, 3\}$ となるような $h \in C_c^\infty(\mathbf{R}^3)$ をとる. $f \in A(\mathbf{T}^3)$ に対して $g(x) = f(x) h(x)$ ($x = (x_1, x_2, x_3)$) より $g \in A(\mathbf{R}^3)$ で

$$\|g\|_{A(\mathbf{R}^3)} \leq \|h\|_{A(\mathbf{R}^3)} \|f\|_{A(\mathbf{T}^3)}$$

となる. 逆に $g \in A(\mathbf{R}^3)$ ならば $f = gh$ のとき,

$$\widehat{f}(n) = \frac{1}{(2\pi)^3} \int_{\mathbf{R}^3} g(x) h(x) e^{-ix \cdot n} \, dx \quad (n \in \mathbf{Z}^3)$$

となる. $\widehat{h} \in L^1(\mathbf{R}^3)$ だから

$$\widehat{f}(n) = \int_{\mathbf{R}^3} \widehat{g}(y) \widehat{h}(n - y) \, dy$$

3.4 スペクトル合成について—Varopoulos の方法—

となる．このとき $h \in C_c^\infty(\mathbf{R}^3)$ より $b > 0$ が存在して

$$\sum_{n \in \mathbf{Z}^3} \left|\widehat{h}(n-y)\right| < b \qquad (y \in \mathbf{R}^3)$$

となるので $\|f\|_{A(\mathbf{T}^3)} \leq b\|g\|_{A(\mathbf{R}^3)}$ を得る． ■

定理 3.4.5. $A(\mathbf{T}^3)$ はスペクトル合成不可能である．

証明 命題 3.4.2〜3.4.4 の記号を用いる．

$$\widetilde{E} = \left\{ x \in \mathbf{T}^3 : |x_1| \geq \frac{\pi}{2} \text{ または } |x_2| \geq \frac{\pi}{2} \text{ または } |x_3| \geq \frac{\pi}{2} \right\}$$

とおく．このとき $\widetilde{E}$ は $A(\mathbf{T}^3)$ のスペクトル合成集合である．実際，$h \in I(\widetilde{E}) = \{f \in A(\mathbf{T}^3) : f = 0 \text{ on } \widetilde{E}\}$ ならば，命題 3.4.4 より h に対する $g \in A(\mathbf{R}^3)$ をとると，$g \in I(E)$ となる．命題 3.4.2 より，$\varepsilon > 0$ に対して E の近傍で 0 であり，$\|g - g_0\|_{A(\mathbf{R}^3)} < \varepsilon$ となる $g_0 \in A(\mathbf{R}^3)$ が存在する．このとき h_0 を命題 3.4.4 で g_0 に対応するものとすると，h_0 は $\widetilde{E}$ の近傍で 0 で $\|h - h_0\|_{A(\mathbf{R}^3)} < C\varepsilon$ を満たすので $\widetilde{E}$ は $A(\mathbf{T}^3)$ のスペクトル合成集合である．一方，$\widetilde{S^2} = \{x = (x_1, x_2, x_3) \in \mathbf{T}^3 : x_1^2 + x_2^2 + x_3^2 = 1\}$, $\widetilde{K} = \widetilde{E} \cup \widetilde{S^2}$ とおくとき，$\widetilde{K}$ が $A(\mathbf{T}^3)$ のスペクトル合成集合になれば，命題 3.4.4 より $K = E \cup S^2$ は $A(\mathbf{R}^3)$ のスペクトル合成集合となり命題 3.4.3 に矛盾する．ゆえに $\widetilde{K}$ は $A(\mathbf{T}^3)$ のスペクトル合成集合でない．よって $A(\mathbf{T}^3)$ はスペクトル合成不可能である． ■

3.4.3 可換 Banach 環 $V(K)$ について

Varopoulos [52] にもとづき，K_1, K_2 をコンパクト Hausdorff 空間としたとき，$V(K_1 \times K_2)$ を次のように定義する．

定義 3.4.6. $\varphi \in V(K_1 \times K_2)$ とは，$\varphi(x,y) = \sum_{j=1}^\infty f_j(x) g_j(y)$, $f_j \in C(K_1)$, $g_j \in C(K_2)$ が $\sum_{j=1}^\infty \|f_j\|_\infty \|g_j\|_\infty < \infty$ を満たすことである．た

だし，$\|\cdot\|_\infty$ は連続関数の空間としてのノルムである．このとき

$$\|\varphi\|_V = \inf\left\{\sum_{j=1}^\infty \|f_j\|_\infty \|g_j\|_\infty : \varphi(x,y) = \sum_{j=1}^\infty f_j(x)g_j(y),\right.$$
$$\left.\sum_{j=1}^\infty \|f_j\|_\infty \|g_j\|_\infty < \infty\right\}$$

とおく．$V(K_1 \times K_2) = C(K_1)\widehat{\otimes}C(K_2)$ とも表す．

命題 3.4.7. $V(K_1 \times K_2)$ は $\|\cdot\|_V$ で半単純，正則な可換 Banach 環であり，極大イデアル空間は $K_1 \times K_2$ となる．

証明 $V(K_1 \times K_2)$ は $\|\cdot\|_V$ で可換 Banach 環になることは容易に示される．また $(x,y) \in K_1 \times K_2$ ならば $V(K_1 \times K_2) \ni \varphi \mapsto \varphi(x,y) \in \mathbf{C}$ により $K_1 \times K_2 \subset \Delta(V(K_1 \times K_2))$ と考えられる．逆に $h \in \Delta(V(K_1 \times K_2))$ ならば $\varphi_0 \in V(K_1 \times K_2)$ が存在して $h(\varphi_0) \neq 0$ となる．このとき $f \in C(K_1)$, $g \in C(K_2)$ に対して

$$h_1(f) = \frac{h(f\varphi_0)}{h(\varphi_0)},\ h_2(g) = \frac{h(g\varphi_0)}{h(\varphi_0)}$$

とおくと $h_1 \in \Delta(C(K_1))$, $h_2 \in \Delta(C(K_2))$ となる．実際 $h(\varphi') \neq 0$ とすると

$$\frac{h(f\varphi_0)}{h(\varphi_0)} = \frac{h(f\varphi_0)h(\varphi')}{h(\varphi_0\varphi')} = \frac{h(f\varphi_0\varphi')}{h(\varphi_0\varphi')} = \frac{h(f\varphi')}{h(\varphi')}$$

が成立することより

$$h_1(f_1 f_2) = \frac{h(f_1 f_2 \varphi_0^2)}{h(\varphi_0^2)} = \frac{h(f_1\varphi_0)h(f_2\varphi_0)}{h(\varphi_0)h(\varphi_0)} = h_1(f_1)h_1(f_2)$$
$$(f_1,\ f_2 \in C(K_1))$$

となる．ゆえに $\mathfrak{M}(C(K_1)) = K_1$ より $h_1(f) = f(x_1)\ (f \in C(K_1))$ となる $x_1 \in K_1$ が存在する．h_2 についても同様である．よって

$$i : K_1 \times K_2 \ni (x_1, x_2) \to h_{(x_1,x_2)} \in \Delta(V(K_1 \times K_2))$$
$$(h_{(x_1,x_2)}(\varphi) = \varphi(x_1,x_2) \in V(K_1 \times K_2))$$

3.4 スペクトル合成について——Varopoulos の方法—— **255**

なる写像は全単射となる．しかも連続であるから同相写像となり，$K_1 \times K_2$ と $\mathfrak{M}(V(K_1 \times K_2))$ は自然な対応で同一視される．また半単純，正則であることも容易に分かる． ∎

ここで $V(\mathbf{T}^3) = V(\mathbf{T}^3 \times \mathbf{T}^3)$ とおくと $V(\mathbf{T}^3)$ のスペクトル合成については，次が成立する．

定理 3.4.8. $V(\mathbf{T}^3)$ はスペクトル合成不可能である．

証明 写像 M, P の定義から始める．$M\colon C(\mathbf{T}^3) \to C(\mathbf{T}^3 \times \mathbf{T}^3)$, $P\colon C(\mathbf{T}^3 \times \mathbf{T}^3) \to C(\mathbf{T}^3)$ を次のように定義する．ただし，$dm(y)$ は $\mathbf{T}^3$ 上の Lebesgue 測度で $m(\mathbf{T}^3) = 1$ なるものとする．

$$(Mf)(x,y) = f(x+y), \qquad (P\varphi)(x) = \int_{\mathbf{T}^3} \varphi(x-y, y)\, dm(y).$$

このとき $f \in C(\mathbf{T}^3)$ ならば $Mf(x,y) \in C(\mathbf{T}^3 \times \mathbf{T}^3)$, $\varphi \in C(\mathbf{T}^3 \times \mathbf{T}^3)$ ならば $P\varphi \in C(\mathbf{T}^3)$ となる．また

$$(PMf)(x) = \int_{\mathbf{T}^3} (Mf)(x-y, y)\, dm(y) = \int_{\mathbf{T}^3} f(x)\, dm(y) = f(x)$$

より PM は恒等写像となる．これを用いて $V(\mathbf{T}^3)$ がスペクトル合成不可能であることを示す．

$A(\mathbf{T}^3)$ は定理 3.4.5 よりスペクトル合成不可能であることから非スペクトル合成集合 E と $f \in A(\mathbf{T}^3)$ が存在して $f(x) = 0$ $(x \in E)$ であり，f は E の近傍で零であるような $g \in A(\mathbf{T}^3)$ によって近似されない．ここで $E^* = \{(x,y)\colon x+y \in E\}$ とおくと $f \in A(\mathbf{T}^3)$ より $f(x) = \sum_{n \in \mathbf{Z}^3} a_n e^{inx}$, $\sum_{n \in \mathbf{Z}^3} |a_n| < \infty$ と書ける．このとき

$$Mf(x,y) = f(x+y) = \sum_{n \in \mathbf{Z}^3} a_n e^{inx} e^{iny} = \sum_{n \in \mathbf{Z}^3} (a_n e^{inx}) e^{iny}$$

であるから $Mf \in V(\mathbf{T}^3)$ となる．さらに $Mf(z) = 0$ $(z \in E^*)$ である．今，$\psi(x,y) = \sum f_j(x) g_j(y) \in V(\mathbf{T}^3)$ を E^* の近傍で零となるものとすると

$$P\psi(x) = \int \psi(x-y, y)\, dm(y) = \sum_j f_j * g_j(x)$$

となり，$P\psi(x) = \sum f_j * g_j(x)$ を得る．ここで $f_j, g_j \in L^2(\mathbf{T}^3)$ より

$$\|f_j * g_j\|_{A(\mathbf{T}^3)} \leq \|\widehat{f_j}\|_2 \|\widehat{g_j}\|_2 \leq \|f_j\|_\infty \|g_j\|_\infty$$

で $\sum \|f_j * g_j\|_{A(\mathbf{T}^3)} < \infty$ となり $P\psi \in A(\mathbf{T}^3)$ かつ $\sup_{\|\psi\|_V \leq 1} \|P\psi\|_{A(\mathbf{T}^3)} \leq 1$ を得る．よって

$$\|f - P\psi\|_{A(\mathbf{T}^3)} = \|P(Mf - \psi)\|_{A(\mathbf{T}^3)} \leq \|Mf - \psi\|_{V(\mathbf{T}^3)}$$

となる．また，$P\psi$ は E の近傍で 0 である．従って $\inf\{\|Mf - \psi\|_{V(\mathbf{T}^3)} : \psi \in V(\mathbf{T}^3), \psi$ は E^* の近傍で零 $\} > 0$ となり，E の性質より $V(\mathbf{T}^3)$ はスペクトル合成不可能となる． ∎

3.4.4　$A(\mathbf{T})$ のスペクトル合成について

ここでは，$A(\mathbf{T})$ はスペクトル合成不可能であることを Varopoulos の方法 [52](cf. [23]) によって示す．以下に見られるようにその方法は $\mathbf{T}$ に限ったものではなく，非離散なコンパクト Abel 群でも類似の議論ができる．まず D_2 を巡回群 $\{0,1\}$ の可付番直積のコンパクト Abel 群とする．$D_2 = \prod_{j=1}^\infty \{0,1\}$ と表し，位相は直積位相を導入する．このとき，D_2 が Cantor 集合であることより，これを利用して以下のように進めていく．3.3.3 項で述べたように $\mathbf{T}$ には Cantor 集合である Kronecker 集合が存在するので，それを K とおく．K を $K = K_1 \cup K_2$, $K_1 \cap K_2 = \emptyset$, K_1, K_2 は Cantor 集合である Kroneker 集合と分ける．この項は，[23] を参考にした．

定義 3.4.9. 以下のように定義する：

(1) $\widetilde{K} = K_1 + K_2 = \{k_1 + k_2 : k_j \in K_j, j = 1, 2\}$．このとき，Kronecker 集合の 1 次独立性より $k \in K$ は $k = k_1 + k_2$ ($k_j \in K_j, j = 1, 2$) と一意に表される．

(2) D_2 は Cantor 集合より D_2 と K_j ($j = 1, 2$) は同一視できるのでこれを用いて $D_2 \times D_2$ は $K_1 + K_2 = \widetilde{K}$ と見なされることを注意する．

(3) $E \subset \mathbf{T}$ がコンパクト集合のとき $A(\mathbf{T})$ の E への制限 $A(E)$ を商環 $A(E) = A(\mathbf{T})/I(E)$ で定義する．

3.4 スペクトル合成について—Varopoulos の方法—

命題 3.4.10. $\mathbf{T}$ のコンパクト集合 E を Kronecker 集合とすると $A(E) = A(\mathbf{T})/I(E)$ は E 上の連続関数空間 $C(E)$ と Banach 空間として同型になる.

証明 $A(E)$ を $A(\mathbf{T})$ の関数の E への制限と考えて, $A(E) = C(E)$ を示せばよい. これを示すには, Riesz の定理より $C(E)^* = M(E)$ であることから, $\mu \in M(E)$ に対して

$$\|\mu\|_{M(E)} \leq C\|\widehat{\mu}\|_\infty$$

を示せばよい. ただし $\|\widehat{\mu}\|_\infty = \sup_{m \in \mathbf{Z}} |\widehat{\mu}(m)|$ とおく. これが示されれば $A(E)$ も $C(E)$ も Banach 空間なので関数解析における値域定理より $A(E) = C(E)$ がいえる. そこで, $\mu \in M(E)$ に対して $|f(x)| = 1$ $(x \in E)$ となる適当な可測関数 $f(x)$ をとり $\|\mu\| = \left|\int f(x)d\mu(x)\right|$ であるが $\mu \in M(E)$ より $f(x)$ は連続関数としてよい. さらに E は Kronecker 集合なので $f(x)$ は適当な e^{imx} で E 上一様近似されるので $\|\mu\| \leq \|\widehat{\mu}\|_\infty$ が成立する. ∎

命題 3.4.11. $A(\widetilde{K})$ は Banach 環として $V(D_2) = C(D_2)\widehat{\otimes}C(D_2)$ と同型である.

証明 $\varphi \in V(D_2)$ は定義より, $D_2 \times D_2$ 上の連続関数として表されることに注意する.

初めに $A(\widetilde{K}) \subset V(D_2)$ を示す. $f \in A(\widetilde{K})$ は $f(z) = \sum_{j \in \mathbf{Z}} a_j e^{ijz}$ $(z \in \widetilde{K})$, $\sum_{j \in \mathbf{Z}} |a_j| < \infty$ と書ける. このとき $z = x + y$, $x \in K_1$, $y \in K_2$ とすれば,

$$\varphi(x,y) = f(x+y) = \sum_{j \in \mathbf{Z}} a_n e^{ijx} e^{ijy}, \qquad \sum_{j \in \mathbf{Z}} \|a_j e^{ijx}\|_\infty \|e^{ijy}\|_\infty < \infty$$

であるから $\varphi(x,y) \in V(K_1 \times K_2) = C(K_1)\widehat{\otimes}C(K_2) = C(D_2)\widehat{\otimes}C(D_2) = V(D_2)$ となる. ゆえに $A(\widetilde{K}) \subset V(D_2)$ が示された.

逆に $\varphi \in V(D_2)$ とすると $\varphi(x,y) = \sum_{j=1}^\infty f_j(x)g_j(y)$, $\sum_j \|f_j\|_\infty \|g_j\|_\infty \leq 2\|\varphi\|_{V(D_2)}$ とできる. このとき $K_1 = D_1$, $K_2 = D_2$ と見なせば $\varphi(x,y) \in C(K_1 \times K_2)$ となる. さらに K_1, K_2 が Kronecker 集合より命題

3.4.10 の証明から $\|f_j\|_{A(K_1)} \leq C\|f_j\|_{C(K_1)}$, $\|g_j\|_{A(K_2)} \leq C\|g_j\|_{C(K_2)}$ となる定数 $C > 0$ が存在する．ここで

$$f_j(x) = \sum_{l \in \mathbf{Z}} a_{jl} e^{ilx}, \quad \sum_l |a_{jl}| \leq \left(\frac{3}{2}\right) \|f_j\|_{A(K_1)},$$

$$g_j(x) = \sum_{m \in \mathbf{Z}} b_{jm} e^{imx}, \quad \sum_m |b_{jm}| \leq \left(\frac{3}{2}\right) \|g_j\|_{A(K_2)}$$

$(j = 1, 2, \dots)$ とおくとき

$$\sum_{j,l,m} |a_{jl}| |b_{jm}| \leq \frac{9}{4} \sum_j \|f_j\|_{A(K_1)} \|g_j\|_{A(K_2)}$$

$$\leq \frac{9}{4} C^2 \sum_j \|f_j\|_\infty \|g_j\|_\infty \leq 5C^2 \|\varphi\|_{V(D_2)}$$

となる．さらに

$$f(z) = \begin{cases} e^{ilz} & (z \in K_1) \\ e^{imz} & (z \in K_2) \end{cases}$$

とおくと $K = K_1 \cup K_2$ は Kronecker 集合であるから $\varepsilon > 0$ に対して $|f(z) - e^{ik_{lm}z}| < \varepsilon$ $(z \in K)$ となる $k_{lm} \in \mathbf{Z}$ が存在する．今

$$T_\varepsilon \varphi(z) = \sum_{j,l,m} a_{jl} b_{jm} e^{ik_{lm}z}$$

とおくと

$$\|T_\varepsilon \varphi\|_{A(\widetilde{K})} \leq \sum_{j,l,m} |a_{jl}| |b_{jm}| \leq 5C^2 \|\varphi\|_{V(D_2)}$$

となる．また $|e^{ilx} e^{imy} - e^{ik_{lm}(x+y)}| < 2\varepsilon$ $(x \in K_1,\ y \in K_2)$ より

$$\|T_\varepsilon \varphi - \varphi\|_{V(D_2)} \leq 2\varepsilon \sum_{j,l,m} |a_{jl}| |b_{jm}| \leq 10 C^2 \varepsilon \|\varphi\|_{V(D_2)}$$

となる．このとき，級数

$$T_\varepsilon \varphi + T_\varepsilon (I - T_\varepsilon) \varphi + \cdots + T_\varepsilon (I - T_\varepsilon)^m \varphi + \cdots \cdots \quad (3.4.1)$$

を考える．ただし I は恒等写像である．この場合,

$$\|T_\varepsilon (I - T_\varepsilon)^m \varphi\|_{A(\widetilde{K})} \leq 5C^2 \|(I - T_\varepsilon)^m \varphi\|_{V(D_2)} \leq 5C^2 (10C^2 \varepsilon)^m \|\varphi\|_{V(D_2)}$$

3.4 スペクトル合成について—Varopoulos の方法—

となるので ε が十分小であれば (3.4.1) は $A(\widetilde{K})$ で収束する．さらに $\varphi - T_\varepsilon \varphi = \sum_{m=1}^{N} T_\varepsilon (I - T_\varepsilon)^m \varphi + (I - T_\varepsilon)^{N+1} \varphi$, $\|(I - T_\varepsilon)^{N+1} \varphi\|_{V(D_2)} \leq (10C^2\varepsilon)^{N+1} \|\varphi\|_{V(D_2)} \to 0 \ (N \to \infty)$ より $\varphi = \sum_{m=0}^{\infty} T_\varepsilon (I - T_\varepsilon)^m \varphi$ となるので $\varphi \in A(\widetilde{K})$ となる． ∎

定理 3.4.12. $A(\widetilde{K})$ はスペクトル合成不可能である．

証明 $\mathbf{T} = \{e^{i2\pi x} : 0 \leq x < 1\}$ として，D_2 から $\mathbf{T}^3$ への写像 τ を次のように定義する：

$$\tau : (\varepsilon_1, \varepsilon_2, \dots) \to (e^{2\pi i (0.\varepsilon_1 \varepsilon_4 \cdots)}, e^{2\pi i (0.\varepsilon_2 \varepsilon_5 \cdots)}, e^{2\pi i (0.\varepsilon_3 \varepsilon_6 \cdots)}).$$

ここで $\varepsilon_j = 0, 1$ とし，$0.\varepsilon_{j_1} \varepsilon_{j_2} \cdots$ は，2 進法展開により区間 $[0, 1)$ の元を表す．この D_2 から $\mathbf{T}^3$ への対応は連続であり，かつ D_2 の可算個の集合を除いて一対一である．これによって引き起こされる関数空間の間の写像をすべて $\widetilde{\tau}$ (即ち $\widetilde{\tau} F = F(\tau)$) で表す．また τ の対応から $C(D_2)$ は自然に $L^\infty(\mathbf{T}^3)$ の部分集合と見なされる．この埋め込みを $\widetilde{i}$ とする．また，τ によって引き起こされる $V(D_2)$ から $L^\infty(\mathbf{T}^3) \widehat{\otimes} L^\infty(\mathbf{T}^3)$ への写像も $\widetilde{i}$ で表す．さらに可換 Banach 環 $L^\infty(\mathbf{T}^3) \widehat{\otimes} L^\infty(\mathbf{T}^3)$ を次のように定義する：$\phi \in L^\infty(\mathbf{T}^3) \widehat{\otimes} L^\infty(\mathbf{T}^3)$ とは

$$\phi(x, y) = \sum_{j=1}^{\infty} f_j(x) g_j(y) \quad (f_j(x), \ g_j(x) \in L^\infty(\mathbf{T}^3)),$$

$$\sum_j \|f_j\|_{L^\infty} \|g_j\|_{L^\infty} < \infty$$

となることとする．このとき

$$\|\phi\|_{L^\infty(\mathbf{T}^3) \widehat{\otimes} L^\infty(\mathbf{T}^3)} = \inf \left\{ \sum_{j=1}^{\infty} \|f_j\|_{L^\infty} \|g_j\|_{L^\infty} : \text{上記の表現} \right\}$$

により $L^\infty(\mathbf{T}^3) \widehat{\otimes} L^\infty(\mathbf{T}^3)$ は 3.4.3 項のようにして可換 Banach 環になる．そこで $\widetilde{\tau}, \widetilde{i}$ を用いると

$$V(\mathbf{T}^3) = C(\mathbf{T}^3) \widehat{\otimes} C(\mathbf{T}^3) \xrightarrow{\widetilde{\tau}} C(D_2) \widehat{\otimes} C(D_2) = V(D_2)$$
$$\xrightarrow{\widetilde{i}} L^\infty(\mathbf{T}^3) \widehat{\otimes} L^\infty(\mathbf{T}^3)$$

において各作用素は作用素ノルムが 1 以下となる．このとき $V(\mathbf{T}^3)$ は定理 3.4.8 によりスペクトル合成不可能である．閉集合 $E \subset \mathbf{T}^3 \times \mathbf{T}^3$ を $V(\mathbf{T}^3)$ の非スペクトル合成集合とすると，E 上で零になる $V(\mathbf{T}^3)$ の元でかつ，E の近傍で零になるような $V(\mathbf{T}^3)$ の元で近似されない $f \in V(\mathbf{T}^3)$ が存在する．このとき $(\tau \times \tau)^{-1}(E)$ は $D_2 \times D_2$ の閉集合で $\widetilde{\tau}f \in V(D_2)$ と f の選び方より $\widetilde{\tau}f(z) = 0$ $(z \in (\tau \times \tau)^{-1}(E))$ となる．もしも $(\tau \times \tau)^{-1}(E)$ の近傍で零になる $h \in V(D_2)$ で $\widetilde{\tau}f \in V(D_2)$ が近似されたとする．このとき $\widetilde{i}h(x,y) = \sum_j h_{1j}(x) h_{2j}(y)$ とおくと $\widetilde{i}h(x,y) = \sum (\widetilde{i}h_{1j})(x)(\widetilde{i}h_{2j})(y)$ により $\widetilde{i}h(x,y) \in L^\infty(\mathbf{T}^3) \widehat{\otimes} L^\infty(\mathbf{T}^3)$ と見なせる．そこで，関数列 $\{e_n(x,y)\}_n$ を $e_n(x,y) = e_{1n}(x) e_{2n}(y)$ と定義する．ただし，関数列 $\{e_{jn}\}_n$ $(j = 1,2)$ は，$e_{jn} \in C(\mathbf{T}^3)$, $e_{jn} \geq 0$ で，$\{\operatorname{supp} e_{jn}\}_n$ が減少列で，その積集合は $\{0\}$ となり，しかも $\int e_{jn}(x)\,dx = 1$ となるものとする．ここで，

$$(e_n * \widetilde{i}h)(x,y) = \sum_j (e_{1n} * (\widetilde{i}h_{1j}))(x)(e_{2n} * (\widetilde{i}h_{2j}))(y)$$

を考えると $e_n * \widetilde{i}h$ は E の近傍で零になり，しかも作り方より $e_n * \widetilde{i}h \in V(\mathbf{T}^3)$, $\|e_n * \widetilde{i}h - f\|_{V(\mathbf{T}^3)} \to 0$ $(n \to \infty)$ となる．これは E の仮定に反する．従って $(\tau \times \tau)^{-1}(E)$ は $V(D_2)$ の非スペクトル合成集合となり，$V(D_2)$ はスペクトル合成不可能である．従って命題 3.4.11 より $A(\widetilde{K})$ もスペクトル合成不可能である． ∎

定理 3.4.13. $A(\mathbf{T})$ はスペクトル合成不可能である．

証明 定理 3.4.12 より $A(\widetilde{K})$ はスペクトル合成不可能である．従って $E_0 \subset \widetilde{K} = K_1 + K_2$ なる可換 Banach 環 $A(\widetilde{K})$ の非スペクトル合成集合 E_0 が存在する．このとき E_0 が $A(\mathbf{T})$ のスペクトル合成集合と仮定する．$f(x) = 0$ $(x \in E_0)$, $f \in A(\widetilde{K})$ なら $\widetilde{f} \in A(\mathbf{T})$ で $\widetilde{f}(x) = f(x)$ $(x \in \widetilde{K})$ となるものが存在する．$\widetilde{f}(x) = 0$ $(x \in E_0)$ で E_0 は $A(\mathbf{T})$ のスペクトル合成集合であるから $\varepsilon > 0$ に対して $\widetilde{g} \in A(\mathbf{T})$ で $\widetilde{g}$ は E_0 の $\mathbf{T}$ での近傍で零となり，さらに $\|\widetilde{f} - \widetilde{g}\|_{A(\mathbf{T})} < \varepsilon$ となるものが存在する．ゆえに $g(x) = \widetilde{g}(x)$ $(x \in \widetilde{K})$ とおけば $g \in A(\widetilde{K})$ で g は $\widetilde{K}$ の相対位相で E_0 の近傍で零になり $\|f - g\|_{A(\widetilde{K})} < \varepsilon$ となるので，E_0 が $A(\widetilde{K})$ の非スペクトル合

3.4 スペクトル合成について—Varopoulos の方法—

成集合に反する．よって E_0 は $A(\mathbf{T})$ の非スペクトル合成集合となり $A(\mathbf{T})$ はスペクトル合成不可能であることが示される． ∎

定理 3.4.14. $A(\mathbf{R})$ はスペクトル合成不可能である．

証明 $E_0 \subset \mathbf{T}$ を定理 3.4.13 における $A(\mathbf{T})$ の非スペクトル合成集合とするとき，E_0, $\widetilde{K} = \{|x| < \frac{\pi}{2}\}$ の部分集合としてよい．E_0 が $A(\mathbf{R})$ のスペクトル合成集合とする．このとき $f \in A(\widetilde{K})$, $f(x) = 0$ $(x \in E_0)$ とする．f は同じ記号で $A(\mathbf{T})$ の $\widetilde{K}$ への制限とみてよい．今，$\widetilde{K}$ の近傍で 1 で $\operatorname{supp} h \subset \{|x| < \frac{\pi}{2}\}$ となる $h \in A(\mathbf{R})$ をとる．このとき命題 3.4.4 の考え方より $fh \in A(\mathbf{R})$ となる．$(fh)(x) = 0$ $(x \in E_0)$ だから E_0 が $A(\mathbf{R})$ のスペクトル合成集合より $\varepsilon > 0$ に対して $\widetilde{g}$ は E_0 の近傍で零で $\|fh - \widetilde{g}\|_{A(\mathbf{R})} < \varepsilon$ となる $\widetilde{g} \in A(\mathbf{R})$ が存在する．そこで $k(x) = 1$ $(x \in \operatorname{supp} h)$, $\operatorname{supp} k \subset \{|x| < \frac{\pi}{2}\}$, $\|k\|_{A(\mathbf{R})} \leq 2$ となる k をとると，命題 3.4.4 の考え方より $k\widetilde{g} \in A(\mathbf{T})$ と見なせるので

$$\|k(\widetilde{g} - fh)\|_{A(\widetilde{K})} \leq \|k(\widetilde{g} - fh)\|_{A(\mathbf{T})}$$
$$\leq C\|k(\widetilde{g} - fh)\|_{A(\mathbf{R})} \leq 2C\|\widetilde{g} - fh\|_{A(\mathbf{R})} < 2C\varepsilon$$

となる．ここで C は適当な定数である．ここに $(k\widetilde{g} - fh)(x) = \widetilde{g} - f(x)$ $(x \in \widetilde{K})$ で $\widetilde{g}(x)$ は E_0 の近傍で零である．以上から $\|\widetilde{g} - f\|_{A(\widetilde{K})} < 2C\varepsilon$, $\widetilde{g}$ は E_0 の近傍で零となり E_0 は $A(\widetilde{K})$ の非スペクトル合成集合に反する．従って E_0 は $A(\mathbf{R})$ のスペクトル合成集合である． ∎

注意 3.4.15. $A(\mathbf{T})$, $A(\mathbf{R})$ がスペクトル合成不可能であることの Varopoulos の証明方法は，Cantor 集合である Kronecker 集合の存在を用いたことによる．従って $\mathbf{T}$ の代わりに，この方法による議論が使用できる非離散コンパクト Abel 群でも類似の議論ができる (cf. [52])．

3.4.5 $A(\mathbf{T})$ の非スペクトル合成集合について

定義 3.4.16. コンパクト集合 $E \subset \mathbf{T}$ が Helson 集合とは，$A(\mathbf{T})/I(E)$ を $A(\mathbf{T})$ の E への制限 $A(E)$ と考えるとき $A(E) = C(E)$ となることである．

即ち，E 上の任意の連続関数は絶対収束する Fourier 級数をもつ連続関数の E への制限になっていることである．

従って，命題 3.4.10 より Kronecker 集合は，Helson 集合となる．

Kronecker 集合は，3.3.3 項で述べたように Varopoulos [50] により $A(\mathbf{T})$ のスペクトル合成集合であることは示された．次に，Helson 集合の場合が問題になる．Körner[33] は，1972 年に，長年未解決であった "Helson 集合がスペクトル合成集合か否か" の問題について，"Helson 集合でかつ非スペクトル合成集合の存在" を示し，否定的に解決した．その直後，R. Kaufman は，T. W. Körner の証明の簡明な別証明を行った．さらに，S. Saeki は，その証明を一般化した．ここでは，結果のみを紹介する．詳細は，R. Kaufman の論文または，Saeki [45](cf. [46]) を参照していただきたい．

次は，Rudin [11] による (cf. [33], [42])．

命題 3.4.17. $\mathbf{T}$ の次の性質を持つ完全不連結なコンパクト部分集合 E が存在する．

(1) E の Lebesgue 測度は零．
(2) $\{\sigma \in M(E) \colon \lim_{|n|\to\infty} \hat{\sigma}(n) = 0,\ \sigma \neq 0\} \neq \emptyset$.

これに関して Kaufman [32](cf. [45]) は次を示した．

定理 3.4.18 ([32](cf. [45])). 命題 3.4.17 の記号で $E_0 \subset \mathrm{supp}\,\sigma$ なる Helson 集合 E_0 で $\{T \in PM(E_0) \colon \lim_{|n|\to\infty} \hat{T}(n) = 0,\ T \neq 0\} \neq \emptyset$ となるものが存在する．ただし，$PM(E_0) = \{s \in PM(\mathbf{T}) : \mathrm{supp}\,s \subset E_0\}$ とし，$\mathrm{supp}\,s$ は，$(s, f) = 0,\ \mathrm{supp}\,f \subset O\ (f \in A(\mathbf{T}))$ なる開集合 O の補集合の最小のものとする．

系 3.4.19 ([32], cf. [45]). $\mathbf{T}$ に Helson 集合で非スペクトル合成集合となるものが存在する．

定理 3.4.18 により，系 3.4.19 の証明は次のように行われる．

系 3.4.19 の証明 E_0 を定理 3.4.18 の Helson 集合とする．このとき Hel-

3.4 スペクトル合成について—Varopoulos の方法—

son 集合の性質として

$$\left\{\mu \in M(\mathbf{T}) \colon \lim_{|n|\to\infty} \widehat{\mu}(n) = 0,\ \mu \neq 0\right\} = \emptyset$$

となることが知られている (cf. [11])．もしも E_0 が $A(\mathbf{T})$ のスペクトル合成集合ならば，定理 3.4.18 の T は $(A(\mathbf{T})/J(E_0))^*$ の元であり，$I(E_0) = J(E_0)$ から $T \in A(E_0)^*$ になる．E_0 は Helson 集合なので $A(E_0) = C(E_0)$ で Riesz の表現定理より $T \in M(E_0)$ となる．これは証明の最初に述べたことに反する．従って E_0 は非スペクトル合成集合である． ∎

3.4.6 Schwartz の結果の発展

前に述べたように L.Schwartz は S^{n-1} ($n \geq 3$) が可換 Banach 環 $A(\mathbf{R}^n)$ で非スペクトル合成集合であることを示した．これを発展させた研究は N. Th. Varopoulos, Y. Domar, D. Müller 等に見られる．ここでは Müller [35] を簡単に紹介する．詳しくは文献も込めて [35] を参照していただきたい．以下では，3.1 節の記号を用いている．

定義 3.4.20. (1) M を $\mathbf{R}^n$ の k 次元部分多様体で，$\alpha \in M$ に対して (X, Ω) を座標近傍とする．即ち Ω を $\mathbf{R}^k$ の開集合，$X \in C^\infty(\Omega, \mathbf{R}^n)$, $X(x_0) = \alpha$ ($0 \leq k \leq n-1$) とする．この場合 N を α における法ベクトルとするとき

$$h_{ij}(\alpha; X, N) = N \cdot \frac{\partial^2}{\partial x_i \partial x_j} X(x_1, \ldots, x_k) = \frac{\partial^2}{\partial x_i \partial x_j}(N \cdot X)$$

とおいて第 2 基本行列 $(h_{ij}(\alpha; X, N))_{i,j}$ が定義される．

(2) $\pi(\alpha; X, N) = \{y \in \mathbf{R}^k \colon \sum_{j=1}^k h_{ij} y^j = 0,\ i = 1, \ldots, k\}$, $\pi(y) = (h_{ij})(y_i)$, $y = (y_i)$ とおくと π は α における接平面 M_α から M_α への写像と考えられて，$\pi(\alpha; X, N)$ は接平面 M_α の部分集合と考えられる．さらに $\dim \pi(\alpha; X, N) = k - \operatorname{rank}(h_{ij})$ となる．また $\pi(\alpha; X, N)$ は X のとり方に独立であることに注意しておく．$y \in \pi(\alpha; X, N)$ であることは α を通る M 上の曲線 $p(t)$ ($p(0) = \alpha$, $\dot{p}(0) = y$, $-1 \leq t \leq 1$) に対して $p(t)$ に沿った法ベクトル $\{N(x)\}$ が "首" を振らないことを意味する．

(3)
$$\pi(\alpha;X) = \bigcap_{N:\,\alpha \text{ における法ベクトル}} \pi(\alpha;X,N)$$

とおく.$\pi(\alpha;X)$ は (2) の注意により X のとり方によらないので $\dim(\pi(\alpha;X))$ も座標近傍によらない.この $\dim\pi(\alpha;X)$ を α における M の relative nullity といい $\nu(\alpha) = \dim\pi(\alpha;X)$ と表す.

例 3.4.21. $n = 3$ のとき,即ち $\mathbf{R}^3$ において次のようになる:

(i) $M = S^2$ のとき,$\pi(\alpha;X,N) = \{0\}$ より $\nu(\alpha) = 0$ $(\alpha \in M)$.
(ii) $M = S^1$(平面の単位円)のとき,$\nu(\alpha) = 0$ $(\alpha \in M)$.
(iii) $M = $ 円柱面 のとき,$\nu(\alpha) = 1$ $(\alpha \in M)$.

定義 3.4.22. M を $\mathbf{R}^n$ の k 次元多様体,$\alpha \in M$ として (X,Ω) を α における座標近傍系とし,N_0 を α における法ベクトルとする.このとき α における曲率 $K(\alpha)$ を次のように定義する:

$$K(\alpha) = \frac{\det(h_{ij}(\alpha;X,N_0))}{\det\left(\dfrac{\partial X}{\partial x_i},\dfrac{\partial X}{\partial x_j}\right)}.$$

ここで M は k 次元多様体なので分母が零にならないことに注意する.また $K(\alpha) = 0$ である必要十分条件は分子が零であることから $\nu(\alpha) = k - \mathrm{rank}\,(h_{ij}) > 0$ となる.

以下 $n = 3$ として $\mathbf{R}^3$ の空間で扱うとする.

定義 3.4.23. $F \subset \mathbf{R}^2$, F が $y_0 \in \mathbf{R}^2$ で restricted cone property を持つとは,y_0 の近傍 V_0 とある $0 < \sigma < 1$, $y_1 \in \mathbf{R}^2$, $\|y_1\| = 1$ に対して $K = \{y \in \mathbf{R}^2 : (1-\sigma)\|y\| \leq y \cdot y_1 \leq \sigma\}$ とおくと $F \cap V_0 - K \subset F$ となることである.ただし $\|z\|$ は z と原点との距離を表す.

定義 3.4.24. (1) コンパクト集合 $E(\subset M)$ が restricted cone property を持つとは,任意の $\alpha \in E$ に対して α の近傍 V が存在して V の $E \cap V$ への α における接平面への射影が α で restricted cone property を持つことである.

(2) $J_1(E) = \{\varphi \in C_c^\infty(\mathbf{R}^3) : \varphi(x) = 0 \ (x \in E)\}$ とおき $l = 1, 2, \ldots$ に対して $J_1(E)^l$ を $J_1(E)$ の l 個の任意の元 $\varphi_1, \cdots, \varphi_l$ で生成された $A(\mathbf{R}^3)$ のイデアルとする．

そこで以下において $\mathbf{R}^3$ の部分多様体 M に対して M の restricted cone property を持つコンパクト部分集合がスペクトル合成集合であるかについては，次の結果が成立する．

定理 3.4.25. M を $\mathbf{R}^3$ の k 次元部分多様体 $(0 \leq k \leq 2)$ で relative nullity が一定の ν $(0 \leq \nu \leq 2)$ とする．また $E \subset M$ を restricted cone property を持つコンパクト集合とする．このとき $d(E) = \min\{l \in \mathbf{N} : \overline{J_1(E)^l} = J(E)\}$ とおけば $d(E) \leq [\frac{k-\nu}{2} + 1]$ となる．特に M が超曲面のときは $d(E) = [\frac{k-\nu}{2} + 1]$ となる．

スペクトル合成については，定理 3.4.25 を用いることにより L. Schwartz の結果の拡張である次が示せる．なお，このような議論は D. Müller の論文 [35] で高次元において研究されている．

定理 3.4.26. 定理 3.4.25 の条件の下で，さらに M が 2 次元多様体とする．このとき，E が $A(\mathbf{R}^3)$ のスペクトル合成集合である必要十分条件は，$\nu \geq 1$ となることである．特に，S^2 は $A(\mathbf{R}^3)$ のスペクトル合成集合でない．

3.5 作用関数について

3.1 節で可換 Banach 環の作用関数の定義をおこなったが，その場合，極大イデアル空間上の関数空間と考えての作用であった．この節での作用関数は，例えば，可換 Banach 環 $M(\mathbf{T})$ の場合は，極大イデアル空間に真に含まれる $\mathbf{Z}$ 上の関数空間とみることにより考える．このように，この節で扱う可換 Banach 環の作用関数は Fourier 変換上の関数空間に対する作用として考えることとする．関数空間の作用関数を調べることで，可換 Banach 環の特徴をみることができる．

3.5.1 作用関数の定義

定義 3.5.1. X を局所コンパクト Hausdorff 空間，A, B を X 上の関数空間とする．G を $\mathbf{C}$ の部分集合とし，Φ を G 上の複素数値連続関数とする．Φ が A から B へ**作用する**とは，$f \in A$, $f(X) \subset G$ ならば，$\Phi \circ f \in B$ となることである．このとき Φ を A から B への**作用関数**という．$A = B$ のときは，単に Φ は A に作用する，あるいは Φ は A の作用関数であるという．

一般に $\mathfrak{A}$ を半単純可換 Banach 環としたとき，Gelfand 表現により，$\mathfrak{A}$ はある局所コンパクト Hausdorff 空間 $X(\mathfrak{A}$ の極大イデアル空間$)$ 上の関数空間 $A = \widehat{\mathfrak{A}}$ として表されることは，3.1 節で述べた．従って作用関数の研究は半単純可換 Banach 環でも行うことができる．この節で扱う可換 Banach 環は，Fourier 変換が Gelfand 変換になっている場合である．そこで，Fourier 変換の性質を踏まえて Fourier 変換としての関数空間を考えて，その空間上の作用関数を取り扱う．この場合，$A = \widehat{\mathfrak{A}}$ の作用関数のことを援用して $\mathfrak{A}$ の作用関数ともいうことにする．

3.5.2 $A(\mathbf{T})$ の作用関数

次は 3.1 節の定理 3.1.48 の特別な場合である．しかしここでは $A(\mathbf{T})$ の性質を用いて直接示す．

定理 3.5.2 (Wiener-Lévy). $f \in A(\mathbf{T})$, Φ が $f(\mathbf{T})$ の近傍で解析的ならば，$\Phi(f) \in A(\mathbf{T})$ となる．

証明 f を $\mathbf{T}$ 上の関数とする．f が $\mathbf{T}$ 上の任意の点 $x_0 \in \mathbf{T}$ の近傍で $A(\mathbf{T})$ の元と一致するならば，$f \in A(\mathbf{T})$ となる．何故ならば，$C^1(\mathbf{T}) \subset A(\mathbf{T})$ であることより，3.1 節の系 3.1.39 の考え方を用いれば容易に示せる．次に，Φ が $\mathbf{C}$ の開集合 G で解析的とする．このとき $f(\mathbf{T}) \subset G$, $f \in A(\mathbf{T})$ ならば，$\Phi(f) \in A(\mathbf{T})$ となる．実際，前のことより $a \in \mathbf{T} = [-\pi, \pi)$ に対して a の近傍で $F_a(x) = \Phi(f(x))$ となる $F_a \in A(\mathbf{T})$ があればよい．$f(a) = c$ とする．Φ は解析的より c の近傍で適当な $\varepsilon_0 > 0$

3.5 作用関数について

に対して，$\Phi(z) = \sum_{n=0}^{\infty} a_n(z-c)^n$ $(|z-c| < \varepsilon_0)$ と Taylor 展開できる．3.3 節の記号で，$\varepsilon > 0$ を十分小にすれば，a の適当な近傍 $U(a)$ で，$V_\varepsilon^a(x)(f(x) - c) = f(x) - c$, $\|V_\varepsilon^a(x)(f(x)-c)\|_{A(\mathbf{T})} < \varepsilon_0$ となる．以上から $\Phi(f(x)) = \sum_{n=0}^{\infty} a_n(f(x)-c)^n$, $(x \in U(a))$, $V_\varepsilon^a(x)(f(x)-c) = f(x) - c$ $(x \in U(a))$ となる．ここにおいて，$F_a(x) = \sum_{n=0}^{\infty} a_n (V_\varepsilon^a(x)(f(x)-c))^n$ とおくと

$$\sum_{n=0}^{\infty} |a_n| \|V_\varepsilon^a(x)(f(x)-c)\|_{A(\mathbf{T})}^n \leq \sum_{n=0}^{\infty} |a_n| \varepsilon_0^n < \infty$$

より，$\Phi(f(x)) = F_a(x)$ $(x \in U(a))$, $F_a \in A(\mathbf{T})$ となる．従って，定理が示される． ∎

1958 年，Katznelson [31] は上記の定理の逆を考えて，次の結果を得た (cf.[7],[8],[11])．今日では，Katznelson の定理といわれている．

定理 3.5.3 (Katznelson). Φ を $[-1,1]$ 上の複素数値関数とする．$f \in A(\mathbf{T})$, $f(\mathbf{T}) \subset [-1,1]$ に対して，$\Phi(f) \in A(\mathbf{T})$ が成立すると仮定する．このとき Φ は $[-1,1]$ の近傍で，解析的な関数に拡張される．

証明はいくつかの補題を経て示される．補題を述べる前に，作用関数 Φ は $[-1,1]$ で連続となることに注意する．実際，$x = 0$ で連続であることを示せばよいので，$\Phi(0) = 0$ として 0 で連続でないと仮定する．このとき，$\eta, \delta > 0$ と $\{a_n\}_n \subset [-1,1]$ が存在して，$\sum_n |a_n| < \eta$, $|\Phi(a_n)| > \delta$ となる．ここで，3.3 節で定義した関数 Δ_ε を用いて，$f \in A(\mathbf{T})$, $f(\frac{1}{n}) = a_n$ $(n = 2, 3, \ldots)$, $f(\mathbf{T}) \subset [-1,1]$ の存在が分かる．このとき，$\Phi(f) \in A(\mathbf{T})$ であるから $\lim_{n \to \infty} \Phi(f(\frac{1}{n})) = \Phi(f(0))$ となり，δ, $\{a_n\}_n$ の取り方に矛盾することが導かれる．

補題 3.5.4. $[-1,1]$ 上の連続関数 Φ が $A(\mathbf{T})$ に作用するとき，$\varepsilon, C > 0$ が存在して，実数値関数 $f \in A(\mathbf{T})$ が $\|f\|_{A(\mathbf{T})} < \varepsilon$ ならば，$\|\Phi(f)\|_{A(\mathbf{T})} \leq C$ となる．

証明 背理法によって示す．命題が不成立とすると，実数値関数の列 $\{f_n\} \subset A(\mathbf{T})$ が存在して $\|f_n\|_{A(\mathbf{T})} \to 0$, $\|\Phi(f_n)\|_{A(\mathbf{T})} \to \infty$, $(n \to \infty)$ となる．

このとき, 任意の点 $x \in \mathbf{T}$ に対して, x を含むある閉区間 I_x が存在して, $\|\Phi(f_n)\|_{A(I_x)} \leq C$ (C は x, f_n に独立な定数)(cf. 定義 3.4.9) ならば, 定理 3.1.38 より, $\|\Phi(f_n)\|_{A(\mathbf{T})} \to \infty$ $(n \to \infty)$ に反するから, ある点 $x_0 \in \mathbf{T}$ が存在して, x_0 を含む任意の閉区間 I に対して $\|\Phi(f_n)\|_{A(I)} \to \infty$ $(n \to \infty)$ となるとしてよい. さらに, $x_0 = 0$ と仮定してよい. また, 定理 3.3.1 より閉区間 I の長さを $|I|$ とおくとき, $|I| \to 0$ ならば, $\|\Phi(f_n)\|_{A(I)} \to |\Phi(f_n)(0)|$ となるので n を固定したとき, $\{\|\Phi(f_n)\|_{A(I)}\}_I$ は有界となる. 従って, 再び定理 3.1.38 の考え方を用いることにより $\|\Phi(f_n)\|_{A(I)}$ に対して 0 を含む閉区間 $J \subset I$ を十分小さくとれば L を $I \setminus J$ の閉包ととることにより

$$\|\Phi(f_n)\|_{A(L)} \geq \frac{1}{5}\|\Phi(f_n)\|_{A(I)} - \|\Phi\|_\infty$$

とできる. これより適当な数列 $\{n_k\}, \{n'_k\}$ をとれば $I_k = [-2^{-n_k}, 2^{-n_k}]$, $J_k = [-2^{-n'_k}, 2^{-n'_k}]$, $L_k = \overline{I_k \setminus J_k}$ ととることにより $\|\Phi(f_{n_k})\|_{A(L_k)} \geq k$, $\|f_{n_k}\|_{A(\mathbf{T})} \leq 2^{-k}$ とできる. さらに $V_k = 2\Delta_{2^{-n_k+1}} - \Delta_{2^{-n_k}}$ とおくとき L_k 上で $V_k - V_{k+1} = 1$, $j \neq k$ ならば, $V_j - V_{j+1} = 0$ としてよい. そこで $f = \sum_{k=5}^\infty (V_k - V_{k+1})f_{n_k}$ とおくと $\|V_k\|_{A(\mathbf{T})} \leq 3$ より $\|f\|_{A(\mathbf{T})} \leq 1$ となる. また $f(x) = f_{n_k}(x)$ $(x \in L_k)$ より $\|\Phi(f)\|_{A(\mathbf{T})} \geq \|\Phi(f_{n_k})\|_{A(L_k)} \geq k$ $(k = 5, 6, \dots)$ となるので $\Phi(f) \in A(\mathbf{T})$ に矛盾する. ∎

補題 3.5.5. $g \in A(\mathbf{T})$, $h \in A(\mathbf{T})$ ならば,

$$\lim_{k \to \infty} \|g(x)h(kx)\|_{A(\mathbf{T})} = \|g\|_{A(\mathbf{T})}\|h\|_{A(\mathbf{T})}$$

が成立する.

証明 $\lim_{k \to \infty} \|g(x)h(kx)\|_{A(\mathbf{T})} \leq \|g\|_{A(\mathbf{T})}\|h\|_{A(\mathbf{T})}$ は, あきらかであるから逆を示す. $h_n(x) = \sum_{|j| \leq n} \widehat{h}(j)e^{ijx}$ とすると任意の $\varepsilon > 0$ に対して $\|h\|_{A(\mathbf{T})} - \varepsilon < \|h_N\|_{A(\mathbf{T})}$ となる N が存在する. このとき $g(x)h(kx) = g(x)h_N(kx) + g(x)(h(kx) - h_N(kx))$ より

$$\|g(x)h(kx)\|_{A(\mathbf{T})} \geq \|g(x)h_N(kx)\|_{A(\mathbf{T})} - \|g(x)(h(kx) - h_N(kx))\|_{A(\mathbf{T})}$$

かつ

$$\|g(x)(h(kx) - h_N(kx))\|_{A(\mathbf{T})} \leq \|g\|_{A(\mathbf{T})}\|h(kx) - h_N(kx)\|_{A(\mathbf{T})}$$
$$\leq \varepsilon \|g\|_{A(\mathbf{T})}$$

3.5 作用関数について   269

が成立する．ゆえに

$$\|g(x)h(kx)\|_{A(\mathbf{T})} \geq \|g(x)h_N(kx)\|_{A(\mathbf{T})} - \varepsilon\|g\|_{A(\mathbf{T})}$$

が成り立つ．また $\{h_n\}_n$ と同様に $\{g_n\}_n$ を定義すると $g(x)h_N(kx) = g_n(x)h_N(kx) + (g(x) - g_nx))h_N(kx)$ であるから M を十分大にすると

$$\|g(x)h_N(kx)\|_{A(\mathbf{T})} \geq \|g_M(x)h_N(kx)\|_{A(\mathbf{T})} - \varepsilon\|h\|_{A(\mathbf{T})}$$

となる．ここで k を十分大にすると

$$\|g_M(x)h_N(kx)\|_{A(\mathbf{T})} \geq \left(\|g\|_{A(\mathbf{T})} - 2\varepsilon\right)\left(\|h\|_{A(\mathbf{T})} - 2\varepsilon\right)$$

を示すことができ，$\eta > 0$ に対して k が十分大きければ

$$\|g(x)h(kx)\|_{A(\mathbf{T})} \geq \|g\|_{A(\mathbf{T})}\|h\|_{A(\mathbf{T})} - \eta$$

となり命題が示される．∎

補題 3.5.6. $\varepsilon > 0$ に対して

$$\|e^{i\varepsilon\cos x}\|_{A(\mathbf{T})} = 1 + \varepsilon + O(\varepsilon^2)$$

が成立する．ここで，$g(x) = O(x^2)\ (x \to 0)$ は，$g(x)/x^2$ が $x \to 0$ のとき有界なることを意味する．

証明

$$e^{i\varepsilon\cos x} = \sum_{n=0}^{\infty} \frac{(i\varepsilon\cos x)^n}{n!}$$

において $\|\cos x\|_{A(\mathbf{T})} \leq 1$ より $\|e^{i\varepsilon\cos x}\|_{A(\mathbf{T})} \leq 1 + \varepsilon + O(\varepsilon^2)$ を得る．逆に $\|e^{i\varepsilon\cos x}\|_{A(\mathbf{T})} \geq 1 + \varepsilon - \left\|\sum_{n=2}^{\infty}\frac{(i\varepsilon\cos x)^n}{n!}\right\|_{A(\mathbf{T})}$, $\|\cos x\|_{A(\mathbf{T})} \leq 1$ より $\|e^{i\varepsilon\cos x}\|_{A(\mathbf{T})} \geq 1 + \varepsilon - O(\varepsilon^2)$ を得る．∎

補題 3.5.7. $r > 0$ に対して

$$\sup\left\{\|e^{if}\|_{A(\mathbf{T})} : f\ \text{は実数値関数},\ \|f\|_{A(\mathbf{T})} \leq r\right\} = e^r$$

が成立する．

証明 $\|f\|_{A(\mathbf{T})} \leq r$ ならば，$\|e^{if}\|_{A(\mathbf{T})} \leq e^r$ であるから逆を示す．$k_1 = 1$ として $f(x) = \frac{r}{n}(\cos k_1 x + \cdots + \cos k_n x)$ $(k_2, \ldots, k_n$ は自然数) とおくとき補題 3.5.5 より $k_2, \ldots, k_n$ を十分大にすれば

$$\left\| \prod_{j=1}^{n} e^{i\frac{r}{n}\cos k_j x} \right\|_{A(\mathbf{T})} > \left(1 - \frac{1}{n}\right) \prod_{j=1}^{n} \|e^{i\frac{r}{n}\cos k_j x}\|_{A(\mathbf{T})}$$

となる．さらに補題 3.5.6 を用いると任意の $\varepsilon > 0$ に対して n を十分大にすれば $\left(1 - \frac{1}{n}\right)\left(1 + \frac{r}{n} + O\left(\frac{r^2}{n^2}\right)\right)^n > (1-\varepsilon)e^r$ となる．このとき $\|f\|_{A(\mathbf{T})} \leq r$ かつ $\|e^{if}\|_{A(\mathbf{T})} > (1-\varepsilon)e^r$ を得る． ∎

定理 3.5.3 の証明 既に述べたように Φ は $[-1,1]$ で連続になることを注意しておく．はじめに $\Phi(x)$ は $x = 0$ の近傍で解析的であることを示す．補題 3.5.4 より $\alpha > 0$ が十分小なら定数 $C > 0$ が存在して，$\|f\|_{A(\mathbf{T})} \leq 1$, f は実数値関数，$-\pi \leq x < \pi$ のとき，$\|\Phi(\alpha \sin(f(t) + x))\|_{A(\mathbf{T})} \leq C$ となる．今，$\Phi_1(x) = \Phi(\alpha \sin x)$ とおくとき，ベクトル値関数の積分により実数値関数 $f \in A(\mathbf{T})$ に対して

$$\widehat{\Phi_1}(n) e^{inf(t)} = \frac{1}{2\pi} \int_{-\pi}^{\pi} \Phi_1(f(t) + x) e^{-inx} \, dx$$

となる．従って $\left|\widehat{\Phi_1}(n)\right| \|e^{inf}\|_{A(\mathbf{T})} \leq C$ を得る．このとき補題 3.5.7 より $\left|\widehat{\Phi_1}(n)\right| \leq Ce^{-|n|}$ となるので，よく知られていることより $\Phi_1(z)$ は $|\mathrm{Im} z| < 1$ で解析的であり，$\Phi(x) = \Phi_1(\arcsin \frac{x}{\alpha})$ を用いると Φ は $x = 0$ の近傍で解析的となる．$a \in (-1,1)$ ならば $\Psi(x) = \Phi(x + a)$ とおくことにより適当な $\varepsilon > 0$ をとれば Ψ は $[-\varepsilon, \varepsilon]$ で定義された $A(\mathbf{T})$ の作用関数となる．従って $x = 0$ の近傍では解析的となるので Φ は $x = a$ の近傍で解析的である．最後に $x = \pm 1$(端点) のところで解析的であることを示す．$\Psi(x) = \Phi(1 - x^2)$ $(x \in [-1,1])$ とおくと Ψ は $[-1,1]$ で定義された $A(\mathbf{T})$ の作用関数であるから $x = 0$ の近傍で解析的となる．Ψ は偶関数より

$$\Psi(x) = \sum_{n=0}^{\infty} a_n x^{2n}$$

と展開される．ゆえに $\Phi(1-x) = \sum_{n=0}^{\infty} a_n x^n$ となるので適当な $\varepsilon_0 > 0$ で

$$\Phi(x) = \sum_{n=0}^{\infty} a_n (1-x)^n \quad (|x| < \varepsilon_0)$$

と Taylor 展開される．従って $x = 1$ の近傍で解析的である．同様にして $x = -1$ の近傍でも解析的であることが示される． ∎

3.5.3　$L^1(\mathbf{T})$ と $M(\mathbf{T})$ の作用関数

ここでは $L^1(\mathbf{T})$ と $M(\mathbf{T})$ の作用関数について Rudin [11] (cf. [11] の参考文献) を参考に述べる．

定義 3.5.8. $[-1, 1]$ 上の関数 $\Phi(x)$ が $L^1(\mathbf{T})$ の作用関数とは，$A(\mathbf{Z}) = \{\{\widehat{f}(n)\}_{n \in \mathbf{Z}} : f \in L^1(\mathbf{T})\}$ とおくとき $A(\mathbf{Z})$ 上の作用関数のことである．即ち $\widehat{f} \in A(\mathbf{Z})$, $\widehat{f}(\mathbf{Z}) \subset [-1, 1]$ のとき $\Phi \circ f \in L^1(\mathbf{T})$ が存在して，$\widehat{\Phi \circ f} = \Phi(\widehat{f}) \in A(\mathbf{Z})$ となることである．また $[-1, 1]$ 上の関数 $\Phi(x)$ が $M(\mathbf{T})$ の作用関数とは $B(\mathbf{Z}) = \{\{\widehat{\mu}(n)\}_{n \in \mathbf{Z}} : \mu \in M(\mathbf{T})\}$ とおくとき，$B(\mathbf{Z})$ 上の作用関数のことである．即ち $\widehat{\mu} \in B(\mathbf{Z})$, $\widehat{\mu}(\mathbf{Z}) \subset [-1, 1]$ のとき $\widehat{\Phi \circ \mu} = \Phi(\widehat{\mu}) \in B(\mathbf{Z})$ となる $\Phi \circ \mu \in M(\mathbf{T})$ が存在することである．$A(\mathbf{Z})$ を $L^1(\mathbf{T})$ から，$B(\mathbf{Z})$ を $M(\mathbf{T})$ から自然に導入されたノルムおよび関数としての通常の演算で可換 Banach 環と考える．

定理 3.5.9. Φ を $[-1, 1]$ で定義された関数とする．このとき Φ が $L^1(\mathbf{T})$ の作用関数であるための必要十分条件は $\Phi(0) = 0$ かつ $\Phi(x)$ が 0 の近傍で解析的なことである．

この定理の十分条件は，次のように示される．Φ が $|x| < \varepsilon$ $(\varepsilon > 0)$ で解析的とする．$f \in L^1(\mathbf{T})$, $\widehat{f}(\mathbf{Z}) \subset [-1, 1]$ をとるとき，任意の $\varepsilon > 0$ に対して，適当な三角多項式 P, Q をとることにより $\Phi(\widehat{f}(n)) = \widehat{Q}(n) + \Phi(\widehat{f}(n) - \widehat{P}(n))$ $(n \in \mathbf{Z})$, $\|f - P\|_1 < \varepsilon$ となる．従って Φ の仮定から $\Phi(\widehat{f}(n) - \widehat{P}(n)) \in A(\mathbf{Z})$ となるので Φ は $L^1(\mathbf{T})$ の作用関数となる．

必要性の証明については，以下のように行う．

まず，定数関数は $L^1(\mathbf{T})$ の元であるから，Φ が $L^1(\mathbf{T})$ に作用すれば Riemann-Lebesgue の補題より $\Phi(0) = 0$ となる．

次に，2 つの補題をのべる．

補題 3.5.10. $\Phi(x)$ は $x = 0$ で連続である．

証明 $0 < \eta < 1$ とする．Φ が 0 で連続でなければ $\{a_n\} \subset \mathbf{R}, \delta > 0$ が存在して $\sum_{n=1}^{\infty} 2|a_n| < \eta$, $|\Phi(a_n)| > \delta$ となる．このとき $k_n = 5^n$, $f(x) = \sum_{n=1}^{\infty} 2a_n \cos k_n x$ をとると $\Phi(\widehat{f}) \in A(\mathbf{Z}) \subset B(\mathbf{Z})$ となる．従って $\mu \in M(\mathbf{T})$ が存在して

$$\widehat{\mu}(l) = \begin{cases} \Phi(a_n) & (l = \pm k_n) \\ 0 & (l \neq \pm k_n) \end{cases}$$

となる．そこで $d\mu_n(x) = e^{-ik_n x} d\mu(x)$ とおいて $\{\mu_n\} \subset M(\mathbf{T})$ の $*$-弱位相による集積点の 1 つを $\sigma \in M(\mathbf{T})$ とする．$|\widehat{\mu_n}(0)| = |\Phi(a_n)| > \delta$ より $\sigma \neq 0$ である．また $l \neq 0, l \in \mathbf{Z}$ に対して $\widehat{\mu_n}(l) = \widehat{\mu}(k_n + l)$ であるから，$\widehat{\mu_n}(l) \neq 0$ となるのは $l = -2k_n$ のみであることに注意する．よって $\widehat{\sigma}(l) = 0$ $(l \neq 0, l \in \mathbf{Z})$ となる．従って σ は 0 でない定数関数となる．しかるに，Riemann-Lebesgue の補題より，任意の三角多項式 $f(x)$ に対し

$$\int_0^{2\pi} f(x) d\sigma(x) = \lim_{n \to \infty} \int_0^{2\pi} f(x) d\mu_n(x) = \lim_{n \to \infty} \int_0^{2\pi} f(x) e^{-ik_n x} d\nu(x)$$

となる．ただし，ν は μ の Lebesgue 測度が 0 となる集合に集積する部分（特異測度の部分）である．これより，$\sigma, \nu \in M(\mathbf{T})$ を用いると可測集合 E に対し，$|\sigma|(E) \leq |\nu|(E)$ となる．これは σ が 0 でない定数関数であることに矛盾する． ∎

補題 3.5.11. Φ を $[-\eta, \eta]$ $(0 < \eta < 1)$ 上の関数で $L^1(\mathbf{T})$ に作用するとする．このとき $0 < \varepsilon_0 < 1, C > 0$ が存在して $\|\sigma\|_{M(\mathbf{T})} < \varepsilon_0, \widehat{\sigma}(\mathbf{Z}) \subset \mathbf{R}$ ならば，$\Phi \circ \widehat{\sigma} \in B(\mathbf{Z}), \|\Phi \circ \sigma\|_{M(\mathbf{T})} \leq C$ となる．ただし $\widehat{\Phi \circ \sigma}(n) = \Phi(\widehat{\sigma}(n))$ とする．

証明 補題にある σ の代わりに三角多項式 f で示せば十分である．実際，三角多項式で示されたとする．$\|\sigma\|_{M(\mathbf{T})} < \varepsilon_0, \widehat{\sigma}(\mathbf{Z}) \subset \mathbf{R}$ とする．このと

き，三角多項式の列 $\{k_n\}$ で，$\hat{k_n}(m) = 1 \ (|m| \leq n)$, $\|k_n\|_1 = 1$ なるものをとれば $\|\Phi \circ (\sigma * k_n)\|_{M(\mathbf{T})} \leq C$ となる．$\{\Phi \circ (\sigma * k_n)\}$ の $*$-弱位相の極限は，$\Phi \circ \sigma$ であるから結果が得られる．そこで，三角多項式の列 $\{f_n\}$ が存在して $\widehat{f_n}(\mathbf{Z}) \subset [-1, 1]$, $\|f_n\|_1 < 2^{-n}$, $\|\Phi \circ f_n\|_{M(\mathbf{T})} > n \ (n \in \mathbf{N})$ と仮定する．ここで，三角多項式の列 $\{h_n\}$ を $\|h_n\|_1 < 2$, $\mathrm{supp}\,\widehat{f_n}$ の上で 1 で，$0 \leq \widehat{h_n} \leq 1$ となる $\mathbf{T}$ 上の三角多項式 h_n を選ぶ．この場合 Fourier 係数の平行移動で関数のノルムが変わらないことと $\Phi(0) = 0$ に注意すれば，$\mathrm{supp}\,\widehat{h_n} \cap \mathrm{supp}\,\widehat{h_m} = \emptyset \ (n \neq m)$ としてよい．そして $g = \sum_{n=1}^{\infty} f_n$ とおくと $g \in L^1(\mathbf{T})$ となり，$h_n * (\Phi \circ g) = h_n * (\Phi \circ f_n) = \Phi \circ f_n$ かつ $\|\Phi \circ f_n\|_1 = \|h_n * (\Phi \circ g)\|_1 \leq 2\|\Phi \circ g\|_{M(\mathbf{T})} < \infty$ を得る．これは $\|\Phi \circ f_n\|_{M(\mathbf{T})} \to \infty \ (n \to \infty)$ に反する． ∎

定理 3.5.9 の証明　$\Phi(0) = 0$ なることを注意しておく．Φ が $A(\mathbf{Z})$ に作用したとする．$\varepsilon_0 > 0$ と $a \ (|a| < \varepsilon_0)$ に対し，$\Phi_1(x) = \Phi(x+a) - \Phi(a)$ とおくと補題 3.5.11 より $\widehat{f} \in A(\mathbf{Z})$, $\widehat{f}(\mathbf{Z}) \subset [-\eta, \eta] \ (0 < \eta < 1)$ で $\|f\|_1 < \varepsilon_0 - |a|$ のとき $\Phi_1(\widehat{f}) \in B(\mathbf{Z})$ となる．このとき補題 3.5.10 の考え方を用いれば Φ_1 は $x = 0$ で連続となる．ゆえに Φ は $x = a$ で連続となり，$(-\varepsilon_0, \varepsilon_0)$ での連続が得られる．そこで $0 < r < \varepsilon_0/e$ として $\Phi_2(x) = \Phi(r \sin x)$ $(x \in \mathbf{R})$ とおくと Φ_2 は $\mathbb{R}$ 上の 2π 周期連続関数である．今，$\mu \in M(\mathbf{T})$ を $\|\mu\|_{M(\mathbf{T})} \leq 1$, $\widehat{\mu}(\mathbf{Z}) \subset \mathbf{R}$ ととるとき，$a \in \mathbf{R}$ に対して

$$\|\sin(\widehat{\mu} + a)\|_{B(\mathbf{Z})} \leq |\cos a| \|\sin \widehat{\mu}\|_{B(\mathbf{Z})} + |\sin a| \|\cos \widehat{\mu}\|_{B(\mathbf{Z})}$$
$$\leq e^{\|\widehat{\mu}\|_{B(\mathbf{Z})}} = e^{\|\mu\|_{M(\mathbf{T})}} \leq e$$

となる．従って $a \in \mathbf{R}$, $\widehat{\mu}(\mathbf{Z}) \subset \mathbf{R}$, $\|\mu\|_{M(\mathbf{T})} \leq 1$ ならば，$\|r \sin(\widehat{\mu} + a)\|_{B(\mathbf{Z})} \leq re \leq \varepsilon_0$ より補題 3.5.11 を用いると $\|\Phi_2(\widehat{\mu} + a)\|_{B(\mathbf{Z})} \leq \|\Phi(r \sin(\widehat{\mu} + a))\|_{B(\mathbf{Z})} \leq C$ となる．ここで Φ_2 は連続関数より

$$\Phi_2(x) \sim \sum_{-\infty}^{\infty} c_n e^{inx}$$

と Fourier 級数に展開する．注意 3.3.12 に述べた Cantor 集合である Kronecker 集合 K をとるとき，任意の 1 点の測度が 0 となる $\mu \in M(K \cup (-K))$

で $\widehat{\mu}(\mathbf{Z}) \subset \mathbf{R}$, $0 < \|\mu\|_{M(\mathbf{T})} \leq 1$ なるものとする. Φ_2 は連続よりベクトル値関数の積分 (cf. [3], [8]) を用いて

$$c_n e^{in\widehat{\mu}(j)} = \lim_{N\to\infty} \frac{1}{N} \sum_{k=1}^{N} \Phi_2\left(\frac{2\pi k}{N} + \widehat{\mu}(j)\right) e^{-i2\pi k/N}$$

を評価すると, $|c_n| \|e^{in\mu}\|_{M(\mathbf{T})} \leq C$ $(n \in \mathbf{Z})$ を得る. μ の性質から $\|e^{in\mu}\|_{M(\mathbf{T})} = e^{|n|\|\mu\|_{M(\mathbf{T})}}$ $(n \in \mathbf{Z})$ となるので $|c_n| \leq Ce^{-|n|}$ $(n \in \mathbf{Z})$ を得る. 従って $\Phi_2(z)$ は $|\text{Im } z| < 1$ で解析的となる. よって $\Phi(x) = \Phi_2(\arcsin\frac{x}{r})$ は 0 の近傍で解析的となる. ∎

$M(\mathbf{T})$ の作用関数については次が成立する.

定理 3.5.12. $[-1,1]$ 上の複素数値関数 Φ が $M(\mathbf{T})$ の作用関数である必要十分条件は, Φ が整関数に拡張されることである.

まず次を示す.

補題 3.5.13. Φ_1 が $\mathbf{R}$ 上の 2π 周期連続関数で $B(\mathbf{Z})$ に作用するならば, $\widehat{\mu} \in B(\mathbf{Z})$, $\widehat{\mu}(\mathbf{Z}) \subset \mathbf{R}$ のとき $\delta > 0$, $C < \infty$ が存在して

$$\|\Phi_1(\widehat{\mu} + \widehat{\sigma})\|_{B(\mathbf{Z})} \leq C \quad (\sigma \in M(\mathbf{T}),\ \widehat{\sigma} \in \mathbf{R},\ \|\sigma\|_{M(\mathbf{T})} < \delta)$$

となる.

証明 $\Phi_1(0) = 0$ としてよい. $\|\Phi_1(\widehat{\mu} + \widehat{f})\|_{B(\mathbf{Z})} \leq C$, $(f \in L^1(\mathbf{T}),\ \widehat{f} \in \mathbf{R},\ \|f\|_1 < \delta)$ を示せばよい. なぜなら, $L^1(\mathbf{T})$ は $M(\mathbf{T})$ のイデアルであることと $M(\mathbf{T})$ の閉単位球が $*$-弱位相に関してコンパクト集合であることより示される. 今, 上記のことが不成立とする. このとき実数値をとる $\mathbf{T}$ 上の三角多項式の列 $\{f_n\}$ で $\|f_n\|_1 \to 0$, $\|\Phi_1 \circ (\widehat{\mu} + \widehat{f_n})\|_{B(\mathbf{Z})} \to \infty$, $(n \to \infty)$ となるものが存在する. 矛盾を導くために次のような $\{\lambda_j\} \subset M(\mathbf{T})$ を構成する. $n_1 = 1$ として $n_1, \ldots, n_j$ と三角多項式の列 $f_{n_1}, \ldots, f_{n_j}$ が選ばれたとして $\lambda_j = \mu + f_{n_1} + \cdots + f_{n_j}$ とおく. このとき十分大きな次数を持つ Fejér 核 $k_j(x) = \Sigma_{|m| \leq n_j}(1 - \frac{|m|}{n_j+1})e^{imx}$ をとれば

$$\|k_j * (\Phi_1 \circ \lambda_j)\|_{M(\mathbf{T})} > \frac{1}{2}\|\Phi_1 \circ \lambda_j\|_{M(\mathbf{T})}$$

3.5 作用関数について

となる．Φ_1 が連続であることより，n_{j+1} を十分大きくすれば

$$\|f_{n_{j+1}}\|_1 < 2^{-j}, \quad \|\Phi_1 \circ (\lambda_j + f_{n_{j+1}})\|_{M(\mathbf{T})} \geq j+1,$$
$$\|k_i * \big((\Phi_1 \circ \lambda_j) - \Phi_1 \circ (\lambda_j + f_{n_{j+1}})\big)\|_1 < 2^{-j} \quad (1 \leq i \leq j)$$

とできる．このようにして帰納的に $\{n_j\}$ と $\{k_j\}$ の列をとり $\lambda = \mu + \sum_{j=1}^{\infty} f_{n_j}$, $\tau = \Phi_1 \circ \lambda$ とおく．ここで $\hat{\tau}(\gamma) = \lim_{N\to\infty} \Phi_1(\widehat{\lambda_N}(\gamma))$ に注意すると k_s が Fejer 核であることを考えると

$$\lim_{N\to\infty} \|k_s * (\tau - \Phi_1 \circ \lambda_N)\|_{M(\mathbf{T})} = 0 \ (s=1,2,\ldots)$$

となる．ゆえに

$$k_s * (\tau - \Phi_1 \circ \lambda_s) = \lim_{N\to\infty} \sum_{j=s}^{N-1} k_s * (\Phi_1 \circ \lambda_{j+1} - \Phi_1 \circ \lambda_j)$$

であるから

$$\|k_s * (\tau - \Phi_1 \circ \lambda_s)\|_{M(\mathbf{T})} \leq \sum_{j=s}^{\infty} 2^{-j} \leq 1 \quad (s \in \mathbf{N})$$

を得る．従って

$$\begin{aligned}
2\|\tau\|_{M(\mathbf{T})} &\geq \|k_s * \tau\|_{M(\mathbf{T})} \\
&\geq \|k_s * (\Phi_1 \circ \lambda_s)\|_{M(\mathbf{T})} - 1 \\
&\geq \frac{1}{2}\|\Phi_1 \circ \lambda_s\|_{M(\mathbf{T})} - 1 \geq \frac{1}{2}s - 1
\end{aligned}$$

となる．これは矛盾である．∎

定理 3.5.12. の証明　必要条件を証明すればよい．$0 < r < 1$ をとり $\Phi_3(x) = \Phi(r\sin x)$ とおくと Φ_3 は $\mathbf{R}$ 上で定義された 2π 周期関数で $M(\mathbf{T})$ の作用関数となる．このとき補題 3.5.10 を用いて Φ_3 は $\mathbf{R}$ 上の連続関数であることが示される．また，Φ_3 の Fourier 級数を $\Phi_3 \sim \Sigma_n c_n e^{inx}$ とおく．このとき補題 3.5.13 を用いて定理 3.5.9 の証明のようにすれば，適当な $\mu \in M(\mathbf{T})$(cf. 注意 3.3.12) をとることにより

$$|c_n| \leq C e^{-|n|\|\mu\|_{M(\mathbf{T})}} \ (n \in \mathbf{Z})$$

となる.これより $\Phi_3(z)$ は $|\mathrm{Im} z| < \|\mu\|_{M(\mathbf{T})}$ で解析的であり,$\|\mu\|_{M(\mathbf{T})}$ はいくらでも大きくとれるので Φ_3 は整関数と一致する.さて $\Psi_j(x) = \Phi(r_j \sin x), (j=1,2) \ (0 < r_1 < r_2 < 1)$ とおくと先にのべたように Ψ_j は $\mathbf{R}$ 上で,ある整関数と一致する.これより,$j=1,2$ に対し

$$\Phi(x) = \Psi_j\left(\arcsin\frac{x}{r_j}\right) \qquad (-r_j < x < r_j)$$

となり,$\Phi(x)$ は 0 の近傍で解析関数に一致する.また,多価関数 arcsin を用いることで解析接続することにより,Φ は $[-1,1]$ で,ある整関数に一致することが示される.∎

注意 3.5.14. 定理 3.5.12 からも $M(\mathbf{T})$ の Wiener-Pitt の現象が導かれる.実際,$\Phi(z) = \frac{1}{1+z^2}$ とおくと,この関数は整関数ではないので $B(\mathbf{Z})$ には作用しない.従って,$\hat{\mu}(n) \in \mathbf{R} \ (n \in \mathbf{Z})$, $i \in \mathrm{Sp}(\mu, M(\mathbf{T}))$ となる $\mu \in M(\mathbf{T})$ が存在することが分かる.

3.5.4　マルチプライヤー空間 $M_p(\mathbf{Z})$ の作用関数

ここではマルチプライヤー空間 $M_p(\mathbf{Z})$ の作用関数について述べる.$[-1,1]$ 上の関数 $\Phi(x)$ が,$M_p(\mathbf{Z})$ 上の作用関数とは,$\hat{T} \in M_p(\mathbf{Z})$, $\hat{T}(\mathbf{Z}) \subset [-1,1]$ のとき,$\widehat{\Phi \circ T} = \Phi(\hat{T}) \in M_p(\mathbf{Z})$ なる $\Phi \circ T \in \mathfrak{M}_p(\mathbf{T})$ が存在することである.3.2 節で見たように $\mathfrak{M}_p(\mathbf{T})$ は,作用素ノルムで可換 Banach 環になる.よって $M_p(\mathbf{Z}) = \{\hat{T} \in \ell^\infty : T \in \mathfrak{M}_p(\mathbf{T})\}$ は $\mathfrak{M}_p(\mathbf{T})$ から導入されたノルムと関数の演算で単位元を持つ可換 Banach 環になる.既に見たように $\mathfrak{M}_1(\mathbf{T}) = M(\mathbf{T})$(または $M_1(\mathbf{Z}) = B(\mathbf{Z})$),$M_2(\mathbf{Z}) = \ell^\infty$, $\mathfrak{M}_1 \subset \mathfrak{M}_p(\mathbf{T}) \subset \mathfrak{M}_2(\mathbf{T}) \ (1 \leq p \leq 2)$ が成立する.従って,$T \in \mathfrak{M}_p(\mathbf{T})$ のとき,$\hat{T}(\mathbf{Z}) \subset \mathrm{Sp}(T, \mathfrak{M}_p(T))$ となる.特に $f \in L^1(\mathbf{T})$ ならば作用素 $T_f(g) = f*g$ について $\mathrm{Sp}(f, \mathfrak{M}_p(\mathbf{T})) = \hat{f}(\mathbf{Z}) \cup \{0\} \ (1 \leq p \leq 2)$ となる.

1960 年,Hörmander [22] は m_p を $\{T_f : f \in L^1(\mathbf{T})\}$ の $\mathfrak{M}_p(\mathbf{T})$ における閉包からなる可換 Banach 環としたとき次を示した:

命題 3.5.15.

(1) $\Delta(m_p) = \mathbf{Z}$.
(2) 0 の近傍で解析的な関数 Φ が $\phi(0) = 0$ を満たすとき m_p に作用する.
(3) $1 < p < 2$ に対し, $C_0\mathfrak{M}_p(\mathbf{T}) = \{T \in \mathfrak{M}_p(\mathbf{T}) : \hat{T}(n) \to 0 \ (|n| \to \infty)\}$ とおく. $1 < p < q < 2$ とするとき, $\Phi(0) = 0$ なる関数 Φ が 0 の近傍で解析的なら, Φ は $C_0\mathfrak{M}_p(\mathbf{T})$ から $\mathfrak{M}_q(\mathbf{T})$ に作用する.

また, 彼は,「$1 < p < 2$ のとき, $C_0\mathfrak{M}_p(\mathbf{T}) = m_p$ が成立するか?」という問題を提起した. Igari [25] は, 命題 3.5.15(3) の $p = q$ の場合に対応する研究を行い, $\mathfrak{M}_p(\mathbf{T})(= M_p(\mathbf{Z}))$ の作用関数を決定した. ここでは, S. Igari の結果について述べる. なお, Hörmander の問題の M. Zafran による解決については, 3.5.6 項で補足する.

次の補間定理は証明を省く (cf. [4]).

定理 3.5.16 (Riesz-Thorin). $(X, \mu), (Y, \nu)$ を σ-有限な測度空間とする. そこで $1 \leq p_0, q_0, p_1, q_1 \leq \infty$ $(p_0 \neq p_1, q_0 \neq q_1)$ とし T を X 上の単関数の空間から Y 上の可測関数の空間への線形作用素とし次を満たすとする: 定数 $M_0, M_1 > 0$ が存在して X 上の単関数 $f(x)$ に対して

$$\|Tf\|_{q_j} \leq M\|f\|_{p_j} \quad (j = 0, 1)$$

とする. このとき, $0 < \theta < 1$ に対し, $\|Tf\|_q \leq M_0^{1-\theta}M_1^\theta \|f\|_p$ が成立する. ただし p, q は

$$\frac{1}{p} = \frac{1-\theta}{p_0} + \frac{\theta}{p_1}, \ \frac{1}{q} = \frac{1-\theta}{q_0} + \frac{\theta}{q_1}$$

である.

次の定理は de Leeuw [17](cf. [27]) の結果である.

定理 3.5.17. $1 < p < 2$ とする. m を $\mathbf{R}$ 上の 2π 周期を持つ関数で, $m \in L^\infty(\mathbf{R})$ とする. このとき任意の $\{a_n\} \in \ell^p$ に対して $\hat{f}(x) = \sum a_n e^{inx}$ とおくとき, ある $\{b_n\} \in \ell^p$ に対して $m(x)\hat{f}(x) = \sum_{n \in \mathbf{Z}} b_n e^{inx}$ となる必要十分条件は次を満たすことである: 任意の $L^p(\mathbf{R})$ の元 g の Fourier 変換 $\hat{g}$ に対して $m\hat{g}$ が $L^p(\mathbf{R})$ の Fourier 変換となることである. ただし, $\ell^p = \{a = \{a_n\}_{n=-\infty}^\infty : \|a\|_{\ell^p} = (\sum_{n \in \mathbf{Z}} |a_n|^p)^{1/p} < \infty\}$, $\hat{a}(x) = \sum_n a_n e^{inx}$ とする.

証明 条件が必要であることを示す．$a = \{a_n\} \in \ell^p$ に対し，$\widehat{T_m a}(x) = m(x)\hat{a}(x)$ とおくと閉グラフの定理より T_m は ℓ^p から ℓ^p への有界線形作用素となる．このような T_m の全体を $\mathfrak{M}_p(\mathbf{Z})$ とする．また T_m の作用素ノルムを $\|T_m\|_{\mathfrak{M}_p(\mathbf{Z})}$ (または $\|m\|_{M_p(\mathbf{T})}$) とする．そこで $m_n = \frac{1}{2\pi}\int_{-\pi}^{\pi} m(x)e^{-inx}\,dx\ (n \in \mathbf{Z})$ とおき，さらに $f \in L^p(\mathbf{R})$ に対して $Kf(x) = \sum_n m_n f(x+n)$ とおく．ここで

$$\infty > \int_{-\infty}^{\infty} |f(x)|^p\,dx = \int_{-1/2}^{1/2} \sum_{n \in \mathbf{Z}} |f(x+n)|^p\,dx$$

より $\{f(x+n)\} \in \ell^p$ (a.e. $x \in [-\frac{1}{2}, \frac{1}{2}]$) となる．また T_m が ℓ^p 上の有界作用素であることと Banach 空間 ℓ^p 上の連続な線形汎関数の空間が Banach 空間 $\ell^{p'}$ $(1/p + 1/p' = 1)$ であることより $\{m_n\} \in \ell^{p'}$ となる．従って Hölder の不等式より

$$|Kf(x)| \leq \sum_n |m_n||f(x+n)| \leq \left(\sum |m_n|^{p'}\right)^{1/p'} \left(\sum |f(x+n)|^p\right)^{1/p}$$
$$< \infty \quad \left(\text{a.e. } x \in \left[-\frac{1}{2}, \frac{1}{2}\right]\right)$$

となる．また

$$\int_{-\infty}^{\infty} |Kf(x)|^p\,dx = \int_{[-\frac{1}{2},\frac{1}{2}]} \sum_{n \in \mathbf{Z}} |Kf(x+n)|^p\,dx$$
$$= \int_{[-\frac{1}{2},\frac{1}{2}]} \sum_{n \in \mathbf{Z}} \left|\sum_k m_k f(x+n+k)\right|^p\,dx$$

である．ここで T_m が ℓ^p から ℓ^p への有界線形作用素であることを用いると

$$\int_{-\infty}^{\infty} |Kf(x)|^p\,dx \leq \|T_m\|_{\mathfrak{M}_p(\mathbf{Z})}^p \int_{[-\frac{1}{2},\frac{1}{2}]} \left(\sum_n |f(x+n)|^p\right)^{p/p}\,dx$$
$$= 2\pi\|T_m\|_{\mathfrak{M}_p(\mathbf{Z})}^p \|f\|_{L^p(\mathbf{R})}^p$$

となる．従って K は $L^p(\mathbf{R})$ 上の有界線形作用素となる．次に $\widehat{Kf}(\xi) = m(\xi)\hat{f}(\xi)$ $(f \in C_c^{\infty}(\mathbf{R}))$ を示す．j を自然数とするとき $s_j(x) = 2\pi j\Delta_1(jx)$

3.5 作用関数について

(Δ_1 は定理 3.3.1 の記号), $\sigma_j(x) = \sum_{n \in \mathbf{Z}} s_j(x + 2n\pi)$ とおく．このとき m が 2π 周期関数より

$$\sigma_j * m(x) = \frac{1}{2\pi} \int_{-\pi}^{\pi} \sigma_j(y) m(x-y)\, dy$$
$$= \frac{1}{2\pi} \int_{-\pi}^{\pi} \sum_n s_j(y + 2n\pi) m(x-y)\, dy$$
$$= \frac{1}{2\pi} \int_{-\infty}^{\infty} s_j(y) m(x-y)\, dy = s_j * m(x)$$

となる．このとき $s_j * m(x) \to m(x)$ a.e. としてよい．実際 $0 < a < b < \infty$ に対して $m \in L^1([a,b])$ であるから

$$\int_{-\infty}^{\infty} |m(x-y) - m(x)| \chi_{[a,b]}(x)\, dx \to 0 \quad (y \to 0)$$

となる．従って

$$\int_{-\infty}^{\infty} \left| s_j * m(x) \chi_{[a,b]}(x) - m(x) \chi_{[a,b]}(x) \right| dx$$
$$\leq \int_{-\infty}^{\infty} \int_{-\infty}^{\infty} s_j(y) |m(x-y) - m(x)| \chi_{[a,b]}(x)\, dy dx$$
$$= \int_{-\infty}^{\infty} s_j(y) \left(\int_{-\infty}^{\infty} |m(x-y) - m(x)| \chi_{[a,b]}(x)\, dx \right) dy \to 0 \ (j \to \infty)$$

となる．ゆえに，部分列 $\{j_k\}$ が存在して $s_{j_k} * m(x) \to m(x)$ a.e. となる．ここで $\|\sigma_j\|_{L^1(\mathbf{T})} = 1$ を用いて計算すると

$$\|T_{\sigma_j * m}\|_{\mathfrak{M}_p(\mathbf{Z})} = \|\sigma_j * m\|_{M_p(\mathbf{T})} \leq \|\sigma_j\|_{L^1(\mathbf{T})} \|m\|_{M_p(\mathbf{T})} = \|m\|_{M_p(\mathbf{T})}$$

より，$T_{\sigma_j * m}$ は ℓ^p から ℓ^p への有界線形作用素となることに注意する．これより $s_{j,n} = \widehat{\sigma_j}(n)$ として

$$K_j f(x) = \sum_n s_{j,n} m_n f(x+n)$$

とおけば K_j は K のようにして $L^p(\mathbf{R})$ から $L^p(\mathbf{R})$ への有界線形作用素となる．このとき

$$|K_j f(x) - K f(x)| \leq \sum_n |s_{j,n} - 1| |m_n f(x+n)|$$

である．ここにおいて
$$s_{j,n} = \left(\sin\frac{n}{2j}\right)^2 \left(\frac{n}{2j}\right)^{-2}, \quad \sum_n |m_n f(x+n)| < \infty \text{ a.e. } x$$
より $K_j f(x) \to Kf(x)$ a.e. $(j \to \infty)$ となる．また
$$\widehat{K_j f}(x) = \frac{1}{2\pi} \int_{-\infty}^{\infty} \sum_n s_{j,n} m_n f(y+n) e^{-ixy} \, dy$$
$$= \sum_n s_{j,n} m_n e^{-inx} \widehat{f}(x)$$
で $\widehat{s_j}(n) = s_{j,n}$ を用いると
$$\widehat{K_j f}(x) = (s_j * m)(x) \widehat{f}(x)$$
となる．ゆえに Parseval の等式より
$$\|K_{j_k} f - T_m f\|_{L^2(\mathbf{R})} = \|\widehat{K_{j_k} f} - m\widehat{f}\|_{L^2(\mathbf{R})}$$
$$= \|s_{j_k} * m(x)\widehat{f}(x) - m(x)\widehat{f}(x)\|_{L^2(\mathbf{R})}^2$$
$$= \|(s_{j_k} * m - m)\widehat{f}\|_{L^2(\mathbf{R})}^2 \to 0 \ (k \to \infty)$$
が成立し $\widehat{Kf} = m\widehat{f}$ a.e. が得られる．

次に逆を示す．$\widehat{Kf} = m\widehat{f}$ なる作用素 K が $L^p(\mathbf{R})$ から $L^p(\mathbf{R})$ への有界線形作用素とする．このときの作用素ノルムを $\|K\|_{\mathfrak{M}_p(\mathbf{R})}$ または $\|m\|_{M_p(\mathbf{R})}$ とおく．また $c = \{c_n\}$, $d = \{d_n\} \in \ell^p$（そこで c_n, d_n は有限個を除いて 0）に対して，$f(x) = \sum_m c_m \chi_{(-\frac{1}{2},\frac{1}{2})}(x+m)$, $g(x) = \sum_n d_n \chi_{(-\frac{1}{2},\frac{1}{2})}(x+n)$ とおくと，$\|f\|_{L^{p'}(\mathbf{R})}^p = \frac{1}{2\pi}\|c\|_{\ell^p}$, $\|g\|_{L^{p'}(\mathbf{R})} = \frac{1}{2\pi}\|d\|_{\ell^{p'}}$ となる．さらに Parseval の等式より
$$\left|\int_{-\infty}^{\infty} \widehat{Kf}(x)\overline{\widehat{g}(x)}\, dx\right| = \left|\frac{1}{2\pi}\int Kf(y)\overline{g(y)}\, dy\right|$$
$$\leq \|m\|_{M_p(\mathbf{R})} \|f\|_p \|g\|_{p'}$$
$$= \frac{1}{2\pi} \|m\|_{M_p(\mathbf{R})} \|c\|_{\ell^p} \|d\|_{\ell^{p'}}$$

3.5 作用関数について

となる．一方

$$\int_{-\infty}^{\infty} \widehat{Kf}(x)\overline{\widehat{g}(x)}\,dx$$
$$= \int_{-\infty}^{\infty} m(x)\widehat{f}(x)\overline{\widehat{g}(x)}\,dx$$
$$= \int_{-\infty}^{\infty} m(x)\left(\sum_k c_k e^{-ikx}\widehat{\chi_{(-\frac{1}{2},\frac{1}{2})}}(x)\right)\overline{\left(\sum_n d_n e^{-inx}\widehat{\chi_{(-\frac{1}{2},\frac{1}{2})}}(x)\right)}\,dx$$
$$= 2\pi \sum_{k,n} c_k \overline{d_n} \int_0^{2\pi} m(x) \sum_j \left|\widehat{\chi_{(-\frac{1}{2},\frac{1}{2})}}(x+2j\pi)\right|^2 e^{-i(n-k)x}\,dx$$
$$= 2\pi \sum_{k,n} c_k \overline{d_n} m_{n-k}$$

が成立する (Parseval の等式を用いて $\sum_j |\widehat{\chi_{(-\pi,\pi)}}(x+2j\pi)|^2 = \frac{1}{4\pi^2}$ より)．
従って

$$\sup_{\|d\|_{\ell^{p'}}\leq 1} \left|\sum_{k,n} c_k \overline{d_n} m_{n-k}\right| \leq \|m\|_{M_p(\mathbf{R})} \|c\|_{\ell^p}$$

より $\widehat{T_m f} = m\widehat{f}$ なる作用素 T_m は ℓ^p 上の有界線形作用素で $\|T_m\|_{\mathfrak{M}_p(\mathbf{Z})} = \|m\|_{M_p(\mathbf{T})} \leq \|m\|_{M_p(\mathbf{R})}$ となる． ■

また $M_p(\mathbf{Z})$ の元について次が成立する．この定理は, K. de Leeuw [17], Igari [25] によるが，ここでは, Wozniakowski [56], Kaneko and Sato [28] に従って証明を与える．

定理 3.5.18. $1 \leq p < \infty$ とする．$\mathbf{R}$ 上の有界関数 λ が全ての点で連続とする．このとき $\widehat{Tf}(\xi) = \lambda(\xi)\widehat{f}(\xi)$ とおくとき T が $L^p(\mathbf{R})$ から $L^p(\mathbf{R})$ への有界線形作用素となる必要十分条件は任意の $\varepsilon > 0$ に対して $\widehat{\widetilde{T_\varepsilon} f}(n) = \lambda(\varepsilon n)\widehat{f}(n)$ となる $\widetilde{T_\varepsilon}$ が $L^p(\mathbf{T})$ 上の有界線形作用素で, $\lambda_\varepsilon(n) = \lambda(\varepsilon n)$ とおくとき，さらに，その作用素ノルム $\|\widetilde{T_\varepsilon}\|_{\mathfrak{M}_p(\mathbf{T})} = \|\lambda_\varepsilon\|_{M_p(\mathbf{Z})}$ について $\sup_{\varepsilon>0} \|\lambda_\varepsilon\|_{M_p(\mathbf{Z})} < \infty$ となることである．この場合 $\|T\|_{M_p(\mathbf{R})} = \sup_{\varepsilon>0} \|\lambda_\varepsilon\|_{M_p(\mathbf{Z})}$ が成立する．ただし, $\|T\|_{\mathfrak{M}_p(\mathbf{R})}$ は T の $L^p(\mathbf{R})$ 上の作用素ノルムを表す．

注意 3.5.19. λ についての条件「全ての点で連続」を「$\mathbf{Z}$ 上の点で連続」と弱くしても証明を吟味することにより $\lambda|_{\mathbf{Z}} \in M_p(\mathbf{Z})$ が示せる.

証明 λ を $\mathbf{R}$ 上の有界な連続関数とし, 任意の $\varepsilon > 0$ に対して $\widehat{T_\varepsilon f}(\xi) = \lambda(\varepsilon\xi)\widehat{f}(\xi)$ ($f \in C_c(\mathbf{R})$) とおくとき $T = T_1$ を $L^p(\mathbf{R})$ 上の有界線形作用素とする. また $\widetilde{T_\varepsilon g}(n) = \lambda(\varepsilon n)\widehat{g}(n)$ ($g \in C(\mathbf{T})$) により作用素 $\widetilde{T_\varepsilon}$ を定義する. F を $\mathbf{T}$ 上の三角多項式とする. $\chi_k \in C^\infty(\mathbf{R})$, $\chi_k \geq 0$ で $\chi_k(\tau) = 1$ ($|\tau| \leq 2k\pi$), 0 ($|\tau| > 2(k+1)\pi$) をとり $\chi_k^\eta(x) = \chi_k(\eta x)$ ($\eta > 0$) とおく. さらに $\gamma_{\eta,k}(x) = \chi_k^\eta(x)(\widetilde{T_\varepsilon}F)(x) - T_\varepsilon(\chi_k^\eta F)(x)$ とし

$$\widehat{\gamma_{\eta,k}}(\xi) = \frac{1}{2\pi}\int_{-\infty}^\infty \chi_k^\eta(x)(\widetilde{T_\varepsilon}F)(x)e^{i\xi x}\,dx - \int_{-\infty}^\infty T_\varepsilon(\chi_k^\eta F)(x)e^{i\xi x} = \mathrm{I} - \mathrm{II}$$

とおく.

そこで I, II を計算する.

$$\begin{aligned}\mathrm{I} &= \frac{1}{2\pi}\int_{-\infty}^\infty \chi_k^\eta(x)\sum_j \lambda(j\varepsilon)\widehat{F}(j)e^{ijx}e^{i\xi x}\,dx \\ &= \frac{1}{2\pi}\sum_j \lambda(j\varepsilon)\widehat{F}(j)\int_{-\infty}^\infty \chi_k^\eta(x)e^{i(j+\xi)x}\,dx \\ &= \sum_j \lambda(j\varepsilon)\widehat{F}(j)\widehat{\chi_k^\eta}(-j-\xi)\end{aligned}$$

において

$$\widehat{\chi_k^\eta}(-j-\xi) = \frac{1}{2\pi}\int_{-\infty}^\infty \chi_k(x)e^{i(j+\xi)/\eta}\frac{1}{\eta}\,dx$$

より

$$\mathrm{I} = \sum_j \lambda(j\varepsilon)\widehat{F}(j)\widehat{\chi_k}\left(\frac{-j-\xi}{\eta}\right)\frac{1}{\eta}$$

となる. また,

$$\begin{aligned}\mathrm{II} &= \frac{1}{2\pi}\int_{-\infty}^\infty T_\varepsilon(\chi_k^\eta F)(x)e^{i\xi x}\,dx \\ &= \lambda(-\varepsilon\xi)\frac{1}{2\pi}\int_{-\infty}^\infty \chi_k^\eta(x)F(x)e^{i\xi x}\,dx \\ &= \lambda(-\varepsilon\xi)\sum_j \widehat{F}(j)\frac{1}{2\pi}\int_{-\infty}^\infty \chi_k^\eta(x)e^{i(j+\xi)x}\,dx\end{aligned}$$

3.5 作用関数について

$$= \lambda(-\varepsilon\xi) \sum_j \widehat{F}(j)\eta^{-1}\widehat{\chi_k}\left(\frac{-j-\xi}{\eta}\right)$$

であるから，結局

$$\mathrm{I}-\mathrm{II} = \sum_j \widehat{F}(j)\eta^{-1}\widehat{\chi_k}\left(\frac{-j-\xi}{\eta}\right)(\lambda(j\varepsilon)-\lambda(-\xi\varepsilon))$$

となる．従って

$$\widetilde{\gamma_{\eta,k}}(\xi) = \sum_j \widehat{F}(j)\eta^{-1}\widehat{\chi_k}\left(\frac{\xi-j}{\eta}\right)(\lambda(j\varepsilon)-\lambda(\xi\varepsilon))$$

より

$$\|\widetilde{\gamma_{\eta,k}}\|_1 \leq \sum \left|\widehat{F}(j)\right| \int_{-\infty}^{\infty} \eta^{-1}\left|\widehat{\chi_k}\left(\frac{\xi-j}{\eta}\right)\right||\lambda(j\varepsilon)-\lambda(\xi\varepsilon)|\,d\xi$$

$$\leq \sum \left|\widehat{F}(j)\right| \int_{-\infty}^{\infty} |\widehat{\chi_k}(\xi)||\lambda(j\varepsilon)-\lambda(j\varepsilon+\eta\xi\varepsilon)|\,d\xi$$

となる．ゆえに

$$|\gamma_{\eta,k}(x)| \leq \|\widetilde{\gamma_{\eta,k}}\|_1 \leq \sum_j \left|\widehat{F}(j)\right| \int_{-\infty}^{\infty} |\widehat{\chi_k}(\xi)||\lambda(j\varepsilon)-\lambda(j\varepsilon+\eta\xi\varepsilon)|\,d\xi$$

を得る．よって F は三角多項式より k を固定したとき $\eta \to 0$ ならば，$\|\widetilde{\gamma_{\eta,k}}\|_1 \to 0$ となる．そこで $a>0$ に対して $\|\widetilde{\gamma_{\eta,k}}\|_1 < a$ となるように $\eta>0$ をとり $t>a$ とすると，

$$\left|\{x\colon |T_\varepsilon(\chi_k^\eta F)(x)| > t-\|\widetilde{\gamma_{\eta,k}}\|_1\}\right| \geq \left|\{x\colon \left|\chi_k^\eta(\widetilde{T_\varepsilon}F)(x)\right| > t\}\right|$$

である (集合 E に対し，$|E|$ は E の Lebesgue 測度を表す)．従って

$$\mathrm{III} = \int_a^\infty p\left|\left\{\left|\chi_k^\eta(\widetilde{T_\varepsilon}F)(x)\right| > t\right\}\right| t^{p-1}\,dt$$

$$\leq \int_a^\infty p\left|\{|T_\varepsilon(\chi_k^\eta F)(x)| > t-\|\widetilde{\gamma_{\eta,k}}\|_1\}\right| t^{p-1}\,dt$$

$$\leq \int_{a-\|\widetilde{\gamma_{\eta,k}}\|_1}^\infty p\left|\{|T_\varepsilon(\chi_k^\eta F)(x)| > t\}\right| (t+\|\widetilde{\gamma_{\eta,k}}\|_1)^{p-1}\,dt$$

$$= \int_{a-\|\widetilde{\gamma_{\eta,k}}\|_1}^{\infty} p\left(t\,|\{|T_\varepsilon(\chi_k^\eta F)(x)| > t\}|^{1/p}\right)^{p-1} \left(1 + \frac{\|\widetilde{\gamma_{\eta,k}}\|_1}{t}\right)^{p-1} dt$$

$$\leq \left(1 + \frac{\|\widetilde{\gamma_{\eta,k}}\|_1}{a - \|\widetilde{\gamma_{\eta,k}}\|_1}\right)^{p-1} \|T_\varepsilon(\chi_k^\eta F)\|_p^p$$

となる．ここで $T_\varepsilon(\chi_k^\eta F)(x) = (T(\chi_k^\eta F)^\varepsilon)(x/\varepsilon)$（ただし $(\chi_k^\eta F)^\varepsilon(x) = (\chi_k^\eta F)(\varepsilon x)$）であるから

$$\text{III} \leq \left(1 + \frac{\|\widetilde{\gamma_{\eta,k}}\|_1}{a - \|\widetilde{\gamma_{\eta,k}}\|_1}\right)^p \left\|(T(\chi_k^\eta F)^\varepsilon)\left(\frac{\cdot}{\varepsilon}\right)\right\|_p^p$$

$$\leq \left(1 + \frac{\|\widetilde{\gamma_{\eta,k}}\|_1}{a - \|\widetilde{\gamma_{\eta,k}}\|_1}\right)^p \varepsilon \|T\|_{\mathfrak{M}_p(\mathbf{R})}^p \|(\chi_k^\eta F)^\varepsilon\|_p^p$$

$$= \left(1 + \frac{\|\widetilde{\gamma_{\eta,k}}\|_1}{a - \|\widetilde{\gamma_{\eta,k}}\|_1}\right)^p \|T\|_{\mathfrak{M}_p(\mathbf{R})}^p \|\chi_k^\eta F\|_p^p$$

となる．ここで $0 \leq \chi_k^\eta \leq 1$, $\operatorname{supp} \chi_k^\eta \subset [\frac{-2(k+1)\pi}{\eta}, \frac{2(k+1)\pi}{\eta}]$ より $Q_l = [-\pi, \pi] + 2l\pi$, $l \in \mathbf{Z}$ に対して $Q_l \cap [\frac{-2(k+1)\pi}{\eta}, \frac{2(k+1)\pi}{\eta}] \neq \emptyset$ となる l の個数は高々 $[2(\frac{k+1}{\eta})]$ である．よって

$$\|\chi_k^\eta F\|_{L^p(\mathbf{R})} \leq \left\{2\left(\frac{k+1}{\eta} + 1\right)\right\}^{1/p} \|F\|_{L^p(\mathbf{T})}$$

となる．他方 $\chi_k^\eta(x) = 1$ $(x \in [\frac{-2k\pi}{\eta}, \frac{2k\pi}{\eta}])$ より $Q_j \subset [\frac{-2k\pi}{\eta}, \frac{2k\pi}{\eta}]$ となる Q_j の数は少なくとも $[2(\frac{k}{\eta} - 1)]$ となるので

$$\left|\{|\chi_k^\eta(\widetilde{T_\varepsilon}F)| > t\}\right| \geq \left|\bigcup_j \left\{Q_j \cap \{|\widetilde{T_\varepsilon}F| > t\}\right\} : Q_j \subset \left[\frac{-2k\pi}{\eta}, \frac{2k\pi}{\eta}\right]\right|$$

$$\geq \left\{2\left(\frac{k}{\eta} - 1\right)\right\} \left|\{|\widetilde{T_\varepsilon}F| > t\}\right|$$

を得る．以上を考慮すると

$$\left\{2\left(\frac{k}{\eta} - 1\right)\right\}^{1/p} \left\{\int_a^\infty p\left|\{|\widetilde{T_\varepsilon}|F > t\}\right|^{1/p} t^{p-1} dt\right\}^{1/p}$$

$$\leq \left\{2\left(\frac{k+1}{\eta} + 1\right)\right\}^{1/p} \left\{1 + \frac{\|\widetilde{\gamma_{\eta,k}}\|_1}{a - \|\widehat{\gamma_{\eta,k}}\|_1}\right\} \|T\|_{\mathfrak{M}_p(\mathbf{R})} \|F\|_p$$

3.5 作用関数について

となる.従って

$$\{2(k-\eta)\}^{1/p} \left\{ \int_a^\infty p \left| \{\left|\widetilde{T_\varepsilon F}\right| > t\} \right|^{1/p} t^{p-1} dt \right\}^{1/p}$$
$$\leq \{2(k+1+\eta)\}^{1/p} \left\{ 1 + \frac{\|\widetilde{\gamma_{\eta,k}}\|_1}{a - \|\widetilde{\gamma_{\eta,k}}\|_1} \right\} \|T\|_{\mathfrak{M}_p(\mathbf{R})} \|F\|_p$$

となる.ここで $\eta \to 0$ として

$$(2k)^{1/p} \left\{ \int_a^\infty p \left| \{\left|\widetilde{T_\varepsilon F}\right| > t\} \right|^{1/p} t^{p-1} dt \right\}^{1/p}$$
$$\leq \{2(k+1)\}^{1/p} \|T\|_{\mathfrak{M}_p(\mathbf{R})} \|F\|_p$$

を得るので k で割った後, $k \to \infty$ として $a \to 0$ において Fatou の補題を用いると

$$\|\widetilde{T_\varepsilon F}\|_p \leq \|T\|_{\mathfrak{M}_p(\mathbf{R})} \|F\|_p$$

を得る.

逆に $\sup_{\varepsilon>0} \|\widetilde{T_\varepsilon}\|_{M_p(\mathbf{T})} < \infty$ とする. $f \in C_c^\infty(\mathbf{R})$ をとり $F_\varepsilon(x) = \varepsilon^{-1} \sum_{k \in \mathbf{Z}} f(\varepsilon^{-1}(x+2k\pi))$ とおくと $F_\varepsilon \in L^1(\mathbf{T})$ となる.そこで

$$\widehat{F_\varepsilon}(j) = \frac{1}{2\pi} \int_{-\pi}^\pi F_\varepsilon(x) e^{-ijx} \frac{dx}{2\pi}$$
$$= \frac{1}{2\pi} \sum_k \varepsilon^{-1} \int_{-\pi}^\pi f(\varepsilon^{-1}(x+2k\pi)) e^{-ijx} dx$$
$$= \frac{1}{2\pi} \int_{-\infty}^\infty \varepsilon^{-1} f(\varepsilon^{-1}x) e^{-ijx} dx = \widehat{f}(\varepsilon j)$$

より $\widehat{F_\varepsilon}(j) = \widehat{f}(\varepsilon j)$ を得る.従って $F_\varepsilon(x) = \sum_j \widehat{f}(\varepsilon j) e^{ijx}$ となる.ここで Riemann 積分の定義を考えて

$$|Tf(x)| = \left| \int_{-\infty}^\infty \lambda(\xi) \widehat{f}(\xi) e^{ix\xi} d\xi \right|$$
$$= \lim_{\varepsilon \to 0} \left| \sum_j \lambda(\varepsilon j) \widehat{f}(\varepsilon f) e^{ix\varepsilon j} \varepsilon \right|$$

$$= \lim_{\varepsilon \to 0} \left| \sum_j \lambda(\varepsilon j) \widehat{F_\varepsilon}(j) e^{i\varepsilon x j} \varepsilon \right|$$

$$= \lim_{\varepsilon \to 0} \left| \widetilde{T_\varepsilon}(\varepsilon F_\varepsilon)(\varepsilon x) \right|$$

に注意する．さらに $\lim_{\varepsilon \to 0} \chi_{[-\pi,\pi)}(\varepsilon x) = 1$ $(x \in \mathbf{R})$ より

$$|Tf(x)| = \lim_{\varepsilon \to 0} \left| \widetilde{T_\varepsilon}(\varepsilon F_\varepsilon)(\varepsilon x) \right| \chi_{[-\pi,\pi)}(\varepsilon x)$$

であるから

$$\begin{aligned}
\|Tf\|_{L^p(\mathbf{R})} &= \left(\int_{-\infty}^{\infty} |Tf|^p \frac{dx}{2\pi} \right)^{1/p} \\
&\leq \lim_{\varepsilon \to 0} \left(\frac{1}{2\pi} \int_{\pi}^{\pi} \left| \widetilde{T_\varepsilon}(\varepsilon F_\varepsilon)(x) \right|^p \varepsilon^{-1} dx \right)^{1/p} \\
&\leq \lim_{\varepsilon \to 0} \varepsilon^{-1/p} \|\widetilde{T_\varepsilon}(\varepsilon F_\varepsilon)\|_{L^p(\mathbf{T})} \\
&\leq \left(\sup_\varepsilon \|\widetilde{T_\varepsilon}\|_{\mathfrak{M}_p(\mathbf{T})} \right) \lim_{\varepsilon \to 0} \varepsilon^{-1/p} \|\varepsilon F_\varepsilon\|_{L^p(\mathbf{T})} \\
&\leq \left(\sup_\varepsilon \|\widetilde{T_\varepsilon}\|_{\mathfrak{M}_p(\mathbf{T})} \right) \|f\|_{L^p(\mathbf{R})}
\end{aligned}$$

となる．ゆえに

$$\|Tf\|_{L^p(\mathbf{R})} \leq \left(\sup_{\varepsilon > 0} \|\widetilde{T_\varepsilon}\|_{\mathfrak{M}_p(\mathbf{T})} \right) \|f\|_{L^p(\mathbf{R})} \qquad \blacksquare$$

マルチプライヤー空間 $M_p(\mathbf{Z})$ $(1 < p < 2)$ における作用関数を調べる．このために，いくつかの補題を述べる ([24], cf. [43], [48])．

補題 3.5.20. $1 < p < 2$ とする．$K_p(> 1)$ が存在して各自然数 j に対して，次を満たす $\mathbf{T}$ 上の三角多項式 $\phi = \phi_{p,j}$ が存在する．

(i) $\widehat{\phi}(n) \geq 0$ $(n \in \mathbf{Z})$, $\|\phi\|_{L^1(\mathbf{T})} = 1$．
(ii) $\|\exp(ij\phi)\|_{M_p(\mathbf{T})} > K_p^j$．

ここで $\exp(ij\phi) \in M(\mathbf{T})$ は $\exp(ij\phi)\widehat{\ }(n) = \exp(ij\widehat{\phi}(n))$ $(n \in \mathbf{Z})$ によって定義される．

3.5 作用関数について

証明 いくつかの段階に分けて述べる.

<u>第1段階</u>. $g(x) = e^{i\cos x}$ とおくとき $g \in A(\mathbf{T})$ であるから

$$K'_p = \left(\sum |\widehat{g}(n)|^p\right)^{1/p} < \sum |\widehat{g}(n)| < \infty.$$

また, $1 < p < 2$ より $K'_p > (\sum |\widehat{g}(n)|^2)^{1/2} = \|g\|_2 = 1$ であるから $K'_p > 1$ となる. 今 $0 < \mu < 1$ を $K_p = \mu K'_p > 1$ ととる.

<u>第2段階</u>. $Q(x) = \sum_{j=1}^{r} \cos n_j x$ とおくとき, $n_1, \ldots, n_r$ を適当にとれば $g = e^{iQ}$ とおくとき, $A_p(g) = (\sum |\widehat{g}(n)|^p)^{1/p} > K_p^r$ $(r = 1, 2, \ldots)$ となる. 実際 $n_1 = 1$ として第1段階より成立する. $n = k < r$ のとき成立したとする. このとき, $f = e^{i\sum_{j=1}^{k}\cos n_j x}$, $g = e^{i\cos n_{k+1} x}$ に対し, $A_p(fg) \le \|f\|_{A(\mathbf{T})} A_p(g)$ より f は三角多項式としてよい. この場合, 十分大に n_{k+1} をとれば $A_p(fg) = A_p(f)A_p(g)$ が成り立つので $A_p(fg) > K_p^k \mu A_p(g) > K_p^{k+1}$ とできる. 従って $A_p(e^{i\sum_{j=1}^{k+1}\cos n_j x}) > K_p^{k+1}$ となる.

<u>第3段階</u>. 上記の $K_p > 1$ に対して $\|\exp(ij\mu/2)\|_{\mathfrak{M}_p(\mathbf{T})} > K_p^j$ となる $\mathbf{T}$ 上の確率測度 μ で $\widehat{\mu}(n) \in \mathbf{R}$ $(n \in \mathbf{Z})$ となるものが存在する. 実際, 第2段階より $A_p(e^{iQ}) > K_p^j$ $(\|Q\|_{A(\mathbf{T})} \le j)$ なる $\mathbf{T}$ 上の三角多項式 Q が存在する. T_φ を $\widehat{T_\varphi f}(x) = \varphi(x)\widehat{f}(x)$ $(\widehat{f}(x) = \sum f_n e^{inx})$ なる ℓ^p 上の作用素と考える. その作用素ノルムは $\|T_\varphi\|_{\mathfrak{M}_p(\mathbf{Z})} = \|\varphi\|_{M_p(\mathbf{T})} \ge A_p(\varphi)$ で, $\|Q\|_{A(\mathbf{T})} = \|Q\|_{M_1(\mathbf{T})}$ (cf. [9], 補題 3.2.11) であるから $\varphi = \frac{1}{j}Q$ とおくことにより $\|e^{ij\varphi}\|_{M_p(\mathbf{T})} > K_p^j$ $(j = 1, 2, \ldots)$ となる. このとき φ に対し, 定理 3.5.17 を用い, それに定理 3.5.18 を使うことにより $\varepsilon > 0$ を適当にとれば, $\widehat{\mu}(n) = \varphi(\varepsilon n)$ となる確率測度 μ で $\widehat{\mu}(n) \in \mathbf{R}$ $(n \in \mathbf{Z})$ かつ $\|e^{ij\mu}\|_{\mathfrak{M}_p(\mathbf{T})} > K_p^j$ $(j = 1, 2, \ldots)$ となるものが存在する. さらに

$$\|e^{ij\mu/2}\|_{\mathfrak{M}_p(\mathbf{T})}^2 \ge \|e^{ij\mu}\|_{\mathfrak{M}_p(\mathbf{T})} > K_p^j$$

であるから $\|e^{ij\mu/2}\|_{\mathfrak{M}_p(\mathbf{T})} > (\sqrt{K_p})^j$ となる. ここで $\nu = (\delta_0 + \mu)/2$ とおくと $\widehat{\nu}(n) \ge 0$ $(n \in \mathbf{Z})$, ν は確率測度であり $\|\exp(ij\nu)\|_{\mathfrak{M}_p(\mathbf{T})} > \sqrt{K_p}^j$ $(j = 1, 2, \ldots)$ となる. 従って, 次数の十分高い Fejér 核 σ_n をとり $\phi = \nu * \sigma_n$ とおき, $\sqrt{K_p}$ を K_p とみなせば結果が得られる. ∎

定理 3.5.21. $1 < p < 2$ とすると **T** 上の確率測度 μ で $\widehat{\mu} \geq 0$ となるものと定数 $K_p > 1$ が存在して，
$$Tf = e^{i\mu} * f \quad (f \in L^p(\mathbf{T}))$$
とおくとき，作用素 T の $\mathfrak{M}_p(\mathbf{T})$ におけるスペクトル半径 $\rho(T)$ は，$\rho(T) \geq K_p$ を満たす．

証明 **Q** を有理数の集合とする．任意の $p \in \mathbf{Q} \cap (1,2)$ が無限回現れる数列の全体を $\{p_n\}$ とする．補題 3.5.20 より自然数 j に対して **T** 上の三角多項式 ϕ_j が存在して，$\widehat{\phi_j} \geq 0$, $\|\phi_j\|_{L^1(\mathbf{T})} = 1$, $\|\exp(ij\phi_j)\|_{M_p(\mathbf{T})} > K_p^j$ ($p = p_j$) となる．そこで三角多項式 f_j を $p = p_j$ に対して
$$\|f_j\|_p = 1, \quad \left\|\sum_k \exp(ij\widehat{\phi_j}(k))\widehat{f_j}(k)\exp(ikt)\right\|_p > K_p^j$$
ととる．このとき自然数 m_j が存在して
$$\left(\operatorname{supp}\widehat{\phi_j}\right) \cup \left(\operatorname{supp}\widehat{f_j}\right) \subset \{-m_j, -m_j+1, \ldots, m_j-1, m_j\}$$
となる．今 $\{r_j\} \subset \mathbf{N}$ を急激に増大する列とすれば
$$d\mu_n(t) = \phi_1(r_1 t)\phi_2(r_2 t)\cdots\phi_n(r_n t)\frac{dt}{2\pi}$$
となる $\mu_n \in M(\mathbf{T})$ は $*$-弱位相で確率測度 $\mu \in M(\mathbf{T})$ に収束し
$$\widehat{\mu}(k_1 r_1 + \cdots + k_n r_n) = \prod_{j=1}^n \widehat{\phi_j}(k_j) \quad (|k_j| \leq m_j,\ j = 1, 2, \ldots, n)$$
を満たす．さらに $g_j(t) = f_j(r_j t)$ とおくことにより
$$\left\|\sum_k \exp(ij\widehat{\mu}(k))\widehat{g_j}(k)\exp(ikt)\right\|_p = \left\|\sum_k \exp(ij\widehat{\phi_j}(k))\widehat{f_j}(k)\exp(ikl)\right\|_p$$
$$> K_p^j$$
となる．よって $\|\exp(ij\mu)\|_{M_p(\mathbf{T})} > K_p^j$ ($p = p_j$) となり Riesz-Thorin の補間定理から全ての $p \in (1, 2)$ について $\|\exp(ij\mu)\|_{M_p(\mathbf{T})} > K_p^j$ がいえる．従って，スペクトル半径の定義から結果が示された． ∎

3.5 作用関数について

注意 3.5.22. 上記の μ については，Riesz-Thorin の補間定理により，次が成り立つ：

$$\sup\{\|e^{ij\mu}\|_{\mathfrak{M}_p(\mathbf{T})} : \mu \in M(\mathbf{T}),\ \hat{\mu}(\mathbf{Z}) \subset \mathbf{R},\ \|\mu\|_{M(\mathbf{T})} \leq 1\} \leq e^{|j|(2/p-1)}$$

$$(j \in \mathbf{Z}).$$

補題 3.5.23. $[-1,1]$ 上で定義された関数 Φ が $M_p(\mathbf{Z})$ に作用すれば，連続である．

証明 Φ が $a \in [-1,1]$ で不連続とする．このとき $\{a_j\} \subset [-1,1]$ と $B \in \mathbf{R}$ が存在して

$$\Phi(a) \neq B,\ a_i \neq a_j\ (i \neq j),\ \sum_{j=-\infty}^{\infty} |a_j - a| < \infty,\ \sum_{j=-\infty}^{\infty} |\Phi(a_j) - B| < \infty$$

となる．このとき $\Phi(a) = 0$ としてよい．また，$\{\varepsilon_j\}_{j=-\infty}^{\infty}$, $\varepsilon_j = \pm 1$ を適当にとることにより

$$\sum_{j=-\infty}^{\infty} \varepsilon_j \widehat{f}(j) e^{ijx} \notin L^p(\mathbf{T})$$

となる $f \in L^p(\mathbf{T})$ をとる (f の存在については [24] 参照)．今 $\eta_j = \Phi(a_j)$ ($\varepsilon_j = 1$), $\eta_j = 0$ ($\varepsilon_j = -1$) とおくと $\sum_{-\infty}^{\infty} \widehat{f}(j) \eta_j e^{ijx} \notin L^p(\mathbf{T})$ となる．実際

$$\sum_{j=-\infty}^{\infty} \widehat{f}(j) \eta_j e^{ijx}$$
$$= \frac{B}{2} \sum_{j=-\infty}^{\infty} \widehat{f}(j) e^{ijx} + \frac{B}{2} \sum_{j=-\infty}^{\infty} \widehat{f}(j) \varepsilon_j e^{ijx} + \sum_{\varepsilon_j = 1} \widehat{f}(j)(\Phi(a_j) - B) e^{ijx}$$

より，右辺の第 1 項，第 3 項は $L^p(\mathbf{T})$ の元で第 2 項はそうではないからである．そこで $\varphi(j) = a_j$ ($\varepsilon_j = 1$), $\varphi(j) = a$ ($\varepsilon_j \neq 1$) とおくと $g \in L^1(\mathbf{T})$ ならば，

$$\sum_j \widehat{g}(j) \varphi(j) e^{ijx} = \sum_j \widehat{g}(j)(\varphi(j) - a) e^{ijx} + a \sum_j \widehat{g}(j) e^{ijx}$$

となる．よって右辺は $L^1(\mathbf{T})$ の元であるから $\varphi \in M_1(\mathbf{Z})$ となる．従って Φ が $M_p(\mathbf{Z})$ の作用関数であることより $\Phi(\varphi) \in M_p(\mathbf{Z})$ となる．しかるに

$\Phi(\varphi(j)) = \Phi(a_j) = \eta_j$, $\{\eta_j\} \notin M_p(\mathbf{Z})$ であるから Φ は $M_p(\mathbf{Z})$ に作用しないことになって矛盾である. ∎

$M_p(\mathbf{Z})$ の作用関数は次のように決定される.

定理 3.5.24. $[-1,1]$ 上の関数 Φ が $M_p(\mathbf{Z})$ に作用する必要十分条件は, ある整関数と一致することである.

証明 Φ を $[-1,1]$ 上の $M_p(\mathbf{Z})$ に作用する関数とする. $\Phi(\varepsilon \sin t)$ $(0 < \varepsilon < 1)$ なる関数を考えると $\mathbf{R}$ 上の 2π 周期関数で $M_p(\mathbf{Z})$ に作用する. 従って Φ をはじめから $\mathbf{R}$ 上の 2π 周期関数と仮定し, ある整関数と一致することを示せばよい (この後の議論は, $M(\mathbf{T})$ の作用関数の決定の場合と同様). この場合, 補題 3.5.23 より Φ は連続としてよい. さらに補題 3.5.13 の証明のように考えると, 任意の $\lambda \in \mathbf{R}$ に対して $C_\lambda > 0$ が存在して $\|\Phi(\lambda \widehat{\mu} + a)\|_{M_p(\mathbf{Z})} \leq C_\lambda$ $(-\pi \leq a \leq \pi)$ となる. そこで Φ の Fourier 級数を $\Phi \sim \sum a_n e^{int}$ とする. j を任意の自然数, $n \in \mathbf{Z}$ とすると

$$a_n \exp(inj\widehat{\mu}) = \frac{1}{2\pi}\int_{-\pi}^{\pi} \Phi(x) e^{-in(x-j\widehat{\mu})}\,dx$$
$$= \frac{1}{2\pi}\int_{-\pi}^{\pi} \Phi(x+j\widehat{\mu}) e^{-ijnx}\,dx$$

となる. 前半より

$$\|a_n \exp(inj\widehat{\mu})\|_{M_p(\mathbf{Z})} \leq \frac{1}{2\pi}\int \|\Phi(x+j\widehat{\mu})\|_{M_p(\mathbf{Z})}\,dx \leq C_j$$

となる. ゆえに
$$|a_n| \leq C_j \|\exp(inj\widehat{\mu})\|_{M_p(\mathbf{Z})}^{-1}$$

となる. ここで補題 3.5.20 の証明より

$$\|\exp(inj\widehat{\mu})\|_{M_p(\mathbf{Z})}^{-1} \leq C \exp(-|n|j \log K_p)$$

であるから
$$|a_n| \leq C'_j \exp(-|n|j \log K_p) \quad (n \in \mathbf{Z})$$

が示される. 従って Φ は $[-1,1]$ で整関数に一致する. ∎

3.5.5　$M(p,q)$ $(1 < p < q < \infty)$ の作用関数について

$1 \leq p < q < \infty$ とする．$L^p(\mathbf{T})$ から $L^q(\mathbf{T})$ への平行移動不変な有界線形作用素の全体を $\mathfrak{M}_{pq} (= \{T \in \mathfrak{M}_p(\mathbf{T}) : L^p(\mathbf{T})$ から $L^q(\mathbf{T})$ への有界線形作用素 $\})$ で表すと作用素ノルムに関して可換 Banach 環であり，$\mathfrak{M}_{pq} \subset \mathfrak{M}_p(\mathbf{T})$ となる．また，$M(p,q) = \{\hat{T} \in \ell^\infty : T \in \mathfrak{M}_{pq}(\mathbf{T})\} (\subset M_p(\mathbf{Z}))$ を定義する．$p = 1$ のときは，$\mathfrak{M}_{pq} = L^q(\mathbf{T})$ となる (cf. [9])．Rudin [41], Rider [40] は，$M(1,q)$ の作用関数を研究した．ここでは，彼らの結果を拡張した Igari-Sato [26] の結果について述べる．なお，$M(p,q)$ のノルムは，$\mathfrak{M}_{pq}$ から導入する．関数 ϕ と作用素 T に対して，作用素 $\phi \circ T$ を $\widehat{\phi \circ T}(n) = \phi(\hat{T}(n))$ $(n \in \mathbf{Z})$ によって定義し，以下に使用する．

$M(p,q)$ の作用関数については次が成立する．

定理 3.5.25.
(1) $1 < p < q \leq 2$ とする．β_0 を $\beta_0 = (1/q - 1/2)/(1/p - 1/q)$ とし，n_0 を $n_0 \geq \beta_0$ なる最小の整数とする．このとき，$\alpha_1, \ldots, \alpha_{n_0}$ を任意の複素数とし，$[-1, 1]$ 上の有界な複素数値関数 $\Phi_0(t)$ をとるとき
$$\Phi(t) = \alpha_1 t + \cdots + \alpha_{n_0} t^{n_0} + |t|^{\beta_0+1} \Phi_0(t)$$
は $M(p,q)$ に作用する．

(2) $1 < p < 2 < q < \infty$ とする．$[-1, 1]$ 上の複素数値関数 Φ が複素数 α と
$$\beta_1 = \min\left\{\frac{\frac{1}{2} - \frac{1}{q}}{\frac{1}{p} - \frac{1}{2}}, \frac{\frac{1}{p} - \frac{1}{2}}{\frac{1}{2} - \frac{1}{q}}\right\}$$
および有界関数 Φ_0 に対して $\Phi(t) = \alpha t + |t|^{\beta_1+1} \Phi_0(t)$ とおくとき，Φ は $M(p,q)$ に作用する．

これより $M(p,q)$ の元のスペクトルについては，若干の計算を経て次が成立する (cf. [26])．

系 3.5.26. $1 < p < q < \infty$ とする．$M(p,q)$ は単位元を持たない可換 Banach 環であり，$M(p,q) \ni f$ に対しては，$\mathrm{Sp}(f, M(p,q)) = \overline{f(\mathbf{Z})}$ となる．

証明 Riesz-Thorin の補間定理と Riesz の表現定理より $q < 2$ としてよい. $0 \neq \lambda \notin \overline{\widehat{T}(\mathbf{Z})}$, $\lambda \in \mathrm{Sp}(T, \mathfrak{M}_{pq})$ とする. このとき, 十分大なる自然数 N をとると Riesz-Thorin の補間定理より, $T^N \in \mathfrak{M}_{p2}(\mathbf{T})$ となる (cf. 補題 3.5.29). そこで,

$$\Phi(z) = \left(\frac{1}{z-\lambda} + \frac{1}{\lambda}\right)^N = z^N \Phi_0(z)$$

とおくと $\Phi_0(z)$ は, $\overline{\widehat{T}(\mathbf{Z})}$ の近傍で有界なので, $\mathfrak{M}_{22}$ に作用する. よって $\widehat{S}(n) = \overline{\Phi(\widehat{T}(n))}$ $(n \in \mathbf{Z})$ とおくと $S \in \mathfrak{M}_{p2} \subset \mathfrak{M}_{pq}$ となる. また, $\widehat{S}(n)(\widehat{T}(n) - \lambda)^N \lambda^N = \widehat{T}^N(n)$ $(n \in \mathbf{Z})$ であるから, $S(T-\lambda)^N \lambda^N = T^N$ となる. 従って, $h \in \Delta(\mathfrak{M}_{pq})$ で $h(T) = \lambda$ となるものをとれば, $\lambda \neq 0$ に矛盾する. $0 \notin \overline{\widehat{T}(\mathbf{Z})}$ とする. このとき, $\varepsilon_0 > 0$ が存在して $\left|\widehat{T}(n)\right| \geq \varepsilon_0 > 0$ $(n \in \mathbf{Z})$ となる. よって, $\left|\widehat{T^N}(n)\right| \geq \varepsilon_0^N$ $(n \in \mathbf{Z})$ となり, 任意の三角多項式 f に対し,

$$\varepsilon_0^N \|f\|_2 \leq \|T^N f\|_2 \leq C\|f\|_p$$

を得る. これは, $L^2(\mathbf{T}) \neq L^p(\mathbf{T})$ に矛盾する. ∎

注意 3.5.27.

(1) $2 \leq p < q < \infty$ とする. $M(p,q)$ の作用関数については, 定理 3.5.25 (1) と類似のことが示される.

(2) $1 < p < q < 2$ のときは定理 3.5.25 (1) の条件は必要条件になるかは, 未解決問題である.

(3) $1 < q < p < \infty$ とする. Doss [16] の結果より 3.5.4 項の結果とあわせると $M(p,q)$ の $[-1,1]$ で定義された作用関数は整関数に一致することが示される.

次に定理 3.5.25 の証明に移る. いくつかの補題を用いて, さらにいくつかの段階に分けて示す. 次は, 証明は省略するが, Stein の補間定理としてよく知られている (cf. [4] およびその参考文献).

補題 3.5.28 (Stein). $1 \leq p_0, q_0, p_1, q_1 \leq \infty$, $\{T_z\}$ を次の性質を満たす作用素の族とする.

3.5 作用関数について

(1) $z \mapsto \int_{-\pi}^{\pi} T_z(f)g\,dx$ ($f, g \in L^1(\mathbf{T})$) が $0 < \operatorname{Re} z < 1$ で解析的で $0 \leq \operatorname{Re} z \leq 1$ で連続とする.

(2) ある $0 < a < \pi$ が存在して,

$$e^{-a|\operatorname{Im} z|} \log\left|\int_{-\pi}^{\pi} T_z(f)g\,dx\right|$$

は $0 \leq \operatorname{Re} z \leq 1$ 上で一様有界である.

(3) 定数 M_0, M_1 が存在して, 任意の実数 y に対し, $\|T_{iy}f\|_{q_0} \leq M_0\|f\|_{p_0}$ ($f \in L^{p_0}(\mathbf{T})$), $\|T_{1+iy}f\|_{q_1} \leq M_1\|f\|_{p_1}$ ($f \in L^{p_1}(\mathbf{T})$) ($y$ は実数) が成立する.

このとき $0 < \theta < 1$, $\operatorname{Re} z = \theta$, $1/p = (1-\theta)/p_0 + \theta/p_1$, $1/q = (1-\theta)/q_0 + \theta/q_1$ とおくとき $\|T_\theta f\|_q \leq M_0^{1-\theta} M_1^\theta \|f\|_p$ ($f \in L^p(\mathbf{T})$) が成立する.

補題 3.5.29. $1 < p < q < 2$ とする. $T \in \mathfrak{M}_{pq}$ を $\widehat{T}(n)$ が実数値をとるものとする. さらに $1/q_n = 1/p - n(1/p - 1/q)$, $1/s_n = 1/2 + n(1/p - 1/q)$ とおく. このとき定理 3.5.25(1) の n_0 をとると $n = 1, 2, \ldots, n_0$ に対して $T^n \in \mathfrak{M}_{s_n 2}$ で, かつ $\|T^n\|_{\mathfrak{M}_{s_n 2}} \leq \|T\|_{\mathfrak{M}_{pq}}^n$ が成立する.

証明 $T \in \mathfrak{M}_{pq}$, $\widehat{T}(n)$ が実数値とする. このとき $\|T\|_{\mathfrak{M}_{pq}} = \|T\|_{\mathfrak{M}_{q'p'}}$ である. これと Riesz-Thorin の補間定理を用いることで $1/u = (1-\theta)/p + \theta/q'$, $1/v = (1-\theta)/q + \theta/p'$ ($0 \leq \theta \leq 1$) とおくとき $T \in \mathfrak{M}_{uv}$ で $\|T\|_{\mathfrak{M}_{uv}} \leq \|T\|_{\mathfrak{M}_{pq}}$ が成立する. $\theta = n(1/p - 1/q)/(1/p + 1/q - 1)$ とおくと $T \in \mathfrak{M}_{q_n q_{n+1}}$ となる. これより $T^n \in \mathfrak{M}_{q_0 q_1} \mathfrak{M}_{q_1 q_2} \cdots \mathfrak{M}_{q_{n+1} q_n}$ (ただし, $q_0 = p$) と $\|T^n\|_{\mathfrak{M}_{pq_n}} = \|T\|_{\mathfrak{M}_{pq}}^n$ ($n = 1, \ldots, n_0$) となるので $q_{n_0+1} \geq 2 > q_{n_0}$ と $\|T^n\|_{\mathfrak{M}_{pq_n}} = \|T^n\|_{\mathfrak{M}_{q'_n p'}}$, $q_n < 2$ に注意して $1/s_n = (1-\tau)/p + \tau/q'_n$ ($1/2 = (1-\tau)/q_n + \tau/p'$) とおくとき $T^n \in \mathfrak{M}_{s_n 2}$ を得る. ∎

補題 3.5.30. $1 < p \leq 2 \leq q \leq p'$ とする. $\{a(n)\} \in \ell^\infty$, $T \in \mathfrak{M}_{pq}$ をとり $\widehat{Ta}(n) = \widehat{T}(n)a(n)$ とおくとき次が成立する:

(1) $\|Ta\|_{\mathfrak{M}_{p2}} \leq \|\{a(n)\}\|_{\ell^\infty} \|T\|_{\mathfrak{M}_{pq}}$.
(2) $\|T^2 a\|_{\mathfrak{M}_{pp'}} \leq \|\{a(n)\}\|_{\ell^\infty} \|T\|_{\mathfrak{M}_{pq}}^2$.

証明 (1) $f \in L^p(\mathbf{T})$ とすると

$$\|Taf\|_2 \leq \|\{a(\cdot)\}\|_{\ell^\infty}\|Tf\|_2 \leq \|\{a(\cdot)\}\|_{\ell^\infty}\|T\|_{\mathfrak{M}_{p2}}\|f\|_p$$

である．ここで $\|T\|_{\mathfrak{M}_{p2}} \leq \|T\|_{\mathfrak{M}_{pq}}$ より $\|Ta\|_{\mathfrak{M}_{p2}} \leq \|\{a(n)\}\|_{\ell^\infty}\|T\|_{\mathfrak{M}_{pq}}$ を得る．

(2) $f \in L^p(\mathbf{T})$ をとるとき

$$\|T^2af\|_{p'} \leq \|T\|_{\mathfrak{M}_{2p'}}\|Taf\|_2 \leq \|T\|_{\mathfrak{M}_{2p'}}\|Ta\|_{\mathfrak{M}_{p2}}\|f\|_p$$

である．ここで $\|T\|_{\mathfrak{M}_{2p'}} = \|T\|_{\mathfrak{M}_{p2}}$ と (1) を用いることにより $\|T^2af\|_{p'} \leq \|\{a(n)\}\|_{\ell^\infty}\|T\|_{\mathfrak{M}_{pq}}^2$ を得る．∎

定理 3.5.25 の証明 (1) Φ_0 は有界関数としてよい．$1 < p < q < 2$ で $n_0 \geq 2$ とする．このとき $\alpha_1 = \cdots = \alpha_{n_0} = 0$ と仮定してよいので $\Phi(t) = |t|^{\beta_0+1}\Phi_0(t)$ とする．今，$0 \leq \mathrm{Re}\, z \leq 1$ に対して作用素 S^z を

$$\widehat{S^z}(n) = \mathrm{sgn}\,\widehat{T}(n)\left|\widehat{T}(n)\right|^{(n_0-1)z+1}\Phi_0(\widehat{T}(n))$$

と定義する．このとき

$$\|S^z\|_{\mathfrak{M}_{s_1 2}} \leq \|\Phi_0\|_\infty \|T\|_{\mathfrak{M}_{s_1 2}} \leq \|\Phi_0\|_\infty \|T\|_{\mathfrak{M}_{pq}} \quad (\mathrm{Re}\, z = 0)$$

および

$$\|S^z\|_{\mathfrak{M}_{s_{n_0} 2}} \leq \|\Phi_0\|_\infty \|T^{n_0}\|_{\mathfrak{M}_{s_{n_0} 2}} \leq \|\Phi_0\|_\infty \|T\|_{\mathfrak{M}_{pq}}^{n_0} \quad (\mathrm{Re}\, z = 1)$$

を得る．これにより Stein の補間定理を用いることで θ を $1/q = (1-\theta)/s_1 + \theta/s_{n_0}$ とおくと

$$\|S^\theta\|_{\mathfrak{M}_{q2}} \leq \|\Phi_0\|_\infty \|T\|_{\mathfrak{M}_{pq}}^{1+\theta(n_0-1)}$$

を得る．ここでの θ のとり方は $\theta(n_0-1)+1 = \beta_0$ となっていることに注意する．言い換えると $\widehat{S^{\theta+1}}(n) = \left|\widehat{T}(n)\right|^{\beta_0+1}\Phi_0(\widehat{T}(n))$ となり

$$\|S^{\theta+1}\|_{\mathfrak{M}_{pq}} \leq \|S^{\theta+1}\|_{\mathfrak{M}_{p2}} \leq \|T\|_{\mathfrak{M}_{pq}}\|S^\theta\|_{\mathfrak{M}_{q2}} \leq \|\Phi_0\|_\infty \|T\|_{\mathfrak{M}_{pq}}^{\beta_0+1}$$

を得る．これで $n_0 \geq 2$ のときが示された．$n_0 = 1$ のときも同様に示される．実際，$\widehat{R^z}(n) = \operatorname{sgn}\widehat{T}(n)|\widehat{T}(n)|^z \Phi_0(\widehat{T}(n))$ とおくと，$\|R^{iy}\|_{\mathfrak{M}_{22}} \leq \|\Phi_0\|_\infty$, $\|R^{1+iy}\|_{\mathfrak{M}_{s_1 2}} \leq \|\Phi_0\|_\infty \|T\|_{\mathfrak{M}_{pq}}$ であるから $1/q = (1-\theta)/2 + \theta/s_1$ とおくと $\|R^\theta\|_{\mathfrak{M}_{q2}} \leq \|\Phi_0\|_\infty \|T\|_{\mathfrak{M}_{pq}}^\theta$ となる．このとき $\theta = \beta_0$ になることに注意する．残りは，$n_0 \geq 2$ の場合と同様にして示される．

(2) $T \in \mathfrak{M}_{pq}$, $\widehat{T}(\mathbf{Z}) \subset [-1, 1]$ とする．$\|T\|_{\mathfrak{M}_{pq}} = \|T\|_{\mathfrak{M}_{q'p'}}$ (cf. [9]) であるから $p' \geq q$ のときを考えればよい．$\Phi(t) = |t|^{\beta_1 + 1}\Phi_0(t)$ とする．作用素 R^z を $\widehat{R^z}(n) = \operatorname{sgn}\widehat{T}(n)|\widehat{T}(n)|^z \Phi_0(\widehat{T}(n))$ と定義するとき補題 3.5.30 を $a(n) = \widehat{R^z}(n)$ として用いると

$$\|R^z\|_{\mathfrak{M}_{p2}} \leq \|\Phi_0\|_\infty \|T\|_{\mathfrak{M}_{pq}} \quad (\operatorname{Re} z = 0)$$

および

$$\|R^z\|_{\mathfrak{M}_{pp'}} \leq \|\Phi_0\|_\infty \|T\|_{\mathfrak{M}_{pq}}^2 \quad (\operatorname{Re} z = 1)$$

を得る．Stein の補間定理を用いて $1/q = (1-\theta)/2 + \theta/p'$ $(\theta = \beta_1)$ と θ をとるとき $\|TR^\theta\|_{\mathfrak{M}_{pq}} \leq \|\Phi_0\|_\infty \|T\|_{\mathfrak{M}_{pq}}^{\theta+1}$ を得る．これで (2) が示された． ∎

次に定理 3.5.25 の (2) が必要条件であることを示す．このとき，Φ が $M(p, q)$ に作用することから自然に $\Phi(0) = 0$ が導かれることを注意する．

定理 3.5.31. $1 < p < 2 \leq q < \infty$ とし，Φ を $[-1, 1]$ 上の関数とする．Φ が $M(p, q)$ に作用すれば $\Phi(t) = \alpha t + |t|^{\beta_1 + 1}\Phi_0(t)$ となる．ただし α は複素数，Φ_0 は有界関数で β_1 は定理 3.5.25 (2) のものである．

証明 補題 3.5.30 のように，$1/2 - 1/q \leq 1/p - 1/2$ としてよい．以下のようにいくつかの段階を経て示される．

第 1 段階．Φ が $M(p, q)$ に作用すれば 2 つの正数 C と η が存在して $\|T\|_{\mathfrak{M}_{pq}} < \eta$ ならば $\|\Phi \circ T\|_{\mathfrak{M}_{pq}} \leq C$ が成立する．

実際，任意の自然数 m に対して $T_m \in \mathfrak{M}_{pq}$ で $\widehat{T_m}(\mathbf{Z}) \subset [-1, 1]$ なるものが存在して $\|T_m\|_{\mathfrak{M}_{pq}} < 1/m^2$, $\|\Phi \circ T_m\|_{\mathfrak{M}_{pq}} > m$ と仮定する．このとき $\operatorname{supp}\widehat{T_m}$ は有限集合，つまり T_m は三角多項式としてよい．今 T_m を N_m 次の三角多項式とする．このとき $T(x) = \sum_{m=1}^\infty e^{in_m x}T_m(x)$ と

おき $\{n_m\}_{m=1}^{\infty}$ を $n_m + 3N_m < n_{m+1} - 3N_{m+1}$ とする．T_m の作り方より $T \in \mathfrak{M}_{pq}$ であるから $\Phi(T) \in \mathfrak{M}_{pq}$ となる．そこで 3.3 節の V_ε と同様に V_{N_m} を実数全体を定義域として定義する．この V_{N_m} を用いて，$H_m(x) = e^{in_m x}V_{N_m}(x)$ とおくと $((\Phi \circ T)H_m)(x) = e^{in_m x}(\Phi \circ T_m)(x)$ となる．これより $\|\Phi \circ T_m\|_{\mathfrak{M}_{pq}} \leq \|H_m\|_1 \|\Phi \circ T\|_{\mathfrak{M}_{pq}} \leq 3\|\Phi(T)\|_{\mathfrak{M}_{pq}}$ を得る．従って，これは $\{T_m\}$ のとり方に反する．

ここで Φ が $M(p,q)$ に作用すれば，奇関数 $\Phi(t) - \Phi(-t)$ と偶関数 $\Phi(t) + \Phi(-t)$ も作用する．Φ はそれら 2 つの関数の和であるから，これからこの 2 つのケースについて考える．

<u>第 2 段階</u>．Φ が偶関数のときに定理の条件を満たすことを示す．そのために，まず次の補題を設ける．

補題 3.5.32. 素数 $r(\geq 2)$ に対して $\delta^{(r)}(n) = r - 1$ または -1 となる数列 $\{\delta^{(r)}(n)\}$ で

$$\left|\sum_{n=1}^{N} \delta^{(r)}(n) e^{inx}\right| < (r-1)r(1+\sqrt{r})\sqrt{N} \quad (0 \leq x \leq 2\pi, \ N = 1, 2, \ldots)$$

となるものが存在する．このとき $\Delta_N^{(r)}(x) = \sum_{n=1}^{N} \delta^{(r)}(n) e^{inx}$ とおく．$\Delta_N^{(2)}(x)$ は **Rudin-Shapiro** の**多項式**といわれている．

証明 これは 2 つのステップに分けて示される．

<u>ステップ 1</u> (cf. [41])．r を $r \geq 2$ なる自然数，$\alpha = e^{2\pi i/r}$ とすると，適当な $\varepsilon_r(n)$ $(\varepsilon_r(n) = 1, \alpha, \ldots, \alpha^{r-1})$ をとれば，

$$\left|\sum_{n=1}^{N} \varepsilon_r(n) e^{in\theta}\right| \leq r(1+\sqrt{r})N^{1/2} \quad (0 \leq \theta \leq 2\pi, \ N \geq 1)$$

となる．

実際，$A_0, A_1, \ldots, A_{r-1}$ を任意の複素数とすると，$\alpha^{sr} = 1$ $(s = 0, 1, \ldots, r-1)$ を用いて

$$\sum_{s=0}^{r-1} \left|\sum_{j=0}^{r-1} \alpha^{sj} A_j\right|^2 = r \sum_{j=0}^{r-1} |A_j|^2 \tag{3.5.1}$$

3.5 作用関数について

が成立する.次に多項式 $P_k^s(z)$ $(k=0,1,\ldots;\ s=0,1,\ldots,r-1)$ を $P_0^0(z)=P_0^1(z)=\cdots=P_0^{r-1}(z)=z$ とし,$k=0,1,2,\ldots$ に対して $P_{k+1}^s(z)=\sum_{j=0}^{r-1}z^{jr^k}\alpha^{sj}P_k^j(z)$ $(s=0,1,\ldots,r-1)$ とおくと $P_k^s(z)$ は r^k 次の多項式となる.このとき $\varepsilon_r(n)$ を $P_k^0(e^{ix})$ の n 番目の Fourier 係数とすると求める性質を持つことが分かる.実際,以下のように示される.$P_k^s(z)$ の作り方より $z=e^{ix}$ のとき (3.5.1) を用いて,

$$\sum_{s=0}^{r-1}\left|P_{k+1}^s(z)\right|^2 = \sum_{s=0}^{r-1}\left|\sum_{j=0}^{r-1}z^{jr^k}\alpha^{sj}P_k^j(z)\right|^2$$
$$= r\sum_{j=0}^{r-1}\left|z^{jr^k}P_k^j(z)\right|^2$$
$$\vdots$$
$$= r^{k+2}$$

となる.よって

$$\left|P_k^s(e^{ix})\right|\leq r^{1/2}r^{k/2}\quad (k=0,1,\ldots;\ s=0,1,\ldots,r-1) \qquad (3.5.2)$$

を得る.特に $s=0$ のときは $\sum_{n=1}^{r^k}\varepsilon_r(n)e^{inx}=P_k^0(e^{ix})$ で $N=r^k$ ならステップ 1 の結果が示される.

次に $1\leq n\leq r^k$ のとき $S_n(P_k^s)(x)=\Sigma_{|m|\leq n}\widehat{P_k^s}(x)e^{imx}$ とすると

$$|S_n(P_k^s)|\leq\sqrt{r}(1+\sqrt{r})r^{k/2}\quad (s=0,1,\ldots,r-1) \qquad (3.5.3)$$

が示される.これは k についての数学的帰納法より (3.5.2) を用いて示される.従って $N\geq 1$ に対して $r^{k-1}\leq N\leq r^k$ なる k をとるとき

$$\left|\sum_{n=1}^{N}\varepsilon_r(n)e^{inx}\right|=\left|S_n(P_k^0)\right|$$

より (3.5.3) から

$$\left|\sum_{n=1}^{N}\varepsilon_r(n)e^{in\theta}\right|\leq r(1+\sqrt{r})N^{1/2}$$

を得る．

　ステップ 2. 補題 3.5.32 の証明を述べる．ステップ 1 において α のかわりに α^t $(t=1,2,\ldots,r-1)$ をとれば r は素数であるから α^t は 1 の r 乗根になる．α のかわりに α^t としてステップ 1 のように多項式 P_k^0 を構成すれば，$\widehat{P_k^0}(n) = (\varepsilon_r(n))^t$ となる．ここで

$$\delta^{(r)}(n) = \sum_{t=1}^{r-1}(\varepsilon_r(n))^t$$

とおくことにより $\delta^{(r)}(n) = r-1$ または -1 となる．従って

$$\left|\sum_{n=1}^{N}\delta^{(r)}(n)e^{inx}\right| = \left|\sum_{n=1}^{N}\left(\sum_{t=1}^{r-1}(\varepsilon_r(n))^t\right)e^{inx}\right|$$
$$\leq \sum_{t=1}^{r-1}\left|\sum_{n=1}^{N}(\varepsilon_r(n))^t e^{inx}\right|$$
$$\leq (r-1)r(1+\sqrt{r})N^{1/2}$$

を得る．∎

補題 3.5.33. 補題 3.5.32 の記号を用いて

$$\|\Delta_N^{(r)}\|_{\mathfrak{M}_{pq}} \leq (r-1)r(1+\sqrt{r})N^{1/p-1/2}$$

が成立する．

証明 マルチプライヤーの性質より $\|\Delta_N^{(r)}\|_{\mathfrak{M}_{22}} = \|\{\delta^{(r)}(n)\}\|_{l^\infty} \leq r-1$, $\|\Delta_N^{(r)}\|_{\mathfrak{M}_{1s}} \leq \|\Delta_N^{(r)}\|_s \leq \|\Delta_N^{(r)}\|_\infty \leq (r-1)r(1+\sqrt{r})\sqrt{N}$ が成立するので $0 < \theta < 1$ を $1/p = \theta/1 + (1-\theta)/2$ とおいて $1/q = \theta/s + (1-\theta)/2$ と s をとり Riesz-Thorin の補間定理を用いればよい．∎

　第 2 段階の証明． 補題 3.5.33 を用いると $r=2$ として $\Delta_N^{(2)}N^{-(1/p-1/2)}$ は $\mathfrak{M}_{pq}$ で (N に無関係という意味で) 一様有界となる．従って，定数 $C > 0$ が存在して

$$\left\|\Phi \circ \left(\frac{\Delta_N^{(2)}}{CN^{1/p-1/2}}\right)\right\|_{\mathfrak{M}_{pq}} \leq C$$

3.5 作用関数について

となる．これより Φ は偶関数であるから

$$\left\|\sum_{n=1}^{N}\Phi\left(\frac{1}{CN^{1/p-1/2}}\right)e^{inx}\right\|_q \le C\left\|\sum_{n=1}^{N}e^{inx}\right\|_q$$

となる．ゆえに

$$\left|\Phi\left(\frac{1}{CN^{1/p-1/2}}\right)\right|N^{1-1/q} \le CN^{1-1/p}$$

を得る．このとき $\Phi(t)$ のかわりに $\Phi(\eta t)$ $(1/2<\eta<1)$ にかえても同じようにできるから 0 の近傍で定数 $C>0$ が存在して

$$\left|\Phi(t)t^{-1}\right| \le C\left|t\right|^{\beta_1}$$

となる．ここで $\Phi_0(t)=\Phi(t)t^{-(1+\beta_1)}$ $(t\neq 0)$ とおくとき $p>1$ より Φ_0 は有界になる．実際，$t_n\in[-1,1]$, $|\Phi_0(t_n)|\to\infty$ とすると $m(k)=t_n$ $(k=2^n)$, $m(k)=0$ $(k\neq 2^n)$ なる $m=\{m(k)\}$ をとれば $\Phi(m(\cdot))\in M(p,q)\subset M(2,2)$ より, $\Phi(m(\cdot))\in\ell^\infty$ となるので，矛盾を得る (cf. [11], [26])．また，$\Phi(t)$ が奇関数であれば同様の方法で定数 $C>0$ が存在して $|\Phi(t)|\le C|t|$ を示せる．この結果は後で使用する．以上から偶関数のときは Φ が $M(p,q)$ に作用するときの必要条件が示された.

第 3 段階．Φ が奇関数ならば，

$$\left|\Phi(t)-2\Phi\left(\frac{t}{2}\right)\right| \le C\left|t\right|^{1+\beta_1}$$

が成立する．

実際，次のように示される．

$$\Phi\left(\frac{t}{2}\delta^{(3)}(n)\right) = \frac{1}{3}\left[\Phi(t)-2\Phi\left(\frac{t}{2}\right)\right]+\frac{1}{3}\left[\Phi(t)+\Phi\left(\frac{t}{2}\right)\right]\delta^{(3)}(n)$$
$$= \Psi_1(t)+\Psi_2(t)\delta^{(3)}(n)$$

とおく．このとき，第 1 段階と補題 3.5.33 と第 2 段階の後半の注意より

$$\left\|\Phi\circ\left(\frac{\Delta_N^{(3)}}{CN^{1/p-1/2}}\right)\right\|_{\mathfrak{M}_{pq}} \le C, \quad |\Phi(t)|\le C|t|$$

としてよい．従って，Ψ_2 も作用関数になることに注意して，補題 3.5.33 を用いて

$$\left\|\sum_{n=1}^{N}\Psi_2\left(\frac{1}{CN^{1/p-1/2}}\right)\delta^{(3)}e^{inx}\right\|_{\mathfrak{M}_{pq}} = \left|\Psi_2\left(\frac{1}{CN^{1/p-1/2}}\right)\right|\|\Delta_N^{(3)}\|_{\mathfrak{M}_{pq}}$$
$$\leq C$$

と得る．従って

$$\left\|\sum_{n=1}^{N}\Psi_1\left(\frac{1}{CN^{1/p-1/2}}\right)e^{inx}\right\|_{M(p,q)} \leq C \quad (N=1,2,\ldots)$$

となる．言い換えると

$$\left\|\sum_{n=1}^{N}\Psi_1\left(\frac{1}{CN^{1/p-1/2}}\right)e^{inx}\right\|_q \leq C\left\|\sum_{n=1}^{N}e^{inx}\right\|_p$$

を得る．従って

$$\left|\Psi_1\left(\frac{1}{CN^{1/p-1/2}}\right)\right|N^{1-1/q} \leq CN^{1-1/p}$$

となるので
$$|\Psi_1(t)| \leq Ct^{\frac{1/p-1/q}{1/p-1/2}}$$

を得る．

以上より，第 3 段階が示された．

ここで第 3 段階に注意すると $t \in [-1,1]$ に対して $\{2^n\Phi(\frac{t}{2^n})\}_n$ が Cauchy 列であることを示している．そこで

$$\Phi_1(t) = \lim_{n\to\infty}2^n\Phi\left(\frac{t}{2^n}\right), \quad \Phi_2(t) = \Phi(t) - \Phi_1(t)$$

とおく．

<u>第 4 段階</u>．$|\Phi_2(t)| \leq C|t|^{1+\beta_1}$．

3.5 作用関数について

第 4 段階は次のように示される．
第 3 段階の結果を用いて

$$\begin{aligned}
|\Phi_2(t)| &= \left|\lim_{n\to\infty} 2^n \Phi\left(\frac{t}{2^n}\right) - \Phi(t)\right| \\
&\leq \sum_{n=1}^{\infty} \left|2^n \Phi\left(\frac{t}{2^n}\right) - 2^{n-1}\Phi\left(\frac{t}{2^{n-1}}\right)\right| \\
&\leq \sum_{n=1}^{\infty} C' 2^{n-1} \left|\frac{t}{2^{n-1}}\right|^{1+\beta_1} \\
&\leq C\,|t|^{1+\beta_1}
\end{aligned}$$

を示すことができる．これで第 4 段階が示された．

<u>第 5 段階．</u> $\Phi_1(t)$ は $[-1, 1]$ 上の連続な関数である．

実際，次のように示す．

必要ならば $\Phi_1(t)$ を $\Phi_1(\eta t)$ にかえることで $\Phi_1(t)$ が $t = 1$ で連続であることをいえばよい．$\{t_n\}$ を $|1 - t_m| < 2^{-m}$ なる数列とし

$$N_m = \left[2^{m/(\frac{1}{p}-\frac{1}{2})}\right],\quad T_m = \frac{1}{2^m}\sum_{n=1}^{N_m}\left\{\delta^{(2)}(n) + \frac{1-t_m}{2}(1-\delta^{(2)}(n))\right\}e^{inx}$$

とおく．このとき

$$\|T_m\|_{\mathfrak{M}_{pq}} \leq 2^{-m}\left\|\sum_{n=1}^{N_m}\delta^{(2)}(n)e^{inx}\right\|_{\mathfrak{M}_{pq}} + C2^{-2m}\left\|\sum_{n=1}^{N_m}e^{inx}\right\|_{\mathfrak{M}_{pq}}$$

となる．右辺の第 1 項は N_m のとり方と補題 3.5.33 より m について一様有界になる．右辺の第 2 項は $2^{-2m}2^{m/(\frac{1}{p}-\frac{1}{2})\cdot(\frac{1}{p}-\frac{1}{q})}$ でおさえられて，$1/p + 1/q \geq 1$ より m について一様有界となる (cf. [40])．しかるに Φ_1 は奇関数であるから

$$\Phi_1\left(\delta^{(2)}(n) + \frac{1-t_n}{2}(1-\delta^{(2)})(n)\right)$$
$$= \frac{1}{2}\left[\Phi_1(1) - \Phi_1(t_n)\right] + \frac{1}{2}\left[\Phi_1(1) + \Phi_1(t_n)\right]\delta^{(2)}(n)$$

となる. $2\Phi_1(\frac{t}{2}) = \Phi_1(t)$ を用いることにより $\|T_m\|_{\mathfrak{M}_{pq}} \leq 2^{m_0}$ とすると，上の式より

$$\begin{aligned}C &\geq \|\Phi_1(2^{-m_0}T_m)\|_{\mathfrak{M}_{pq}} \\ &= 2^{-m-m_0}\|\Phi_1(2^m T_m)\|_{\mathfrak{M}_{pq}} \\ &\geq C\,|\Phi_1(1) - \Phi_1(t_m)|\,2^{-m}N_m^{1/p-1/q} - C2^{-m}N_m^{1/p-1/2}\end{aligned}$$

となり $2^{-m}N_m^{1/p-1/q} \to \infty$ $(m \to \infty)$ であるから，$\Phi_1(t_m) \to \Phi_1(1)$ $(m \to \infty)$ でなければならない. よって $\Phi_1(t)$ は $t=1$ で連続である. 以上で第 5 段階が示された.

<u>第 6 段階</u>. $\Phi_1(t) = \alpha t$ $(t \in [-1,1])$ が成立する.

第 6 段階の証明は次のように行う.
$0 < t < 1$ として r を素数とする. $\Phi_1(t)$ が奇関数であることより,

$$\Phi_1\left(\frac{t\delta^{(r)}(n)}{2^m(r-1)}\right) = \frac{1}{2^m r}\left[\Phi_1(t) - (r-1)\Phi_1\left(\frac{t}{r-1}\right)\right] \\ + \frac{1}{2^m r}\left[\Phi_1(t) + \Phi_1\left(\frac{t}{r-1}\right)\right]\delta^{(r)}(n) \quad (3.5.4)$$

が成立する. しかるに補題 3.5.33 より

$$\|t2^{-m}(r-1)^{-1}\Delta_{N_m}^{(r)}\|_{M(p,q)} \leq Ct2^{-m}(r-1)^{-1}N_m^{1/p-1/2}$$

であるから $N_m = [2^{m/(1/p-1/2)}]$ とおくと (3.5.4) の右辺の第 2 項の作用素ノルムは自然数 m_0 を十分大にとることで 2^{m_0} でおさえられ,

$$\left\|\Phi_1\left(\frac{t\Delta_N^{(r)}}{2^{m+m_0}(r-1)}\right)\right\|_{\mathfrak{M}_{pq}} \leq C$$

となる (C は r に依存してよい). 従って

$$2^{m_0}C \geq \frac{1}{2^m r}\left|\Phi_1(t) - (r-1)\Phi_1\left(\frac{t}{r-1}\right)\right|N_m^{1/p-1/q} \\ - \frac{C}{2^m r}\left|\Phi_1(t) + \Phi_1\left(\frac{t}{r-1}\right)\right|N_m^{1/p-1/2}$$

3.5 作用関数について

となる．$2^{-m}N_m^{1/p-1/2}$ は有界で $2^{-m}N_m^{1/p-1/q}\ (m \to \infty)$ より

$$\Phi_1(t) = (r-1)\Phi_1\left(\frac{t}{r-1}\right)$$

でなければならない．これを繰り返すことにより，q, r を素数とすると

$$\Phi_1\left(\left(\frac{r-1}{q-1}\right)^n\right) = \left(\frac{r-1}{q-1}\right)^n \Phi_1(1)$$

を得る．ここで $\{(\frac{r-1}{q-1})^n : r, q\ \text{は素数}, n\ \text{は自然数}\}$ は $(0,1)$ で稠密で $\Phi_1(t)$ は連続であるから $\Phi_1(t) = t\Phi_1(1)\ (0 \leq t \leq 1)$ となる．以上で第 6 段階が示された．

以上で，全て証明された． ∎

注意 3.5.34. 定理 3.5.31 の $q=2$ の場合は，Hatori [19] により，無限コンパクト Abel 群上に一般化されている．また，$\mathfrak{M}_{pq}$ の極大イデアル空間は，Hatori [20] で研究されている．

3.5.6 $C_0 M_p(\mathbf{Z})\ (1 < p < 2)$ の作用関数について

ここでは，$\mathfrak{M}_p(\mathbf{T})\ (1 < p < 2)$ の部分空間である $C_0\mathfrak{M}_p(\mathbf{T})$ の作用関数について，M. Zafran の研究 [59](cf. [58]) の結果のみを述べる．詳細は論文を参照していただきたい．

定義 3.5.35. $1 < p < 2$ とする．$T \in C_0\mathfrak{M}_p(\mathbf{T})$ には $\{\widehat{T}(n)\}_{n\in\mathbf{Z}} \in \ell^\infty$ (即ち，$\widehat{Tf}(n) = \widehat{T}(n)\widehat{f}(n),\ f \in L^2(\mathbf{T})$) が対応するが，混乱が生じないので $C_0\mathfrak{M}_p(\mathbf{T})$ を $C_0M_p(\mathbf{Z}) = \{\widehat{T}: T \in C_0\mathfrak{M}_p(\mathbf{T})\}$ と見なすことにする．Φ を $[-1,1]$ 上の関数とする．$\widehat{T} \in C_0M_p(\mathbf{Z}),\ \widehat{T}(\mathbf{Z}) \subset [-1,1]$ に対して $\Phi(\widehat{T}(\mathbf{Z})) \in C_0M_p(\mathbf{Z})$ のとき Φ は $C_0\mathfrak{M}_p(\mathbf{T})$ に作用するという．

さて，3.5.4 項で $\mathrm{Sp}(\mu, \mathfrak{M}_p(\mathbf{T})) \supsetneq \overline{\widehat{\mu}(\mathbf{Z})}$ なる $\mu \in M(\mathbf{T})$ の存在を示したが，M. Zafran は，この μ について，$\hat{\mu}$ は無限遠点で零にならないことに注目する．実際，次が成立する．

定理 3.5.36 ([22]). $1 \leq q < p \leq 2$ とする. $T \in C_0\mathfrak{M}_q(\mathbf{T})$ なら

$$Sp(T, \mathfrak{M}_p) = \hat{T}(\mathbf{Z}) \cup \{0\}$$

が成立する.

これは，Riesz-Thorin の補間定理により示される．3.5.4 項で述べた Hörmander の問題「$m_p = C_0\mathfrak{M}_p(\mathbf{T})$?」については，Figa-Talamanca-Gaudry [18] が否定的に解決した．彼らは，$1 < p < 2$ のとき，$\|T_0 - T_f\|_{\mathfrak{M}_p} \geq c(> 0)$ $(f \in L^1(\mathbf{T}))$ なる $T_0 \in C_0\mathfrak{M}_p(\mathbf{T})$ の存在を示した．しかし，この T_0 については，Zafran [57] が $T_0^2 \in m_p$ が成立することを示し，T_0 は m_p から，それほど離れていないことを指摘した．さらに，M. Zafran は，$p = 1$ の場合に対応する $C_0\mathfrak{M}_1(\mathbf{T}) = M_0(\mathbf{T}) = \{\mu \in M(\mathbf{T}) : \hat{\mu} \to 0 \ (|n| \to \infty)\}$ の作用関数についての Varopoulos の研究 [51] の重要性を指摘した．Varopoulos [51] は，$L^1(\mathbf{T}) \subset M_0(\mathbf{T})$ から $M_0(\mathbf{T})$ の作用関数 Φ は $L^1(\mathbf{T})$ に作用することより，0 の近傍で級数展開できることに着目し，$\Phi(z) = \Sigma_{n=0}^{\infty} a_n z^n$ $(|z| < \varepsilon_0, \varepsilon_0 > 0)$ であるとき右辺の級数の収束半径がいくらでも大きくなることを $M_0(\mathbf{T})$ の特別な測度を見出すことによって示した．M. Zafran は，Varopoulos [51] のこの方法を $C_0\mathfrak{M}_p(\mathbf{T})$ の作用関数の研究に用いて次の結果を示した．

定理 3.5.37. $1 < p < 2$ とする．$[-1, 1]$ 上の関数 Φ が $C_0\mathfrak{M}_p(\mathbf{T})$ に作用する必要十分条件は，Φ が整関数に拡張されることである．

この結果，$C_0\mathfrak{M}_p(\mathbf{T})$ においても Wiener-Pitt の現象が起こることが分かる．即ち，

系 3.5.38. $T \in C_0\mathfrak{M}_p(\mathbf{T})$ が存在して

$$\mathrm{Sp}(T, C_0\mathfrak{M}_p(\mathbf{T})) \supsetneq \overline{\hat{T}(\mathbf{Z})}$$

が成立する.

定理 3.5.37 の証明については，Brown [13] の指摘により少し見通しが良くなったが，良い評価を得るための測度の構成，ベクトル値関数の補間定理，

Littlewood-Paley の理論を使用するなど複雑である．最後に $\|e^{i\mu}\|_{\mathfrak{M}_p(\mathbf{T})}$ の評価について，M. Zafran の結果 [60] を述べる．

定理 3.5.39 (Zafran). $1 < p < 2$ とする．このとき，$j \in \mathbf{Z}$ に対し

$$\sup\{\|e^{ij\mu}\|_{\mathfrak{M}_p(\mathbf{T})} : \mu \in M(\mathbf{T}),\ \hat{\mu} \in \mathbf{R},\ \|\mu\|_{\mathfrak{M}_p(\mathbf{T})} \leq 1\} \geq c\beta^{|j|}$$

が成立する．ここで，$c > 0$, $\beta > 1$ は，p に依存しない定数である．

これは，定理 3.5.21，または注意 3.5.22 と比較すると $\mathfrak{M}_p(\mathbf{T})$ と $M(\mathbf{T})$ の本質的に大きさの違いが現れた評価であり，たいへん興味ある結果である．

おわりに

まえがきにあるように，第 3 章は，N. Wiener の定理から始まったといわれているスペクトル合成，作用関数の話題を主に述べたものである．スペクトル合成については，P. Malliavin, N. Th. Varopoulos, S. Saeki, T. W. Körner, D. Müller 等の研究が中心であり，作用関数については，J. P. Kahane, W. Rudin, Y. Katznelson, S. Igari, M. Zafran 等の研究が中心となっている．本章では，彼らの文献を参考にした．ここで取り上げた内容の他に，可換 Banach 環の調和解析との関係で興味ある研究としては，[6], [15], [21], [25], [30], [36], [37], [38], [46], [58] など，多数ある．なお，参考文献は，最初に本を，その後に論文を並べてある．

この度，執筆の機会を与えて頂いた東京女子大学の宮地晶彦教授に心より感謝致します．

参考文献

[1]　ブルバキ (倉田令二朗 訳), 数学原論 スペクトル論 I, 東京図書, 東京, 1971.

[2]　日本数学会 編, 関数環とその関連分野 (特集), 数学 **28**(1976), no.1.

[3]　荷見守助, 調和解析学, 槙書店, 東京, 1978.

[4]　J. Bergh and J. Löfström, Interpolation Spaces: An introduction, Springer-Verlag, Berlin-Heidelberg-New York, 1976.

[5] J. Duoandikoetxea, Fourier analysis, Graduate Studies in Mathematics, A.M.S, 2001.

[6] C. C. Graham, O. C. McGehee, Essays in commutative harmonic analysis, Springer-Verlag, New York-Heidelberg-Berlin, 1979.

[7] J. P. Kahane, Séries de Fourier absolument convergentes, Springer-Verlag, Berlin, 1970.

[8] Y. Katznelson, An introduction to harmonic analysis, Dover Publications, New York, 1976.

[9] R. Larsen, An Introduction to the Theory of Multipliers, Springer-Verlag, Berlin-Heidelberg-New York, 1971.

[10] L.H. Loomis, An introduction to abstract harmonic analysis, Princeton, Van Nostrand, 1953.

[11] W. Rudin, Fourier analysis on groups, Interscience, New York-London, 1962.

[12] J. L. Taylor, Measure algebras, CBMS Conference Report, No. 16, A.M.S, 1973.

[13] G. Brown, Construction of Fourier multipliers, Bull. Austral. Math. Soc. **16**(1977), 463–472.

[14] A. P. Calderón and A. Zygmund, Algebras of certain singular operators, Amer. J. Math. **78**(1956), 310–320.

[15] Y. Domar, On the spectral synthesis problem for $(n-1)$-dimensional subsets of R^n, $n \geq 2$, Ark. Mat. **9**(1971), 23–37.

[16] R. Doss, Some inclusions in multipliers, Pacific J. Math. **32**(1970), 643–646.

[17] K. de Leeuw, On L_p multipliers, Ann. of Math. (2) **81**(1965), 364–379.

[18] A. Figa-Talamanca and G.I. Gaudry, Multipliers of L^p which vanish at infinity, J. Functional Analysis **7**(1971), 475–486.

[19] O. Hatori, Functions which operate on algebras of Fourier multipliers, Tohoku Math. J. (2) **47**(1995), no. 1, 105–115.

[20] O. Hatori, A characrerization of lacunary set and spectral prop-

erties of Fourier multipliers, Function spaces (Edwardsville, IL, 1994), 183–203, Lecture Notes in Pure and Appl. Math., 172, Dekker, New York, 1995.

[21] C. S. Herz, Spectral synthesis for the circle, Ann. of Math. **68**(1958), 709–712.

[22] L. Hörmander, Estimates for translation invariant operators in L^p spaces, Acta Math. **104**(1960), 93–140.

[23] S. Igari, スペクトル合成について, 数学 **18**(1966/1967), 215–222.

[24] S. Igari, Functions of L^p multipliers, Tôhoku Math. J. **21**(1969), 304–320.

[25] S. Igari, Functions of L^p-multipliers II, Tôhoku Math. J. (2)**26**(1974), 555–561.

[26] S. Igari, E. Sato, Operating functions on Fourier multipliers, Tohoku Math. J. (2)**46**(1994), no. 3, 357–366.

[27] M. Jr. Jodeit, Restrictions and extensions of Fourier multipliers, Studia Math. **34**(1970), 215–226.

[28] M. Kaneko and E. Sato, Notes on transference of continuity from maximal Fourier multiplier operators on R^n to those on T^n, Interdiscip. Inform. Sci. **4**(1998), no. 1, 97–107.

[29] Y. Kanjin, A convolution measure algebra on the unit disc, Tôhoku Math. J. **28**(1976), 105–115.

[30] Y. Kanjin, On algebras with convolution structures for Laguerre polynomials, Trans. Amer. Math. Soc. **295**(1986), no. 2, 783–794.

[31] Y. Katznelson, Sur les functions operant sur l' algebre des series de Fourier Absolument convergentes, C. R. Acad. Sci. Paris **247**(1958), 404–406.

[32] R. Kaufman, M-sets and distributions, Astérisque **5**(1973), 225–230.

[33] T. Körner, A pseudofunction on a Helson set. I, Astérisque **5**(1973), 3–224.

[34] P. Malliavin, Impossibilité de la synthèse spectrale sur les groupes

abéliens non compacts, Publ. Math. Inst. Hautes Études Sci. 1959, 85–92.

[35] D. Müller, On the spectral synthesis problem for hypersurfaces of $\mathbf{R}^N$, J. Funct. Anal. **47**(1982), no. 2, 247–280.

[36] F. Parreau, Measures with real spectra, Invent. Math. **98**(1989), no. 2, 311–330.

[37] T. V. Pedersen, Some properties of the Piser algebra, Math. Proc. Cambridge Phils. Soc. **128**(2000), 343–354.

[38] G. Pisier, A remarkable homogeneous Banach algebra, Israel J. Math. **34**(1979), no. 1–2, 38–44.

[39] I. Richards, On Malliavin's counterexample to spectral synthesis, Bull. Amer. Math. Soc. **72**(1966), 698–700.

[40] D. Rider, Transformations of Fourier coefficients, Pacific J. Math. **19**(1966), 347–355.

[41] W. Rudin, Some theorems on Fourier coefficients, Proc. Amer. Math. Soc. **10**(1959), 855–859.

[42] W. Rudin, Fourier-Stieltjes transforms of measures on independent sets, Bull. Amer. Math. Soc. **66**(1960), 199–202.

[43] W. Rudin, A strong converse of the Wiener-Levy theorem, Canad. J. Math. **14**(1962) 694–701.

[44] S. Saeki, Spectral synthesis for the Kronecker sets, J. Math. Soc. Japan **21**(1969), 549–563.

[45] S. Saeki, Helson sets which disobey spectral synthesis, Proc. Amer. Math. Soc. **47**(1975), 371–377.

[46] S. Saeki, Tensor products in Harmonic Analysis, KSU Lecture Note.

[47] P. Sarnak, Spectra of singular measures as multipliers on L_p, J. Functional Analysis **37**(1980), 302–317.

[48] E. Sato, Spectra of measures as L_p multipliers, Tohoku Math. J. (2) **37**(1985), no. 3, 333–342.

[49] L. Schwartz, Sur une propriété de synthèse spectrale dans les

groupes non compacts, C. R. Acad. Sci. Paris **227**(1948), 424–426.

[50] N. Th. Varopoulos, Sur les ensembles parfaits et les séries trigonométriques, C. R. Acad. Sci. Paris **260**(1965), 3831–3834.

[51] N. Th. Varopoulos, The functions that operate on $B_0(\Gamma)$ of a discrete group Γ, Bull. Soc. Math. France **93**(1965), 301–321.

[52] N. Th. Varopoulos, Tensor algebras and harmonic analysis, Acta Math. **119**(1967), 51–112.

[53] N. Wiener, Tauberian theorems, Ann. of Math. **33**(1932), 1–100.

[54] N. Wiener and H. R. Pitt, On absolutely convergent Fourier-Stieltjes transforms, Duke Math. J. **4**(1938), no. 2, 420–436.

[55] J. H. Williamson, A theorem on algebras of measures on topological groups, Proc. Edinburgh Math. Soc. **11**(1958/1959), 195–206.

[56] K. Wozniakowski, A new proof of the restriction theorem for weak type (1,1) multiplisers on $\mathbf{R}^n$, Illinois J. Math. **40**(1996), 483.

[57] M. Zafran, On the spectra of multipliers, Pacific J. Math. **47**(1973), 609–626.

[58] M. Zafran, The spectra of multiplier transformations on the L_p spaces, Ann. of Math. **103**(1976), no. 2, 355–374.

[59] M. Zafran, The functions operating on multiplier algebras. J. Functional Analysis **26**(1977), no. 3, 289–314.

[60] M. Zafran, Exponential estimates in multiplier algebras, Conference on harmonic analysis in honor of Antoni Zygmund, Vol. I, 114–121, 1983.

第 4 章

振動積分と掛谷問題

4.1 Hardy-Littlewood 最大関数と微分定理

この節では，調和解析で基本的な道具である Hardy-Littlewood 最大関数を定義し，その性質を調べる．

■**最大関数** $B(x,t) \subset \mathbf{R}^n$ により x を中心とした半径 t の開球を表し，$|B(x,t)|$ によりその体積を表すことにする．このとき，局所可積分関数 $f \in L^1_{\mathrm{loc}}(\mathbf{R}^n)$ に対して，**Lebesgue の微分定理**

$$\lim_{t \to 0} \frac{1}{|B(x,t)|} \int_{B(x,t)} f(y)\, dy = f(x) \quad (\text{a.e. } x \in \mathbf{R}^n) \tag{4.1.1}$$

が成立する．この定理を示すために $\lim_{t \to 0}$ のかわりに $\sup_{t > 0}$ を考えたい．この評価においてキャンセレーションへの考慮は問題とならず **Hardy-Littlewood 最大関数**

$$\mathcal{M}f(x) := \sup_{t > 0} \frac{1}{|B(x,t)|} \int_{B(x,t)} |f(y)|\, dy \tag{4.1.2}$$

が解析すべきターゲットである．

最大関数 $\mathcal{M}f$ は，その定義により次の**劣線形性**を満たすことが直ちに分かる．

$$\begin{cases} \mathcal{M}(f+g)(x) & \leq \mathcal{M}f(x) + \mathcal{M}g(x), \\ \mathcal{M}(cf)(x) & = |c|\,\mathcal{M}f(x) \end{cases} \quad (f, g \in L^1_{\mathrm{loc}}(\mathbf{R}^n),\, c \in \mathbf{C}). \tag{4.1.3}$$

4.1 Hardy-Littlewood 最大関数と微分定理

■**最大関数の可測性**　$f \in L^1_{\text{loc}}(\mathbf{R}^n)$ とする.

$$\chi_t(x) := \frac{\chi_{B(0,t)}(x)}{|B(0,t)|} \quad (t > 0)$$

として[*1]

$$f_t(x) := (\chi_t * |f|)(x) = \int_{\mathbf{R}^n} \chi_t(x-y)|f(y)|\, dy$$

とおく. このとき

$$\mathcal{M}f(x) = \sup_{t>0} f_t(x)$$

と表される.

x を固定すれば, $f_t(x)$ は $t>0$ の連続関数であるから, 上式右辺の上限は有理数 $0<t\in\mathbf{Q}$ についてとれば十分である. また, t を固定すれば, $f_t(x)$ は $x\in\mathbf{R}^n$ の連続関数である. ゆえに, 上式右辺は連続関数の可算個の上限により表されて $\mathcal{M}f$ の可測性が従う.

■**分布関数**　関数の相対的な大きさを知るために, その分布関数を定義しよう. $\mathbf{R}^n$ 上の可測関数 $g(x)$ に対して, その分布関数を

$$\alpha(\lambda) := |\{x \in \mathbf{R}^n : |g(x)| > \lambda\}| \quad (\lambda > 0) \tag{4.1.4}$$

で定義する[*2].

分布関数を用いて $g \in L^p(\mathbf{R}^n)$ のノルムが表現できる.
$g \in L^\infty$ のとき

$$\|g\|_\infty = \inf\{\lambda : \alpha(\lambda) = 0\}$$

である.

$g \in L^p(\mathbf{R}^n)$ $(1 \leq p < \infty)$ のときは少し計算が必要となる.

[*1] $\chi_A(x)$ は集合 $A \subset \mathbf{R}^n$ の特性関数を表す. 即ち

$$\chi_A(x) = \begin{cases} 1 & (x \in A), \\ 0 & (x \notin A). \end{cases}$$

[*2] 以後, 可測集合 $A \subset \mathbf{R}^n$ の大きさ (Lebesgue 測度) を簡単に $|A|$ と表す.

まず

$$\int_{\mathbf{R}^n} |g(y)|^p \, dy = p \int_{\mathbf{R}^n} \int_0^{|g(y)|} \lambda^{p-1} \, d\lambda \, dy$$
$$= p \int_{\mathbf{R}^n} \int_0^\infty \chi_{[0,|g(y)|]}(\lambda) \lambda^{p-1} \, d\lambda \, dy$$

と表し，Fubini の定理を用いて積分の順序を交換すれば

$$\int_{\mathbf{R}^n} |g(y)|^p \, dy = p \int_0^\infty \alpha(\lambda) \lambda^{p-1} \, d\lambda \tag{4.1.5}$$

が従う．

$g \in L^p(\mathbf{R}^n)$ のとき $\alpha(\lambda)$ は上から $\|g\|_p$ によって評価される．即ち

$$\alpha(\lambda) \leq \left(\frac{\|g\|_p}{\lambda}\right)^p. \tag{4.1.6}$$

実際

$$\lambda^p \alpha(\lambda) \leq \int_{\{x:\, |g(x)|>\lambda\}} |g(y)|^p \, dy \leq \|g\|_p^p.$$

次は，最大関数に関して最も基本的で重要な定理である．その系として微分定理が従う．

定理 4.1.1. 次が成立する．

(a) $f \in L^p(\mathbf{R}^n)$ $(1 \leq p \leq \infty)$ ならば $\mathcal{M}f$ はほとんど至るところ有限である．

(b) $f \in L^1(\mathbf{R}^n)$ ならば

$$|\{x: \mathcal{M}f(x) > \lambda\}| \leq \frac{3^n}{\lambda} \|f\|_{L^1(\mathbf{R}^n)} \quad (\lambda > 0).$$

(c) $f \in L^p(\mathbf{R}^n)$ $(1 < p \leq \infty)$ ならば

$$\|\mathcal{M}f\|_{L^p(\mathbf{R}^n)} \leq A_p \|f\|_{L^p(\mathbf{R}^n)}, \quad A_p = 2 \left(\frac{3^n p}{p-1}\right)^{1/p}.$$

4.1 Hardy-Littlewood 最大関数と微分定理

(a) の成立は，(b),(c) が成立すれば明らかである．

系 4.1.2. $f \in L^1_{\mathrm{loc}}(\mathbf{R}^n)$ ならば

$$\lim_{t \to 0} \frac{1}{|B(x,t)|} \int_{B(x,t)} f(y)\,dy = f(x) \quad (\text{a.e. } x \in \mathbf{R}^n)$$

が成立する．

大きさ 1 を原点にのみおく測度を $d\mu(x)$ と表せば，最大関数の定義において，$|f(x)|\,dx$ を $d\mu(x)$ で置き換えて $\mathcal{M}\mu(x)$ を定義すると，

$$\mathcal{M}\mu(x) = \frac{C}{|x|^n} \notin L^1(\mathbf{R}^n),$$

$$|\{x : \mathcal{M}\mu(x) > \lambda\}| = \frac{C}{\lambda}$$

と計算できる．従って，この場合 (b) の評価はベストである．

$L^1(\mathbf{R}^n)$ の関数列 $\{f_n\}$ を選んで

$$\lim_{n \to \infty} f_n(x)\,dx = d\mu(x)$$

とできることより (b) の評価は最善であることが分かる．

■**被覆補題**　　定理の核心は (b) であり，その証明は次の被覆補題による．

補題 4.1.3. $B_1 = B(x_1, t_1)$, $B_2 = B(x_2, t_2)$, ..., $B_N = B(x_N, t_N)$ をそれぞれ有限な大きさを持つ有限個の球の族として

$$E := \bigcup_{j=1}^{N} B_j$$

とする．このとき，$\{B_j\}$ から互いに交わりを持たない部分族 $B_{j_1}, B_{j_2}, \ldots, B_{j_K}$ を選んで，

$$|E| \leq 3^n \sum_{k=1}^{K} |B_{j_k}|$$

とできる．

証明 まず B_{j_1} を

$$t_{j_1} = \max\{t_j : j = 1, \ldots, N\}$$

を満たすものとして選ぶ．次に B_{j_2} を

$$t_{j_2} = \max\{t_j : B_{j_1} \cap B_j = \emptyset\}$$

を満たすものとして選ぶ．以下帰納的に B_{j_k} を

$$t_{j_k} = \max\{t_j : B_j \cap B_{j_l} = \emptyset \, (l = 1, \ldots, k-1)\}$$

を満たすものとして選ぶ．

このようにして得られた $B_{j_1}, B_{j_2}, \ldots, B_{j_K}$ に対して，任意の B_j はある B_{j_k} によって

$$B_j \subset B(x_{j_k}, 3t_{j_k}) \tag{4.1.7}$$

とできる．実際，$B_{j_1}, B_{j_2}, \ldots, B_{j_K}$ の内で一番最初に B_j と交わりを持つものを B_{j_k} とすれば，

$$t_j \leq t_{j_k}$$

である．そうでなければ B_{j_k} に換えてこの B_j が選ばれているはずである．ゆえに簡単な幾何により (4.1.7) の成立が分かる．

(4.1.7) より

$$E \subset \bigcup_{k=1}^{K} B(x_{j_k}, 3t_{j_k})$$

となり

$$|E| \leq \sum_{k=1}^{K} |B(x_{j_k}, 3t_{j_k})| = 3^n \sum_{k=1}^{K} |B_{j_k}|.$$

∎

■**定理 4.1.1 (b) の証明**　$f \in L^1(\mathbf{R}^n)$ として

$$E_\lambda := \{x \in \mathbf{R}^n : \mathcal{M}f(x) > \lambda\} \quad (\lambda > 0)$$

4.1 Hardy-Littlewood 最大関数と微分定理

とおく.このとき,$\mathcal{K} \subset E_\lambda$ を任意のコンパクト集合とし,各 $x \in \mathcal{K}$ に対して,最大関数の定義によって球 $B(x, t_x)$ を選び

$$\lambda |B(x, t_x)| < \int_{B(x, t_x)} |f(y)|\, dy \tag{4.1.8}$$

とできる.

$\mathcal{K}$ のコンパクト性より

$$\mathcal{K} \subset \bigcup_{j=1}^{N} B_j, \quad B_j := B(x_j, t_{x_j})$$

を満たす有限個の球の族が得られる.この族に補題 4.1.3 を適用して

$$|\mathcal{K}| \leq 3^n \sum_{k=1}^{K} |B_{j_k}|, \quad B_{j_k} \cap B_{j_l} = \emptyset \quad (k \neq l).$$

この右辺を (4.1.8) を用いて評価すれば

$$|\mathcal{K}| \leq \frac{3^n}{\lambda} \sum_{k=1}^{K} \int_{B_{j_k}} |f(y)|\, dy \leq \frac{3^n}{\lambda} \int_{\mathbf{R}^n} |f(y)|\, dy.$$

最後の不等号は B_{j_k} が互いに交わりを持たないことによる.

$\mathcal{K} \subset E_\lambda$ は任意にとることができるから

$$|E_\lambda| \leq \frac{3^n}{\lambda} \|f\|_{L^1(\mathbf{R}^n)}.$$

(b) が成立する.

■**定理 4.1.1 (c) の証明** 明らかに,

$$\|\mathcal{M}f\|_{L^\infty(\mathbf{R}^n)} \leq \|f\|_{L^\infty(\mathbf{R}^n)} \tag{4.1.9}$$

であるから,$f \in L^p(\mathbf{R}^n), 1 < p < \infty$ として証明する.

$\lambda > 0$ に対して,

$$f_\lambda(x) := |f(x)| \chi_{\{y : |f(y)| > \lambda\}}(x)$$

とおけば,

$$|f(x)| = f_\lambda(x) + \{|f(x)| - f_\lambda(x)\}$$

と分解される.

$\mathcal{M}$ の劣線形性を考慮すれば

$$\{x : \mathcal{M}f(x) > 2\lambda\} \subset \{x : \mathcal{M}f_\lambda(x) > \lambda\}$$

であることが分かる. $f \in L^p$ ならば $f_\lambda \in L^1$ であることに注意すれば,これを用いて

$$\begin{aligned}
|E_\lambda| &= |\{x : \mathcal{M}f(x) > \lambda\}| \\
&\leq |\{x : \mathcal{M}f_{\lambda/2}(x) > \lambda/2\}| \\
&\leq \frac{2 \cdot 3^n}{\lambda} \|f_{\lambda/2}\|_1 \\
&= \frac{2 \cdot 3^n}{\lambda} \int_{\mathbf{R}^n} |f(y)| \chi_{\{|f|>\lambda/2\}}(y) \, dy.
\end{aligned} \quad (4.1.10)$$

(4.1.5) を想起して (4.1.10) を用いると

$$\begin{aligned}
& \int_{\mathbf{R}^n} \mathcal{M}f(x)^p \, dx \\
&= p \int_0^\infty \lambda^{p-1} |\{x : \mathcal{M}f(x) > \lambda\}| \, d\lambda \\
&\leq 2 \cdot 3^n p \int_0^\infty \lambda^{p-2} \int_{\mathbf{R}^n} |f(y)| \chi_{\{|f|>\lambda/2\}}(y) \, dy \, d\lambda.
\end{aligned}$$

積分の順序交換により上式右辺の 2 重積分は

$$\int_{\mathbf{R}^n} |f(y)| \int_0^{2|f(y)|} \lambda^{p-2} \, d\lambda \, dy = \frac{2^{p-1}}{p-1} \int_{\mathbf{R}^n} |f(y)|^p \, dy$$

に等しい. 以上の結果を全て合わせて

$$\|\mathcal{M}f\|_{L^p(\mathbf{R}^n)} \leq 2 \left(\frac{3^n p}{p-1}\right)^{1/p} \|f\|_{L^p(\mathbf{R}^n)}$$

を得る.

■系 4.1.2 の証明　証明のために次の命題が必要である. その証明はこの節の最後で与える.

4.1 Hardy-Littlewood 最大関数と微分定理

命題 4.1.4. $f \in L^p(\mathbf{R}^n)$ $(1 \leq p < \infty)$ として

$$f_t(x) := \frac{1}{|B(x,t)|} \int_{B(x,t)} f(y)\,dy \quad (t > 0)$$

とする.このとき

$$\lim_{t \to 0} \|f - f_t\|_{L^p(\mathbf{R}^n)} = 0$$

が成立する.

微分は局所的な操作であるから系は $f \in L^1(\mathbf{R}^n)$ として証明すれば十分である.このとき,上の命題より

$$\lim_{t \to 0} \|f - f_t\|_1 = 0$$

であるから,t の部分列 $t_k \to 0$ $(k \to \infty)$ を選んで,

$$\lim_{k \to \infty} f_{t_k}(x) = f(x) \quad (\text{a.e. } x \in \mathbf{R}^n)$$

とできる.従って,問題はほとんど至るところの $x \in \mathbf{R}^n$ に対して $\lim_{t \to 0} f_t(x)$ が存在することの証明に帰着される.

$g \in L^1(\mathbf{R}^n)$ に対して,その振幅を

$$\Omega g(x) := \overline{\lim_{t \to 0}} g_t(x) - \underline{\lim_{t \to 0}} g_t(x) \tag{4.1.11}$$

で定義する.もし g がコンパクトな台を持つ連続関数であれば,$\Omega g(x) \equiv 0$ である.

容易に分かるように各点で

$$\Omega g(x) \leq 2\mathcal{M}g(x)$$

と評価できる.従って,$g \in L^1(\mathbf{R}^n)$ のとき,定理 4.1.1 (b) より

$$|\{x : \Omega g(x) > \epsilon\}| \leq |\{x : 2\mathcal{M}g(x) > \epsilon\}| \leq \frac{2 \cdot 3^n}{\epsilon} \|g\|_1 \quad (\epsilon > 0). \tag{4.1.12}$$

任意の $f \in L^1(\mathbf{R}^n)$ は,コンパクトな台を持つ連続関数 g とその L^1-ノルムを自由に小さく設定できる h とによって,

$$f = g + h$$

と分解できる.明らかに,
$$\Omega f(x) \leq \Omega g(x) + \Omega h(x)$$
であるから,上で確かめたことによって
$$\Omega f(x) \leq \Omega h(x).$$
これと (4.1.12) とから
$$|\{x : \Omega f(x) > \epsilon\}| \leq |\{x : \Omega h(x) > \epsilon\}| \leq \frac{2 \cdot 3^n}{\epsilon} \|h\|_1 \quad (\epsilon > 0).$$
$\|h\|_1$ は自由に設定できるから,上式左辺は 0 に等しい.ゆえに,ほとんど至るところの $x \in \mathbf{R}^n$ において $\Omega f(x) = 0$. 即ち,$\lim_{t \to 0} f_t(x)$ が存在して,目標の系が成立する.

■命題 4.1.4 の証明　$f \in L^p(\mathbf{R}^n)$ $(1 \leq p < \infty)$ とする.任意の $\epsilon > 0$ に対して,コンパクトな台を持つ連続関数 g と
$$\|h\|_{L^p(\mathbf{R}^n)} < \frac{\epsilon}{4}$$
を満たす h とを選んで
$$f = g + h$$
と分解できる.線形性を考慮し
$$f(x) - f_t(x) = (g(x) - g_t(x)) + (h(x) - h_t(x))$$
と変形して,
$$\|f - f_t\|_p \leq \|g - g_t\|_p + \|h - h_t\|_p$$
を得る.

g は一様連続であるから,任意に $D > 0$ をとったとき,十分小さい $\delta > 0$ を選んで,
$$|g(x) - g(y)| \leq D \quad (|x - y| \leq \delta)$$
とできる.
$$\int_{B(x,t)} \frac{dy}{|B(x,t)|} = 1$$

であることに注意して

$$|g(x) - g_t(x)| = \left| \int_{B(x,t)} \frac{g(x)}{|B(x,t)|} \, dy - \int_{B(x,t)} \frac{g(y)}{|B(x,t)|} \, dy \right|$$
$$\leq \int_{B(x,t)} \frac{|g(x) - g(y)|}{|B(x,t)|} \, dy$$
$$\leq D \quad (t < \delta)$$

であるから，$D > 0$ が十分小さくとってあれば，

$$\|g - g_t\|_p \leq D|\mathrm{supp}(g - g_t)|^{1/p} \leq \frac{\epsilon}{2} \quad (t < \delta).$$

また，

$$\|h - h_t\|_p \leq \|h\|_p + \|h_t\|_p$$

として，h_t を畳み込み積とみて Young の不等式を適用すれば[*3]

$$\|h - h_t\|_p \leq 2\|h\|_p \leq \frac{\epsilon}{2}.$$

以上を合わせて

$$\|f - f_t\|_p \leq \epsilon \quad (t < \delta).$$

∎

4.2 Hardy-Littlewood-Sobolev の不等式

Young の不等式を復習しておこう．

■**Young の不等式**　　まず補題を 1 つ準備する．

補題 4.2.1. $f(x)$ を $\mathbf{R}^n$ の可測関数とする．$f \in L^p(\mathbf{R}^n)$ $(1 \leq p \leq \infty)$ であるための必要で十分な条件は，$\dfrac{1}{p} + \dfrac{1}{p'} = 1$ として，

$$\left| \int_{\mathbf{R}^n} f(x)g(x) \, dx \right| \leq M \, \|g\|_{L^{p'}(\mathbf{R}^n)} \quad (g \in L^{p'}(\mathbf{R}^n))$$

[*3] Young の不等式については次節で説明する．

を満たす定数 M が存在することである．特にこのとき
$$\|f\|_{L^p(\mathbf{R}^n)} \leq M$$
が成立する[*4].

証明 f, g は共に非負であるとして示せば十分である．Hölder の不等式より必要性は明らかであるから十分性を示す．

$p = 1$ とすれば $g \equiv 1 \in L^\infty$ とおいて $\|f\|_1 \leq M$.

$1 < p < \infty$ とする．
$$f_t(x) := f(x)\,\chi_{B(0,t)}(x)\,\chi_{[0,t]}(f(x)) \quad (t > 0)$$
とおけば
$$f_t(x)^{p-1} \in L^{p'}(\mathbf{R}^n) \quad (t > 0)$$
である．これを用い $p' = p/(p-1)$ であることに注意すれば
$$\int_{\mathbf{R}^n} f_t(x)^p\,dx = \int_{\mathbf{R}^n} f_t(x)\,f_t(x)^{p-1}\,dx \leq M\left(\int_{\mathbf{R}^n} f_t(x)^p\,dx\right)^{1/p'}.$$
$1/p + 1/p' = 1$ であるからこの両辺を
$$\left(\int_{\mathbf{R}^n} f_t(x)^p\,dx\right)^{1/p'}$$
で割って
$$\|f_t\|_p \leq M.$$
$t \to \infty$ として単調収束定理より $\|f\|_p \leq M$.

$p = \infty$ のときには
$$g_{y,t}(x) := \frac{\chi_{B(y,t)}(x)}{|B(y,t)|}$$
とすれば
$$\|g_{y,t}\|_1 = 1$$

[*4] 以後，$1 \leq p \leq \infty$ に対して，p' で $\dfrac{1}{p} + \dfrac{1}{p'} = 1$ を満たす数を表すことにする．$p' = p/(p-1)$ である．

4.2 Hardy-Littlewood-Sobolev の不等式

であるから
$$\int_{\mathbf{R}^n} f(x) g_{y,t}(x) \, dx \leq M.$$
$t \to 0$ とすれば，左辺は Lebesgue の微分定理により，ほとんど至るところの $y \in \mathbf{R}^n$ において $f(y)$ に収束する．ゆえに
$$f(y) \leq M \quad (\text{a.e. } y \in \mathbf{R}^n)$$
となり $\|f\|_\infty \leq M$. ∎

本題に入ろう．

命題 4.2.2 (Young の不等式). p, q, r は
$$\frac{1}{r} = 1 - \left(\frac{1}{p} - \frac{1}{q}\right), \quad 1 \leq p \leq q \leq \infty, \quad 1 \leq r \leq \infty \qquad (4.2.1)$$
を満たすものとする．このとき，
$$Tf(x) := \int_{\mathbf{R}^n} K(x, y) f(y) \, dy$$
として，
$$\sup_{x \in \mathbf{R}^n} \left(\int |K(x,y)|^r \, dy\right)^{1/r} \leq C, \quad \sup_{y \in \mathbf{R}^n} \left(\int |K(x,y)|^r \, dx\right)^{1/r} \leq C$$
を仮定すれば，
$$\|Tf\|_{L^q(\mathbf{R}^n)} \leq C \|f\|_{L^p(\mathbf{R}^n)} \qquad (4.2.2)$$
が成立する．

証明 M. Riesz の補間定理を用いて証明する．即ち
$$\|Tf\|_{L^\infty(\mathbf{R}^n)} \leq C \|f\|_{L^{r'}(\mathbf{R}^n)}$$
と
$$\|Tf\|_{L^r(\mathbf{R}^n)} \leq C \|f\|_{L^1(\mathbf{R}^n)}$$
とを補間して結論を得る．

前者の不等式は Hölder の不等式より成立することが分かる．

後者の不等式は，$f \in L^1(\mathbf{R}^n), g \in L^{r'}(\mathbf{R}^n)$ とし，

$$\left|\int Tf(x)\,g(x)\,dx\right| = \left|\int\int K(x,y)f(y)\,g(x)\,dydx\right|$$
$$= \left|\int f(y)\int K(x,y)g(x)\,dx\,dy\right| \le C\|f\|_1 \times \|g\|_{r'}$$

と計算できて，補題 4.2.1 より成立することが分かる． ∎

■**分数階積分作用素**　Hardy-Littlewood 最大関数の $L^p(\mathbf{R}^n)$ 評価を用いて分数階積分作用素の $L^p(\mathbf{R}^n) \to L^q(\mathbf{R}^n)$ 有界性を示す．

$r > 1$ として分数階積分作用素 I_r を

$$I_r f(x) := \int_{\mathbf{R}^n} \frac{f(y)}{|x-y|^{n/r}}\,dy \quad (r > 1)$$

で定義する．分数階積分作用素に関して次の定理が成立する．

定理 4.2.3 (Hardy-Littlewood-Sobolev の不等式). p, q, r が

$$\frac{1}{r} = 1 - \left(\frac{1}{p} - \frac{1}{q}\right), \quad 1 < p < q < \infty, \quad 1 < r < \infty \tag{4.2.3}$$

を満たすとする．このとき $f \in L^p(\mathbf{R}^n)$ ならば

$$\|I_r f\|_{L^q(\mathbf{R}^n)} \le C_{n,p,q}\|f\|_{L^p(\mathbf{R}^n)} \tag{4.2.4}$$

が成立する．

Hardy-Littlewood-Sobolev の不等式と Young の不等式との違いは，I_r の核 $|y|^{-n/r}$ が $L^r(\mathbf{R}^n)$ に入らないところにある．

■**定理 4.2.3 の証明**　$f \in L^p(\mathbf{R}^n)$ と $x \in \mathbf{R}^n$ を固定して $I_r f(x)$ を評価する．

$$f_t(x) := \frac{1}{t^n}\int_{B(x,t)} |f(y)|\,dy \quad (t > 0)$$

と定義する．このとき，$y \in \mathbf{R}^n\ (y \ne x)$ に対して，

$$\int_0^\infty \frac{\chi_{B(x,t)}(y)}{t^n} t^{n(1-1/r)-1}\,dt = \int_{|x-y|}^\infty t^{(-n/r)-1}\,dt = \frac{r}{n}|x-y|^{-n/r}$$

4.2 Hardy-Littlewood-Sobolev の不等式

であるから，積分の順序交換を考慮して

$$|I_r f(x)| \leq \int_{\mathbf{R}^n} |x-y|^{-n/r} |f(y)|\, dy$$
$$= \frac{n}{r} \int_{\mathbf{R}^n} \int_0^\infty \frac{\chi_{B(x,t)}(y)}{t^n} t^{n(1-1/r)-1}\, dt |f(y)|\, dy$$
$$= \frac{n}{r} \int_0^\infty f_t(x) t^{n(1-1/r)-1}\, dt.$$

$\epsilon > 0$ は必要な計算の後に確定させるものとして，上式右辺の積分を

$$\mathrm{I} := \int_0^\epsilon, \qquad \mathrm{II} := \int_\epsilon^\infty$$

の 2 つに分けてそれぞれ評価する．

$f_t(x) \leq C \mathcal{M} f(x)$ に注意して

$$\mathrm{I} = \int_0^\epsilon f_t(x) t^{n(1-1/r)-1}\, dt \leq C\, \mathcal{M} f(x)\, \epsilon^{n(1-1/r)}.$$

Hölder の不等式と $f \in L^p(\mathbf{R}^n)$ より

$$f_t(x) = \frac{1}{t^n} \int_{B(x,t)} |f(y)|\, dy$$
$$\leq \frac{1}{t^n} |B(x,t)|^{1-1/p} \cdot \left(\int_{B(x,t)} |f(y)|^p\, dy \right)^{1/p} \leq C\, t^{-n/p} \|f\|_p.$$

(4.2.3) より従う

$$1 - \frac{1}{r} - \frac{1}{p} = -\frac{1}{q}$$

と上式とを用いて

$$\mathrm{II} = \int_\epsilon^\infty f_t(x) t^{n(1-1/r)-1}\, dt \leq C \|f\|_p \int_\epsilon^\infty t^{n(1-1/r-1/p)-1}\, dt$$
$$= C\, \|f\|_p\, \epsilon^{-n/q}.$$

ゆえに

$$|I_r f(x)| \leq C \left(\mathcal{M} f(x) \epsilon^{n(1-1/r)} + \|f\|_p \epsilon^{-n/q} \right). \tag{4.2.5}$$

この右辺は

$$\mathcal{M} f(x) \epsilon^{n(1-1/r)} = \|f\|_p \epsilon^{-n/q}$$

を満たす ϵ でほぼ最小となる．即ち，(4.2.3) より従う

$$1 - \frac{1}{r} + \frac{1}{q} = \frac{1}{p}, \quad 1 - \frac{p}{q} = p - \frac{p}{r}$$

に注意し，

$$\epsilon = \left(\frac{\|f\|_p}{\mathcal{M}f(x)} \right)^{p/n}$$

として

$$|I_r f(x)| \leq C \|f\|_p^{1-p/q} \mathcal{M}f(x)^{p/q}. \tag{4.2.6}$$

最大関数の $L^p(\mathbf{R}^n)$ 有界性によって

$$\int_{\mathbf{R}^n} (\mathcal{M}f(x))^p \, dx \leq C\|f\|_p^p$$

であるから

$$\int_{\mathbf{R}^n} |I_r f(x)|^q \, dx \leq C\|f\|_p^{q-p} \int_{\mathbf{R}^n} (\mathcal{M}f(x))^p \, dx \leq C\|f\|_p^q.$$

両辺の q 乗根をとって

$$\|I_r f\|_q \leq C\|f\|_p.$$

∎

4.3　Fourier 変換

この節では，Fourier 変換を定義して，その基本的な性質を確認していく．可積分関数 $f \in L^1(\mathbf{R}^n)$ に対して，その Fourier 変換を

$$\hat{f}(\xi) := \int_{\mathbf{R}^n} e^{-2\pi i x \cdot \xi} f(x) \, dx \quad (\xi \in \mathbf{R}^n)$$

で定義する．ここで $x = (x_1, \ldots, x_n) \in \mathbf{R}^n$, $\xi = (\xi_1, \ldots, \xi_n) \in \mathbf{R}^n$ の内積を

$$x \cdot \xi := x_1 \xi_1 + \cdots + x_n \xi_n$$

と表す．

4.3 Fourier 変換

命題 4.3.1. $f \in L^1(\mathbf{R}^n)$ とする.

(i)
$$\|\hat{f}\|_\infty \le \|f\|_1 \tag{4.3.1}$$

が成立する.

(ii) $\hat{f}(\xi)$ は一様連続な関数である.

(iii) $\lim_{|\xi| \to \infty} \hat{f}(\xi) = 0$ が成立する. これを Riemann-Lebesgue の定理という.

証明 (i) は定義より明らか. (ii) を示そう. $\epsilon > 0$ を固定する. まず, 十分大きな $R > 0$ を選んで,
$$\int_{|x| > R} |f(x)|\, dx \le \frac{\epsilon}{4}$$
とし, 次に, 十分小さな $\delta > 0$ を選んで $|h| \le \delta$ ($h \in \mathbf{R}^n$) ならば
$$|e^{-2\pi i x \cdot h} - 1| \le \frac{\epsilon}{2\|f\|_1} \quad (|x| \le R)$$
とする. これらを用い, $\xi \in \mathbf{R}^n$, $|h| \le \delta$ に対して
$$\begin{aligned}
&\left| \hat{f}(\xi + h) - \hat{f}(\xi) \right| \\
&= \left| \int_{\mathbf{R}^n} (e^{-2\pi i x \cdot h} - 1) e^{-2\pi i x \cdot \xi} f(x)\, dx \right| \\
&\le \int_{|x| \le R} |e^{-2\pi i x \cdot h} - 1|\, |f(x)|\, dx + 2 \int_{|x| \ge R} |f(x)|\, dx \le \epsilon.
\end{aligned}$$
ゆえに $\hat{f}(\xi)$ は一様連続. (iii) を示そう.
$$I(\alpha) := \int_a^b e^{-2\pi i \theta \alpha}\, d\theta$$
とすれば
$$\lim_{|\alpha| \to \infty} I(\alpha) = 0$$
と計算できる. これより任意の立方体[*5] $Q \subset \mathbf{R}^n$ の特性関数に対して (iii) の成立が分かる. 立方体の特性関数の線形和により f を近似すれば主張が従う. ∎

[*5] 立方体は各辺が各座標軸に平行なものであるとする.

定義 4.3.2 (急減少関数). 無限回連続微分可能な関数 $\phi \in C^\infty(\mathbf{R}^n)$ は，任意の多重指数 $\alpha, \gamma \in \mathbf{N}_0^n$ に対して

$$\sup_{x \in \mathbf{R}^n} |x^\gamma \partial^\alpha \phi(x)| < \infty \tag{4.3.2}$$

を満たすときに，急減少関数であるという．急減少関数全体の作る線形空間を $\mathcal{S}(\mathbf{R}^n)$ と表し，急減少関数族という．ここで

$$\alpha = (\alpha_1, \ldots, \alpha_n), \quad \gamma = (\gamma_1, \ldots, \gamma_n)$$

に対して

$$x^\gamma := (x_1)^{\gamma_1} \cdots (x_n)^{\gamma_n}, \quad \partial^\alpha := (\partial/\partial x_1)^{\alpha_1} \cdots (\partial/\partial x_n)^{\alpha_n}$$

と表す．

急減少関数は $L^p(\mathbf{R}^n)$ $(1 \leq p \leq \infty)$ に属する関数である．

急減少関数族 $\mathcal{S}(\mathbf{R}^n)$ は，(4.3.2) で定義されるセミノルムの族によって，Fréchet 空間となる．$k \in \mathbf{N}$, $\phi \in \mathcal{S}(\mathbf{R}^n)$ に対して，

$$p_k(\phi) := \sup\{|x^\gamma \partial^\alpha \phi(x)| : |\alpha|, |\gamma| \leq k, x \in \mathbf{R}^n\}$$

とおけば，距離を

$$d(\phi, \psi) := \sum_{k=1}^\infty 2^{-k} \min\{p_k(\phi - \psi), 1\}$$

と定義して，$\mathcal{S}(\mathbf{R}^n)$ は距離空間と見なすことができる．

$D_j := \dfrac{1}{2\pi i}(\partial/\partial x_j)$ としよう．$\phi \in \mathcal{S}(\mathbf{R}^n)$ に対して，部分積分によって

$$\xi_j \hat{\phi}(\xi) = \int (-D_j e^{-2\pi i x \cdot \xi}) \phi(x) \, dx = \int e^{-2\pi i x \cdot \xi} D_j \phi(x) \, dx,$$

積分と微分との交換によって

$$D_j \hat{\phi}(\xi) = \int e^{-2\pi i x \cdot \xi} (-x_j) \phi(x) \, dx$$

4.3 Fourier 変換

が成立する．これを用いて

$$\xi^\alpha D^\gamma \hat{\phi}(\xi) = \int e^{-2\pi i x \cdot \xi} D^\alpha \left((-x)^\gamma \phi(x)\right) dx.$$

さらに

$$\begin{aligned}
\left|\xi^\alpha D^\gamma \hat{\phi}(\xi)\right| &\leq \int \left|D^\alpha \left((-x)^\gamma \phi(x)\right)\right| dx \\
&= \int \frac{(1+|x|)^{n+1}}{(1+|x|)^{n+1}} \left|D^\alpha \left((-x)^\gamma \phi(x)\right)\right| dx \\
&\leq \sup_y \left\{(1+|y|)^{n+1} \left|D^\alpha \left((-y)^\gamma \phi(y)\right)\right|\right\} \int \frac{1}{(1+|x|)^{n+1}} dx \\
&= C \sup_y \left\{(1+|y|)^{n+1} \left|D^\alpha \left((-y)^\gamma \phi(y)\right)\right|\right\}.
\end{aligned}$$

左辺の上限を考慮して Fourier 変換の $\mathcal{S} \to \mathcal{S}$ における連続性が従う．さらに Fourier 変換は $\mathcal{S} \to \mathcal{S}$ の同相写像となることが次の定理から分かる．

定理 4.3.3. $\phi \in \mathcal{S}(\mathbf{R}^n)$ とする．全ての $x \in \mathbf{R}^n$ に対して，Fourier 反転公式

$$\int_{\mathbf{R}^n} e^{2\pi i x \cdot \xi} \hat{\phi}(\xi) d\xi = \phi(x) \tag{4.3.3}$$

が成立する．

証明に次の2つの補題を準備する．

補題 4.3.4. $f, g \in L^1$ ならば

$$\int_{\mathbf{R}^n} \hat{f} g \, dx = \int_{\mathbf{R}^n} f \hat{g} \, dx$$

が成立する．

補題 4.3.5. $\epsilon > 0$ として

$$\int_{\mathbf{R}^n} e^{-2\pi i x \cdot \xi} e^{-\pi \epsilon |x|^2} dx = \epsilon^{-n/2} e^{-\pi |\xi|^2/\epsilon}$$

が成立する．

Fubini の定理より補題 4.3.4 は明らか．補題 4.3.5 は変数変換と次の計算とから分かる．

$$\int_{-\infty}^{\infty} e^{-2\pi i t\tau} e^{-\pi t^2}\, dt$$
$$= e^{-\pi\tau^2} \int_{-\infty}^{\infty} e^{-\pi(t+i\tau)^2}\, dt = e^{-\pi\tau^2} \int_{-\infty}^{\infty} e^{-\pi t^2}\, dt = e^{-\pi\tau^2}.$$

■定理 4.3.3 の証明　　まず

$$e^{2\pi i x\cdot\xi} \hat{\phi}(\xi) = \int e^{-2\pi i (y-x)\cdot\xi} \phi(y)\, dy = \int e^{-2\pi i y\cdot\xi} \phi(y+x)\, dy.$$

であることに注意する．これと上の 2 つの補題とを用いて

$$\int e^{2\pi i x\cdot\xi} \hat{\phi}(\xi) e^{-\pi\epsilon|\xi|^2}\, d\xi = \epsilon^{-n/2} \int \phi(y+x) e^{-\pi|y|^2/\epsilon}\, dy.$$

$\epsilon \to 0$ とすれば，上式左辺は Lebesgue の収束定理より (4.3.3) の左辺に収束し，上式右辺は，

$$\epsilon^{-n/2} \int e^{-\pi|y|^2/\epsilon}\, dy = 1$$

であることより $\epsilon^{-n/2} e^{-\pi|y|^2/\epsilon}\, dy$ が単位の近似となることが分かり，$\phi(x)$ に収束する．∎

$f, g \in L^1$ の畳み込み積を

$$(f*g)(x) := \int f(x-y) g(y)\, dy$$

で定義する．

定理 4.3.6. $\phi, \psi \in \mathcal{S}$ ならば

$$\int \hat{\phi} \overline{\psi}\, dx = \int \phi \overline{\psi}\, dx, \qquad (4.3.4)$$

および

$$(\phi * \psi)^{\wedge}(\xi) = \hat{\phi}(\xi)\, \hat{\psi}(\xi) \qquad (4.3.5)$$

が成立する．

4.3 Fourier 変換

証明 $\eta = \overline{\psi}$ とおけば Fourier 反転公式より $\hat{\eta} = \overline{\psi}$ が分かる. 補題 4.3.4 を適用して (4.3.4) が従う. 次に

$$(\phi * \psi)^{\wedge}(\xi) = \int e^{-2\pi i x \cdot \xi} \int \phi(x-y)\psi(y)\,dy\,dx$$
$$= \int\int e^{-2\pi i (x-y)\cdot \xi}\phi(x-y)\,e^{-2\pi i y\cdot \xi}\psi(y)\,dy\,dx = \hat{\phi}(\xi)\,\hat{\psi}(\xi).$$

(4.3.5) が従う. ∎

Fourier 変換をより一般な関数に対して考えるために緩増加超関数を定義しよう.

定義 4.3.7 (緩増加超関数). 急減少関数族 $\mathcal{S}(\mathbf{R}^n)$ の共役空間を $\mathcal{S}'(\mathbf{R}^n)$ と表し, **緩増加超関数族**という. $\mathcal{S}'(\mathbf{R}^n)$ の元を**緩増加超関数**という.

定義 4.3.8. $u \in \mathcal{S}'(\mathbf{R}^n)$ に対して, その Fourier 変換を

$$\hat{u}(\phi) = u(\hat{\phi})$$

で定義する.

補題 4.3.4 より $u \in L^1$ ならば u の超関数としての Fourier 変換と関数としての Fourier 変換とは一致する. Fourier 反転公式より Fourier 変換は $\mathcal{S}' \to \mathcal{S}'$ の同相写像となる. 特に $u \in L^1$, $\hat{u} \in L^1$ ならば a.e. x で Fourier 反転公式が成立する.

定理 4.3.9. $f \in L^2$ ならば $\hat{f} \in L^2$ であり

$$\|\hat{f}\|_2 = \|f\|_2 \tag{4.3.6}$$

が成立する. これを Plancherel の定理という. さらに $f, g \in L^2$ ならば

$$\int \widetilde{f}\overline{\hat{g}}\,dx = \int f\overline{g}\,dx \tag{4.3.7}$$

が成立する. これを Parseval の等式という.

証明 $f_j, g_j \in \mathcal{S}$ で

$$\|f_j - f\|_2, \quad \|g_j - g\|_2 \to 0 \quad (j \to \infty)$$

となるものを選ぶ．このとき，$\mathcal{S}'$ の位相で $f_j \to f$ となるから，Fourier 変換の連続性より $\mathcal{S}'$ の位相で $\hat{f}_j \to \hat{f}$ である．(4.3.4) より

$$\left\|\hat{f}_j - \hat{f}_k\right\|_2 = \|f_j - f_k\|_2 \to 0 \quad (j, k \to \infty)$$

となり $h \in L^2$ が存在して L^2 の位相で $\hat{f}_j \to h$．これは $\mathcal{S}'$ の位相で $\hat{f}_j \to h$ を意味して $\hat{f} = h \in L^2$ が従う．

$$\left\|\hat{f}_j\right\|_2 = \|f_j\|_2$$

で $j \to \infty$ として (4.3.6) が従う．

(4.3.7) は，(4.3.4) より

$$\int \hat{f}_j \overline{\hat{g}_j} \, dx = \int f_j \overline{g_j} \, dx$$

であり $\hat{f}, \hat{g} \in L^2$ であることが示されたから明らか． ■

M. Riesz の補間定理により (4.3.1), (4.3.6) を補間して次の系を得る．

系 4.3.10. $1 \leq p \leq 2$ とし $p' = p/(p-1)$ とすれば

$$\|\hat{f}\|_{L^{p'}(\mathbf{R}^n)} \leq \|f\|_{L^p(\mathbf{R}^n)} \tag{4.3.8}$$

が成立する．

4.4　停留位相の方法

Fourier 変換の振動による減衰を量的に捉える 1 つの手だてがこの節で取り上げる停留位相の手法である．この手法は，重要であり応用範囲も広いが，関数の滑らかさに関する情報に強く依存する方法であるために，関数の量的な評価に対する問題ではさらなる手だてを必要とする．

4.4 停留位相の方法

$a \in C_0^\infty(\mathbf{R}^n)$ とする. 実数値関数 $\phi \in C^\infty(\mathbf{R}^n)$ に対して

$$I(\lambda) := \left| \int_{\mathbf{R}^n} e^{i\lambda\phi(x)} a(x)\, dx \right| \quad (\lambda > 1)$$

とおこう. $I(\lambda)$ を評価することがこの節の目標である.

$\phi(x) \not\equiv C$(定数) であれば, $\lambda \to \infty$ のとき上式右辺の非積分関数は激しく振動してその積分値は小さくなる. 問題はその大きさの評価である.

定理 4.4.1. ϕ が

$$|\nabla\phi(x)| \geq c > 0 \quad (x \in \operatorname{supp} a)$$

を満たすならば, 任意の $\lambda > 1$, $N = 1, 2, \ldots$ に対して

$$I(\lambda) = \left| \int_{\mathbf{R}^n} e^{i\lambda\phi(x)} a(x)\, dx \right| \leq C_N \lambda^{-N} \tag{4.4.1}$$

と評価できる.

証明 任意の $x \in \operatorname{supp} a$ に対して, 単位ベクトル $\nu_x \in S^{n-1}$ と $r_x > 0$ を選んで

$$\nu_x \cdot \nabla\phi(y) \geq c/2 \quad (y \in B(x, r_x))$$

とできる. $\operatorname{supp} a$ はコンパクトであるからこれより有限個の $\alpha_j \in C_0^\infty$, $\nu_j \in S^{n-1}$ によって

$$\sum_{j=1}^J \alpha_j(y) = 1 \quad (y \in \operatorname{supp} a), \qquad \nu_j \cdot \nabla\phi(y) \geq c/2 \quad (y \in \operatorname{supp} \alpha_j)$$

とできる. 証明には, $a_j(x) = \alpha_j(x) a(x)$ とおいて,

$$\left| \int e^{i\lambda\phi(x)} a_j(x)\, dx \right| \leq C_N \lambda^{-N}$$

を示せば十分である. 必要なら座標を変換し $\nu_j = (1, 0, \ldots, 0)$ として

$$|(\partial/\partial x_1)\phi(x)| \geq c/2 \quad (x \in \operatorname{supp} \alpha_j)$$

と仮定できる.

$$(\partial/\partial x_1) e^{i\lambda\phi(x)} = e^{i\lambda\phi(x)} i\lambda (\partial/\partial x_1)\phi(x)$$

であるから
$$\int e^{i\lambda\phi(x)} a_j(x)\,dx = \int (\partial/\partial x_1) e^{i\lambda\phi(x)} \cdot \frac{a_j(x)}{i\lambda(\partial/\partial x_1)\phi(x)}\,dx$$
$$= -\frac{1}{i\lambda} \int e^{i\lambda\phi(x)} (\partial/\partial x_1) \frac{a_j(x)}{(\partial/\partial x_1)\phi(x)}\,dx.$$
ここで
$$L^*(x,D) := (\partial/\partial x_1) \frac{1}{(\partial/\partial x_1)\phi(x)}$$
とすればさらに
$$\int e^{i\lambda\phi(x)} L^*(x,D) a_j(x)\,dx = -\frac{1}{i\lambda} \int e^{i\lambda\phi(x)} L^*(x,D)^2 a_j(x)\,dx.$$
これを順次 N 回繰り返して
$$\int e^{i\lambda\phi(x)} a_j(x)\,dx = \left(-\frac{1}{i\lambda}\right)^N \int e^{i\lambda\phi(x)} L^*(x,D)^N a_j(x)\,dx.$$
この両辺の絶対値をとり目標に到る. ■

ある $x \in \operatorname{supp} a$ において $\nabla\phi(x) = 0$ であっても，さらに ϕ の微分に関する情報があれば，$I(\lambda)$ を評価することができる．これを停留位相の方法という．以下
$$((\partial^2/\partial x_j \partial x_k)\phi(x)) := \begin{pmatrix} (\partial^2/\partial x_1 \partial x_1)\phi(x) & \cdots & (\partial^2/\partial x_1 \partial x_n)\phi(x) \\ \vdots & \ddots & \vdots \\ (\partial^2/\partial x_n \partial x_1)\phi(x) & \cdots & (\partial^2/\partial x_n \partial x_n)\phi(x) \end{pmatrix}$$
と表す.

定理 4.4.2. ϕ が
$$\phi(0) = 0, \quad \nabla\phi(0) = 0, \quad \nabla\phi(x) \neq 0 \quad (x \in \operatorname{supp} a \setminus \{0\})$$
を満たし，さらに
$$\det\left((\partial^2/\partial x_j \partial x_k)\phi(x)\right) \neq 0 \quad (x = 0)$$
を満たすならば，
$$I(\lambda) = \left|\int_{\mathbf{R}^n} e^{i\lambda\phi(x)} a(x)\,dx\right| \leq C\lambda^{-n/2} \tag{4.4.2}$$
と評価できる.

4.4 停留位相の方法

以下この節を通してこの定理を証明していく．

■まずは 1 次元で　1 次元の場合をより一般な形で証明しよう．

補題 4.4.3 (Van der Corput). ϕ が

$$\phi(0) = 0, \quad (d/dx)\phi(0) = 0, \quad (d/dx)\phi(x) \neq 0 \quad (x \in \operatorname{supp} a \setminus \{0\})$$

を満たし，さらに

$$(d^2/dx^2)\phi(0) \neq 0$$

を満たすならば，

$$I_k(\lambda) := \left| \int_0^\infty e^{i\lambda\phi(x)} x^k a(x)\, dx \right| \leq C\lambda^{-1/2-k/2} \quad (k = 0, 1, \ldots) \quad (4.4.3)$$

と評価できる．

証明　条件より

$$\phi(x) = x^2 \phi_1(x), \quad \phi_1(0) \neq 0$$

と表される．$\rho \in C^\infty$ で $\rho(x) = \begin{cases} 1 & (x < 1) \\ 0 & (x > 2) \end{cases}$ を満たすものを選ぶ．これを用い $\delta > 0$ に対して

$$I_k(\lambda) = \left| \int_0^\infty e^{i\lambda\phi(x)} x^k a(x)\, dx \right|$$
$$\leq \left| \int_0^\infty e^{i\lambda\phi(x)} x^k a(x) \rho(x/\delta)\, dx \right| + \left| \int_0^\infty e^{i\lambda\phi(x)} x^k a(x) (1 - \rho(x/\delta))\, dx \right|$$
$$=: \mathrm{I} + \mathrm{II}.$$

I は被積分関数の絶対値をとることで

$$\mathrm{I} \leq C \int_0^{2\delta} x^k\, dx = C' \delta^{1+k}$$

と評価できる．

II は定理 4.4.1 の証明と同様に $L^*(x, D) := (d/dx)\dfrac{1}{\phi'(x)}$ とおいて

$$\mathrm{II} = \frac{1}{\lambda^N} \left| \int_0^\infty e^{i\lambda\phi(x)} L^*(x, D)^N \left(x^k a(x)(1 - \rho(x/\delta)) \right) dx \right|$$

と計算できる．$|\phi'(x)| \geq Cx$ であることおよび積の微分公式より上式右辺の被積分関数の絶対値は $C(x^{k-2N} + x^{k-N}\delta^{-N})$ で評価される．ゆえに $N \geq k+2$ とすれば
$$\text{II} \leq C\lambda^{-N}\delta^{1+k-2N}.$$
2つの評価を合わせて
$$I_k(\lambda) \leq C(\delta^{1+k} + \lambda^{-N}\delta^{1+k-2N}).$$
右辺の2つの項が等しい $\delta = \lambda^{-1/2}$ をとり
$$I_k(\lambda) \leq C\lambda^{-1/2-k/2}.$$

■

■**高次元では**　最初に
$$Q(x) := \frac{1}{2}(x_1^2 + \cdots + x_j^2 - x_{j+1}^2 - \cdots - x_n^2)$$
とおいて $\phi(x) = Q(x)$ の場合を実験的に考えよう．$Q(x)$ は明らかに定理の条件を満たしている．そこで
$$\left| \int_{\mathbf{R}^n} e^{i\lambda Q(x)} a(x)\,dx \right|$$
を帰納法により評価しよう．
$$x = (x_1, x'), \quad Q'(x') = Q(x) - x_1^2/2$$
とおいて
$$\int_{\mathbf{R}^n} e^{i\lambda Q(x)} a(x)\,dx = \int_{-\infty}^{\infty} e^{i\lambda x_1^2/2} \left\{ \int_{\mathbf{R}^{n-1}} e^{i\lambda Q'(x')} a(x)\,dx' \right\} dx_1$$
と書き換える．この右辺 $\{\ \}$ の部分は x_1 の微分に関してその大きさがいつでも上から $C\lambda^{-(n-1)/2}$ で評価されるとしてよい (帰納法の仮定を用いた)．ゆえに1次元の証明を想起すれば
$$\left| \int_{\mathbf{R}^n} e^{i\lambda Q(x)} a(x)\,dx \right| \leq C\lambda^{-n/2}$$

4.4 停留位相の方法

の成立が分かる．

一般の場合は適切な座標変換によって $\phi(x) = Q(x)$ の形に帰着する．それを保証するのが次の Morse の補題である．

補題 4.4.4 (Morse). ϕ が

$$\phi(0) = 0, \quad \nabla\phi(0) = 0, \quad \det\left((\partial^2/\partial x_j \partial x_k)\phi(x)\right) \neq 0 \quad (x = 0)$$

を満たすならば $x = 0$ のある近傍で滑らかな座標変換 $x \to \tilde{x}$ が存在して

$$\phi(x) = \frac{1}{2}(\tilde{x}_1^2 + \cdots + \tilde{x}_j^2 - \tilde{x}_{j+1}^2 - \tilde{x}_n^2)$$

とできる．

証明 必要なら線形変換により座標を変換し $x = 0$ において

$$((\partial^2/\partial x_j \partial x_k)\phi(x)) = \begin{pmatrix} 1 & & & & & 0 \\ & \ddots & & & & \\ & & 1 & & & \\ & & & -1 & & \\ & & & & \ddots & \\ 0 & & & & & -1 \end{pmatrix}$$

と仮定できる．このとき，$x = 0$ において

$$(\partial/\partial x_1)\phi(x) = 0, \quad (\partial^2/\partial x_1^2)\phi(x) = 1$$

であるから陰関数定理により $x = 0$ のある近傍で滑らかな関数 $X_1(x')$ が存在して

$$(\partial/\partial x_1)\phi(X_1(x'), x') = 0 \tag{4.4.4}$$

とできる．今 $y_1 = x_1 - X_1(x')$ として

$$x = (x_1, x') \to (y_1, x')$$

と変換すれば滑らかな座標変換となる．$\phi(x) = \phi(y_1 + X_1(x'), x')$ として右辺を $y_1 = 0$ において Taylor 展開すれば (4.4.4) を考慮して

$$\phi(x) = \phi(X_1(x'), x') + (\partial/\partial x_1)\phi(X_1(x'), x')y_1 + c(y_1, x')y_1^2/2$$
$$= \phi(X_1(x'), x') + c(y_1, x')y_1^2/2 \quad (c \in C^\infty, c(0) = 1).$$

$\tilde{x}_1 = y_1\sqrt{c(y_1,x')}$ として
$$(y_1, x') \to (\tilde{x}_1, x')$$
と変換すればこれも滑らかな座標変換であり
$$\phi(x) = \tilde{x}_1^2/2 + \phi(X_1(x'), x').$$
再び (4.4.4) を考慮して $\phi(X_1(x'), x')$ に対し同様に続けて帰納法により結論に到る. ∎

4.5　非退化振動積分作用素

前節の自然な一般化としてこの節では非退化振動積分作用素を取り上げる.

$a(x,y) \in C_0^\infty(\mathbf{R}^n \times \mathbf{R}^n)$ とする. 実数値関数 $\phi(x,y) \in C^\infty(\mathbf{R}^n \times \mathbf{R}^n)$ に対して振動積分作用素
$$T_\lambda f(x) := \int_{\mathbf{R}^n} e^{i\lambda \phi(x,y)} a(x,y) f(y)\, dy \quad (\lambda > 1)$$
の評価を考えよう. もちろん $\lambda \to \infty$ のときの減衰を量的に捉えることが目標である. 以下 $\phi(x,y)$ に非退化条件
$$\det\left((\partial^2/\partial x_j \partial y_k)\phi(x,y)\right) \neq 0 \tag{4.5.1}$$
を仮定する.

定理 4.5.1. $\phi(x,y)$ が $a(x,y)$ の台上で (4.5.1) を満たすならば
$$\left\| \int_{\mathbf{R}^n} e^{i\lambda \phi(x,y)} a(x,y) f(y)\, dy \right\|_{L^2(\mathbf{R}^n)} \leq C\lambda^{-n/2} \|f\|_{L^2(\mathbf{R}^n)} \tag{4.5.2}$$
が成立する.

明らかに
$$\left\| \int_{\mathbf{R}^n} e^{i\lambda \phi(x,y)} a(x,y) f(y)\, dy \right\|_{L^\infty(\mathbf{R}^n)} \leq C\|f\|_{L^1(\mathbf{R}^n)} \tag{4.5.3}$$
である. M. Riesz の補間定理により (4.5.2), (4.5.3) を補間して次の系が従う.

4.5 非退化振動積分作用素

系 4.5.2. $1 \leq p \leq 2$ とし $p' = p/(p-1)$ とすれば

$$\|T_\lambda f\|_{L^{p'}(\mathbf{R}^n)} \leq C\lambda^{-n/p'} \|f\|_{L^p(\mathbf{R}^n)} \tag{4.5.4}$$

が成立する.

$\phi(x,y) = -2\pi i x \cdot y$ とすればこれは (4.5.1) の条件を満たす. 変数を変換して (4.5.2) より

$$\left\| \int_{\mathbf{R}^n} e^{-2\pi i x \cdot y} a(x/\sqrt{\lambda}, y/\sqrt{\lambda}) f(y)\, dy \right\|_{L^2(\mathbf{R}^n)} \leq C\|f\|_{L^2(\mathbf{R}^n)}$$

とできる. $a(x,y)$ を $(x,y) = (0,0)$ で 1 となるものとして選び $\lambda \to \infty$ として Fourier 変換の L^2 有界性が従う.

■**定理 4.5.1 の証明**　(4.5.1) の条件と Taylor の定理とにより, $c > 0$ を選んで $|y-z|$ が十分小さなときには

$$|\nabla_x[\phi(x,y) - \phi(x,z)]| \geq c|y-z| \tag{4.5.5}$$

とできる. 必要なら $a(x,y)$ の台を滑らかな有限個の 1 の分割により分解して $a(x,y)$ の台上で (4.5.5) が成立していると仮定できる.

まず

$$\|T_\lambda f\|_2^2 = \int\int K_\lambda(y,z) f(y) \overline{f(z)}\, dydz,$$

$$K_\lambda(y,z) := \int_{\mathbf{R}^n} e^{i\lambda[\phi(x,y)-\phi(x,z)]} a(x,y) \overline{a(x,z)}\, dx$$

と書き換える. (4.5.5) を考慮して定理 4.4.1 の証明と同様にすれば

$$|K_\lambda(y,z)| \leq C_N (1+\lambda|y-z|)^{-N} \quad (N = 1, 2, \ldots)$$

と評価できる. $N = n+1$ として,

$$\int_{\mathbf{R}^n} (1+\lambda|y|)^{-(n+1)}\, dy = C\lambda^{-n}$$

であるから Young の不等式より

$$\left\| \int (1+\lambda|y-z|)^{-(n+1)} |f(y)|\, dy \right\|_2 \leq C\lambda^{-n} \|f\|_2.$$

ゆえに Schwarz の不等式より

$$\|T_\lambda f\|_2^2 \leq \int\int |(1+\lambda|y-z|)^{-(n+1)}|f(y)|\,|f(z)|\,dydz \leq C\lambda^{-n}\|f\|_2^2.$$

目標に到る. ■

4.6　Fourier 制限問題 (Tomas-Stein の定理)

前節で，L^2 評価においてはそのノルムを直接書き下すことができることを用いて振動積分作用素を評価した．この節では，さらに議論を深めて L^2 理論による Fourier 制限問題を取り上げる.

系 4.3.10 によれば，$f \in L^p(\mathbf{R}^n)$ $(1 \leq p \leq 2)$ の Fourier 変換 $\hat{f}$ は関数であり

$$\|\hat{f}\|_{p'} \leq \|f\|_p \quad \left(p' = \frac{p}{p-1}\right) \tag{4.6.1}$$

を満たす.

$L^1(\mathbf{R}^n)$ の Fourier 像は有界で連続な関数であるから，$\mathbf{R}^n$ の任意の部分集合上で Fourier 像全体の制限は意味を持つ．一方，$L^2(\mathbf{R}^n)$ の Fourier 像は $L^2(\mathbf{R}^n)$ 全体であるから，Lebesgue 測度 0 の集合上で Fourier 像全体の制限は意味を持たない．それでは，この 2 つの間の $L^p(\mathbf{R}^n)$ $(1 < p < 2)$ にこの極端な相違はどのように反映されているであろうか.

$\phi \in \mathcal{S}(\mathbf{R}^{n-1})$ として，

$$f(x_1, x_2, \ldots, x_n) := \frac{1}{1+|x_1|}\phi(x_2, \ldots, x_n)$$

とおけば，$f \in L^p(\mathbf{R}^n)$ $(p > 1)$ となり，超平面 $\{\xi_1 = 0\}$ 上で $\hat{f}(\xi) = \infty$ である．ところが，1967 年 E. M. Stein は，ある p の範囲では，ある曲率を持つ超曲面上に $L^p(\mathbf{R}^n)$ の Fourier 像を制限することが可能であることを示した．もちろん，(4.6.1) より正の測度を持つ集合上への制限はいつでも可能である.

ここでは単位球面

$$S^{n-1} = \{x \in \mathbf{R}^n : |x| = 1\}$$

4.6 Fourier 制限問題 (Tomas-Stein の定理)

上への Fourier 制限問題を取り上げる.

次の定理を示すことがこの節の目標となる.

以下 S 上に定義された Lebesgue 測度を $d\sigma$ と表す.

定理 4.6.1 (Tomas-Stein).

$$\left(\int_S |\hat{f}(\xi)|^q \, d\sigma\right)^{1/q} \leq C_p \|f\|_{L^p(\mathbf{R}^n)} \quad (f \in \mathcal{S}(\mathbf{R}^n)) \tag{4.6.2}$$

が $q = \dfrac{n-1}{n+1}\dfrac{p}{p-1}$ として

(1) $1 \leq p \leq \dfrac{2(n+1)}{n+3}, \quad n \geq 3,$

(2) $1 \leq p < \dfrac{4}{3}, \quad n = 2$

のとき成立する.

$$\begin{cases} D := \{y \in \mathbf{R}^{n-1} : |y| \leq 1/2\}, \\ h(y) := \sqrt{1-|y|^2} \quad (y \in D), \\ \tilde{D} := \{(y, h(y)) \in S : y \in D\} \end{cases}$$

とおけば $\tilde{D}$ 上で

$$d\sigma = \sqrt{1 + |\nabla h(y)|^2} dy = \frac{dy}{h(y)}$$

である. 対称性と滑らかな 1 の分割とを考慮して, (4.6.2) を示すには $0 \leq b(y) \in C_0^\infty(D)$ を固定して

$$\left(\int_{\mathbf{R}^{n-1}} |\hat{f}(y, h(y))|^q \, a(y) \, dy\right)^{1/q} \leq C\|f\|_{L^p(\mathbf{R}^n)}, \quad a(y) := \frac{b(y)}{h(y)}$$

を示せば十分である. さらに双対性も考慮して

$$\left|\int_{\mathbf{R}^{n-1}} \hat{f}(y, h(y)) \, g(y) \, a(y) \, dy\right| \leq C\|f\|_{L^p(\mathbf{R}^n)} \times \|g\|_{L^{q'}(\mathbf{R}^{n-1})} \tag{4.6.3}$$

を示す.

$$\int_{\mathbf{R}^{n-1}} \hat{f}(y, h(y)) \, g(y) \, a(y) \, dy$$
$$= \int_{\mathbf{R}^{n-1}} \int_{\mathbf{R}^n} e^{-2\pi i (z_1 y_1 + \cdots + z_{n-1} y_{n-1} + z_n h(y))} f(z) \, g(y) \, a(y) \, dz dy$$

であるから (4.6.3) は

$$\left\| \int_{\mathbf{R}^{n-1}} e^{-2\pi i (z_1 y_1 + \cdots + z_{n-1} y_{n-1} + z_n h(y))} g(y) \, a(y) \, dy \right\|_{L^{p'}(\mathbf{R}^n)}$$
$$\leq C \|g\|_{L^{q'}(\mathbf{R}^{n-1})} \tag{4.6.4}$$

を示すことに帰着される.

前節の振動積分作用素の手法を用いて (4.6.4) を解析しよう. 即ち $a(z,y) \in C_0^\infty(\mathbf{R}^n \times \mathbf{R}^{n-1})$ として

$$\left\| \int_{\mathbf{R}^{n-1}} e^{-2\pi i \lambda (z_1 y_1 + \cdots + z_{n-1} y_{n-1} + z_n h(y))} a(z,y) \, g(y) \, dy \right\|_{L^{p'}(\mathbf{R}^n)}$$
$$\leq C \lambda^{-n/p'} \|g\|_{L^{q'}(\mathbf{R}^{n-1})} \tag{4.6.5}$$

の成立を証明する. これがあれば

$$\left\| \int_{\mathbf{R}^{n-1}} e^{-2\pi i (z_1 y_1 + \cdots + z_{n-1} y_{n-1} + z_n h(y))} a(z/\lambda, y) \, g(y) \, dy \right\|_{L^{p'}(\mathbf{R}^n)}$$
$$\leq C \|g\|_{L^{q'}(\mathbf{R}^{n-1})}$$

と変形して $\lambda \to \infty$ とすれば (4.6.4) が従う. 以下

$$\phi(z,y) := z_1 y_1 + \cdots + z_{n-1} y_{n-1} + z_n h(y)$$

として振動積分作用素

$$T_\lambda g(z) := \int_{\mathbf{R}^{n-1}} e^{i\lambda \phi(z,y)} a(z,y) \, g(y) \, dy$$

を考察する.

ポイントを整理して次の命題を証明しよう.

命題 4.6.2.
$$\|T_\lambda g\|_{L^{p'}(\mathbf{R}^n)} \leq C \lambda^{-n/p'} \|g\|_{L^{q'}(\mathbf{R}^{n-1})} \tag{4.6.6}$$

が $p' = \dfrac{n+1}{n-1} \dfrac{q'}{q'-1}$ として
  (1) $1 \leq q' \leq 2$, $n \geq 3$,
  (2) $1 \leq q' < 4$, $n = 2$
のとき成立する.

4.6 Fourier 制限問題 (Tomas-Stein の定理)

■**命題 4.6.2 (1) の証明**　　$(q', p') = (1, \infty)$ のときは明らかであるから $(q', p') = \left(2, \frac{2(n+1)}{n-1}\right)$ のとき

$$\|T_\lambda g\|_{L^{\frac{2(n+1)}{n-1}}(\mathbf{R}^n)} \leq C\lambda^{-\frac{n(n-1)}{2(n+1)}} \|g\|_{L^2(\mathbf{R}^{n-1})} \tag{4.6.7}$$

を証明し，補間法によって結論を導く.

双対性を考慮して (4.6.7) を示すために

$$T_\lambda^* f(y) := \int_{\mathbf{R}^n} e^{i\lambda\phi(z,y)} a(z,y) f(z)\, dz$$

として

$$\|T_\lambda^* f\|_{L^2(\mathbf{R}^{n-1})} \leq C\lambda^{-\frac{n(n-1)}{2(n+1)}} \|f\|_{L^{\frac{2(n+1)}{n+3}}(\mathbf{R}^n)} \tag{4.6.8}$$

を示す. この左辺は直接書き下すことができて

$$\|T_\lambda^* f\|_{L^2(\mathbf{R}^{n-1})}^2$$
$$= \int_{\mathbf{R}^{n-1}} \int_{\mathbf{R}^n} \int_{\mathbf{R}^n} e^{i\lambda[\phi(z,y)-\phi(w,y)]} a(z,y) \overline{a(w,y)} f(z) \overline{f(w)}\, dz dw dy$$
$$\leq \|\tilde{K}_\lambda f\|_{L^{\frac{2(n+1)}{n-1}}(\mathbf{R}^n)} \times \|f\|_{L^{\frac{2(n+1)}{n+3}}(\mathbf{R}^n)}.$$

ここで

$$\tilde{K}_\lambda f(z) := T_\lambda \overline{T_\lambda^* f}(z) = \int_{\mathbf{R}^n} K_\lambda(z,w)\, \overline{f(w)}\, dw,$$

$$K_\lambda(z,w) := \int_{\mathbf{R}^{n-1}} e^{i\lambda[\phi(z,y)-\phi(w,y)]} a(z,y) \overline{a(w,y)}\, dy.$$

ゆえに (4.6.8) を示すために

$$K_\lambda f(z) := \int_{\mathbf{R}^n} K_\lambda(z,w)\, f(w)\, dw$$

として $r = \frac{2(n+1)}{n+3}$ のとき

$$\|K_\lambda f\|_{L^{r'}(\mathbf{R}^n)} \leq C\lambda^{-\frac{n(n-1)}{n+1}} \|f\|_{L^r(\mathbf{R}^n)} \tag{4.6.9}$$

を示す. この式の有用性は両辺で共に同じ次元の関数を評価できるところにある.

$z = (z', u)$ $(z' \in \mathbf{R}^{n-1})$, $w = (w', v)$ $(w' \in \mathbf{R}^{n-1})$ とそれぞれ分割し, u, v を固定して,

$$K_{u,v}^\lambda f(z') := \int_{\mathbf{R}^{n-1}} K_{u,v}^\lambda(z', w') f(w', v) \, dw',$$
$$K_{u,v}^\lambda(z', w') := K_\lambda(z', u\,;\, w', v)$$

とおいて

$$\|K_{u,v}^\lambda f\|_{L^{r'}(\mathbf{R}^{n-1})} \leq C\lambda^{-\frac{n(n-1)}{n+1}} |u-v|^{-1+(1/r-1/r')} \|f(\cdot, v)\|_{L^r(\mathbf{R}^{n-1})} \tag{4.6.10}$$

を証明すれば 1 次元の Hardy-Littlewood-Sobolev の不等式を経由して (4.6.9) に到る.

実際,

$$K_u^\lambda f(z') := \int_{\mathbf{R}^n} K_\lambda(z', u\,;\, w) f(w) \, dw = \int_{-\infty}^\infty K_{u,v}^\lambda f(z') \, dv$$

であるから Minkowski の積分不等式より

$$\|K_u^\lambda f\|_{L^{r'}(\mathbf{R}^{n-1})}$$
$$\leq \int_{-\infty}^\infty \|K_{u,v}^\lambda f\|_{L^{r'}(\mathbf{R}^{n-1})} \, dv$$
$$\leq C\lambda^{-\frac{n(n-1)}{n+1}} \int_{-\infty}^\infty |u-v|^{-1+(1/r-1/r')} \|f(\cdot, v)\|_{L^r(\mathbf{R}^{n-1})} \, dv.$$

上式左辺の u に関する $L^{r'}(\mathbf{R})$ ノルムは (4.6.9) の左辺に等しいから Hardy-Littlewood-Sobolev の不等式定理 4.2.3 を適用すれば

$$\|K_\lambda f\|_{L^{r'}(\mathbf{R}^n)}$$
$$\leq C\lambda^{-\frac{n(n-1)}{n+1}} \left\| \int_{-\infty}^\infty |u-v|^{-1+(1/r-1/r')} \|f(\cdot, v)\|_{L^r(\mathbf{R}^{n-1})} \, dv \right\|_{L^{r'}(\mathbf{R})}$$
$$\leq C\lambda^{-\frac{n(n-1)}{n+1}} \left\| \|f(\cdot, v)\|_{L^r(\mathbf{R}^{n-1})} \right\|_{L^r(\mathbf{R})}$$
$$= C\lambda^{-\frac{n(n-1)}{n+1}} \|f\|_{L^r(\mathbf{R}^n)}.$$

(4.6.10) は $L^2 \to L^2$, $L^1 \to L^\infty$ の補間法による.

4.6 Fourier 制限問題 (Tomas-Stein の定理)

前者は
$$K_{u,v}^\lambda f(z') = \int_{\mathbf{R}^{n-1}} e^{i\lambda\phi(z,y)} a(z,y) \int_{\mathbf{R}^{n-1}} \overline{e^{i\lambda\phi(w,y)} a(w,y)} f(w) \, dw' dy$$
と元に戻して
$$\phi(w,y) = w_1 y_1 + \cdots + w_{n-1} y_{n-1} + u h(y)$$
を想起すれば
$$\det \left((\partial^2/\partial w_j \partial y_k)\phi(w,y) \right)_{j,k \leq n-1} = 1 \neq 0$$
であるから定理 4.5.1 を適用して
$$\left\| \int_{\mathbf{R}^{n-1}} \overline{e^{i\lambda\phi(w,y)} a(w,y)} f(w) \, dw' \right\|_{L^2(\mathbf{R}^{n-1})}$$
$$\leq C\lambda^{-(n-1)/2} \|f(\cdot, v)\|_{L^2(\mathbf{R}^{n-1})}.$$
同様に考えて
$$\|K_{u,v}^\lambda f\|_{L^2(\mathbf{R}^{n-1})} \leq C\lambda^{-(n-1)} \|f(\cdot,v)\|_{L^2(\mathbf{R}^{n-1})}. \tag{4.6.11}$$

停留位相の方法により後者を示そう．評価すべき核
$$K_{u,v}^\lambda(z', w') = \int_{\mathbf{R}^{n-1}} e^{i\lambda\Phi(y,z,w)} a(z,y) \overline{a(w,y)} \, dy,$$
$$\Phi(y,z,w) := (z_1 - w_1)y_1 + \cdots + (z_{n-1} - w_{n-1})y_{n-1} + (u-v)h(y)$$
に対して
$$|K_{u,v}^\lambda(z',w')| \leq C(\lambda|u-v|)^{-(n-1)/2} \tag{4.6.12}$$
を確かめよう．
$$(z_1 - w_1)y_1 + \cdots + (z_{n-1} - w_{n-1})y_{n-1} + (u-v)h(y)$$
$$= (u-v)\left(\frac{z_1 - w_1}{u-v} y_1 + \cdots + \frac{z_{n-1} - w_{n-1}}{u-v} y_{n-1} + h(y) \right)$$
として $\mathbf{R}^n$ 上の点を
$$A(z,w) := \frac{1}{u-v}(z_1 - w_1, \ldots, z_{n-1} - w_{n-1}, 1)$$

とすれば原点と $A(z,w)$ とを結ぶ直線が $\tilde{D}$ と交点 $(y_0, h(y_0))$ を持つときにだけ

$$\nabla_y \Phi(y_0, w, z) = 0$$

であることが分かる．一般性を失うことなしに

$$(y_0, h(y_0)) = A(z_0, w_0) = (0, \ldots, 0, 1)$$

として検証を続けてよい．このとき

$$\Phi(y, z_0, w_0) = h(y)$$

であるから

$$\det\left((\partial^2/\partial y_j \partial y_k)\Phi(y, z_0, w_0)\right) = 1 \neq 0 \quad (y = 0)$$

となり定理 4.4.2 より

$$|K_{u,v}^\lambda(0, z_0, w_0)| \leq C(\lambda|u-v|)^{-(n-1)/2}$$

と評価できる．他の場合にはこれよりも良い評価が従い結論として (4.6.12) が示された．これより

$$\|K_{u,v}^\lambda f\|_{L^\infty(\mathbf{R}^{n-1})} \leq C\lambda^{-(n-1)/2}|u-v|^{-(n-1)/2}\|f(\cdot, v)\|_{L^1(\mathbf{R}^{n-1})} \tag{4.6.13}$$

を得る．

$$\begin{cases} \dfrac{1}{r} = \dfrac{1}{2}\left(1 - \dfrac{2}{n+1}\right) + \dfrac{2}{n+1}, \\ -\dfrac{n(n-1)}{n+1} = -(n-1)\left(1 - \dfrac{2}{n+1}\right) - \dfrac{n-1}{2}\dfrac{2}{n+1}, \\ -1 + (1/r - 1/r') = -\dfrac{n-1}{n+1} = -\dfrac{n-1}{2}\dfrac{2}{n+1} \end{cases}$$

であることを用い (4.6.11), (4.6.13) を補間して (4.6.10) が確認された．

■命題 4.6.2 (2) の証明　ここでは形を少し変え

$$T_\lambda g(z) := \int_{-\infty}^{\infty} e^{i\lambda\phi(z,\theta)} a(z,\theta) g(\theta)\, d\theta,$$
$$\phi(z,\theta) := z_1 \cos\theta + z_2 \sin\theta$$

4.6 Fourier 制限問題 (Tomas-Stein の定理)

として
$$p' = 3\frac{q'}{q'-1}, \quad 1 \leq q' < 4$$
において
$$\|T_\lambda g\|_{L^{p'}(\mathbf{R}^2)} \leq C\lambda^{-2/p'} \|g\|_{L^{q'}(\mathbf{R})} \tag{4.6.14}$$
を証明する. 証明の鍵は $p' > 4$ にある. この場合
$$(T_\lambda g(z))^2 = \int_{\mathbf{R}^2} e^{i\lambda\Phi(z,y)} b(z,y) g(y_1)g(y_2) \, dy,$$
$$\Phi(z,y) := z_1(\cos y_1 + \cos y_2) + z_2(\sin y_1 + \sin y_2), \quad b(z,y) := a(z,y_1)a(z,y_2)$$
を評価できる.
$$\int_{\mathbf{R}^2} e^{i\lambda\Phi(z,y)} b(z,y) f(y) \, dy$$
に対して定理 4.5.1 を適用したい. しかし
$$\begin{vmatrix} (\partial^2/\partial z_1 \partial y_1)\Phi(z,y) & (\partial^2/\partial z_1 \partial y_2)\Phi(z,y) \\ (\partial^2/\partial z_2 \partial y_1)\Phi(z,y) & (\partial^2/\partial z_2 \partial y_2)\Phi(z,y) \end{vmatrix} = -\sin(y_1 - y_2)$$
であるからこのままでは適用できない. そこで
$$(u_1, u_2) = (y_1 - y_2, y_1 + y_2)$$
と座標を変換すれば $|du/dy| = 2$ であるから, 必要なら b の台を小さく分解して,
$$|\det(\partial^2 \Phi/\partial z \partial u)| \geq c|u_1|$$
とできる. さらに
$$\Phi(z,u) = $$
$$z_1\left(\cos\frac{u_2+u_1}{2} + \cos\frac{u_2-u_1}{2}\right) + z_2\left(\sin\frac{u_2+u_1}{2} + \sin\frac{u_2-u_1}{2}\right),$$
$$b(z,u) = a\left(z, \frac{u_2+u_1}{2}\right) a\left(z, \frac{u_2-u_1}{2}\right)$$
であるから, $\Phi(z,u), b(z,u)$ は共に u_1 の偶関数となり u_1^2 の連続関数とみなすことができる. そこで
$$(v_1, v_2) = \left(\frac{1}{2}u_1^2, u_2\right)$$

と座標変換すれば，$|dv/du| = |u_1|$ であるから，
$$|\det(\partial^2 \Phi/\partial z \partial v)| \geq c$$
が成立する．ここで
$$\tilde{T}_\lambda f(z) := \int_{\mathbf{R}^2} e^{i\lambda \Phi(z,v)} b(z,v) f(v) dv$$
に対して定理 4.5.1 を適用して特に系 4.5.2 が成立する．即ち
$$\|\tilde{T}_\lambda f\|_{L^{r'}(\mathbf{R}^2)} \leq C\lambda^{-2/r'} \|f\|_{L^r(\mathbf{R}^2)} \quad (1 \leq r \leq 2). \tag{4.6.15}$$

定義より
$$\begin{aligned}\|T_\lambda g\|^2_{L^{p'}(\mathbf{R}^2)} &= \|(T_\lambda g)^2\|_{L^{p'/2}(\mathbf{R}^2)} \\ &= \|\tilde{T}_\lambda g(\cdot)g(\cdot)|dv/dy|^{-1}\|_{L^{p'/2}(\mathbf{R}^2)}\end{aligned}$$

と計算でき右辺に (4.6.15) を適用して
$$\begin{aligned}&\|T_\lambda g\|^2_{L^{p'}(\mathbf{R}^2)} \\ &\leq C\lambda^{-4/p'} \left(\int_{\mathbf{R}^2} g(y_1)^r g(y_2)^r |y_1-y_2|^{1-r} dy\right)^{1/r}, \quad r = p'/(p'-2).\end{aligned}$$
ここで
$$1-r = -1 + (2-r), \quad 2-r = [q'/r]^{-1} - [(q'/r)']^{-1}$$

と計算でき 1 次元の Hardy-Littlewood-Sobolev の不等式を用いて結論に到る． ∎

4.7 Nikodym 最大関数 (Wolff の定理)

まず Hardy-Littlewood 最大関数を想起しよう．

局所可積分関数 $f \in L^1_{\text{loc}}(\mathbf{R}^n)$ に対して，Hardy-Littlewood 最大関数は
$$\mathcal{M}f(x) := \sup_{t>0} \frac{1}{|B(x,t)|} \int_{B(x,t)} |f(y)| dy$$

4.7 Nikodym 最大関数 (Wolff の定理)

で定義された.ここで,$B(x,t) \subset \mathbf{R}^n$ は x を中心とした半径 t の開球を表し,$|B(x,t)|$ でその体積を表す.

この最大関数が $L^p(\mathbf{R}^n)$ $(p>1)$ 有界となることの効用は,それによって Hardy-Littlewood-Sobolev の不等式を導き,その不等式を前説の最後で本質的に用いたことで確認済みである.有界性成立の核心は被覆補題 (補題 4.1.3) にあったことも思い出しておこう.

Fourier 解析では,不確定性原理が遠因となっているのか,一風変わった最大関数の評価が問題にされる.

$N \gg 1$ を非常に大きいパラメーターとし,$a > 0$ に対して,(小さな)Nikodym 最大関数は

$$\mathcal{K}_{N,a}f(x) := \sup_{T \ni x} \frac{1}{|T|} \int_T |f(y)|\, dy \tag{4.7.1}$$

で定義される.ここで,上限は

$$a \times \cdots \times a \times (Na)$$

の形を持つ **tube**

$$\left\{ (x', x_n) \in \mathbf{R}^n : |x'| < \frac{a}{2},\, |x_n| < \frac{Na}{2} \right\}$$

に合同な tube T で,x を含むあらゆる方向 (長軸の方向) のものについて取る.さらに,(大きな)Nikodym 最大関数は

$$\mathcal{K}_N f(x) := \sup_{a>0} \mathcal{K}_{N,a} f(x) \tag{4.7.2}$$

で定義される.

Nikodym 最大関数 $\mathcal{K}_N$ の $L^p(\mathbf{R}^n)$ $(p>1)$ 有界性は,**関数の相対的大きさの方向に関する分布**を支配するために用いられる.この最大関数に現れる tube の族に対して,被覆補題 (補題 4.1.3) の証明を想起して適用すれば,もし長軸の方向が全て一定であればそのまま適用することができるが,その方向に自由度を許すと,3 倍で他を含む代わりに,$(n-1)$ 次元方向に $3N$ 倍,残りの 1 次元方向に 3 倍必要となり,次のナイーブな評価しか得られない.

$$\|\mathcal{K}_N f\|_{L^p(\mathbf{R}^n)} \le C_{p,N} \|f\|_{L^p(\mathbf{R}^n)}, \qquad C_{p,N} = 2 \left(\frac{(3N)^{n-1} 3p}{p-1} \right)^{1/p}.$$

ここでの論点は，右辺に現れる定数 $C_{p,N}$ の N に関する最良の評価を知ることである．上の評価を改善するためにどのような手法を用いればよいであろうか？　この節を通して考えていこう．

最大関数の話題であるから以下この節を通して，現れる関数は全て非負であると仮定する．

4.7.1 小さな Nikodym 最大関数

以後 $N \gg 1$ を大きな整数のパラメーターとして $\delta = 1/N$ とする．δ-tube T とは
$$\{(x', x_n) \in \mathbf{R}^n : |x'| < \delta/2,\, |x_n| < 1/2\}$$
に合同な tube とし，T の方向とは長軸の方向を意味するものとする．$l(T)$ によってその軸の直線を表し，$\omega(T) \in S^{n-1}$ によってその 1 つの単位方向ベクトルを表すことにする．しばらくの間 $\mathbf{R}^n$ の原点の近くで細かな話を進めることにしよう．

$Q_1 := (-1, 1)^n$, $Q_2 := (-2, 2)^n$ とおく．$f \in L^1(Q_1)$ に対して，小さな Nikodym 最大関数を
$$K_\delta f(x) := \sup_{T \ni x} \frac{1}{|T|} \int_T f(y)\,dy$$
で定義する．ここで，上限は，δ-tube T で，x を含むあらゆる方向のものについてとる．

この最大関数に関して次の予想問題が未解決のまま残されている．この問題は多くの優れた数学者によって研究が進められているにもかかわらず長い間未解決のままにある．

■予想問題　定数 C, α が存在して
$$\|K_\delta f\|_{L^n(Q_2)} \leq C(\log N)^\alpha \|f\|_{L^n(Q_1)} \tag{4.7.3}$$
が成立する．

4.7 Nikodym 最大関数 (Wolff の定理)

今

$$f(x) = \frac{\chi_{[\delta,1]}(|x|)}{|x|}$$

とすれば

$$K_\delta f(x) \geq C^{-1} \log N \quad (|x| < 1)$$

と評価できて

$$\|K_\delta f\|_{L^n(Q_2)} \geq C^{-1} \log N.$$

一方

$$\|f\|_{L^n(Q_1)} = C(\log N)^{1/n}$$

であるから (4.7.3) の右辺に $\log N$ の項が必要である.

後で見るように $n=2$ ではこの予想の成立することが分かっている.

$f \in L^1(Q_1)$ であれば

$$K_\delta f(x) \leq CN^{n-1}\|f\|_1$$

となり

$$\|K_\delta f\|_{L^\infty(Q_2)} \leq CN^{n-1}\|f\|_{L^1(Q_1)}. \tag{4.7.4}$$

そこで (4.7.3), (4.7.4) を補間し予想問題の 1 つのバージョンとして次の問題を考えよう.

■**予想問題**　$1 \leq p \leq n$ において

$$\|K_\delta f\|_{L^q(Q_2)} \leq CN^{n/p-1}(\log N)^{\alpha n'/p'}\|f\|_{L^p(Q_1)} \quad (q = (n-1)p') \tag{4.7.5}$$

が成立する.

この予想問題は $p=1$ ではもちろん正しい. ゆえに成立する p の範囲を $p=n$ に向けて広げて行くことが論点である. $(\log N)$ の指数の大きさは応用上問題とされない.

次の定理を示すことがこの節の目標である.

定理 4.7.1 (T. Wolff, 1995). $1 \leq p \leq (n+2)/2$ において (4.7.5) が成立する．特に

$$\|K_\delta f\|_{L^q(Q_2)} \leq C N^{n/p-1} (\log N)^\alpha \|f\|_{L^p(Q_1)}$$
$$(p = (n+2)/2 \, , \, q = (n-1)p') \quad (4.7.6)$$

である．ここで α は次元 n にのみ依存する定数を表す．

後で確認するようにこの定理は分布関数を用いた次の命題から示される．

命題 4.7.2. $p = (n+2)/2$, $0 < \lambda < 1$ とし $\|f\|_{L^\infty(Q_1)} = 1$ として

$$\lambda^p \delta^{n-p} |\{x \in Q_2 : K_\delta f(x) > \lambda\}|^{(p-1)/(n-1)}$$
$$\leq C (\log N)^{(n+5)/2} \int_{Q_1} f(y)^2 \, dy \quad (4.7.7)$$

が成立する．

4.7.2 命題 4.7.2 の証明

Q_2 を辺長 δ の立方体により分割して各立方体の中心の点よりなる集合を $\mathbf{I}$ とおく．$\mathbf{I}$ の個数 $\#\mathbf{I}$ は $\#\mathbf{I} = (2N)^n$ である．$i \in \mathbf{I}$ に対して Q_i によって i を中心とした辺長 δ の分割立方体を表すことにする．

$0 < \lambda < 1$ を固定し

$$\tilde{\mathcal{I}} := \mathbf{I} \cap \{x \in Q_2 : K_\delta f(x) > \lambda\}$$

とすれば

$$\{x \in Q_2 : K_\delta f(x) > \lambda\} \subset \bigcup_{i \in \tilde{\mathcal{I}}} Q_i$$

であるから

$$\sum_{i \in \tilde{\mathcal{I}}} |Q_i| = \delta^n \#\tilde{\mathcal{I}}$$

を評価する．

最大関数の定義により各 $i \in \tilde{\mathcal{I}}$ に対して δ-tube $T_i \ni i$ を 1 つ選び

$$\lambda |T_i| < \int_{T_i} f(y) \, dy, \quad i \in T_i \quad (i \in \tilde{\mathcal{I}}) \quad (4.7.8)$$

4.7 Nikodym 最大関数 (Wolff の定理)

とできる.

$$\tilde{D} := \left\{ (\omega', \omega_n) \in S^{n-1} : \omega_n > \frac{1}{\sqrt{n}} \right\}$$

として必要なら次元に依存する定数を出すことにして $\omega(T_i) \in \tilde{D}$ であると仮定する.

集合 $\tilde{\mathcal{I}}$ の超平面 $\{x_n = t\}$ による断面に現れる点の個数

$$\#(\tilde{\mathcal{I}} \cap \{x_n = t\})$$

は $t = t_0$ において最大の値をとるものとして

$$\mathbf{I}_0 := \mathbf{I} \cap \{x_n = t_0\}, \qquad \mathcal{I}_0 := \tilde{\mathcal{I}} \cap \{x_n = t_0\}$$

とすれば

$$\#\tilde{\mathcal{I}} \leq 2N \#\mathcal{I}_0$$

となる. 以上をまとめると (4.7.7) を示すためには

$$\lambda^{(n+2)/2} \delta^{(n-2)/2} (\delta^{n-1} \#\mathcal{I}_0)^{n/2(n-1)} \leq C (\log N)^{(n+5)/2} \int_{Q_1} f(y)^2 \, dy \tag{4.7.9}$$

が成立することを証明すればよい.

次の幾何的補題は基本的に用いられる.

補題 4.7.3. $i, j \in \mathcal{I}_0$, $T_i \cap T_j \neq \emptyset$ とすれば

(1) $|T_i \cap T_j| \leq C \dfrac{\delta^n}{|\omega(T_i) - \omega(T_j)| + \delta}$,

(2) $|i - j| \leq |\omega(T_i) - \omega(T_j)|$

が成立する.

証明はいずれも容易である. (1) は $\omega(T_i), \omega(T_j) \in \tilde{D}$ であることより従う. 議論を進めよう. (4.7.8) を用いて計算すれば

$$\lambda^2 \delta^{2n-2} (\#\mathcal{I}_0)^2 = \left(\lambda \delta^{n-1} \#\mathcal{I}_0 \right)^2$$

$$\leq C \left(\sum_{i \in \mathcal{I}_0} \int_{T_i} f(y) \, dy \right)^2$$

$$= C \left(\int \sum_{i \in \mathcal{I}_0} \chi_{T_i}(y) f(y) \, dy \right)^2$$

$$\leq C \int \left(\sum_{i \in \mathcal{I}_0} \chi_{T_i}(y) \right)^2 dy \cdot \int f(y)^2 \, dy.$$

以下

$$\int \left(\sum_{i \in \mathcal{I}_0} \chi_{T_i}(y) \right)^2 dy \tag{4.7.10}$$

を評価していこう.

■$n=2$ の場合　　$n=2$ とすれば上の補題と上式とにより議論は完結する. 実際

$$(4.7.10) = \sum_{i \in \mathcal{I}_0} \sum_{j \in \mathcal{I}_0} |T_i \cap T_j| \leq C \sum_{i \in \mathcal{I}_0} \sum_{j \in \mathcal{I}_0} \frac{\delta^2}{|i-j|+\delta} \leq C \# \mathcal{I}_0 \delta \log N.$$

(4.7.10) と合わせて (4.7.9) が従う.

■(4.7.10) を見積もる　　評価において $\log N$ の項を出すことは許されるからそれを十分に生かして (4.7.10) を見積もる. まず次のように書き換えて評価しよう.

$$(4.7.10) = \sum_{i \in \mathcal{I}_0} \sum_{j \in \mathcal{I}_0} |T_i \cap T_j|$$
$$\leq c\delta^{n-1} \# \mathcal{I}_0$$
$$+ \sum_{i \in \mathcal{I}_0} \sum_{k=1}^{\log N} \sum \{j \in \mathcal{I}_0 : \delta 2^{k-1} \leq |\omega(T_i) - \omega(T_j)| < \delta 2^k\} |T_i \cap T_j|$$
$$\leq c\delta^{n-1} \# \mathcal{I}_0$$
$$+ \log N \sum_{i \in \mathcal{I}_0} \sum \{j \in \mathcal{I}_0 : \sigma/2 \leq |\omega(T_i) - \omega(T_j)| < \sigma\} |T_i \cap T_j|,$$

ただし $\sigma := \delta 2^{k_0}$ で, k_0 は級数 $\sum_k$ の項が最大となる k の値である.

もし

$$\delta^{n-1} \# \mathcal{I}_0 \geq \sum_{i \in \mathcal{I}_0} \sum \{j \in \mathcal{I}_0 : \sigma/2 \leq |\omega(T_i) - \omega(T_j)| < \sigma\} |T_i \cap T_j|$$

4.7 Nikodym 最大関数 (Wolff の定理)

であれば
$$(4.7.10) \leq C(\log N)\delta^{n-1}\#\mathcal{I}_0$$
となり (4.7.10) を経由して (4.7.9) が成立する. ゆえに

$$(4.7.10) \leq C \log N \sum_{i \in \mathcal{I}_0} \sum \{j \in \mathcal{I}_0 : \sigma/2 \leq |\omega(T_i) - \omega(T_j)| < \sigma\} |T_i \cap T_j|$$

と仮定して議論を進める.

上で行ったように見積もるべき量を $O(\log N)$ 個の部分に分配してその内の最大の量に注目して評価する方法は以後基本的に用いられる.

$\mathbf{I}_0$ を辺長 σ の立方体により分割しその 1 つを Q として $Q \cap \mathcal{I}_0$ を考える. 各 $Q \cap \mathcal{I}_0$ に対して $i \in Q \cap \mathcal{I}_0$ なる i のうち

$$\sum \{j \in \mathcal{I}_0 : \sigma/2 \leq |\omega(T_i) - \omega(T_j)| < \sigma\} |T_i \cap T_j|$$

を最大とするものをひとつずつ選び，選んだ i 全体の集合を $\mathcal{I}_1$ とする. $i \in \mathcal{I}_1$ かつ $i \in Q \cap \mathcal{I}_0$ のとき

$$I_i := Q \cap \mathcal{I}_0$$

と書く. すると,
$$I_i \cap I_j = \emptyset \quad (i \neq j, \, i,j \in \mathcal{I}_1),$$
$$\mathcal{I}_0 = \bigcup_{i \in \mathcal{I}_1} I_i$$

であり

$$(4.7.10)$$
$$\leq C \log N \sum_{i \in \mathcal{I}_1} \#I_i \sum \{j \in \mathcal{I}_0 : \sigma/2 \leq |\omega(T_i) - \omega(T_j)| < \sigma\} |T_i \cap T_j|$$

となる. $i \in \mathcal{I}_1$ に対して

$$\tilde{J}_i := \{j \in \mathcal{I}_0 : \sigma/2 \leq |\omega(T_i) - \omega(T_j)| < \sigma, \, T_i \cap T_j \neq \emptyset\}$$

とおけば以上と補題 4.7.3 とにより次が成立する.

$$(4.7.10) \leq C(\log N) \frac{\delta^n}{\sigma} \sum_{i \in \mathcal{I}_1} \#I_i \#\tilde{J}_i.$$

各 $j \in \tilde{J}_i$ に対して簡単な幾何的考察により
$$T_j \subset \{x : \operatorname{dist}(x, l(T_i)) < \sigma\}$$
であることが分かる．ゆえに (4.7.8) より
$$\begin{cases} f_0(y) := \chi\{\operatorname{dist}(x, l(T_i)) < \delta\}(y) f(y) \\ f_k(y) := \chi\{\delta 2^{k-1} \leq \operatorname{dist}(x, l(T_i)) < \delta 2^k\}(y) f(y) \end{cases}$$
とおいて
$$\lambda |T_j| < \sum_{k=0}^{k_0} \int_{T_j} f_k(y)\, dy.$$
これを用い静かに考えて $\delta < \rho \leq \sigma$, $J_i \subset \tilde{J}_i$ を見出して
$$\frac{\lambda}{\log N} |T_j| < \int_{T_j} \chi\{\rho/2 \leq \operatorname{dist}(x, l(T_i)) < \rho\}(y) f(y)\, dy$$
$$(j \in J_i, \quad i \in \mathcal{I}_1) \quad (4.7.11)$$
および
$$(4.7.10) \leq C(\log N)^2 \frac{\delta^n}{\sigma} \sum_{i \in \mathcal{I}_1} \#I_i \#J_i$$
を共に満たすようにできることが分かる．

ここで後に重要となる 1 つの注意を与えておく．(4.7.11) に対し $\|f\|_\infty = 1$ であることを用いて簡単な幾何的考察を与えれば
$$\frac{\sigma}{\rho} \leq C \frac{\log N}{\lambda} \quad (4.7.12)$$
の成立が分かる．

さらにもう 1 つ $\log N$ の項を増やしてから先へ進もう．

$\#J_i \leq (2N)^{n-1}$ であることを用い自然数 ν と $\mathcal{I}_2 \subset \mathcal{I}_1$ とを見出して
$$\nu \leq \#J_i < 2\nu \quad (i \in \mathcal{I}_2) \quad (4.7.13)$$
および
$$(4.7.10) \leq C\nu (\log N)^3 \frac{\delta^n}{\sigma} \sum_{i \in \mathcal{I}_2} \#I_i \quad (4.7.14)$$
を共に満たすようにできる．

4.7 Nikodym 最大関数 (Wolff の定理)

■**補助的最大関数** 直線 $L \subset \mathbf{R}^n$ はその単位方向ベクトルが $\tilde{D}_0$ に属するものとする.

$f \in L^1(Q_1)$ に対して集合 $\mathbf{I}_0$ 上で定義される補助的最大関数を

$$K_\delta^L f(i) := \sup_{T \ni i,\, T \cap L \neq \emptyset} \frac{1}{|T|} \int_T f(y)\, dy \quad (i \in \mathbf{I}_0)$$

で定義する. ここで, 上限は, δ-tube T で, i を含み L と交わるものについて取る.

この補助的最大関数に関する次の補題は以後証明を進める上で重要な役割を果たす.

補題 4.7.4. $\delta < \rho \leq \sigma < 1$ として
$\mathrm{supp}\, f \subset \{x : \rho/2 \leq \mathrm{dist}\,(x, L) < \rho\}, \quad \mathcal{I} = \mathbf{I}_0 \cap \{x : \mathrm{dist}\,(x, L) < \sigma\}$
とすれば

$$\lambda^2 \delta^{n-1} \# \left\{ i \in \mathcal{I} : K_\delta^L f(i) > \lambda \right\}$$
$$\leq C (\log N)^2 (\sigma/\rho)^{n-2} \int f(y)^2\, dy \quad (\lambda > 0)$$

が成立する.

証明 容易であるから概略のみを記す.
$E_1 := \{x : \rho/2 \leq \mathrm{dist}\,(x, L) < \rho\}, \quad E_2 := \{x : \sigma/2 \leq \mathrm{dist}\,(x, L) < \sigma\}$
とおく. 2進分解を考慮して一番困難な部分である

$$I_0 := \left\{ i \in \mathbf{I}_0 \cap E_2 : K_\delta^L f(i) > \lambda \right\}$$

の個数を評価する.

(4.7.10) と同様にすればこの場合 $|T_i \cap T_j \cap E_1|$ の和を見積もることになる.

T_i を固定すれば, 補助的最大関数の定義により, T_i と交わる T_j は本質的に L と $l(T_i)$ によって決まる 2 次元平面の δ 近傍に含まれるものに限られることが分かる. ゆえにここに 2 次元の結果を適用することができる. そのような厚みを持つ平面は, E_1, I_0 の位置関係によって, E_1 上で $(\sigma/\rho)^{n-2}$ の重複度を持つ. これらを用いて補題が示される. ∎

■ν と $\nu\#\mathcal{I}_2$ を見積もる　　(4.7.14) から ν を消去するために ν および $\nu\#\mathcal{I}_2$ を評価する.

$i \in \mathcal{I}_2$ に対して (4.7.11) を想起し補題 4.7.4 を $L = l(T_i)$ として適用すれば,
$$\overline{T_i} := \{x : \text{dist}(x, l(T_i)) < \rho\}$$
とおいて,
$$\left(\frac{\lambda}{\log N}\right)^2 \delta^{n-1} \# J_i \leq C(\log N)^2 (\sigma/\rho)^{n-2} \int_{\overline{T_i}} f(y)^2 \, dy$$
が分かる. そこで
$$\gamma_1 := (\log N)^4 (\sigma/\rho)^{n-2} \lambda^{-2} \delta^{1-n}$$
と書くと
$$\nu \leq \# J_i \leq C\gamma_1 \int_{\overline{T_i}} f(y)^2 \, dy. \tag{4.7.15}$$

次に
$$\nu\#\mathcal{I}_2 \leq C\gamma_1 \sum_{i \in \mathcal{I}_2} \int_{\overline{T_i}} f(y)^2 \, dy$$
を評価しよう. 以下は bush-argument として知られる手法である.

$$\sum_{i \in \mathcal{I}_2} \int_{\overline{T_i}} f(y)^2 \, dy = \int f(y)^2 \left(\sum_{i \in I_2} \chi_{\overline{T_i}}(y)\right) dy =: \int f(y)^2 \, G(y) \, dy$$

と書き換え $G(y)$ は $y = a$ において最大の値 μ を持つとしてそれを見積もろう.

$y = a$ と交わる $\overline{T_i}$ の個数が μ であるから
$$\mathcal{I}_3 := \{i \in \mathcal{I}_2 : \overline{T_i} \ni a\}$$
とおいて $\nu\#\mathcal{I}_3$ を考察する.

$i \in \mathcal{I}_3$ に対して (4.7.11) より
$$\frac{\lambda}{\log N}|T_j| < \int_{T_j} \chi_{\overline{T_i}}(y)\, f(y) \, dy \quad (j \in J_i)$$

4.7 Nikodym 最大関数 (Wolff の定理)

であるから $\|f\|_\infty = 1$ であることを用いて

$$\frac{\lambda}{\log N}|T_j|$$
$$< \int_{T_j} \chi\left\{\overline{T_i} \setminus B\left(a, \frac{\lambda}{3\log N}\right)\right\}(y)\,f(y)\,dy + \left|T_j \cap B\left(a, \frac{\lambda}{3\log N}\right)\right|.$$

ゆえに

$$\frac{\lambda}{3\log N}|T_j| < \int_{T_j} \chi\left\{\overline{T_i} \setminus B\left(a, \frac{\lambda}{3\log N}\right)\right\}(y)\,f(y)\,dy \quad (j \in J_i)$$

とできる. これを用い再び補題 4.7.4 を適用して

$$\nu \le \#J_i \le C\gamma_1 \int \chi\left\{\overline{T_i} \setminus B\left(a, \frac{\lambda}{3\log N}\right)\right\}(y)\,f(y)^2\,dy \quad (i \in \mathcal{I}_3).$$

ゆえに

$$\nu\#\mathcal{I}_3 \le C\gamma_1 \sum_{i \in \mathcal{I}_3} \int \chi\left\{\overline{T_i} \setminus B\left(a, \frac{\lambda}{3\log N}\right)\right\}(y)\,f(y)^2\,dy.$$

$\mathcal{I}_3$ は少なくとも σ だけ分離していることを用いて簡単な幾何的考察を与えれば右辺の和で重複度は

$$\gamma_2 := \left(\frac{\rho}{(\lambda/\log N)\sigma}\right)^{n-1}$$

の定数倍により評価されて

$$\nu\#\mathcal{I}_3 \le C\gamma_1\gamma_2 \int f(y)^2\,dy.$$

ゆえに

$$\nu\#\mathcal{I}_2 \le C\nu^{-1}\gamma_1^2\gamma_2 \left(\int f(y)^2\,dy\right)^2. \tag{4.7.16}$$

■(4.7.9) の証明　まず

$$\sigma \ge \left(\delta^{n-1}\#\mathcal{I}_0\right)^{1/(n-1)}$$

であると仮定する. このとき (4.7.10), (4.7.14), (4.7.15) および (4.7.12) より

$$\sigma\lambda^{n+2}\delta^{n-2}\left(\delta^{n-1}\#\mathcal{I}_0\right) \le C(\log N)^{n+5}\left(\int f(y)^2\,dy\right)^2$$

であると計算され仮定を用いて

$$\lambda^{n+2}\delta^{n-2}\left(\delta^{n-1}\#\mathcal{I}_0\right)^{n/(n-1)} \leq C(\log N)^{n+5}\left(\int f(y)^2\,dy\right)^2.$$

正の平方根をとれば (4.7.9) が成立する.

次に

$$\sigma < \left(\delta^{n-1}\#\mathcal{I}_0\right)^{1/(n-1)}$$

であると仮定する. 第 1 に (4.7.14) より

$$(4.7.10) \leq C\nu(\log N)^3 \frac{\delta^n}{\sigma}\#\mathcal{I}_0. \tag{4.7.17}$$

第 2 に

$$\#I_i \leq \left(\frac{\sigma}{\delta}\right)^{n-1}$$

となることおよび (4.7.14), (4.7.16) より

$$(4.7.10)$$
$$\leq C\,\nu^{-1}\,\lambda^{-n-3}\,\delta^{-2n+3}\,(\log N)^{n+10}\,\sigma^{n-2}\left(\frac{\sigma}{\rho}\right)^{n-3}\left(\int f(y)^2\,dy\right)^2$$

であると計算され (4.7.12) を用いて

$$(4.7.10) \leq C\,\nu^{-1}\,\lambda^{-2n}\,\delta^{-2n+3}\,(\log N)^{2n+7}\,\sigma^{n-2}\left(\int f(y)^2\,dy\right)^2. \tag{4.7.18}$$

(4.7.17), (4.7.18) の両辺を掛け合わせて正の平方根をとれば

$$(4.7.10)$$
$$\leq C\,\lambda^{-n}\,\delta^{-(n-3)/2}\,(\log N)^{n+5}\,\sigma^{(n-3)/2}\,(\#\mathcal{I}_0)^{1/2}\int f(y)^2\,dy$$
$$= C\,\lambda^{-n}\,\delta^{-n+2}\,(\log N)^{n+5}\,\sigma^{(n-3)/2}\,\left(\delta^{n-1}\#\mathcal{I}_0\right)^{1/2}\int f(y)^2\,dy.$$

(4.7.10) より

$$\lambda^{n+2}\delta^{n-2}\left(\delta^{n-1}\#\mathcal{I}_0\right)^{3/2} \leq C(\log N)^{n+5}\sigma^{(n-3)/2}\left(\int f(y)^2\,dy\right)^2.$$

4.7 Nikodym 最大関数 (Wolff の定理)

仮定を用いてこの場合も

$$\lambda^{n+2}\delta^{n-2}\left(\delta^{n-1}\#\mathcal{I}_0\right)^{n/(n-1)} \le C(\log N)^{n+5}\left(\int f(y)^2\,dy\right)^2.$$

正の平方根をとれば (4.7.9) が成立する.

以上により命題 4.7.2 が証明された.

4.7.3 定理 4.7.1 の証明

定理 4.7.1 は命題 4.7.2 において $f = \chi_E\ (E \subset Q_1)$ としたものと (4.7.4) とから Marcinkiewicz の補間定理を用いて証明される. ここでは少し複雑な計算になるが 2 進分解を用いて直接証明を与えておく. 3 点補間法と呼ばれる手法により (4.7.6) を証明しよう. これより定理が従うことは明らかである.

$\lambda > 0$ とし $\epsilon \gg 1$ は必要な計算の後に確定させるものとして

$$f(x) = f(x)\chi_{\{f<\lambda\}}(x) + f(x)\chi_{\{\lambda \le f < \epsilon\lambda\}}(x) + f(x)\chi_{\{\epsilon\lambda \le f\}}(x)$$
$$=: f_1(x) + f_2(x) + f_3(x)$$

と分解すれば劣線形性により

$$K_\delta f(x) \le K_\delta f_1(x) + K_\delta f_2(x) + K_\delta f_3(x)$$

となる. 明らかに $K_\delta f_1(x) \le \lambda$ であるから上式より

$$\{x \in Q_2 : K_\delta f(x) > 3\lambda\}$$
$$\subset \{x \in Q_2 : K_\delta f_2(x) > \lambda\} \cup \{x \in Q_2 : K_\delta f_3(x) > \lambda\}.$$

ゆえに

$$|\{x \in Q_2 : K_\delta f(x) > 3\lambda\}|$$
$$\le |\{x \in Q_2 : K_\delta f_2(x) > \lambda\}| + |\{x \in Q_2 : K_\delta f_3(x) > \lambda\}|.$$

これを用いて

$$\int_{Q_2} K_\delta f(x)^q\,dx = 3^q q \int_0^\infty |\{x \in Q_2 : K_\delta f(x) > 3\lambda\}|\,\lambda^{q-1}\,d\lambda$$
$$\le 3^q q \int_0^\infty |\{x \in Q_2 : K_\delta f_2(x) > \lambda\}|\,\lambda^{q-1}\,d\lambda$$

$$+3^q q \int_0^\infty |\{x \in Q_2 : K_\delta f_3(x) > \lambda\}| \lambda^{q-1} d\lambda$$
$$=: 3^q q \,(\mathrm{I} + \mathrm{II}).$$

■ I を見積もる　　まず命題 4.7.2 を用いて

$$|\{x \in Q_2 : K_\delta f_2(x) > \lambda\}|^{p/q} \le C N^{n-p} (\log N)^\alpha (\log \epsilon)^p \lambda^{-p} \int f_2(y)^p \, dy \tag{4.7.19}$$

を証明しよう.

$$g_k := f(x) \chi \left\{ 2^{k-1} \lambda \le f < 2^k \lambda \right\}(x) \quad (k > 0)$$

とおいて

$$f_2(x) = \sum_{k=1}^{\log \epsilon} g_k(x)$$

とさらに分解すれば

$$|\{x : K_\delta f_2(x) > \lambda\}| \le \sum_{k=1}^{\log \epsilon} \left| \left\{ x : K_\delta g_k(x) > \frac{\lambda}{\log \epsilon} \right\} \right|$$

である.

$$\left| \left\{ x : K_\delta g_k(x) > \frac{\lambda}{\log \epsilon} \right\} \right| = \left| \left\{ x : K_\delta \left(\frac{g_k}{2^k \lambda} \right)(x) > \frac{1}{2^k \log \epsilon} \right\} \right|$$

と書き換えればこの右辺に命題 4.7.2 を適用できて

$$\left| \left\{ x : K_\delta \left(\frac{g_k}{2^k \lambda} \right)(x) > \frac{1}{2^k \log \epsilon} \right\} \right|^{p/q}$$
$$\le C N^{n-p} (\log N)^\alpha (2^k \log \epsilon)^p \int \left(\frac{g_k(y)}{2^k \lambda} \right)^2 dy$$
$$\le C N^{n-p} (\log N)^\alpha (\log \epsilon)^p \lambda^{-p} \int g_k(y)^p \, dy.$$

ここで $(p-1)/(n-1) = p/q$ と $\frac{1}{2} \le \frac{g_k(x)}{2^k \lambda}$ であることを用いた. $p/q < 1$ であることに注意すればこれより

4.7 Nikodym 最大関数 (Wolff の定理)

$$|\{x \in Q_2 : K_\delta f_2(x) > \lambda\}|^{p/q}$$
$$\leq \sum_{k=1}^{\log \epsilon} \left|\left\{x : K_\delta g_k(x) > \frac{\lambda}{\log \epsilon}\right\}\right|^{p/q}$$
$$\leq CN^{n-p}(\log N)^\alpha (\log \epsilon)^p \lambda^{-p} \int \sum_{k=1}^{\log \epsilon} g_k(y)^p \, dy$$
$$= CN^{n-p}(\log N)^\alpha (\log \epsilon)^p \lambda^{-p} \int f_2(y)^p \, dy.$$

(4.7.19) の成立が分かる.

これを用いて I を評価しよう.

$$\mathrm{I} = \int_0^\infty |\{x \in Q_2 : K_\delta f_2(x) > \lambda\}| \lambda^{q-1} \, d\lambda$$
$$\leq CN^{qn/p-q}(\log N)^{\alpha q/p}(\log \epsilon)^q \int_0^\infty \left(\int_{Q_1} f(y)^p \chi_{\{\lambda \leq f < \epsilon\lambda\}}(y) \, dy\right)^{q/p} \frac{d\lambda}{\lambda}.$$

$p/q < 1$ であることを用い再び 2 進分解により

$$\left(\int_0^\infty \left(\int f(y)^p \chi_{\{\lambda \leq f < \epsilon\lambda\}}(y) \, dy\right)^{q/p} \frac{d\lambda}{\lambda}\right)^{p/q}$$
$$= \left(\sum_{k \in \mathbf{Z}} \int_{2^{k-1}}^{2^k} \left(\int f(y)^p \chi_{\{\lambda \leq f < \epsilon\lambda\}}(y) \, dy\right)^{q/p} \frac{d\lambda}{\lambda}\right)^{p/q}$$
$$\leq \left(\sum_{k \in \mathbf{Z}} \left(\int f(y)^p \chi_{\{2^{k-1} \leq f < \epsilon 2^k\}}(y) \, dy\right)^{q/p} \int_{2^{k-1}}^{2^k} \frac{d\lambda}{\lambda}\right)^{p/q}$$
$$\leq C \sum_{k \in \mathbf{Z}} \int f(y)^p \chi_{\{2^{k-1} \leq f < \epsilon 2^k\}}(y) \, dy$$
$$\leq C \int_0^\infty \int f(y)^p \chi_{\{\lambda \leq f < 8\epsilon\lambda\}}(y) \, dy \, \frac{d\lambda}{\lambda}.$$

これを使って

$$\mathrm{I} \leq CN^{qn/p-q}(\log N)^{\alpha q/p}(\log \epsilon)^q \left(\int_0^\infty \int f(y)^p \chi_{\{\lambda \leq f < 8\epsilon\lambda\}}(y) \, dy \, \frac{d\lambda}{\lambda}\right)^{q/p}$$

$$\leq CN^{qn/p-q}(\log N)^{\alpha q/p}(\log \epsilon)^q \left(\int f(y)^p \int_{f(y)/8\epsilon}^{f(y)} \frac{d\lambda}{\lambda}\, dy\right)^{q/p}$$

$$= CN^{qn/p-q}(\log N)^{\alpha q/p}(\log \epsilon)^{q+q/p} \left(\int f(y)^p\, dy\right)^{q/p}.$$

■ II を見積もる　　簡単な幾何的考察により

$$K_\delta f(x) \leq CN^{n-1}\int f(y)\chi_{B(x,1)}(y)\, dy$$

であることが分かる．Young の不等式によればこれより

$$\|K_\delta f\|_{L^1(Q_2)} \leq CN^{n-1}\|f\|_{L^1(Q_1)}.$$

特に分布関数について

$$|x \in Q_2 : K_\delta f(x) > \lambda| \leq C\frac{N^{n-1}}{\lambda}\|f\|_{L^1(Q_1)} \quad (\lambda > 0).$$

また，$f \in L^p(Q_1)$ とすれば，Hölder の不等式より

$$K_\delta f(x) \leq CN^{(n-1)/p}\|f\|_{L^p(Q_1)}.$$

これらを用いて

$$\mathrm{II} = \int_0^\infty |\{x \in Q_2 : K_\delta f_3(x) > \lambda\}|\lambda^{q-1}\, d\lambda$$

$$\leq C\left(N^{(n-1)/p}\|f\|_p\right)^{q-p} \int_0^\infty |\{x : K_\delta f_3(x) > \lambda\}|\lambda^{p-1}\, d\lambda$$

$$\leq C\left(N^{(n-1)/p}\|f\|_p\right)^{q-p} N^{n-1}\int_0^\infty \int f(y)\chi_{\{\epsilon\lambda\leq f\}}(y)\, dy\lambda^{p-2}\, d\lambda$$

$$\leq CN^{q(n-1)/p}\|f\|_p^{q-p}\int f(y)\int_0^{f(y)/\epsilon} \lambda^{p-2}\, d\lambda\, dy$$

$$\leq CN^{q(n-1)/p}\|f\|_p^{q-p}\, \epsilon^{1-p}\int f(y)^p\, dy$$

$$= CN^{q(n-1)/p}\epsilon^{1-p}\left(\int f(y)^p\, dy\right)^{q/p}.$$

$\epsilon = N^{(q-q/p)/(p-1)}$ と選べば I と II の評価をあわせて

$$\|K_\delta f\|_{L^q(Q_2)} \leq CN^{n/p-1}(\log N)^{(\alpha+1)/p+1}\|f\|_{L^p(Q_1)}$$

となり (4.7.6) が成立して定理が従う．

4.7.4 大きな Nikodym 最大関数 (Córdoba の篩)

ここでは，定理 4.7.1 を用い，(4.7.1), (4.7.2) により定義した大きな Nikodym 最大関数に対する評価を考えたい．Córdoba による**篩の議論**がその核心である．

まず (4.7.6) と Hölder の不等式とにより

$$\|K_\delta f\|_{L^p(Q_2)} \leq C N^{n/p-1}(\log N)^\alpha \|f\|_{L^p(Q_1)} \quad (p=(n+2)/2)$$

となることが分かる．$N=1/\delta$ を想起して $1 \to Na$ と座標のスケールを変換すれば上式より

$$\|\mathcal{K}_{N,a}f\|_{L^p(Q_{2Na})} \leq C N^{n/p-1}(\log N)^\alpha \|f\|_{L^p(Q_{Na})},$$

$$Q_{Na} := (-Na, Na)^n, \quad Q_{2Na} := (-2Na, 2Na)^n$$

が成立する．これより f の台を適切に分解することによって

$$\|\mathcal{K}_{N,a}f\|_{L^p(\mathbf{R}^n)} \leq C N^{n/p-1}(\log N)^\alpha \|f\|_{L^p(\mathbf{R}^n)} \quad (p=(n+2)/2) \tag{4.7.20}$$

が従う．特に，全ての $\lambda > 0$ に対して

$$|\{x \in \mathbf{R}^n : \mathcal{K}_{N,a}f(x) > \lambda\}| \leq C N^{n-p}(\log N)^{p\alpha}\lambda^{-p}\|f\|_p^p$$
$$(p=(n+2)/2)$$

である．

篩の補題を示そう．

補題 4.7.5. $1 \leq p < \infty$ とする．このとき，N に依存する定数 C_N について，

$$|\{x \in \mathbf{R}^n : \mathcal{K}_{N,a}f(x) > \lambda\}| \leq C_N \lambda^{-p}\|f\|_p^p \quad (\lambda > 0)$$

が成立すれば，

$$|\{x \in \mathbf{R}^n : \mathcal{K}_N f(x) > \lambda\}| \leq C C_N (\log N) \lambda^{-p}\|f\|_p^p \quad (\lambda > 0)$$

が成立する．ただし C は次元 n と p のみに依存する定数である．

この補題と (4.7.20) とにより

$$|\{x \in \mathbf{R}^n : \mathcal{K}_N f(x) > \lambda\}| \leq C N^{n-p} (\log N)^{p\alpha+1} \lambda^{-p} \|f\|_p^p$$
$$(p = (n+2)/2)$$

の成立が確認される．一方，

$$|\{x \in \mathbf{R}^n : \mathcal{K}_N f(x) > \lambda\}| \leq C N^{n-1} \lambda^{-1} \|f\|_1$$

の成立は自明であるから，この2式を用いて，定理 4.7.1 の証明と類似の3点補間法の議論によって，次の定理が証明される．

定理 4.7.6. $1 < p \leq (n+2)/2$ において

$$\|\mathcal{K}_N f\|_{L^p(\mathbf{R}^n)} \leq C N^{n/p-1} (\log N)^\alpha \|f\|_{L^p(\mathbf{R}^n)} \tag{4.7.21}$$

が成立する．ここで α は次元 n と p に依存する定数を表す．

■**補題 4.7.5 の証明**　ここだけの記法として tube

$$\{(x', x_n) \in \mathbf{R}^n : |x'| < a/2, |x_n| < b/2\}$$

に合同な tube の次元を (a, b) と表すことにする．また，tube T に対して，cT によって T の中心および軸の直線をそのままにして各辺の長さを c 倍としたものを表すことにする．

$f \in L^p(\mathbf{R}^n)$ として

$$E_\lambda := \{x \in \mathbf{R}^n : \mathcal{K}_N f(x) > \lambda\}$$

とする．このとき，$\mathcal{A} \subset E_\lambda$ を任意のコンパクト集合として，各 $x \in \mathcal{A}$ に対して，最大関数の定義により x を含み次元 (a_x, Na_x) の tube T_x を選んで

$$\lambda < \frac{1}{|T_x|} \int_{T_x} f(y)\, dy \tag{4.7.22}$$

とできる．$\mathcal{A}$ のコンパクト性より

$$\mathcal{A} \subset \bigcup_{j=1}^\nu T_{x_j}$$

4.7 Nikodym 最大関数 (Wolff の定理)

を満たす有限個の tube の族が得られる. T_{x_j} を T_j と表し, T_j の次元は (a_j, Na_j) であるとしよう.

$\kappa \in \mathbf{Z}$ を
$$N^\kappa \leq \max\{a_j : j = 1, \ldots, \nu\} < N^{\kappa+1}$$
を満たすものとして選ぶ. まず
$$I_0 := \{j : N^\kappa \leq a_j < N^{\kappa+1}\}$$
とおき
$$J_0 := \{j : N^{\kappa-1} \leq a_j < N^\kappa\}$$
とおいて
$$\mathcal{A}_0 := \bigcup_{j \in I_0} T_j, \qquad \mathcal{B}_0 := \bigcup_{j \in J_0} T_j$$
としよう. 次に
$$I_1 := \{j : N^{\kappa-2} \leq a_j < N^{\kappa-1}, T_j \cap \mathcal{A}_0 = \emptyset\}$$
とおき
$$J_1 := \{j : N^{\kappa-3} \leq a_j < N^{\kappa-2}, T_j \cap \mathcal{B}_0 = \emptyset\}$$
とおいて
$$\mathcal{A}_1 := \bigcup_{j \in I_1} T_j, \qquad \mathcal{B}_1 := \bigcup_{j \in J_1} T_j$$
としよう. 以下帰納的に
$$I_k := \{j : N^{\kappa-2k} \leq a_j < N^{\kappa-(2k-1)}, T_j \cap \mathcal{A}_l = \emptyset \ (l = 0, \ldots, k-1)\}$$
とおき
$$J_k := \{j : N^{\kappa-(2k+1)} \leq a_j < N^{\kappa-2k}, T_j \cap \mathcal{B}_l = \emptyset \ (l = 0, \ldots, k-1)\}$$
とおいて
$$\mathcal{A}_k := \bigcup_{j \in I_k} T_j, \qquad \mathcal{B}_k := \bigcup_{j \in J_k} T_j$$
としよう. この操作はもちろん有限回 (K 回) で終了する.

構成の方法から $\mathcal{A}_0, \ldots, \mathcal{A}_K$ および $\mathcal{B}_0, \ldots, \mathcal{B}_K$ はそれぞれ互いに交わりを持たないことが分かる.

T_j を任意に選ぼう．
$$N^{\kappa-2k} \leq a_j < N^{\kappa-(2k-1)}, \quad j \notin I_k$$
であれば，ある $j' \in I_{k'}$ ($k' = 0, \ldots, k-1$) が存在して
$$T_j \cap T_{j'} \neq \emptyset$$
となる．これより tube の次元を考慮すれば
$$T_j \subset 3T_{j'}.$$
一方，
$$N^{\kappa-(2l+1)} \leq a_j < N^{\kappa-2l}, \quad j \notin J_l$$
であれば，ある $j' \in J_{l'}$ ($l' = 0, \ldots, l-1$) が存在して
$$T_j \cap T_{j'} \neq \emptyset$$
となるから同様に
$$T_j \subset 3T_{j'}.$$
ゆえに
$$\mathcal{A} \subset \bigcup_{k=0}^{K} \bigcup_{j \in I_k \cup J_k} 3T_j.$$
これより
$$|\mathcal{A}| \leq \sum_{k=0}^{K} \left| \bigcup_{j \in I_k \cup J_k} 3T_j \right|$$
が成立する．

この右辺を $O(\log N)$ 個の要素に分けて仮定を適用しよう．
$$I_k = \bigcup_{m=0}^{\log N} \{j \in I_k : 2^m N^{\kappa-2k} \leq a_j < 2^{m+1} N^{\kappa-2k}\},$$
$$J_k = \bigcup_{m=0}^{\log N} \{j \in J_k : 2^m N^{\kappa-(2k+1)} \leq a_j < 2^{m+1} N^{\kappa-(2k+1)}\}$$

と分解すれば m_0 が存在して

$$|\mathcal{A}| \leq \log N \sum_{k=0}^{K} \left| \bigcup_{j \in I_k' \cup J_k'} 3T_j \right|,$$

$$I_k' := \{j \in I_k : 2^{m_0} N^{\kappa-2k} \leq a_j < 2^{m_0+1} N^{\kappa-2k}\},$$
$$J_k' := \{j \in J_k : 2^{m_0} N^{\kappa-(2k+1)} \leq a_j < 2^{m_0+1} N^{\kappa-(2k+1)}\}$$

とできる.

$$\mathcal{A}_k' := \bigcup_{j \in I_k'} T_j, \qquad \mathcal{B}_k' := \bigcup_{j \in J_k'} T_j$$

とすれば $\mathcal{A}_0', \ldots, \mathcal{A}_K'$ および $\mathcal{B}_0', \ldots, \mathcal{B}_K'$ はそれぞれ互いに交わりを持たない. ゆえに, これらを合わせたものの重複度は 2 以下である.

補題の仮定を

$$g_k(x) := f(x)\chi_{\mathcal{A}_k'}(x), \quad a = 2^{m_0} N^{\kappa-2k},$$
$$h_k(x) := f(x)\chi_{\mathcal{B}_k'}(x), \quad a = 2^{m_0} N^{\kappa-(2k+1)}$$

として用いれば (4.7.22) と仮定により

$$\left| \bigcup_{j \in I_k'} 3T_j \right| \leq C C_N \lambda^{-p} \|g_k\|_p^p,$$

$$\left| \bigcup_{j \in J_k'} 3T_j \right| \leq C C_N \lambda^{-p} \|h_k\|_p^p.$$

以上を合わせて
$$|\mathcal{A}| \leq C C_N (\log N) \lambda^{-p} \|f\|_p^p.$$

$\mathcal{A} \subset E_\lambda$ は任意であるから補題が成立する.

4.8 掛谷集合の幾何的次元

この節では, 前節の定理 4.7.1 の 1 つの応用として掛谷集合の幾何的次元の評価を取り上げる. まず掛谷集合を定義しよう.

定義 4.8.1. $\mathbf{R}^n$ $(n>1)$ の n 次元 Lebesgue 測度 0 のコンパクト部分集合で，あらゆる方向の単位線分をその内部に含むものを**掛谷集合**または**Besicovitch 集合**という．

この魅惑的な集合の構成の方法については他の書物を参考にされたい．ここでは，この集合の幾何的次元の評価についてのみ考えていく．

幾何的次元を定義しよう．

定義 4.8.2. $E \subset \mathbf{R}^n$ に対して，その Hausdorff 外測度を
$$\mathcal{H}_s(E) := \sup_{\delta>0} \inf \left\{ \sum_j t_j^s : E \subset \bigcup_j B(x_j, t_j),\quad t_j < \delta \right\} \quad (s>0)$$
で定義する．

有界な無限集合 $E \subset \mathbf{R}^n$ に対して，次が従う．
$$\mathcal{H}_{n+\epsilon}(E) = 0 \quad (\epsilon > 0), \qquad \mathcal{H}_0(E) = \infty.$$

定義 4.8.3. $E \subset \mathbf{R}^n$ に対して，その上 Hausdorff 次元を
$$\text{H-dim}(E) := \inf\{s : \mathcal{H}_s(E) = 0\}$$
で定義する．

定義 4.8.4. $E \subset \mathbf{R}^n$ に対して，その Minkowski 外測度を
$$\mathcal{M}_s(E) := \limsup_{\delta \to 0} \inf \left\{ \sum_j \delta^s : E \subset \bigcup_j B(x_j, \delta) \right\} \quad (s>0)$$
で定義する．

定義により
$$\mathcal{M}_s(E) \geq \mathcal{H}_s(E) \tag{4.8.1}$$
となる．

定義 4.8.5. $E \subset \mathbf{R}^n$ に対して，その上 Minkowski 次元を
$$\text{M-dim}(E) := \inf\{s : \mathcal{M}_s(E) = 0\}$$
で定義する．

4.8 掛谷集合の幾何的次元

$1 \leq p \leq n$ に対して，$\mathbf{R}^n$ 上の全ての掛谷集合が p 以上の Hausdorff 次元を持つという主張を $K_H(p,n)$ と表し，$\mathbf{R}^n$ 上の全ての掛谷集合が p 以上の Minkowski 次元を持つという主張を $K_M(p,n)$ と表す．このとき，次が予想されている．

■**予想問題**　$K_H(n,n)$ および $K_M(n,n)$ が成立する．

(4.8.1) より $K_H(p,n) \implies K_M(p,n)$ の関係が分かる．

前節で取り上げた小さな Nikodym 最大関数 $K_\delta f$ に関する予想問題と上の予想問題との関連を説明しよう．

$1 < p \leq n$ に対して，前節の (4.7.5) が p で成立するという主張を $K_N(p,n)$ と表す．前節の主張をくりかえせば $K_N(n,n)$ が予想されている．特に定理 4.7.1 より $K_N((n+2)/2,n)$ が成立する．

補題 4.8.6.　$1 < p \leq n$ として

$$K_N(p,n) \implies K_M(p,n), \qquad K_N(p,n) \implies K_H(p,n)$$

の関係が成立する．

■$K_N(p,n) \implies K_M(p,n)$　掛谷集合 $E \subset \mathbf{R}^n$ について $s < p$ のとき $\mathcal{M}_s(E) > 0$ を示す．

$0 < \delta \ll 1$ を小さなパラメーターとして，E の δ 近傍を $\mathcal{N}_\delta(E)$ と表す．このとき，$\mathcal{N}_\delta(E)$ の特性関数を f とすれば，簡単な幾何的考察により

$$\|K_\delta f\|_q > c > 0$$

であることが分かる．これを用いて仮定を適用すれば，ある α について

$$\delta^{n-p}(\log(1/\delta))^{-\alpha} \leq C|\mathcal{N}_\delta(E)|.$$

ゆえに，E を覆う球 $B(x_j,\delta)$ の個数は下から $C^{-1}\delta^{\epsilon-p}$ $(\epsilon > 0)$ で評価できて，$s < p$ のとき

$$\mathcal{M}_s(E) \geq \limsup_{\delta \to 0} C^{-1}\delta^{-(p-s)/2} = \infty.$$

■$K_N(p,n) \implies K_H(p,n)$　今度は，掛谷集合 E に対して $s < p$ のとき $\mathcal{H}_s(E) > 0$ を示す．$E \subset \bigcup_j B(x_j, t_j),\ t_j < 1$ として，

$$E_k := \bigcup_{j\,:\,2^{-k} \le t_j < 2^{1-k}} B(x_j, t_j) \quad (k = 1, 2, \ldots)$$

とする．掛谷集合の性質により，任意の $\omega \in S^{n-1}$ に対して，E に含まれる単位線分 l_ω が存在する．1 次元 Hausdorff 測度を $|\cdot|$ で表すと

$$1 = |l_\omega \cap E| \le \sum_k |l_\omega \cap E_k| = \sum_k \frac{|l_\omega \cap E_k| k^2}{k^2}$$

だから，$\sum_k \dfrac{1}{k^2} = c$ を用いれば，正整数 k_ω を選んで

$$|l_\omega \cap E_{k_\omega}| > \frac{1}{c k_\omega^2}$$

とできる．同様に考えて，正整数 κ を選んで

$$\left| \left\{ \omega \in S^{n-1} : |l_\omega \cap E_\kappa| > \frac{1}{c\kappa^2} \right\} \right| > |S^{n-1}| \frac{1}{c\kappa^2}$$

とできる．ただし左辺の外側の $|\cdot|$ と右辺の $|\cdot|$ は S^{n-1} の $n-1$ 次元面積測度である．

E_κ の特性関数を f とし $\delta = 2^{-\kappa}$ と簡単な幾何的考察によれば上式より

$$\|K_\delta f\|_q > C(1/\kappa^2)^{1/q+1}$$

が成立する．仮定を適用すれば，ある α について，

$$(2^{-\kappa})^{n-p} \kappa^{-\alpha} (1/\kappa^2)^{p/q+p} \le C|E_\kappa|.$$

ゆえに，$B(x_j, t_j)\,(2^{-\kappa} \le t_j < 2^{1-\kappa})$ の個数は下から $C^{-1} 2^{p\kappa} \kappa^{-\alpha} (1/\kappa^2)^{p/q+p}$ で評価できて，

$$\sum_j t_j^s \ge C^{-1} 2^{\kappa(p-s)} \kappa^{-\alpha} (1/\kappa^2)^{p/q+p} > a > 0.$$

ただし a は κ によらない数である．ゆえに $\mathcal{H}_s(E) \ge a > 0$.　■

この補題と定理 4.7.1 により次の定理が成立する.

定理 4.8.7. $\mathbf{R}^n$ の全ての掛谷集合は少なくとも $(n+2)/2$ 以上の上 Hausdorff 次元および上 Minkowski 次元を持つ.

4.9 Bochner-Riesz 平均と Nikodym 最大関数

この節では，Nikodym 最大関数の評価を用いて，Fourier 反転公式に関連を持つ Bochner-Riesz 平均の問題を取り上げる.

4.3 節で確認したように，$f \in \mathcal{S}(\mathbf{R}^n)$ に対して，Fourier 反転公式

$$\int_{\mathbf{R}^n} e^{2\pi i x \cdot \xi} \hat{f}(\xi) \, d\xi = f(x)$$

が成立する．f を $L^p(\mathbf{R}^n)$ のより一般な関数とすれば，超関数の意味での Fourier 反転公式は成立するが，より定量的な収束を知ることが問題にされる．そこで，部分和

$$S_R f(x) := \int_{|\xi| \leq R} e^{2\pi i x \cdot \xi} \hat{f}(\xi) \, d\xi \quad (R > 0)$$

の $R \to \infty$ としたときの $L^p(\mathbf{R}^n)$ 収束の問題を考察してみる.

一様有界性の原理と拡大変換に関する不変性により，その問題は $R = 1$ とおいた次の不等式の成立の有無に帰着される.

$$\|S_1 f\|_{L^p(\mathbf{R}^n)} \leq C \|f\|_{L^p(\mathbf{R}^n)}. \tag{4.9.1}$$

(4.9.1) は，1 次元において Hilbert 変換の $L^p(\mathbf{R})$ 有界性から $1 < p < \infty$ で成立することが分かる．しかし，2 次元以上では，Plancherel の定理から示される $p = 2$ での成立しか分からない．S_1 は，核の絶対値が遠方で $|x|^{-(n+1)/2}$ と減衰することから，双対性を考慮して，

$$p \in \left(\frac{2n}{n+1}, \frac{2n}{n-1} \right)$$

での有界性が期待されていた．しかし，1971 年，C. Fefferman は，次の有名な定理を証明してこの予想が成立しないことを示した.

定理 4.9.1. $n>1$, $p\neq 2$ において (4.9.1) は成立しない.

C. Fefferman の定理は 2 次元の掛谷集合の Minkowski 次元が 2 であることを用いた反例によって証明された. ここでは証明を割愛し先へ進もう.

Fefferman の反例が得られて以後, 興味の対象は S_1 より特異性の小さい Bochner-Riesz 平均

$$S_1^\lambda f(x) := \int_{\mathbf{R}^n} e^{2\pi i x\cdot\xi}(1-|\xi|^2)_+^\lambda \hat{f}(\xi)\,d\xi, \quad t_+^\lambda := \max(t,0)^\lambda \quad (\lambda>0)$$

の $L^p(\mathbf{R}^n)$ 有界性を証明する問題へと移った. 停留位相の方法によって S_1^λ の核の絶対値は遠方で $|x|^{-(n+1)/2-\lambda}$ と減衰することが示され

$$p\in\left[\frac{2n}{n+1},\frac{2n}{n-1}\right],\quad \lambda>0$$

において S_1^λ は $L^p(\mathbf{R}^n)$ 有界となることが予想されている.

より正確に Bochner-Riesz 平均が $L^p(\mathbf{R}^n)$ 有界となるための必要条件が得られている. 即ち

$$\lambda(p):=\max\left\{n\left|\frac{1}{2}-\frac{1}{p}\right|-\frac{1}{2},0\right\}$$

とおくと, $p\in[1,\infty]$ において S_1^λ が $L^p(\mathbf{R}^n)$ 有界となるための必要条件は

$$\lambda>\lambda(p).$$

Bochner-Riesz 平均に関する予想は, この必要条件が十分条件でもあるというものである. この予想が 2 次元で正しいことは次に確認する. 3 次元以上では部分的な結果しか知られておらず未解決のまま残されている.

■Córdoba による 2 次元の解法　　1977 年 Córdoba は, Bochner-Riesz 平均に関する予想が 2 次元で成立することの別証を, 2 次元の Nikodym 最大関数の $L^2(\mathbf{R}^2)$ 評価を用いて与えた. この問題の最初の証明は Carleson と Sjölin によるものであり停留位相の方法を用いてなされた.

ここで Córdoba の証明を概観してみよう.

以下, 関数 ϕ による Fourier マルチプライヤー作用素を $D(\phi)$ と表す. 即ち

$$D(\phi)f(x):=\int_{\mathbf{R}^n} e^{2\pi i x\cdot\xi}\phi(\xi)\hat{f}(\xi)\,d\xi.$$

4.9 Bochner-Riesz 平均と Nikodym 最大関数

$p \in [4/3, 4]$, $\lambda > 0$ において
$$\|S_1^\lambda f\|_{L^p(\mathbf{R}^2)} \leq C\|f\|_{L^p(\mathbf{R}^2)}$$
を確認することが目標である．双対性および Plancherel の定理から従う $L^2(\mathbf{R}^2)$ 有界性との補間を考慮して，それは，
$$\|S_1^\lambda f\|_{L^4(\mathbf{R}^2)} \leq C\|f\|_{L^4(\mathbf{R}^2)} \tag{4.9.2}$$
を示せば十分である．

$\epsilon \in (0, 1/2)$ とする．ϕ_ϵ を
$$\operatorname{supp} \phi_\epsilon \subset (1-\epsilon, 1-\epsilon/2), \qquad |(d^k/dt^k)\phi_\epsilon| \leq C_k \epsilon^{-k} \quad (k=1,2,\ldots)$$
を満たす滑らかな実数値関数として
$$M_\epsilon := D(\phi_\epsilon(|\xi|))$$
と定義する．このとき，1 の分割を用いて $(1-|\xi|^2)_+^\lambda$ の台を 2 進分解することにより
$$S_1^\lambda f(x) = M_0 f(x) + \sum_{j=1}^{\infty} 2^{-\lambda j} M_{2^{-j}} f(x)$$
と展開できる．ここで，M_0 は，$B(0, 1/2)$ に台を持つ滑らかな関数による Fourier マルチプライヤー作用素であり，$L^4(\mathbf{R}^2)$ 有界である．

今，十分小さい $\epsilon > 0$ について一様に
$$\|M_\epsilon f\|_{L^4(\mathbf{R}^2)} \leq C\epsilon^{-\lambda/2} \|f\|_{L^4(\mathbf{R}^2)} \tag{4.9.3}$$
と評価できれば，上の展開式によって (4.9.2) が従うことは明らかである．

$\phi_\epsilon(|\xi|)$ の台
$$\{\xi \in \mathbf{R}^2 : 1-\epsilon < |\xi| < 1-\epsilon/2\}$$
を角方向に $\sim \sqrt{\epsilon}$ の長さを持つ**湾曲した長方形** $\tilde{R}_{\epsilon,i}$ $(i=1,2,\ldots)$ により分解して M_ϵ をさらに
$$M_\epsilon = \sum_{i=1}^{\sim \epsilon^{-1/2}} D(\psi_{\epsilon,i})$$
と展開する．ここで，$\psi_{\epsilon,i}$ は，$\tilde{R}_{\epsilon,i}$ に台を持つ滑らかな関数である．

各 $\tilde{R}_{\epsilon,i}$ の中心を通る単位ベクトルを $\omega_i \in S^1$ とおき，一般性を失うことなしに以下，ω_i の第1座標は $1/\sqrt{2}$ 以上であるとして証明を進める．また，そのような i 全体の集合を I と表して簡単のために少し乱暴ではあるが

$$M_\epsilon = \sum_{i \in I} D(\psi_{\epsilon,i})$$

であるとする．

Fourier 変換の基本的公式によれば

$$\begin{aligned}
\|M_\epsilon f\|_4^4 &= \int_{\mathbf{R}^2} \left| \sum_{i \in I} D(\psi_{\epsilon,i})f \right|^4 dx \\
&= \int_{\mathbf{R}^2} \left| \sum_{i,j \in I} D(\psi_{\epsilon,i})f \, D(\psi_{\epsilon,j})f \right|^2 dx \\
&= \int_{\mathbf{R}^2} \left| \sum_{i,j \in I} \widehat{(D(\psi_{\epsilon,i})f \, D(\psi_{\epsilon,j})f)} \right|^2 d\xi \\
&= \int_{\mathbf{R}^2} \left| \sum_{i,j \in I} \widehat{(D(\psi_{\epsilon,i})f)} * \widehat{(D(\psi_{\epsilon,j})f)} \right|^2 d\xi. \quad (4.9.4)
\end{aligned}$$

この右辺を評価するために次の幾何的補題を準備する．

補題 4.9.2. c を ϵ に依らない定数として

$$\left\| \sum_{i,j \in I} \chi_{\tilde{R}_{\epsilon,i}} * \chi_{\tilde{R}_{\epsilon,j}} \right\|_\infty \leq c$$

が成立する．

証明 この補題は本質的に $\omega_1, \omega_2, \omega_1', \omega_2' \in S^1$ が

$$0 \neq \omega_1 + \omega_2 = \omega_1' + \omega_2'$$

を満たすならば $\omega_1 = \omega_1'$, $\omega_2 = \omega_2'$ であるか $\omega_1 = \omega_2'$, $\omega_2 = \omega_1'$ であることから従う．

$$g(\xi) := \sum_{i,j \in I} \left(\chi_{\tilde{R}_{\epsilon,i}} * \chi_{\tilde{R}_{\epsilon,j}} \right)(\xi)$$

4.9 Bochner-Riesz 平均と Nikodym 最大関数

とする. g の台上の点を ζ_0 とすれば $\xi_0 \in \tilde{R}_{\epsilon, i_0}$, $\eta_0 \in \tilde{R}_{\epsilon, j_0}$ が存在して

$$\zeta_0 = \xi_0 + \eta_0$$

とできる. 今 $\xi_1 \in \tilde{R}_{\epsilon, i_1}$, $\eta_1 \in \tilde{R}_{\epsilon, j_1}$ が存在して

$$\zeta_0 = \xi_1 + \eta_1$$

が成立しているとしよう.

$$\zeta_0' := \frac{\xi_0}{|\xi_0|} + \frac{\eta_0}{|\eta_0|}, \qquad \zeta_1' := \frac{\xi_1}{|\xi_1|} + \frac{\eta_1}{|\eta_1|}$$

とすれば

$$\begin{aligned}|\zeta_0' - \zeta_1'| &\leq |\zeta_0' - \zeta_0| + |\zeta_0 - \zeta_1'| \\ &= \left|\frac{\xi_0}{|\xi_0|} - \xi_0\right| + \left|\frac{\eta_0}{|\eta_0|} - \eta_0\right| + \left|\frac{\xi_1}{|\xi_1|} - \xi_1\right| + \left|\frac{\eta_1}{|\eta_1|} - \eta_1\right| \\ &\leq 4\epsilon.\end{aligned}$$

これより上の条件を満たす ξ_1, η_1 の個数が多くないことは明らかである. 特に $\zeta_0' \sim (2, 0)$ の場合を

$$1 - \cos\theta \sim \theta^2/2 \quad (\theta \sim 0)$$

の関係を用いて考察すればその個数が ϵ に依らないことが分かる. ∎

この補題を用いて (4.9.4) を評価すれば

$$\|M_\epsilon f\|_4^4 \leq C \int_{\mathbf{R}^2} \left|\sum_{i \in I} |D(\psi_{\epsilon, i}) f|^2\right|^2 dx \tag{4.9.5}$$

が成立する.

$D(\psi_{\epsilon, i}) f(x)$ を評価しよう.

$$D(\psi_{\epsilon, i}) f(x) = \int\int e^{2\pi i (x-y)\cdot\xi} \psi_{\epsilon, i}(\xi)\, d\xi\, f(y)\, dy =: \int K_i(x-y) f(y)\, dy$$

と書き換えて

$$K_i(x) = \int e^{2\pi i x \cdot \xi} \psi_{\epsilon, i}(\xi)\, d\xi \tag{4.9.6}$$

を評価する．

各 ω_i に対して，$U_i\omega_i = (1,0)$ を満たす $\mathbf{R}^2$ の直交変換 U_i を 1 つずつ選び，
$$R_\epsilon := \left\{x \in \mathbf{R}^2 : |x_1| \leq \frac{1}{\epsilon}, |x_2| \leq \frac{1}{\sqrt{\epsilon}}\right\}$$
として
$$R_{\epsilon,i} := U_i^{-1} R_\epsilon$$
とする．このとき，
$$|K_i(x)| \leq C \frac{\chi_{R_{\epsilon,i}}(x)}{|R_{\epsilon,i}|} \tag{4.9.7}$$
であるとして証明すれば十分であることが示される．このことは最後に確認することにして先へ進もう．

各 $\tilde{R}_{\epsilon,i}$ $(i \in I)$ に対して，辺の長さ $\sim \sqrt{\epsilon}$ の正方形 $Q_{\epsilon,i}$ を $\tilde{R}_{\epsilon,i} \subset Q_{\epsilon,i}$ を満たすように選び，
$$f_i := D\left(\chi_{Q_{\epsilon,i}}\right) f$$
とおけば明らかに
$$D(\psi_{\epsilon,i})f = D(\psi_{\epsilon,i})f_i.$$
この式と (4.9.5), (4.9.7) より
$$\|M_\epsilon f\|_4^2 \leq C \left\|\sum_{i \in I}\left(\frac{\chi_{R_{\epsilon,i}}}{|R_{\epsilon,i}|} * |f_i|\right)^2\right\|_2. \tag{4.9.8}$$
この右辺を双対性を用いて解析しよう．

非負関数 $w \in L^2(\mathbf{R}^2)$, $\|w\|_2 = 1$ を任意にとる．$\left\|\frac{\chi_{R_{\epsilon,i}}}{|R_{\epsilon,i}|}\right\|_1 = 1$ であることを用いれば
$$\int \left(\frac{\chi_{R_{\epsilon,i}}}{|R_{\epsilon,i}|} * |f_i|\right)^2 w\, dx \leq \int \left(\frac{\chi_{R_{\epsilon,i}}}{|R_{\epsilon,i}|} * |f_i|^2\right) w\, dx$$
$$= \int |f_i|^2 \left(\frac{\chi_{R_{\epsilon,i}}}{|R_{\epsilon,i}|} * w\right) dx.$$

4.9 Bochner-Riesz 平均と Nikodym 最大関数

これを用いて

$$\int \sum_{i \in I} \left(\frac{\chi_{R_{\epsilon,i}}}{|R_{\epsilon,i}|} * |f_i| \right)^2 w \, dx \leq \int \left(\sum_{i \in I} |f_i|^2 \right) \left(\sup_{i \in I} \frac{\chi_{R_{\epsilon,i}}}{|R_{\epsilon,i}|} * w \right) dx$$

$$\leq \int \left(\sum_{i \in I} |f_i|^2 \right) K_{N,a} w \, dx$$

$$\leq \left\| \sum_i |f_i|^2 \right\|_2 \cdot \|K_{N,a} w\|_2.$$

ここで，$N = a = \dfrac{1}{\sqrt{\epsilon}}$ として $K_{N,a}w$ は 4.7 節で定義した小さな Nikodym 最大関数を表す.

ここでは認めて用いることとするが

$$\left\| \sum_i |f_i|^2 \right\|_2 \leq C \|f\|_4^2$$

の成立が知られているから，問題は Nikodym 最大関数 $K_{N,a}w$ の $L^2(\mathbf{R}^2)$ 評価に帰着される．それは，4.7 節で確認したように，

$$\|K_{N,a} w\|_2 \leq C(\log N)^{1/2} \|w\|_2 = C(\log N)^{1/2}$$

と評価できて，(4.9.8) より

$$\|M_\epsilon f\|_4 \leq C(\log(1/\epsilon))^{1/4} \|f\|_4.$$

これより (4.9.3) が成立する．

■(4.9.7) の正当化 $\quad \psi_0 \in C_0^\infty(\mathbf{R}^2)$ は,

$\operatorname{supp} \psi_0 \subset \{\xi = (\xi_1, \xi_2) \in \mathbf{R}^2 : 1 - \epsilon < |\xi| < 1 - \epsilon/2, \, -\sqrt{\epsilon} < \xi_2 < \sqrt{\epsilon}\}$

を満たし，

$$|(\partial/\partial \xi_1)^{\alpha_1} (\partial/\partial \xi_2)^{\alpha_2} \psi_0| \leq C_{\alpha_1, \alpha_2} \epsilon^{-\alpha_1} \epsilon^{-\alpha_2/2}$$

を満たすものとする．一般性を失うことなしに $\psi_{\epsilon, i}$ は

$$\psi_{\epsilon, i}(\xi) = \psi_0(U_i \xi)$$

であるとしてよい. (4.9.6) より

$$K_i(x) = \int e^{2\pi i x\cdot\xi}\psi_{\epsilon,i}(\xi)\, d\xi$$
$$= \int e^{2\pi i U_i^{-1}x\cdot U_i\xi}\psi_0(U_i\xi)\, d\xi$$
$$= \int e^{2\pi i U_i^{-1}x\cdot\xi}\psi_0(\xi)\, d\xi.$$

ゆえに主張を示すためには

$$K_0(x) := \int e^{2\pi i x\cdot\xi}\psi_0(\xi)\, d\xi$$

を調べればよい.

ψ_0 への仮定を用いて部分積分すれば

$$(\epsilon|x_1|)^m(\sqrt{\epsilon}|x_2|)^m|K_0(x)| \le C_m\epsilon^{3/2} \quad (m=0,1,\cdots)$$

の成立が分かる. これより

$$|K_0(x)| \le C_m\sum_{k=0}^{\infty} 2^{-(m-2)k}\frac{\chi_{2^k R_\epsilon}}{|2^k R_\epsilon|}$$

であると計算されて Minkowski の不等式により主張が正当化される.

参考文献

停留位相の方法による振動積分作用素および Fourier 制限問題 (Tomas-Stein の定理) の箇所は [1] の最初の部分に従ってまとめた. この分野の基本的なテキストとして [2] も挙げておく.

[1] C. D. Sogge, Fourier Integrals in Classical Analysis, Cambridge Tracts in Math. **105**(1993).

[2] E. M. Stein, Harmonic Analysis: Real-Variable Methods, Orthogonality, and Oscillatory Integrals, Princeton University Press, 1993.

Nikodym 最大関数 (Wolff の定理) の箇所は基本的に Wolff の元論文 [3] によっているが, それをアレンジした [4] に従ってまとめた.

[3]　T. Wolff, An improved bound for Kakeya type maximal functions, Rev. Mat. Iberoamericana **11**(1995), 651–674.

[4]　H. Tanaka, The Fefferman-Stein type inequality for the Kakeya maximal operator in Wolff's range, Proc. Amer. Math. Soc. **133**(2005), 763–772.

Bochner-Riesz 平均と Nikodym 最大関数の箇所に関連する論文として次を挙げておく.

[5]　A. Córdoba, The Kakeya maximal function and the spherical summation multiplier, Amer. J. Math. **99**(1977), 1–22.

[6]　A. Córdoba, A note on Bochner-Riesz operators, Duke Math. J. **46**(1979), 505–511.

[7]　J. Bourgain, Besicovitch type maximal operators and applications to Fourier analysis, Geom. Funct. Anal. **1**(1991), no. 2, 147–187.

Fourier 制限問題に関するサーベイとして次を挙げておく.

[8]　T. Tao, Recent progress on the Restriction conjecture, Fourier analysis and convexity, 217–243, Appl. Numer. Harmon. Anal., 2004.

掛谷問題に関するサーベイとして次を挙げておく.

[9]　J. Bourgain, Harmonic analysis and combinatorics: How much may they contribute to each other?, Mathematics: Frontiers and perspectives, IMU/Amer. Math. Society, 2000, 13–32.

[10]　T. Wolff, Recent work connected with the Kakeya problem, Prospects in mathematics (Princeton, NJ, 1996), 129–162, Amer. Math. Soc., Providence, RI, 1999.

[11]　T. Tao, From rotating needles to stability of waves: emerging connections between combinatorics, analysis, and PDE, Notices Amer. Math. Soc. **48**(2001), no3, 294–303.

[12]　N. H. Katz and T. Tao, Recent progress on the Kakeya conjecture, Publ. Mat. 2002, Vol. Extra, 161–179.

[13] 田中 仁, 掛谷問題について, 数学 **57**(2005), no. 2, 113–129.

掛谷集合の構成に関して書かれた日本語のテキストとして次を挙げておく.

[14] 新井仁之, ルベーグ積分講義, 日本評論社, 2003.

Nikodym 最大関数に関する組合せ論的手法による結果に関して次の論文を挙げておく.

[15] J. Bourgain, On the dimension of Kakeya sets and related maximal inequalities, Geom. Funct. Anal. **9**(1999), no. 2, 256–282.

[16] N. H. Katz and T. Tao, Bounds on arithmetic projections, and applications to the Kakeya conjecture, Math. Res. Lett. **6**(1999), 625–630.

[17] N. H. Katz and T. Tao, New bounds for Kakeya problems, J. Anal. Math. **87**(2002), 221–263.

Fourier 制限問題および Bochner-Riesz 平均の問題に関する双線形性の手法を用いた結果として次の論文を挙げておく.

[18] T. Tao, A. Vargas and L. Vega, A bilinear approach to the restriction and Kakeya conjectures, J. Amer. Math. Soc. **11**(1998), 967–1000.

[19] T. Wolff, A sharp bilinear cone restriction estimate, Annals of Math. **153**(2001), 661–698.

[20] T. Tao, Endpoint bilinear restriction theorems for the cone, and some sharp null form estimates, Math. Z. **238**(2001), no. 2, 215–268.

[21] T. Tao, A sharp bilinear restriction estimate on paraboloids, Geom. Funct. Anal. **13**(2003), 1359–1384.

[22] S. Lee, Improved bounds for Bochner-Riesz and maximal Bochner-Riesz operators, Duke Math. J. **122**(2004), no. 1, 205–232.

[23] S. Lee, Bilinear restriction estimates for surfaces with curvatures of different signs. Trans. Amer. Math. Soc. **358**(2006), no. 8, 3511–3533.

索引

∗-弱位相　215

A_p クラス　92

Banach 環　204
　　可換——　204
　　単位元を添加した可換——　204
Besicovitch
　　——集合　368
　　——の被覆定理　37
Blaschke 積
　　(上半平面上の)——　198
　　(単位円板上の)——　138
BMO 関数　114
Bochner-Riesz 平均　372
bush-argument　356

Calderón-Zygmund
　　——の定理　236
　　——分解　54, 58
Cantor 集合　247
Cauchy
　　——核　126
　　——積分　127
Cauchy-Schwarz の不等式　4
Cauchy-Stieltjes 積分　127
Chebyshev の不等式　41
Córdoba の篩　363
Cotlar の不等式　70
Cotlar-Knapp-Stein の概直交性補題　78

Ditkin 条件　224

Fatou の定理　130
Fefferman の定理　372
Fourier
　　——級数　226
　　——係数　148, 226
　　——制限問題　338
　　——反転公式　327

　　——変換　10, 228, 324
　　——変換 ($L^2(\mathbb{R})$ の意味の)　20
　　——変換 (緩増加超関数の)　329
　　逆——変換　10
　　逆——変換 ($L^2(\mathbb{R})$ の意味の)　20
Fourier-Stieltjes 変換　232
Fubini の定理　3

Gelfand 変換, Gelfand 表現　217
good λ-不等式　47

H^1 ノルム　109
Hardy 空間
　　($\mathbb{R}$ 上の)——　109
　　(上半平面上の)——　113, 190
　　(単位円板上の)——　124
Hardy-Littlewood
　　——の最大関数　33, 310
　　——の中心最大関数　34
Hardy-Littlewood-Sobolev の不等式　322
Hausdorff
　　——外測度　368
　　——次元　368
Hausdorff-Young の不等式　27
Helson 集合　261
Herglotz 積分　129
Hilbert 変換　29
　　——の L^p 有界性　52
　　——の L^2 有界性　31, 88
　　——の重み付き L^p 評価　102
　　——の最大作用素　70
　　——の弱 (1,1) 性　56
hk 位相　220
Hölder の不等式　4
Hörmander の問題　277, 304

Jensen の公式　128
John-Nirenberg の定理　121

Katznelson

——の定理　267
——の問題　234
Kolmogorov の不等式　61
Kronecker
　——集合　246
　——の定理　246

Lebesgue
　——の収束定理　2
　——の微分定理　310

Malliavin の定理　240
Minkowski
　——外測度　368
　上——次元　368
Morse の補題　335

Nevanlinna class　137

Parreau の定理　234
Parseval の等式　16, 20, 329
Pick の定理　178
Plancherel
　——の定理　329
　——の等式　16, 20
Poisson
　(上半平面の)——核　192
　(単位円板の)——核　126
　——積分　127
Poisson-Stieltjes 積分　127

Q 上 1 次独立　246

relative nullity　264
restricted cone property　264
Riemann-Lebesgue の定理　11, 325
Riesz 兄弟の定理　155
Riesz-Thorin の定理　23, 277
Rudin-Shapiro の多項式　296

Sarason の定理　176
Schwartz 関数　2

Tomas-Stein の定理　339
tube　347
　δ-——　348
　——の次元　364

Van der Corput の補題　333

Whitney 型被覆定理　45

Wiener-Lévy の定理　266
Wiener-Pitt の現象　234
Williamson の定理　233
Wolff の定理　350

Young の不等式　4, 28, 321

Zafran の定理　305

■ア行
一様分離　181
イデアル　209
　極大——　209
　極大——空間　217
　正則——　210
　閉——　210
因数分解定理　145

円板環　157

重み　88
重み付き L^p 評価
　Hardy-Littlewood 最大関数の——　100
　Hilbert 変換の——　102

■カ行
外部関数
　(上半平面上の)——　200
　(単位円板上の)——　145
可換 Banach 環　204
　単位元を添加した——　204
掛谷集合　368
緩増加超関数　329
　——族　329
逆 Fourier 変換　10
　——($L^2(\mathbb{R})$ の意味の)　20
逆 Hölder 不等式　96
急減少関数　2, 326
　——族　326
共役関係　158
極大イデアル空間　217
極値
　——核　160
　——関数　158
　——問題　158
曲率　264

合成積 (畳み込み積)　17, 328

索引

■サ行

最大関数
　#——（シャープ——）　34
　Hardy-Littlewood——　33, 310
　Hardy-Littlewood の中心——　34
　大きな Nikodym——　347
　重み付き中心——　95
　小さな Nikodym——　347, 348
最大作用素
　Hilbert 変換の——　70
作用関数
　——（関数空間の）　266
　——（半単純可換 Banach 環の）　225
作用する
　——（関数空間の場合）　266
　——（マルチプライヤー空間の場合）　303
3 点補間法　359

指標　213
弱 (1,1) 性
　Hardy-Littlewood 最大関数の——　40
　Hilbert 変換の——　56
商環　210
振動積分作用素　336

スペクトル　206
　——合成可能　223
　——合成集合　223
　——合成不可能　223
　——半径　208

正則
　——（イデアルが）　210
　——（可換 Banach 環が）　220
　——（可換 Banach 環に値をとる関数が）　206
積分記号下の微分定理　3

測度環　232

■タ行

第 2 基本行列　263
畳み込み積（合成積）　17, 328
端点　161

中心最大関数
　Hardy-Littlewood の——　34
　重み付き——　95

停留位相の方法　332

特異内部関数
　（上半平面上の）——　200
　（単位円板上の）——　146

■ナ行

内部関数
　（上半平面上の）——　200
　（上半平面上の）特異——　200
　（単位円板上の）——　145
　（単位円板上の）特異——　146

2 進区間　44

ノルム位相　215

■ハ行

半単純　218

非退化条件　336
被覆定理
　Besicovitch の——　37
　Whitney 型——　45
被覆補題　313

分数階積分作用素　322
分布関数　311
分離　181

閉グラフ定理　218

放射状極限　130
補間定理
　Marcinkiewicz の——　63
　M. Riesz-Thorin の——　23, 277
　Stein の——　292
補間問題
　最小ノルム——　173

■マ行

マルチプライヤー
　——（単位円周上の関数の場合）　234
　——作用素（$\mathbf{R}^n$ 上の関数の場合）　372
　——作用素（単位円周上の関数の場合）　234

■ヤ行

有界平均振動関数　114

■ラ行

リゾルベント　206

零点集合　128

露点　161

MEMO

MEMO

MEMO

解析学百科 I　古典調和解析　　　　　定価はカバーに表示

2008 年 3 月 15 日　初版第 1 刷

著　者　薮　田　公　三
　　　　中　路　貴　彦
　　　　佐　藤　圓　治
　　　　田　中　　　仁
　　　　宮　地　晶　彦
発行者　朝　倉　邦　造
発行所　株式会社　朝　倉　書　店
　　　　東京都新宿区新小川町6-29
　　　　郵便番号　　162-8707
　　　　電　話　03(3260)0141
　　　　FAX　03(3260)0180
　　　　http://www.asakura.co.jp

〈検印省略〉

ⓒ 2008〈無断複写・転載を禁ず〉　　　　中央印刷・渡辺製本

ISBN 978-4-254-11726-4　C 3341　　　　Printed in Japan

元京大 溝畑 茂著 数理解析シリーズ1 **数　学　解　析（上）** 11025-8　C3041　　菊判　384頁　本体7000円	高校で微積分法の初歩を学んだ人が，難解な概念や単なる計算技術の訓練に悩まされることなく，微積分法の真のおもしろさを学ぶことができるよう配慮してまとめられている。〔内容〕連続関数／微積分法序論／微積分法の運用／微分方程式
元京大 溝畑 茂著 数理解析シリーズ1 **数　学　解　析（下）** 11026-5　C3041　　菊判　376頁　本体7500円	自然科学，特に物理学の諸問題と共に発展してきた微積分法の歴史を踏まえて，物理学，工学の数学的な諸例を多くとり入れ，アドバンスドな微積分法を充分理解できるように解説。〔内容〕多変数微分法／重積分／曲面積／複素変数関数
T.W.ケルナー著　京大 高橋陽一郎監訳 **フーリエ解析大全（上）** 11066-1　C3041　　A5判　336頁　本体5900円	フーリエ解析の全体像を描く"ちょっと風変わりで不思議な"数学の本。独自の博識と饒舌でフーリエ解析の概念と手法，エレガントな結果を幅広く描き出す。地球の年齢・海底電線など科学的応用と数学の関係や，歴史的な逸話も数多く挿入した
T.W.ケルナー著　京大 高橋陽一郎監訳 **フーリエ解析大全（下）** 11067-8　C3041　　A5判　368頁　本体6500円	〔内容〕フーリエ級数（ワイエルシュトラウスの定理，モンテカルロ法，他）／微分方程式（減衰振動，過渡現象，他）直交級数（近似，等周問題，他）／フーリエ変換（積分順序，畳込み，他）／発展（安定性，ラプラス変換，他）／その他（なぜ計算を？，他）
T.W.ケルナー著 京大 高橋陽一郎・慶大 厚地　淳・立命大 原　啓介訳 **フーリエ解析大全［演習編］（上）** 11091-3　C3041　　A5判　280頁　本体4600円	フーリエ解析の広がりと奥深さを実感させる演習書。好評の『大全』に引続き，冴えわたる著者の博識と饒舌で読者をフーリエ解析の沃野へと誘う。多くの問題と示唆により「答えは一つ」でも「道筋はさまざま」である数学の世界が肌で理解できる
T.W.ケルナー著 京大 高橋陽一郎・慶大 厚地　淳・立命大 原　啓介訳 **フーリエ解析大全［演習編］（下）** 11092-0　C3041　　A5判　232頁　本体4200円	〔内容〕フーリエ級数（コンパスと潮汐，収束定理他）／微分方程式（ポアソン和，ポテンシャル他）／直交級数（直交多項式，ガウスの求積法他）／フーリエ変換（波動方程式他）／発展（多次元，ブラウン運動他）／その他（星の直径，群論をもう少し他）
東大 中村　周著 応用数学基礎講座4 **フ　ー　リ　エ　解　析** 11574-1　C3341　　A5判　200頁　本体3500円	応用に重点を置いたフーリエ解析の入門書。特に微分方程式，数理物理，信号処理の話題を取り上げる。〔内容〕フーリエ級数展開／フーリエ級数の性質と応用／1変数のフーリエ変換／多変数のフーリエ変換／超関数／超関数のフーリエ変換
前奈良女大 山口博史著 応用数学基礎講座5 **複　素　関　数** 11575-8　C3341　　A5判　280頁　本体4500円	多数の図を用いて複素関数の世界を解説。複素多変数関数論の入門として上空移行の原理に触れ，静電磁気学を関数論的手法で見直す。〔内容〕ガウス平面／正則関数／コーシーの積分表示／岡潔の上空移行の原理／静電磁場のポテンシャル論
前東大 岡部靖憲著 応用数学基礎講座6 **確　率　・　統　計** 11576-5　C3341　　A5判　288頁　本体4200円	確率論と統計学の基礎と応用を扱い，両者の交流を述べる。〔内容〕場合の数とモデル／確率測度と確率空間／確率過程／中心極限定理／時系列解析と統計学／テント写像のカオス性と揺動散逸定理／時系列解析と実験数学／金融工学と実験数学
東大 宮下精二著 応用数学基礎講座7 **数　値　計　算** 11577-2　C3341　　A5判　190頁　本体3600円	数値計算を用いて種々の問題を解くユーザーの立場から，いろいろな方法とそれらの注意点を解説する。〔内容〕計算機を使う／誤差／代数方程式／関数近似／高速フーリエ変換／関数推定／微分方程式／行列／量子力学における行列計算／乱数

東大 細野 忍著
応用数学基礎講座9
微分幾何
11579-6 C3341　　　　　A5判 228頁 本体4000円

微分幾何を数理科学の諸分野に応用し，あるいは応用する中から新しい数理の発見を志す初学者を対象に，例題と演習・解答を添えて理論構築の過程を丁寧に解説した．〔内容〕曲線・曲面の幾何学／曲面のリーマン幾何学／多様体上の微分積分

東大 杉原厚吉著
応用数学基礎講座10
トポロジー
11580-2 C3341　　　　　A5判 224頁 本体3800円

直観的なイメージを大切にし，大規模集積回路の配線設計や有限要素法のためのメッシュ生成など応用例を多数取り上げた．〔内容〕図形と位相空間／ホモトピー／結び目とロープマジック／複体／ホモロジー／トポロジーの計算論／グラフ理論

東京電機大 桑田孝泰著
講座 数学の考え方2
微分積分
11582-6 C3341　　　　　A5判 208頁 本体3400円

微分積分を第一歩から徹底的に理解させるように工夫した入門書．多数の図を用いてわかりやすく解説し，例題と問題で理解を深める．〔内容〕関数／関数の極限／微分法／微分法の応用／積分法／積分法の応用／2次曲線と極座標／微分方程式

学習院大 飯高 茂著
講座 数学の考え方3
線形代数 基礎と応用
11583-3 C3341　　　　　A5判 256頁 本体3400円

2次の行列と行列式の丁寧な説明から始めて，3次，n次とレベルが上がるたびに説明を繰り返すスパイラル方式を採り，抽象ベクトル空間に至る一般論を学習者の心理を考えながら展開する．理解を深めるため興味深い応用例を多数取り上げた

東大 坪井 俊著
講座 数学の考え方5
ベクトル解析と幾何学
11585-7 C3341　　　　　A5判 240頁 本体3900円

2次元の平面や3次元の空間内の曲線や曲面の表示の方法，曲線や曲面上の積分，2次元平面と3次元空間上のベクトル場について，多数の図を活用して丁寧に解説．〔内容〕ベクトル／曲線と曲面／線積分と面積分／曲線の族，曲面の族

東北大 柳田英二・横市大 栄伸一郎著
講座 数学の考え方7
常微分方程式論
11587-1 C3341　　　　　A5判 224頁 本体3800円

微分方程式を初めて学ぶ人のための入門書．初等解法と定性理論の両方をバランスよく説明し，多数の実例で理解を助ける．〔内容〕微分方程式の基礎／初等解法／定数係数線形微分方程式／2階変数係数線形微分方程式と境界値問題／力学系

東大 森田茂之著
講座 数学の考え方8
集合と位相空間
11588-8 C3341　　　　　A5判 232頁 本体3800円

現代数学の基礎としての集合と位相空間について予備知識を前提とせずに初歩から解説．一般化へ進むさいには重要な概念の定義を言い換えや繰り返しによって丁寧に記述した．一般論の有用性を伝えるため少し発展した内容にも触れた

上智大 加藤昌英著
講座 数学の考え方9
複素関数論
11589-5 C3341　　　　　A5判 232頁 本体3800円

集合と位相に関する準備から始めて，1変数正則関数の解析的および幾何学的な側面を解説．多数の演習問題には詳細な解答を付す．〔内容〕複素数値関数／正則関数／コーシーの定理／正則関数の性質／正則関数と関数の特異点／正則写像

東大 川又雄二郎著
講座 数学の考え方11
射影空間の幾何学
11591-8 C3341　　　　　A5判 224頁 本体3600円

射影空間の幾何学を通じて，線形代数から幾何学への橋渡しをすることを目標とし，その過程で登場する代数幾何学の重要な諸概念を丁寧に説明する．〔内容〕線形空間／射影空間／射影空間の中の多様体／射影多様体の有理写像

日大 渡辺敬一著
講座 数学の考え方12
環と体
11592-5 C3341　　　　　A5判 192頁 本体3600円

まずガロワ理論を念頭において環の理論を簡明に説明する．ついで体の拡大・拡大次数から始めて分離拡大，方程式の可解性に至るまでガロワ理論を丁寧に解説する．最後に代数幾何や整数論などと関わりをもつ可換環論入門を平易に述べる

学習院大 谷島賢二著
講座 数学の考え方13
ルベーグ積分と関数解析
11593-2 C3341　　A5判 276頁 本体4500円

前半では「測度と積分」についてその必要性が実感できるように配慮して解説。後半では関数解析の基礎を説明しながら，フーリエ解析，積分作用素論，偏微分方程式論の話題を多数例示して現代解析学との関連も理解できるよう工夫した。

学習院大 川崎徹郎著
講座 数学の考え方14
曲 面 と 多 様 体
11594-9 C3341　　A5判 256頁 本体4200円

微積分と簡単な線形代数の知識以外には線形常微分方程式の理論だけを前提として，曲線論，曲面論，多様体の基礎について，理論と実例の双方を分かりやすく丁寧に説明する。多数の美しい図と豊富な例が読者の理解に役立つであろう

大阪市大 枡田幹也著
講座 数学の考え方15
代 数 的 ト ポ ロ ジ ー
11595-6 C3341　　A5判 256頁 本体4200円

物理学など他分野と関わりながら重要性を増している代数的トポロジーの入門書。演習問題には詳しい解答を付す。〔内容〕オイラー数／回転数／単体的ホモロジー／特異ホモロジー群／写像度／胞体複体／コホモロジー環／多様体と双対性

立大 木田祐司著
講座 数学の考え方16
初 等 整 数 論
11596-3 C3341　　A5判 232頁 本体3800円

整数と多項式に関する入門的教科書。実際の計算を重視し，プログラム作成が可能なように十分に配慮している。〔内容〕素数／ユークリッドの互除法／合同式／二次合同式／F_p係数多項式の因数分解／円分多項式と相互法則

東大 新井仁之著
講座 数学の考え方17
フ ー リ エ 解 析 学
11597-0 C3341　　A5判 276頁 本体4600円

多変数フーリエ解析は光学など多次元の現象を研究するのに用いられ，近年は画像処理など多次元ディジタル信号処理で本質的な役割を果たしている。このように応用分野で広く使われている多変数フーリエ解析を純粋数学の立場から見直す

東大 小木曽啓示著
講座 数学の考え方18
代 数 曲 線 論
11598-7 C3341　　A5判 256頁 本体4200円

コンパクトリーマン面の射影埋め込み定理を目標に置いたリーマン面論。〔内容〕リーマン球面／リーマン面と正則写像／リーマン面上の微分形式／いろいろなリーマン面／層と層係数コホモロジー群／リーマン-ロッホの定理とその応用／他

東大 舟木直久著
講座 数学の考え方20
確 率 論
11600-7 C3341　　A5判 276頁 本体4500円

確率論を学ぶ者にとって最低限必要な基礎概念から，最近ますます広がる応用面までを解説した入門書。〔内容〕はじめに／確率論の基礎概念／条件つき確率と独立性／大数の法則／中心極限定理と少数の法則／マルチンゲール／マルコフ過程

東大 吉田朋広著
講座 数学の考え方21
数 理 統 計 学
11601-4 C3341　　A5判 296頁 本体4800円

数理統計学の基礎がどのように整理され，また現代統計学の発展につながるかを解説。題材の多くは初等統計学に現れるもので種々の推測法の根拠を解明。〔内容〕確率分布／線形推測論／統計的決定理論／大標本理論／漸近展開とその応用

東工大 小島定吉著
講座 数学の考え方22
3 次 元 の 幾 何 学
11602-1 C3341　　A5判 200頁 本体3600円

曲面に対するガウス・ボンネの定理とアンドレーフ・サーストンの定理を足がかりに，素朴な多面体の貼り合わせから出発し，多彩な表情をもつ双曲幾何を背景に，3次元多様体の幾何とトポロジーがおりなす豊饒な世界を体積をめぐって解説

東大 岡本和夫著
すうがくぶっくす15
微 分 積 分 読 本
11491-1 C3341　　A5変判 304頁 本体3900円

"五感を動員して読む"ことの重要性を前面に押し出した著者渾身の教科書。自由な案内人に従って，散歩しながら埋もれた宝ものに出会う風情。〔内容〕座標／連続関数の定積分／テイラー展開／微分法／整級数／積分法／微分積分の応用

上記価格（税別）は 2008 年 2 月現在